실재란 무엇인가

실재란 무엇인가
WHAT IS REAL

양자물리학의 의미를 밝히는 끝없는 여정

애덤 베커 지음 | 황혁기 옮김

승산

WHAT IS REAL?
Copyright © 2022 by Adam Becker
Korean Translation Copyright © YEAR by Seungsan Publishing Co.

Korean edition is published by arrangement
with Adam Becker c/o The Science Factory through Duran Kim Agency.

이 책의 한국어판 저작권은 듀란킴 에이전시를 통한 The Science Factory와의 독점계약으로
'도서출판 승산'에 있습니다. 저작권법에 의하여 한국 내에서 보호를 받는 저작물이므로
무단전재와 무단복제를 금합니다.

늘 옳았던 엘리자베스를 위해

본서의 내용을 연구하고 집필하도록 지원한
앨프리드 P. 슬론 재단에 감사를 표한다.

아무리 틀림없는 사실이라도 이야기하기 나름이라
아예 묻히기도 널리 퍼지기도 한다.
─어슐러 K. 르 귄

추천의 말

이기명
고등과학원 물리학부 교수

20세기 양자물리의 발전은 우리가 자연을 보는 관점을 근본적으로 변화시켰다. 『실재란 무엇인가』라는 이 책은 이러한 관점의 발견, 발전과 현재의 논의에 참여한 물리학자들의 이야기와 주변 배경을 매우 적절하게 엮음으로써 추상적이고 어려워 보이는 주제를 이해하기 쉽게 풀어간다. 플랑크, 아인슈타인, 보어, 하이젠베르크, 슈뢰딩거, 폰 노이만, 휴 에베렛, 존 스튜어트 벨 등의 수많은 물리학자들이 기여한 양자역학의 이해는 현재진행형이다. 양자정보, 양자얽힘, 양자컴퓨터, 홀로그래픽 대칭성 등은 많은 물리학자, 수학자, 전산과학자, 공학자들의 영역이 되고 있다. 양자역학의 발전은 이미 우리 일상 생활에 많은 영향을 주고 있고 앞으로 더욱 많은 발전을 줄 것으로 기대된다. 양자역학이 주는 과학적, 기술적인 영향에 더해서 우리가 세상을 보는 "관점"의 변화는 인류의 문화적 발전의 커다란 기로가 될 것이다. 이 책은 이러한 무거운 주제를 구체적이고, 일상적이고, 사람들이 만들어가는 과정이라는 것을 즐겁게 읽을 수 있도록 표현했다.

정광훈
국립과천과학관 연구관

만약 우리가 본 것이 그곳에 있을 수도 있고 없을 수도 있다고 말한다면, 믿을 것인가? 양자물리학에 따르면 그렇다고 한다. 약 100여 년 전 물리학자들에 의해 세상에 알려진 양자물리학은 우리가 가지고 있던 사고의 틀을 깼다. 인류가 짧은 시간 동안, 반도체와 같은 엄청난 과학기술분야의 발전을 이루었던 것도 바로 양자물리학에 대한 이해 덕분이다. 20세기 초반으로 되돌아가 보자. 뭔가 보았다면 우리는 그 존재를 의심하지 않았다. 너무 작아서 눈에 보이지 않는 것이라도 우리가 보지 못할 뿐이지, 그곳에 있을 것이라고 믿었다. 하지만 양자물리학에 의해 이러한 믿음은 깨지기 시작했다. 특히 전자와 같은 작은 입자들의 세상에서는 입자들이 정확히 어디에 있는지 단정하지 못하고, 확률적으로만 말할 수 있다. 자연현상에 대한 이해가 그동안 객관성과 엄밀한 과학적 검증을 기반으로 이루어진 것을 고려하면, 확률로 자연현상을 설명한다는 자체가 받아들이기 어려운 일이다. 그럼에도 불구하고 양자물리학은 원자와 같은 작은 세상에서 일어나는 현상을 설명하는 탁월한 이론이고, 이 이론을 토대로 많은 문제를 풀어낼 수 있었다. 하지만 양자물리학이 이야기하는 것은 우리의 경험과 사고로는 도저히 이해하기 힘든 부분이 많다. 양자물리학의 탄생은 '우리가 안다는 것은 도대체 무엇인가?'라는 철학적인 문제를 남겼고, 아직도 이에 대해 많은 사람들이 논쟁 중이다.

   이 책은 양자물리학을 교과서적으로 자세히 기술하는 책이 아니다. 그래서 일반 독자들이 읽기 어렵지 않다. 양자물리학은 물리학을 전공한 사람들조차 정확하게 이해하기 어렵지만, 이 책에서 다뤄지는 이야기는 양자물리학에서 말하는 존재와 우리가 경험적으로 인식하는 존재를 일반 대중의 시각에서 의문을 갖고 풀어 나갈 수 있도록 쉽게 구성됐다. 더구나 아인슈타인, 보어와 같은 물리학의 대가들이 직접 나눈 이야기와 서신, 일화 등을 통해 생생하고, 재미있게 이야기를 풀어 나간다. 20세기 초 양자물리학이 탄생할 당시, 측정을 둘러싼 과학자들 간의 흥미진진한 논쟁도 담았다. 양자역학을 이해하는 방식은 "코펜하겐 해석"을 비롯하여 여러 가지가 있다. 현재 "코펜하겐 해석"이 주류로 받아들여지고 있고, 교과서도 그 해석을 기반으로 양자물리학을 설명한다. 하지만 아직까지 "코펜하겐 해석"에 대한 의구심을 갖고 있는 과학자들이 있고, 그 가운데 아인슈타인 등 유명한 물리학자들도 포함되어 있을 만큼 논쟁은 여전하다. "코펜하겐 해석"을 비판하면서 "신은 주사위를 던지지 않는다"는 유명한 항변을 했던 사람이 아인슈타인이다. 그런 의미에서 이 책은 양자물리학을 둘러싼 생각의 역사를 잘 담아냈다. 양자물리학에서 입자의 존재를 확률로 표현하는 코펜하겐 관점부터 코펜하겐 관점을 비판한 데이비드 봄, 존 스튜어트 벨, 휴 에버렛의 관점에 이르기까지, 양자물리학에 대한 과학자들의 다양한 관점을 다룬다. "코펜하겐 해석"의 양자물리학이 "실재"라는 관점에서 받아들이기 어렵기 때문에 많은 과학자들로부터 도전을 받아왔으나, 양자물리학에서 "코펜하겐 해석"은 여전히 유용하고, 실제 현상을 잘 설명하기 때문에 많은 물리학자들이 받아들인다. 하지만 "코펜하겐 해석"에 의문을 갖는 사람들에게 양자물리학은 수학적으로 계산하면 현상과 잘 맞아 떨어진다는 이유로 "닥치고 계산하라"고 한다. 저자는 이러한 "코펜하겐 해석" 관점에 도전한 과학자들의 편에 서서 그동안 세상에 많이 알려지지 않은 이들의 주장을 다루는 데 많은 지면을 할애했다. 저자는 이 책을 통해 "실재"라는 것에 대해 독자들이 좀더 철학적이고 과학적으로 생각해 볼 수 있는 기회를 준 것 같다. 이 책을 통해 양자물리학을 더 다양한 관점에서 생각해 볼 수 있는 기회를 가질 수 있을 것으로 믿는다. 물리학을 전공했지만, 양자물리학을 배우고 나서야 "코펜하겐 해석"에 따른 양자물리학을 배웠다는 것을 알게 되었다. 만약 다른 관점의 양자물리학을 배워야 한다면 아마도 양자물리학이 더 어려울지 모르겠지만, 더 다양한 시각을 가질 수 있을 것 같다.

"닥치고 계산하라!"라는 이야기는 양자물리학을 이해하려 하지 말고, 계산해 보라는 의미다. 그러면 그 계산 결과는 세상에서 벌어지는 현상을 잘 설명해 줄 것이라는 의미다. 계산 결과가 현상을 잘 설명해 주지만 왜 이해하지 못해도 그것을 받아들여야 하는지는 한번 생각해 볼 문제다. 어쩌면 철학적 문제일 수도 있지만, 과학적으로도 필요한 의심이다. 과학은 질문, 비판, 확인, 재확인, 수정 등의 과정을 거쳐 발전해 나가는데 이 책을 통해 과학이 얼마나 엄격하게 작동하고 있는지도 알 수 있다.

이 책은 대학물리학을 이수한 사람들이나 물리학에 관심이 있는 사람들이라면 누구나 이해할 수 있으며, 과학을 전공하지 않더라도 "실재"에 대해 깊이 생각해 볼 수 있는 간단하면서도 심오한 과학자들의 이야기가 많아서 일반 독자들에게도 추천한다.

차례

들어가며		15
프롤로그		25

1부 진통제 철학
1장	만물의 측정 기준	31
2장	문제성 덴마크 고유상태	41
3장	길거리 싸움	71
4장	맨해튼의 코펜하겐	95

2부 양자 이단아들
5장	유배된 물리학	131
6장	또 다른 세계로부터 나타나다	167
7장	과학에서 가장 심오한 발견	197
8장	천지간에는 수없이 많은 일이	225

3부 위업
9장	언더그라운드의 실재	263
10장	양자 스프링	299
11장	코펜하겐 대 우주	329
12장	터무니없는 행운	359

부록	가장 이상한 실험에 관한 네 가지 관점	387

감사하는 말	395
역자후기	399
사진과 그림 출처	403
후주	404
참고문헌	439
찾아보기	451

일러두기

- 책은 겹낫표(『』), 글과 논문은 (「」)홑낫표, 잡지·신문은 겹화살괄호(《》), 영화·그림·음악·기사 등은 홑화살괄호(〈〉)로 표기했습니다. 본문과 후주의 대괄호([ ])는 저자의 부연입니다.
- 본문에서 주(註)는 따로 표시하지 않았으나, 책의 뒷부분에 후주로 정리되어 있습니다. 후주에서 저자가 참고한 자료와 인터뷰의 출처를 밝히고 있으므로 관심 있는 독자들은 참고하기 바랍니다. 괄호 안의 설명도 모두 저자의 글이며 역자주는 따로 넣지 않았습니다.
- 원서에서 이탤릭체로 강조한 부분은 고딕체로 구분했습니다.
- 본문에서 인용된 도서나 영화 중 국내에서 번역·출간된 경우에는 한국어판 제목을, 그렇지 않은 경우에는 원제를 번역하여 표기했습니다.

들어가며 Introduction

 물건 하나가 한꺼번에 두 곳을 차지할 수 없는 일상생활은 번거롭다. 윗도리 주머니에 넣어놓은 열쇠가 그대로 현관문 고리에도 걸려 있지는 않을 테니 말이다. 그렇다고 놀랍지는 않다—물건한테 신비로운 능력이나 지켜야 하는 덕목은 없으니까. 물건은 무척 평범하다. 그런데 이런 평범한 존재가 생경한 은하로 이뤄졌다. 집 열쇠란, 까마득할 적에 죽어가는 별에서 태어나서 초창기 지구로 떨어진 원자 하나하나가 그지없이 많이 뭉친 한시적 상태. 원자들은 젊은 태양이 내뿜는 빛을 흠뻑 뒤집어썼다. 지구에 펼쳐진 생명체의 모든 역사를 목격하기도 했다. 원자들은 대서사시다.

 서사시의 많은 영웅처럼 원자는 보통 사람에게 없는 문제가 좀 있다. 우리는 습관의 노예이며 단조롭게도 한 번에 한 자리에만 붙박힌 피조물이다. 하지만 원자들은 종잡을 수 없다. 하나의 원자는 실험실에서 길을 떠돌다가 왼쪽이나 오른쪽으로 나뉜 갈림길과 마주친다. 이때 사람이라면 어느 한쪽을 골라 나가겠지만, 원자는 어느 쪽에 있을 것인가 하는 망설임에 빠진다. 결국 이 나노미터짜리 햄릿은 둘 다 선택한다. 어느 한쪽을 고르는 게 아니라 두 길을 동시에 따라가면서 논리 법칙에 코웃음을 친다. 그게 누구라도 심지어 덴마크 왕자인 햄릿이라도 예외 없이 적용받는 규칙을 원자에게는 적용하지 못한다. 원자가 사는 세상은 다르며 적용하는 물리도 다른 초미시 양자 세계다.

양자물리학—원자를 비롯하여 분자와 아원자 입자처럼 더없이 작은 존재의 물리—은 모든 과학 분야를 통틀어 가장 성공적인 이론이다. 양자물리학은 다양한 현상을 엄청난 정확도로 예측하기에 아주 작은 세계를 넘어 일상 영역까지 영향을 미친다. 20세기 초 양자물리학이 발견되면서 전화기 내부의 실리콘 트랜지스터, 전화기 화면의 LED, 핵 에너지가 필요한 까마득히 먼 우주 탐사선의 심장부, 슈퍼마켓 계산대에서 쓰는 스캐너용 레이저가 개발되는 데 직접적인 영향을 미쳤다. 양자물리학은 태양이 왜 빛나는지, 여러분의 눈이 어떻게 세상을 볼 수 있는지를 설명해준다. 양자물리학은 원소 주기율표와 화학 분야 전체를 설명해준다. 여러분이 앉아 있는 의자나 몸속의 뼈와 피부 표면 같은 사물의 구조가 어떻게 잘 유지되는지 설명해준다. 이 모두가 이상한 방식으로 움직이는 극미한 물체로 설명된다.

하지만 여기서 약간의 골칫거리가 생긴다. 양자물리학은 사람이 인식할 수 있는 범위에서 적용되지 못하는 것 같다. 우리 세상에서 사람과 열쇠를 비롯한 평범한 것들은 한 번에 하나의 길만 따라간다. 하지만 우리 주변 세계의 평범한 존재는 모두 원자로 이뤄졌다. 그게 누구라도, 심지어 덴마크 왕자라도 마찬가지다. 게다가 원자들은 명백히 양자물리학을 따른다. 그렇다면 어떻게 해서 원자의 물리가 원자로 이뤄진 우리 세상의 물리와 그토록 많이 달라졌을까? 양자물리학은 왜 더없이 작은 세상의 물리에 한정될까?

문제는 양자물리학이 괴상해서가 아니다. 세상은 멋대로라 온갖 해괴한 일이 넘친다. 하지만 분명 일상 생활에서 양자물리학에서 말하는 기이한 효과는 전혀 보이지 않는다. 왜 그럴까? 아마 양자물리학은 실제로 극히 작은 것의 물리에 그치며, 커다란 물체에는 적용되지 않을 것이다—짐작컨대 어딘가에는 경계가, 다시 말해 양자물리학이 적용되지 않는 한계선이 있는 것 같다. 이런 경우 앞서 말한 경계는 어디이며 어떻게 결정될까? 만일 경계가 없다면, 즉 원자나 아원자 입자에 적용되듯이 우리에게도 정말 그대로 잘 적용된다면 양자물리학은 우리가 경험하는 세상과 왜 이렇게 두드러지게 모순을 일으킬까? 열쇠는 왜 결코 동시에 두 장소에 존재하지 않을까?

~~~

80여 년 전, 양자물리학의 창시자 중 한 명이었던 에르빈 슈뢰딩거Erwin Schrödinger는 이런 문제로 깊게 고심했다. 슈뢰딩거는 동료들에게 고민한 바를 설명하기 위해, 오늘날 슈뢰딩거의 고양이Schrödinger's cat라고 알려진 사고실험을 고안했다(그림 I–1). 시안화물을 넣고 밀봉한 약병과 그 위로 작은 망치가 매달린 장치를 상자에 넣고 그 안에 고양이를 가둬 놓았다고 상상했다. 방사능을 검출하는 가이거 계수기에 망치를 연결한 다음, 계수기는 약한 방사성을 띠는 작은 금속 덩어리 가까이 놓는다. 이 루브 골드버그Rube Goldberg 장치는 금속에서 방사능이 방출되는 순간 반응한다. 가이거 계수기가 방사선을 표시하면 연결된 망치가 작동해서 병을 내리치고 고양이는 죽어 버린

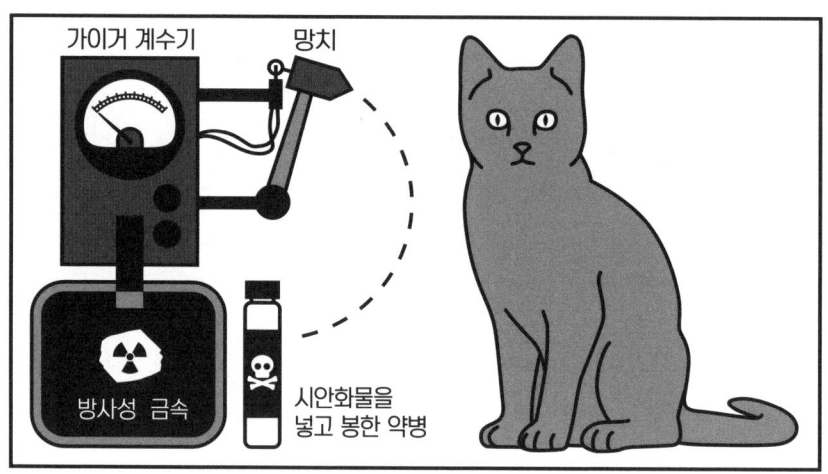

그림 I–1. 슈뢰딩거의 고양이. 금속에서 방사능이 방출되면 가이거 계수기가 이를 표시하고 망치가 떨어져 시안화물이 퍼져 나와서 고양이는 죽는다.

다. (다행히 슈뢰딩거는 실제로 이렇게 실험할 의도는 없었던 터라 동물학대방지회SPCA의 우려를 사지는 않았다.) 슈뢰딩거는 상자에 고양이를 두고 일정 시간이 지난 뒤에 상자를 열어서 고양이의 운명을 확인해 보자고 제안했다.

금속 덩이에서 방출되는 방사선은 금속 원자에서 떨어져 나와 고속으로 날아가는 아원자 입자로 구성된다. 충분히 작은 모든 존재와 마찬가지로 이 입자는 양자물리학의 법칙을 따른다. 하지만 금속 안에서 아원자 입자는 셰익스피어를 읽는 대신, 이번엔 록 밴드 더클래시The Clash의 음악을 듣는 중이다. 어느 특정 시점에서 아원자 입자는 곡 제목처럼 '머물러야 하는지 가야 하는지' 모른다. 따라서 두 가지를 한꺼번에 하기로 한다. 즉 상자를 열기 전이면, 갈팡질팡하는 방사성 금속 덩이는 방사선을 방출하면서 방출하지 않을 것이다.

이 펑크 록 입자 덕분에 가이거 계수기는 방사선을 표시하면서 표시하지 않을 터라, 망치는 시안화물 약병을 내리치면서 내리치지 않을 것이라는 말이다—고양이는 죽은 동시에 살아 있게 된다. 그리고 바로 이 지점에서 심각한 문제가 발생한다고, 슈뢰딩거는 지적했다. 원자야 동시에 두 길을 지나갈지 몰라도 고양이는 분명 죽어 있으면서 살아 있지는 못한다. 상자를 열면 고양이는 죽거나 산 상태일 터라, 상자를 열기 전 어느 순간 어느 한 상태였어야만 말이 된다.

하지만 슈뢰딩거의 시대에는 바로 이 점을 부인하는 사람들이 빠르게 늘어났다. 몇몇 사람들은 상자를 열어보기 직전까지도 고양이는 죽었으면서도 살아 있는 상태에 놓이며, 상자 안을 들여다보는 행동으로 인해서 고양이가 '삶'이나 '죽음'으로 내몰리게 된다고 주장했다. 또 어떤 사람들은 정의상 열리지 않은 상자의 내부는 관측가능하지 않으며, 오직 관측가능하거나 측정가능한 대상만이 의미를 지니므로 상자가 열리기 전에 그 안에서 무슨 일이 일어나는지 이야기해 봤자 무의미하다고 믿었다. 이들에게 관측불가능한 대상에 마음을 졸이는 일은 아무도 없는 숲에서 홀로 쓰러진 나무가 어떤 소리를 냈는지 따지는 일처럼 괜한 짓이었다.

하지만 슈뢰딩거의 고양이를 둘러싼 의구심은 쉽사리 잦아들지 않았다. 슈뢰딩거는 동료들이 중요한 점을 놓쳤다고 생각했다. 양자물리학에서는 중요한 한 가지 요소, 즉 세상에 존재하는 사물에 부합하는 이야기가 빠졌다는 것이다. 양자물리학을 따르는 원자가 경이로울 정도로 많다고 해도 이런 무수한 원자가 우리 주변에서 보는 세상을 어떻게 생성한다는 말일까? 가장 근본적인 수준에서 실재Real란 무엇이며 어떻게 작동할까? 슈뢰딩거의 반대파 쪽에서 승기를 잡자, 양자 세계에서 실제로 일어나는 일을 둘러싼 슈뢰딩거의 고심은 대수롭지 않게 치부됐다. 물리학은 전과 별반 다름없이 계속됐다.

들어가며

슈뢰딩거는 비주류였지만 혼자는 아니었다. 알베르트 아인슈타인도 양자 세계에서 실제로 무슨 일이 일어나는지 이해하고 싶었다. 아인슈타인은 양자물리학과 실재의 본질을 둘러싸고 덴마크 출신 거물 물리학자인 닐스 보어Niels Bohr와 논쟁을 벌였다. 아인슈타인과 보어 논쟁은 물리학에서 전해 내려오는 지식의 일부가 되었고, 통상적으로는 보어가 이겼으며, 아인슈타인과 슈뢰딩거가 우려한 바는 근거 없음이 드러났다고 알려져 있다. 애초에 실재를 생각할 필요가 없으므로 양자물리학은 실재에 관한 문제가 없다는 식이다.

하지만 분명히 양자물리학은 세상에서 '실재란 무엇인가?'라는 질문에 대해 어떤 사실을 알려준다. 그렇지 않고서야 왜 그렇게 이론이 잘 작동하겠는가? 세상에 실재하는 어느 것과도 관련이 없다면 양자물리학의 대단한 성공을 받아들이기는 어렵다. 이론이 단순한 모형일지라도 분명 무엇인가를 모형화해서 제 역할을 톡톡히 해내는 것이다. 양자물리학의 예측이 놀라울 정도로 정밀하게 실현된다는 사실을 보장해 주는 **무언가**가 있어야 한다.

하지만 양자물리학이 세상에 대해 무슨 이야기를 하는지 파악하기란 쉽지 않다. 부분적으로는 이론이 해괴하기 때문이다. 양자 세계에서는 그게 무엇이든 친숙한 구석이라고는 찾아보기 힘들다. 이론의 생경한 측면은 일견 모순돼 보이는—원자가 동시에 여기와 저기에 있고, 방사선이 방출되면서 동시에 방출원에 머무는—양자 물체들의 특성에 국한되지 않는다. 멀리 떨어진 물체가 단번에 연결되기도 하므로 직접 통신하기기는 까다롭고 무리가 있지만 연산과 암호화에는 놀랍도록 유용하다. 게다가 양자물리학이 적용되는 물체의 크기에는 아무 제한이 없어 보인다. 실험물리학자들이 만든 독창적인 장치 덕분에 더욱 큰 물체를 다루게 됐고 거의 한 달에 한 번꼴로 기묘한 양자 현상이 나타난다—이로써 그런 양자 현상을 우리 일상에서 전혀 찾아볼 수 없다는 문제가 불거지는 셈이다.

    이런 현상이 양자물리학의 메시지를 해독하는 데 유일한 어려움은 아니다. 가장 큰 어려움도 아니다. 양자물리학이 유용하다는 점을 물리학자라면 누구나 동의한다는 사실에도 불구하고, 이론이 처음 발전하기 시작한 이래로 지난 90년 동안 그 의미를 둘러싼 격렬한 논쟁이 끊이지 않았다. 한쪽 진영에서는 대다수 물리학자가 견지하고 보어가 가정한 관점에서, 논쟁에서 언급되는 특정 용어를 자체를 계속 부정했다. 이 물리학자들은 이론이 이례적인 성공을 거둔 사실과 별개로 양자 영역에서 어떤 일이 일어나는지 묻는 것은 부적절하거나 비과학적이라고 주장했다. 이들에게는 이론의 해석이 필요하지 않고, 이론이 기술하는 대상이 진정한 실재가 아니기 때문이었다. 실제로 양자 현상이 워낙 이상하다 보니 일부 저명한 물리학자들조차 다른 대안이 없으며, 작은 물체와 일상적인 물체는 객관적으로 실재하는 방식이 같지 않음을 양자물리학이 증명한다고 딱 잘라 말했다. 그러므로 양자물리학으로 실재를 거론하기는 불가능하다는 것이다. 이론과 딱 맞아 떨어지는 세상에 대한 이야기는 있지도 않았고 있을 수도 없었다.

    양자물리학을 대하는 이런 태도가 주류라는 점은 놀랍다. 물리학은 우리를 둘러싼 세상의 이치를 다룬다. 물리학의 목표는 우주의 기본 구성 요소를 알아내고, 그 각각이 어떻게 움직이는지를 이해하는 것이다. 수많은 물리학자가 자연의 가장 기본적인 특성을, 퍼즐이 서로 어떻게 들어맞는지를 이해하려는 열망에 이끌려 물리학에 발을 들인다. 하지만 양자물리학에서 많은 물리학자는 이러한 탐구를 포기한 채, 일말의 주저함도 없이 물리학자 데이비드 머민Nathaniel David Mermin의 표현대로 "닥치고 계산"만 한다.

아직까지도 놀라운 사실은 주류의 견해가 들어맞지 않는다는 사실이 누누이 드러났다는 점이다. 하지만 물리학자들 사이에서 이러한 관점이 대세였음에도, 아인슈타인은 보어와의 논쟁에서 확실히 보어를 능가했고 양자물리학의 핵심에 답변이 요구되는 심원한 문제가 있다는 점을 설득력 있게 제시했다. 슈뢰딩거에게 반대했던 몇몇 사람들처럼, 실재를 둘러싼 의문을 "비과학적"이라고 치부하는 태도는 구닥다리 철학에 근거한 터무니없는 입장이었다. 이에 주류의 견해에 반기를 든 일부 학자가 나타났다. 이들은 양자물리학에 접근하는 대안을 제시했으며, 이론의 정확성을 훼손하지 않고 세상에서 어떤 일이 일어나는지를 명료히 설명했다.

현실적인 대안이 나타나자 실재라는 개념을 어쩔 수 없이 포기해야 한다는 양자물리학의 아이디어는 반박되었다. 하지만 대다수 물리학자는 아직까지도 특정한 형태로 이런 아이디어를 지지한다. 그러다 보니 교실에서 가르치는 바와 통상 대중에게 제시되는 이야기도 비슷한 실정이다. 설령 대안이 제시되더라도 말 그대로 기존 의견의 대안으로만 언급되며, 사실상 기존 의견이라는 것이 어불성설로 드러나도 상황은 그대로다. 이로써 양자론이 처음 등장한 지 한 세기가 지나, 좋은 쪽으로든 나쁜 쪽으로든 세상에 영향을 미쳤으며 개개인의 일상이 송두리째 바뀌었다. 그런데도 여전히 양자론이 '실재의 본질'에 대해서 무엇을 알려주는지 우리는 모른다. 더없이 이상한 이런 이야기가 바로 이 책의 주제다.

이는 믿기지 않는 현상이며, 물리학 바깥에 있는 사람들이 이러한 상황을 알기란 어렵다. 그런데 대체 왜 실재의 본질에 매달릴까? 어쨌거나 양자물리학은 잘 작동할 텐데 말이다. 마찬가지로 **물리학자들**은 왜 매달리는 것일까? 수학적으로 예측은 정확하니 그것만으로 충분하지 않을까?

하지만 과학은 수학과 예측을 넘어서 자연이 움직이는 방식에 대한 그림을 그려보는 일이다. 아울러 앞서 말한 그림, 즉 세상의 이야기는 과학의 일상적인 실천과 미래 과학 이론의 발전을 아우른다. 과학을 넘어서 인간이 활동하는 더욱 넓은 세상에 관한 것임은 말할 필요도 없다. 일련의 방정식에 관해서라면, 각각의 방정식이 무엇을 의미하는지 말해줄 이야기는 무수히 많다. 괜찮은 이야기를 하나 고른 다음에 그 이야기의 구멍을 찾는 것이 과학이 진보하는 방식이다. 최고의 과학 이론은 과학자가 앞으로 수행할 실험을 결정하고 실험 결과가 해석되는 방식에 영향을 준다. 아인슈타인이 지적했듯이 "우리가 무엇을 관측할지 결정해 주는 것이 바로 이론"이다.

과학의 역사는 몇 번이고 거듭해서 이를 증명한다. 갈릴레오가 망원경을 발명하지는 않았다―하지만 갈릴레오는 목성이 지구처럼 태양 주변으로 움직이는 행성이라고 믿었고, 목성을 연구함으로써 얻는 이점이 있으리라고 최초로 생각한 인물이었다. 그 후 망원경은 혜성에서 성운과 성단에 이르기까지 많은 것을 관측하는 데 본격적으로 활용되었다. 하지만 일식 중에 별빛이 태양의 중력으로 인해 휘는지 아닌지 확인하기 위해 망원경을 활용했던 사람은 아무도 없었다. 갈릴레오의 발견 이후, 3세기가 흘러서 아인슈타인의 일반 상대성 이론으로 바로 그런 영향을 예측하기 전까지는 말이다. 과학의 실천 자체는 최고의 과학 이론들에 담긴 전체 내용에, 즉 수학만이 아니라 그 수학과 어우러지는 세상의 이야기에 따라 달라진다. 이런 **이야기**는 과학에서, 그리고 기존 과학을 넘어 다음 이론을 찾아가는 여정에서 중추적이다.

이야기는 과학의 테두리 바깥에서도 중요하다. 과학이 세상에 대해 들려주는 이야기는 더 넓은 문화로 흘러 들어가서, 우리를 둘러싼 세상과 그 속에 처한 우리의 위치를 바라보는 방식을 바꾼다. 지구가 우주의 중심이 아니었다는 발견과 다윈의 진화론, 138억 년 전 빅뱅과 팽창하는 우주와 그 속에 존재하는 수천억 개의 은하, 그 각각에 포함된 수천억 개의 별을 생각하며 인류의 의식 자체가 획기적으로 바뀌었다.

양자물리학이 아무리 잘 성립하더라도 오늘날 우리가 처한 현실을 설명하는 문제를 등한시한다면, 세상에 대한 이해라기보다는 미봉책에 불과하다. 이는 인간이 펼치는 활동으로서 과학을 둘러싼 더 커다란 이야기를 등한시한다는 의미다. 그중에서도 특히 실패담을 간과하게 된다. 학문적 경계를 넘나드는 데 실패하고, 과학 연구 과정에서 막대한 자본력과 군사 계약이라는 유혹을 떨쳐내는 데 실패하고, 과학적 방법의 이상을 추구하는 데 실패한 이야기 말이다. 더욱이 이런 실패담은 과학으로 구석구석까지 재편되는 세상에서 살아가는 모든 이에게 중요하다. 이것은 인류가 진력을 다한 과정이 담긴 과학 이야기다. 다시 말해 자연이 어떻게 반응하는지는 물론, 사람들이 어떻게 반응하는지를 다룬 이야기이기도 하다.

프롤로그 불가능했던 실현

존 스튜어트 벨John Stewart Bell은 벨파스트에서 대학생이던 시절 처음으로 양자물리학의 수학을 접했다가 알게 된 내용이 마음에 들지 않았다. 벨에게 양자물리학은 모호한데다가 엉망진창이었다. "틀렸다고 하기엔 망설여지지만 **구제불능**이라는 건 **알겠습니다**"라고 벨은 말했다.

양자물리학의 대부였던 닐스 보어는 고전적인 뉴턴물리학이 지배하는 거시계와 양자물리학이 좌우하는 미시계를 구분하는 이야기를 했다. 하지만 보어는 두 세상의 경계가 나타나는 지점을 다룰 때는 분통 터지게 애매한 태도를 취했다. 양자물리학의 온전한 수학적 형태를 최초로 발견한 베르너 하이젠베르크Werner Karl Heisenberg라고 해서 더 나을 바는 없었다. 보어와 하이젠베르크가 양자물리학에 접근한 방식은 보어의 유명한 연구소 지명에서 따와서 '코펜하겐 해석Copenhagen interpretation'이라고 불렀다. 해석에 잔뜩 들어있던 모호함은 벨이 양자물리학 교과과정에서 목격한 바와 같았다.

존 스튜어트 벨은 1949년 대학교 졸업을 목전에 두고 양자물리학의 또 다른 창시자 막스 보른Max Born의 책을 우연히 읽었다. 보른의 저서 『원인과 우연의 자연철학Natural Philosophy of Cause and Chance』에서는 수학자 겸 물리학자였던 폰 노이만John von Neumann의 증명을 논했고, 그 대목을 읽으며 벨은 깊은 인상을 받았다. 보른에 따르면 폰 노이만은 코펜하겐 해석이 양자물리학을 이해하는 유일한 방식임을 증명했다. 코펜하겐 해석이 옳거나 양자물리학이 틀린 셈이었다. 양자물리학이 대단한 성공을 거뒀다는 사실로 미루어 보았을 때, 코펜하겐 해석과 그 특유의 모호함은 건재할 것처럼 보였다.

존 벨은 폰 노이만의 증명 원본을 혼자서 읽을 순 없었다. 벨이 읽을 줄 모르는 독일어로 발표됐기 때문이다. 하지만 벨은 그 증명에 대한 보른의 설명을 읽고는 코펜하겐 해석을 우려하는 데 그치지 않고 "더욱 실질적인 작업에 들어갔다." 벨은 영국의 원자력 프로그램에 합류한 바람에 양자물리학에 대한 의구심은 잠시 제쳐 두었다. 그러다가 1952년, 벨은 "불가능했던 실현을 마주했다." 새로 발표된 논문 한 편의 영향으로 코펜하겐 해석의 문제에 대한 벨의 일시적이고 안일한 태도는 온데간데없어졌다.

폰 노이만의 증명이 있었음에도, 데이비드 조지프 봄David Joseph Bohm이라는 물리학자가 양자물리학을 다르게 이해하는 방법을 찾아낸 것이다. 어떻게 된 일일까? 그 대단한 폰 노이만은 어디서 잘못했으며, 대체 왜 아무도 봄보다 먼저 잘못된 점을 발견하지 못했을까? 폰 노이만의 증명을 읽지 않고서는 이런 질문에 답할 수 없었다. 3년 후 폰 노이만의 책이 영어로 출간됐을 무렵, 벨은 이미 결혼해서 가정을 이루었고 양자물리학 박사 학위를 받기 위해 버밍엄으로 떠난 상태였다. 하지만 봄의 논문이 "완전히 마음을 떠난 적은 없었습니다"라고 벨은 말했다. "그 논문이 나를 기다리고 있음을 항상 알고 있었습니다." 10여 년 뒤, 마침내 벨은 봄의 논문으로 돌아가서 아인슈타인 이래로 실재의 본질에 대한 가장 심오한 발견을 이루었다.

1부
진통제 철학

틀뢴 사람들은 셈하는 행동이 셈하는 양을 수정하여,
불명확함을 명확함으로 바꾼다고 배운다. 같은 수량을 세는
여러 사람들이 같은 결과를 마주한다는 사실은 틀뢴의
심리학자들이 볼 때 연상과 기억 작용을 보여주는 한 사례다.
— 호르헤 루이스 보르헤스, 「틀뢴, 우크바르, 오르비스 테르티우스」

이렇게 엉망진창으로 인식론에 매몰된 상황은 끝내야 합니다.
— 아인슈타인이 슈뢰딩거에게 보낸 편지에서, 1935년

1장
만물의 측정 기준

20세기 초반, 굉장한 이론 두 가지가 등장했다. 약 사반세기에 걸쳐 지축을 뒤흔들 정도로 대단한 이론이었다. 기존 물리학의 유산은 흩어지고 실상에 대한 이해는 영원히 바뀌었다. 이 중 하나인 상대성 이론relativity theory은 학계를 떠나 고고하게 홀로 연구한 끝에 심오한 진리라는 쾌거를 손에 넣어 돌아온 유일한 천재 덕분에 그야말로 SF소설처럼 전개되었는데, 그 천재가 바로 알베르트 아인슈타인이었다.

또 다른 이론은 양자물리학으로서 엄청난 산고 끝에 탄생했다. 수십 명의 물리학자가 30년 가까운 세월을 보내며 서로 똘똘 뭉쳐 이뤄낸 결과였다. 아인슈타인도 그들 중 한 명이었지만 리더는 아니었다. 무질서하고 제멋대로인 혁명가 부대가 수장처럼 따른 인물은 덴마크의 위대한 물리학자 닐스 보어였다. 코펜하겐에 소재한 보어의 이론물리학 연구소는 초창기 양자물리학의 메카로 명실상부하여 50년 남짓 흐르는 동안 양자물리학의 일류 학자라면 거의 빠짐없이 이곳에서 연구 경험을 쌓았다. 코펜하겐에서 연구한 물리학자들은 거의 모든 과학 분야를 아우르며 심오한 발견을 끌어냈다. 최초로 양자물리학 이론을 개발했고, 원소 주기율표의 밑바탕에 깔린 이치를 찾아냈으며, 방사선 에너지를 이용해 살아 있는 세포의 기본 기능을 규명했다. 그리고 보어야말로 베르너 하이젠베르크, 볼프강 파울리Wolfgan Pauli, 막스 보른, 파스쿠알 요르단Pascual Jordan을 위시한 걸출한 제자와 동료들과 함께, 양자물리학의 수학을 해석하는 표준으로 부상한 "코펜하게 해석"을 발전시키고 옹호한 대표적인 인물이었다. 양자물리학은 이 세계에 대해 무엇을 알려줄까? 코펜하겐 해석에 따르면 이 질문의 답변은 아주 간단하다. 양자물리학은 이 세계에 대해 알려주는 바가 조금도 없다는 것이다.

코펜하겐 해석의 관점에서는 원자와 아원자 입자가 존재하는 양자 세계에 대한 이야기를 들려주기보다, 양자물리학은 다양한 실험 결과가 나타날 확률을 계산하는 도구에 지나지 않는다고 주장한다. 보어에 따르면 "양자 세계가 없기 때문"에 양자 세계의 이야기라는 것도 없다. "양자물리학적 서술은 추상적일 뿐입니다." 이런 서술로 양자 사건이 일어날 확률을 예측하는 일 외에는 아무것도 할 수 없다. 양자 물체가 우리를 둘러싼 일상 세계와 같은 방식으로 존재하지 않기 때문이다. 하이젠베르크가 말한 대로, "객관적인 실세계를 이루는 가장 작은 구성 요소들이, 돌이나 나무가 관측과 무관하게 존재하는 것처럼, 객관적으로 존재한다는 생각은 불가능하다." 하지만 실험 결과란 무척 실재적인데 측정 과정을 거쳐야 결과가 나오기 때문이다. 파스쿠알 요르단의 말에 따르면, 전자와 같은 아원자 입자의 위치를 측정할 때 "전자는 결정을 내려야만 한다. 전자가 **확실한 위치를 상정**하도록 우리가 압박하는 셈이다. 그전까지 전자는 일반적으로 여기에도 없고 저기에도 없다. 측정 결과는 우리 스스로 만드는 셈이다."

이런 주장은 알베르트 아인슈타인에게 황당하게 들렸다. "이론을 보고 있자면, 지적인 편집증이 좀 과해서 망상이 체계화된 인상이었습니다"라고 아인슈타인은 친구에게 편지를 썼다. 아인슈타인이 양자물리학의 발전 과정에서 결정적인 역할을 하긴 했지만 코펜하겐 해석을 참을 수 없었다. 아인슈타인은 이를 두고 "신실한 추종자라면 푹신한 베개로 삼을 법 하지만 제게는 **진통제 철학**이거나 종교이며, 아무런 영향력도 없습니다"라고 했다. 아인슈타인은 세계에 대한 일관된 이야기, 즉 측정 과정을 거치지 않아도 질문에 답할 수 있는 양자물리학의 해석을 원했다. 아인슈타인은 답변을 거부하는 코펜하겐 해석에 격분해서 "엉망진창으로 인식론에 매몰된 상황"이라고 언급했다.

하지만 완전한 이론을 향한 아인슈타인의 호소에 좀처럼 아무도 귀를 기울이지 않았다. 부분적으로 아인슈타인의 이론은 불가능하다는 폰 노이만의 증명 때문이었다. 당시 폰 노이만은 현존하는 사실상 가장 위대한 천재 수학자였다. 8살 무렵 미적분을 독학했고, 19살에 고등 수학 논문을 처음으로 발표했으며, 22살에 박사 학위를 받았다. 원자 폭탄을 만드는 데 결정적인 역할을 했고 전산학의 창시자 중 한 사람이었으며 7개 국어에 능통하기도 했다. 프린스턴 동료들은 농담 반 진담 반으로 폰 노이만은 무엇이든 증명할 수 있을 뿐만 아니라, 폰 노이만이 증명했다면 그게 무엇이든 무조건 옳다고 보았다.

1932년 폰 노이만은 직접 집필한 양자물리학 교재의 일부로 그 증명을 발표했다. 폰 노이만의 증명을 아인슈타인이 알고 있었다는 증거는 없지만 당시 많은 물리학자가 그 증명을 알고 있었으며, 그들은 불세출의 폰 노이만이 증명을 제시했다는 사실만으로도 논의를 매듭을 짓기 충분하다고 보았다. 철학자 파울 파이어아벤트Paul Feyerabend는 보어가 연사로 나선 공개 강연에 참석했을 때 이러한 분위기를 감지했다. "보어가 강연을 마치고 떠난 후에도 논의가 이어졌습니다. 일부 발언자가 보어의 정성定性적인 주장을 공격했는데, 허점이 많아 보인다는 것이 주된 논지였습니다. 보어주의자들의 주장은 명료하지 않았어요. 그럼에도 폰 노이만의 증명을 내세우면 문제가 일단락되었습니다. (…) 마법이라도 걸린 것처럼 **폰 노이만**이라는 이름만으로, 그리고 '증명'이라는 말만으로도 반대파를 침묵하게 만든 겁니다."

그러던 중 한 사람이 폰 노이만의 증명이 발표되고 얼마 지나지 않아 증명에 얽힌 문제점을 포착했다. 1935년 독일 수학자이자 철학자 그레테 헤르만Grete Hermann은 폰 노이만의 증명을 비판하는 논문을 발표했다. 헤르만은 폰 노이만이 중추적 단계를 입증하지 못해서 증명 전체에 결함이 생겼다고 지적했다. 하지만 아무도 그레테 헤르만의 말을 귀담지 않았다. 왜냐면 헤르만이 물리학계의 이방인이자 여성이었기 때문이다.

폰 노이만의 증명에 결함이 있음에도 코펜하겐 해석은 계속해서 지배적인 위치에 있었다. 아인슈타인은 세상과 단절된 노인으로 치부됐다. 코펜하겐 해석을 의심한다는 것은 양자물리학의 엄청난 성공 자체에 의문을 제기하는 일이었다. 그렇게 양자물리학은 핵심적인 결함이 있었음에도 아무런 의문도 제기되지 않은 채 이후 20년이 흐르는 동안 성공을 거듭했다.

양자물리학에 왜 해석이 필요할까? 양자물리학은 세상이 어떤지 왜 간단히 설명하지 못할까? 대체 왜 아인슈타인과 보어 사이에서 논쟁이 있었을까? 아인슈타인과 보어는 양자물리학이 성립한다는 데 분명 동의했다. 둘 다 양자물리학을 받아들였다면, 대체 어떤 사연으로 이론에서 서로 주장에 동의하지 못했을까?

양자물리학에 해석이 필요한 까닭은, 양자물리학의 이론으로 세상을 설명하는 바가 명료하지 않기 때문이다. 양자물리학에서 다루는 수학은 낯설고 난해하며, 그 수학과 우리가 사는 세상 사이의 연관성을 찾기도 쉽지 않다. 이는 양자물리학이 밀어낸 뉴턴물리학과 극명히 대비된다. 뉴턴물리학이 기술하는 익숙하고 단순한 3차원 세상은 단단한 물체들로 가득하며, 무언가 부딪혀 경로를 벗어나지 않는 한 직선으로 움직인다. 뉴턴물리학에서 다루는 수학은 각 차원에 하나씩, 세 숫자로 구성된 벡터라는 집합을 이용해 물체의 위치를 지정한다. A가 사다리를 타고 지면에서 2미터 위로 떨어진 곳에 있고 이 사다리는 B 앞으로 3미터 떨어진 곳에 있다면 A의 위치는 (0, 3, 2)로 기술할 수 있다. 0은 A가 이쪽이나 저쪽으로 벗어나 있지 않음을, 3은 B와 3미터 떨어져 있음을, 2는 A가 B보다 2미터 높음을 의미한다. 무척 간단했다. 따라서 누구도 뉴턴물리학을 해석하는 방법을 두고 깊이 고민하지 않았다.

하지만 양자물리학은 뉴턴물리학보다 훨씬 더 이상하며 양자물리학에서 다루는 수학도 이상하기는 마찬가지다. 전자가 어디에 있는지 알고 싶다면 셋 이상의 수치가 필요하며, 사실상 무한히 필요하다고 해도 과언이 아

1장 만물의 측정 기준 **35**

니다. 양자물리학은 파동함수wave function라는 무한한 수치집을 이용해 세상을 기술한다. 공간 속의 각기 다른 점에 숫자가 하나씩 지정된다. 만일 휴대전화에 단일한 전자의 파동함수를 측정하는 앱이 있다면, 화면에는 전화기가 있는 위치에 지정된 숫자 하나만 표시될 것이다. 지금 바로 앉아 있는 곳에서는 파동함수미터기라는 앱이 5를 표시할지도 모르겠다. 가로줄을 따라 반 블록 떨어진 위치에서는 0.02를 표시할 것이다. 간단히 말하자면, 파동함수는 서로 다른 위치에서 결정된 숫자 집합이다.

양자물리학에서는 모든 것이 파동함수를 지닌다. 이 책이나 여러분이 앉아 있는 의자나 여러분 자신도 마찬가지다. 주변 공기 속 원자들도, 이 원자들 속 전자들과 다른 입자들도 마찬가지다. 물체의 파동함수는 물체의 움직임을 결정하는데, 이러한 파동함수의 움직임을 결정하는 것은 결국 슈뢰딩거 방정식이다. 슈뢰딩거 방정식은 1920년대 중반에 오스트리아 물리학자 에르빈 슈뢰딩거가 발견한 양자물리학의 핵심 방정식이다. 슈뢰딩거 방정식에서는 파동함수가 항상 매끄럽게 변하도록 보장되므로, 파동함수가 특정한 위치에 지정한 값이 5에서 500으로 갑자기 건너뛰는 법은 없다. 5.1 다음에 5.2, 그 다음엔 5.3이 나오는 식으로 완전히 예측할 수 있도록 부드럽게 이어진다. 파동함수의 숫자들은 글자 그대로 파동처럼 오르내리며 과도하게 꺾이지 않고 물결치듯 매끄럽게 일렁인다.

파동함수가 복잡하다고 할 수는 없다. 그래도 양자물리학에 필요하다는 사실은 좀 이상하게 느껴진다. 뉴턴은 세 숫자만 있으면 어떠한 물체라도 그 위치를 알려줄 수 있었다. 일견 양자물리학에서는 단일한 전자의 위치만 기술하려 해도 우주 전체에 흩어진 무한한 숫자가 필요하다. 하지만 전자들은 기묘해서 아마도 바위나 의자나 사람과 다르게 움직일지도 모른다. 전자들은 넓게 퍼져 있으며, 파동함수는 특정한 위치에 전자가 어느 정도 차지하는지를 나타낸다는 것이다.

하지만 밝혀진 바에 따르면, 앞선 설명은 성립하지 않는다. 잘 정의된 특정 영역에서 반쪽짜리 전자나 전체 전자보다 작은 전자의 일부를 본 사람은 아무도 없다. 파동함수는 특정 영역에서 전자가 부분적으로 나타난다고 알려주는 게 아니라, 특정 영역에 전자가 존재할 **확률**을 알려준다. 양자물리학의 예측은 일반적으로 확실성이 아닌 확률의 관점에서 이뤄진다. 그래서 이상하다는 얘기인데, 그도 그럴 것이 슈뢰딩거 방정식은 전적으로 결정론적이며 식에는 확률은 전혀 들어 있지 않다. 슈뢰딩거 방정식을 활용하면 어떠한 파동함수든 앞으로 영원히 어떻게 움직일지 그야말로 정확하게 예측할 수 있다.

하지만 이런 설명 역시 전적으로 사실은 아니라는 점도 짚어두자. 전자를 찾고 나면 전자의 파동함수에 흥미로운 일이 생긴다. 바로 모범적인 파동함수처럼 슈뢰딩거 방정식을 따르지 않고 붕괴한다. 이는 전자를 발견한 곳을 제외한 모든 영역에서 파동함수가 갑자기 0이 된다는 말이다. 어쩐 일인지 측정할 때는 물리 법칙이 다르게 작용되는 것 같다. 슈뢰딩거 방정식은 항상 성립하지만 측정할 때는 예외다. 슈뢰딩거 방정식이 순간적으로 멈추고 파동함수는 무작위로 지정한 지점을 제외한 나머지 영역에서는 붕괴한다. 이 현상은 너무 이상한 나머지 특별한 이름으로 불린다. 바로 **측정문제**measurement problem다(그림 1-1).

슈뢰딩거 방정식은 왜 측정하지 않을 때만 적용될까? 이는 자연법칙이 작동하는 방식은 아닐 것이다. 자연법칙이란 우리가 무엇을 하든지 항상 적용되는 법칙이라고 우리는 생각한다. 단풍나무에서 잎이 떨어진다면 누가

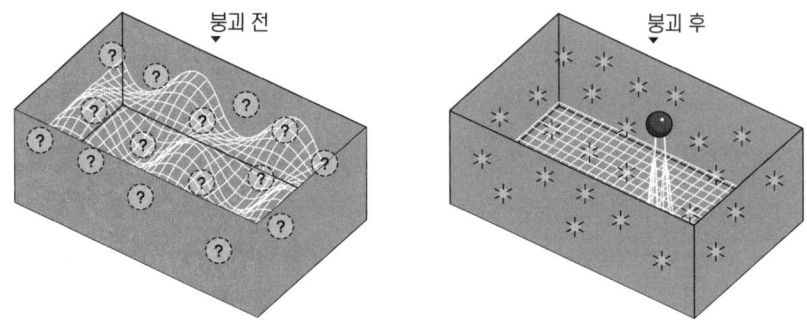

그림 1-1. 측정 문제
왼쪽   상자 속 공의 파동함수는 슈뢰딩거 방정식에 따라 연못 수면의 물결처럼 매끄럽게 일렁인다. 공은 상자 속 어디에나 있는 상태다.
오른쪽   공의 위치가 측정되고 특정한 지점에서 발견된다. 파동함수는 급격히 붕괴하면서, 슈뢰딩거 방정식을 따르지 않는다. 왜 슈뢰딩거 방정식은, 자연법칙은 측정이 일어나지 않을 때에만 적용될까? 아울러 대체 '측정'이란 무엇일까?

그 광경을 보았든 아니든 떨어지며, 중력은 관측자와 무관하게 작용한다.

하지만 양자물리학에서는 정말 다를지도 모른다. 측정이 양자 세계를 좌우하는 법칙을 바꿀 가능성도 있다. 확실히 이상하긴 하지만 불가능할 것 같지는 않다. 하지만 여전히 측정 문제가 남아 있다. '측정'이란 대체 무엇일까? 측정은 측정자가 반드시 필요할까? 양자 세계는 관중의 유무에 따라 달라질까? 누구나 파동함수를 붕괴시키는 게 가능할까? 여러분이 깬 채로 의식을 갖고 있어야 할까, 아니면 혼수상태에 빠진 사람도 가능할까? 신생아는 어떨까? 인간에 한정될까, 아니면 침팬지도 가능할까? 한때 아인슈타인은 "쥐가 관측하면 우주의 상태가 바뀔까요?"라고 물었다. 존 벨은 이렇게 물었다. "세계의 파동함수는 단세포 생물이 나타날 때까지 수십억 년을 뛰어넘으려고 기다렸을까요, 아니면 더 훌륭한 측정자를, 다시 말해 박사 학위자라도 기다렸을까요?" 만일 측정이 살아 있는 관측자와 무관하다면 대체 무엇과 관련있을까? 양자물리학에 좌우되는 작은 물체가 사실상 양자물리학에 영향을 받지 않는 큰 물체와 상호작용했다는 의미일까? 그런 경우, 기본적으로 측정이 항상 일어나고 있으니 슈뢰딩거 방정식은 대체로 적용되지 않는다는 의미가 아닐까? 하지만 그러면 대체 왜 슈뢰딩거 방정식이 성립하는 것일까? 작은 존재의 양자 세계와 큰 존재의 뉴턴 세계가 나뉘는 지점은 어디일까?

근본적인 물리학의 심장부에 놓인, 기묘한 질문이 들어 있는 판도라의 상자를 찾는 과정은 성가신 일이라 해도 과언이 아니다. 양자물리학은 기묘할지라도 세상을 기술하는 데는 무척 유용하다. (이미 성과가 상당했던) 과거의 단순한 뉴턴물리학보다 훨씬 더 말이다. 양자물리학 없이는 다이아몬드가 왜 그렇게 단단한지, 원자가 무엇으로 구성되는지, 전자장치를 어떻게 만드는지 전혀 이해하지 못했을 것이다. 따라서 파동함수들은 그 수치들이 우주 전체에 흩어져 있긴 하지만 우리 주변에 보이는 일상의 물체와 어떠한 방식으로든 관련이 있으며, 그렇지 않았다면 양자물리학으로 예측하는 일은 불가능했을 것이다. 하지만 이로써 측정 문제가 더욱 도드라진다. 실재의 본질에 대해 우리가 이해하지 못하는 무엇인가가 있음을 의미하기 때문이다.

이렇게 이상하면서도 놀라운 이론을 어떻게 해석해야 할까? 양자물리학은 세상에 대해 무슨 이야기를 하는 것일까?

난해한 질문을 회피하면서, 합당한 질문이 아니라고 응수할 수도 있을 것이다. 측정 결과를 예측하는 일이 양자물리학에서 가장 중요한 문제라고 주장해도 좋다. 그러면 측정하지 않을 때 무슨 일이 일어나는지 걱정하지 않아도 되며, 앞서 제기한 난해한 질문은 모두 눈녹듯 사라진다. 파동함수란 무엇일까? 우리 주변 세상 물체와 어떻게 연결될까? 쉽고 편한 대답이 없지는 않다. 바로 파동함수는 수학 장치일 뿐이라는 것이다. 예측을 가능하게 하는 부기簿記 도구와 비슷하다는 관점이다. 그러니까 파동함수는 우리 주변 세상과 무관하며 그저 하나의 유용한 수학적 파편이라는 말이다. 우리가 보지 않을 때 파동함수가 다르게 움직이더라도 큰 문제는 아니다. 한 번 측정을 끝내고 다음 측정을 할 때까지 그 사이에는 아무런 문제가 없기 때문이다. 사실 측정하지 않는 동안에 대상이 존재한다고 거론하는 자체가 비과학적이다. 정말 이상하게도 이런 주장들이 양자물리학의 정통 견해, 곧 코펜하겐 해석의 "푹신한 베개"다.

이렇게 미심쩍을 정도로 손쉬운 대답은 뚜렷한 해결책이 없는 또 다른 의문점을 남긴다. 물리학은 물질 세계를 다루는 과학이다. 더군다나 양자물리학은 세계의 가장 근본적인 구성 요소를 다루는 물리학이기를 주장한다. 하지만 코펜하겐 해석에서는 양자물리학에서 실제로 일어나는 바에 대해 묻는 일이 무의미하다고 주장한다. 그렇다면 실재란 무엇인가? 코펜하겐식 답변은 침묵이다. 애초에 그런 질문을 던지는 무모함을 엄단하는 듯한 표정으로.

이는 아무리 좋게 보려 해도 불만족스러운 대답이다. 하지만 표준으로 자리한 대답이기도 하다. 아인슈타인과 그 이후에 등장한 존 스튜어트 벨이나 데이비드 봄과 같은 물리학자들은 문제를 파고들면서 코펜하겐 진영에 공개적으로 반기를 들었다. 그리하여 실재를 향한 탐구는 양자물리학 자체만큼이나 오래된 반란의 이야기이기도 하다.

2장
문제성 덴마크 고유상태

베르너 하이젠베르크에게 마침내 전화가 걸려 왔다. 고작 스물 네 살의 어리게만 보이는 물리학자를 독일뿐 아니라 사실상 세계의 물리학 중심지였던 베를린 대학교에서 강연차 초청하는 연락이었다. 하이젠베르크는 놀라울 정도로 참신한 아이디어를 아인슈타인 앞에서 직접 설명할 참이었다.

"그렇게 많은 유명 인사를 많이 만나기는 처음이었으므로, 당시로선 가장 이례적이던 이론의 개념과 수학적 토대를 무척 신중하면서도 명료하게 설명했습니다"라고 몇십 년 뒤 당시를 떠올리며 하이젠베르크가 말했다. "가까스로 아인슈타인의 관심을 끌어낸 것 같았습니다. 같이 집까지 걸어가던 중에 아인슈타인이 새로운 아이디어를 더 상세히 논의해 보면 어떻겠냐고 권해 왔기 때문입니다."

1926년의 봄날 두 사람은 아인슈타인의 자택으로 함께 걸어갔다. 아인슈타인은 하이젠베르크에게 학력과 배경에 대해 악의없이 물어보면서, 하이젠베르크의 새 이론으로 주제가 넘어가지 않도록 조심했다. 아인슈타인은 약간의 잔꾀를 부려 집안으로 들어갈 때까지 기다렸다.

~

하이젠베르크의 '가장 이례적인 이론'은 커다란 돌파구가 되었다. 그때까지 넘어서지 못했던 과학 문제를 해결해 주리라 약속하는 이론이었다. 그 문제란, 바로 양자 세계의 본질이었다. 문제성이 드러난 상황에서 극히 작은 존재들의 세계, 즉 원자들의 세계에서 무슨 일이 일어나는지 이해하려면 변화가 절실하다는 사실을 물리학자들도 모르지 않은 채, 30년 가까이 세월이 흘렀다. 그간 물리학자들은 사실상 맹목적으로 연구한 것이나 다름없었다. 원자는 너무 작아서 평범한 현미경으로 배율을 어떻게 조정하든 전혀 보이지 않는다. 가시광선의 파장은 개별 원자의 크기보다 수천 배 더 크다. 하지만 원자들은 가열되면 각기 다른 빛깔을 방출하며, 종류가 다른 원자들은 지문처럼 고유한 색 스펙트럼을 띤다. 19세기 말과 20세기 초 물리학자들은 이런 고유한 색깔을 파악해 나갔지만, 도대체 원자의 내부 구조가 어떤 형태이기에 갖가지 스펙트럼이 나오는지는 이해하지 못했다. 스펙트럼들 사이에 수학적 규칙성이 엿보였으므로 몇몇은 그중 일부를 이해하는 방법을 고안해 내기도 했다. 단연 두각을 드러낸 사람이 닐스 보어였다.

1913년 보어는 극히 작지만 무거운 핵 주변 궤도를 전자들이 도는 원자의 구조를 떠올리며 '행성' 모형을 제안했다. 뉴질랜드에서 태어난 물리학자 어니스트 러더퍼드Ernest Rutherford의 실험 연구에 영감을 받은 결과물이었다. 보어 모형에서는 전자들이 허용된 궤도군을 따라서만 움직인다. 허용된 보어의 궤도 사이에는 전자가 결코 있을 수 없었지만, 한 궤도에서 다른 궤도로 뛰어넘는 것은 가능했다. 각 궤도는 서로 다른 에너지에 해당하며, 전자가 궤도 사이를 뛰어넘을 때는 전자의 에너지가 변한 양에 해당하는 빛을 방출하거나 흡수하여, 실험실에서 보이는 스펙트럼이 나온다. 이런 특정 에너지의 불연속적인 도약을 양자quanta라고 했는데 이는 '얼마나 많은지'를 뜻하는 라틴어에서 유래한 표현이었다. 이로써 원자 세계의 새로운 과학을 '양자물리학qunatum physics'이라 부르게 되었다.

보어 모형은 원자 중 가장 간단한 종류인 수소와 놀랍도록 잘 들어맞았고, 보어는 공로를 인정받아 1922년 노벨 물리학상을 수상했다. 돌이켜 보면 보어 모형은 단순해 보이지만, 원자를 둘러싼 견해가 얼마나 심오하게 바뀌었는지 보여주는 결과물이다. '원자'가 핵 주변 궤도를 도는 만화 같은 이미지는 전적으로 보어에서 비롯한다. 보어 모형은 자연의 이치를 명석하고 독창적으로 통찰하게 해 준다. 하지만 보어도 익히 알았듯, 모형은 완전하지 않다. 수소가 아닌 원자 종류의 색 스펙트럼, 예컨대 수소 다음으로 간단한 헬륨 원자의 색 스펙트럼에 적용해 봐도 도무지 맞지 않았다. 게다가 수소의 경우에서도 보어 모형은 한계가 있다. 수소의 스펙트럼 색은 설명했지만 색들의 상대적 밝기는 설명하지 못했다. 두세 가지 색이 살짝 떨어져 나타나야 하는 부분에서 단색이 나온다고 잘못 예측한 것이다. 결국 원자 스펙트럼을 쉽게 좌우하는 외부적인 영향이 보어 모형으로는 완전히 설명되지 못했다. 원자를 자기장에 두면 그 스펙트럼이 바뀌었다. 전기장에 두면 스펙트럼은 다른 형태로 바뀌었다. 색들이 바뀌고, 어렴풋해지고, 갈라지고, 어두워지고, 밝아졌음에도 뚜렷한 패턴은 보이지 않았다. 하이젠베르크가 나타나기 전까지는.

1925년 6월, 하이젠베르크는 지독한 꽃가루 알레르기에 시달렸다. 재채기가 나고 퉁퉁 부은 얼굴을 타고 눈물이 흘러내려 앞이 거의 보이지 않을 지경이었던 젊은 물리학자는 꽃과 나무조차 찾아보기 힘든 척박한 북해의 헬골란트라는 작은 섬에서 2주간 휴양했다. 섬에서 며칠 보내고 나서 회복세에 접어들자 하이젠베르크는 연구를 재개했다. 원자 내부의 전자 궤도를 다루는 보어의 모형은 전부 무시한 채, 하이젠베르크는 실제로 볼 수 있는 것, 즉 에너지 준위들 사이를 건너뛸 때 방출되는 빛의 스펙트럼에 초점을 맞췄다. 차가운 파도가 부서지는 암벽 위에 마련된 오두막집에서 새벽 3시까지 혼자 연구하느라 떨리는 손으로 "숱한 산술적 오류"를 더듬은 끝에 마침내 하이젠베르크는 돌파구를 찾았다. "표면에 드러난 원자 현상 너머, 낯설 정도로 아름다운 내부를 들여다보는 느낌에 사로잡혔습니다. 자연이 제 앞에 관대하게 펼쳐 보인 귀중한 수학적 구조를 탐구할 생각에 아찔할 지경이었죠." 하이젠베르크가 갑작스럽게 떠올려낸 수학은 "3곱하기 2는 2곱하기 3과 같다"라는 단순한 진술도 항상 참이라고 말할 수 없을 정도로 희한했다. 하이젠베르크는 이렇게 다루기 까다로운 수학을 이용해서 양자 진동자quantum oscillator, 다시 말해 극미한 진자의 스펙트럼을 예측하는 방법을 찾아냈고, 그를 바탕으로 원자 스펙트럼이 자기장에 어떻게 반응할지 예측하는 단계에 이르렀다.

　하이젠베르크는 괴팅겐 대학교로 돌아와서 명석한 물리학자였던 친구 볼프강 파울리에게 새로운 이론의 초안을 보냈다. 하이젠베르크가 몇 년 후 회상한 바에 따르면, 파울리는 "평소 내게 가차없이 혹평해 주는 사람"이었음에도 새로운 이론을 열렬한 찬사로 환영했다. 파울리는 이렇게 말했다. "하이젠베르크의 아이디어로 인해 새 희망이 생겼고, 삶의 낙이 되살아

났습니다. (…) 아직 수수께끼의 답이 나온 상황은 아니지만 다시 한 번 진전을 볼 수 있겠다는 믿음이 생겼죠." 하이젠베르크의 지도 교수인 막스 보른도 동의했다. 보른과 그의 학생인 파스쿠알 요르단은 하이젠베르크가 새로운 이론의 구조와 그 함의를 명료히 밝히도록 도와주었으며, 보른은 해당 이론의 핵심인 생소한 수학적 대상을 '행렬 역학matrix mechanics'이라고 별칭했다. 하이젠베르크의 행렬 역학은 기술적으로 난해했고 시각화가 불가능했다. 하지만 원자 스펙트럼뿐만 아니라 양자 세계 전체를 아우르는 이론이 나타나리라는 전망을 제시했다.

~~~

그에 앞서 20년 전, 하이젠베르크의 나이에 독자적으로 물리학에서 혁명을 일으킨 아인슈타인 역시 꽃가루 알레르기 때문은 아니었지만, 당시 홀로 지냈다는 점에서는 비슷한 처지였다. 1905년 아인슈타인은 스위스에서 특허 담당 직원으로 일하던 시절, 특수 상대성 이론을 발표해서 빛의 본질에 관한 오래된 논쟁을 종식했다. 아인슈타인 이전에는 빛을 미검출 매질류 속에서 움직이는 파동으로 보고 (놀랍게도 19세기식으로) **발광성 에테르**라고 명명했다. 1887년 물리학자 앨버트 마이컬슨Albert Michelson과 에드워드 몰리Edward Morley가 에테르를 통과하는 지구의 움직임을 감지해내려고 했지만 실패했다. 실험 결과를 설명하기 위해 점점 더 복잡한 아이디어가 여기저기서 임시방편으로 쏟아졌다. 어떤 물리학자는 에테르가 에테르를 통과하는 물체를 압축한다는 점을 실험 결과가 보여준다고 주장했다. 그러자 다른 물리학자는 설득력이 부족하다고 지적했다. 에테르를 통과하는 물체에 일어나는 모든 물리적 과정을 에테르가 늦추기도 해야 한다고 주장했다. 하지만 에테르가 비현실적인 본질을 내내 유지하면서 이런 이상한 특성들을 보인다고 해봐야 점점 더 믿거나 이해하기만 어려워졌다.

아인슈타인은 번뜩이는 기지를 발휘해서 일대의 혼란을 해결했는데, 나중에 생각해 보면 명백한 사안이었다. 에테르는 애당초 존재하지 않기 때문에 상상하기 힘들다고 아인슈타인은 주장했다. 빛은 단순히 전자기장의 파동이며 매질이 필요하지 않고 움직이는 속력이 늘 일정하다. 이 단순한 가정에서 아인슈타인이 어떤 운동 이론 전체를 도출해낸 결과가 특수 상대성 이론이다. 특수상대론으로 마이컬슨-몰리 실험에서 나온 부정적인 결과를 설명할 수 있었으며, 다른 이론은 고작해야 가정만 할 수 있던 이상한 효과들(길이 수축, 시간 팽창)을 제1원리 first principles로부터 모두 유도했다.

더욱이 특수 상대성 이론에서 나온 여러 예측은 참신했다. 광속은 속력의 절대 한계여서, 어떠한 물체나 신호도 빛이 진공에서 움직이는 속력보다 더 빨라질 수 없다는 것이 특수 상대성 이론으로 알게 된 특성이다. 특수상대론의 수학이 요구하는 조건에 따르면, 어떠한 물체든 광속에 가까워질 순 있지만 막상 광속에 도달하려면 무한대의 에너지가 필요하다. 게다가 물체가 어떤 식으로든 빛보다 빨라졌다고 치면, 이론상 물체가 지나온 과거로 돌아가서 애초에 떠나지 못하도록 막는다. 패러독스에 빠지는 셈이다. 광속은—대략 초속 300,000킬로미터로—대단히 빠르며, 어떠한 물체가 이동하거나 신호를 전달하거나 물체에 영향을 미칠 때 가능한 가장 빠른 속력임을 아인슈타인은 발견했다.

같은 해, 아인슈타인은 후속 논문에서 상대성 이론을 확장하여 뉴턴의 운동 법칙들을 수정했고 그 과정에서 질량은 에너지의 형태임을 보이는 방정식을 발견했다. 바로 $E=mc^2$였다. 이런 결과물은 아인슈타인이 '기적의 해'라고 불리는 1905년에 발표한 논문 중 두 가지에 불과하다. 아울러 같은 해 아인슈타인은 엄청난 파장을 몰고 올 논문을 세 편 더 발표했는데, 그중에는 원자들의 움직임에 관한 논문과 훗날 노벨 물리학상을 받은 연구인 빛과 물질의 상호작용에 관한 논문도 포함되어 있었다.

상대론에 관한 연구에서 아인슈타인은 오스트리아 물리학자이자 철학자인 에른스트 마흐Ernst Mach의 연구를 일부 지침으로 삼았다. 마흐는 과학이 서술적 법칙에 기초해야 하며, 세상의 진정한 본질에 대해서는 어떠한 주장도 하면 안 된다고 믿었기 때문에 그런 주장은 불필요하다며 묵살했다. 마흐에게는 가장 나쁜 영향을 미친 사람이 물리학의 위대한 신이라고 불렸던 아이작 뉴턴Isaac Newton이었다. 뉴턴의 역작인 『프린키피아*Principia*』는 공간과 시간이 그 자체로 절대적 실체이며 이 세상에 실재한다는 가정에서 출발했다. 이 "절대 공간이라는 기형적인 개념"은 마흐의 관점에서는 "경험으로 성립할 수 없는, 순전한 사고의 산물"이었다. 역학이라는 본연의 과학은 앞서 언급한 류의 존재론적 주장—실세계에서 정말로 존재하는 것들이 무엇인지 묻는 질문—은 접어두고, 물체의 관측된 움직임을 정확히 예측하는 서술적이고 수학적인 법칙을 세우기만 하면 된다고 마흐는 생각했다. 마흐에 따르면 훌륭한 이론은 관측 결과를 연결하는 역할을 하며 관측할 수 없는 대상을 상정하는 법이 없었다.

열역학 법칙은 1800년대 초에 발전했지만, 마흐에 따르면 이 법칙이야말로 현대 물리 이론의 본보기였다. 카르노N. L. S. Carnot와 줄J. P. Joule을 포함한 여러 사람이 확립한 바에 따라, 열역학을 통해서 증기 엔진이나 세계 곳곳에서 관측가능한 열의 움직임이 단순하게 정량화되었다. 이로써 열의 본질에 대한 예측이, 관측불가능한 비본질적인 아이디어를 상정하지 않고도 가능해졌다. 열역학은 세상에 실제로 존재하는 것을 다루는, 난해하고 정당화되지 않은 아이디어에 기대지 않았다. 그저 세상을 기술할 뿐이었다.

아인슈타인은 학창 시절 마흐의 『역학의 발달 History of Mechanics』을 읽었을 때 절대 공간과 절대 시간에 대한 뉴턴의 생각을 마흐가 비판한 대목에서 깊은 인상을 받았다. "이 책은 내게 지대한 영향을 끼쳤습니다"라고 수십 년 뒤에 적었다. 관측불가능한 개체를 없앤다는 마흐의 생각을 마음속에 아로새긴 아인슈타인은 에테르 문제를 다뤘고, 특수상대론에서 에테르가 불필요한 가설임을 알아냈다. 게다가 공교롭게도 특수상대론은 마흐가 멸시한 절대 공간과 절대 시간을 망각 속으로 몰아냈다.

요컨대 아인슈타인은 마흐의 생각을 명석하게 활용했다. 마흐주의자들은 아인슈타인의 성과에서 영감을 받았고, 상대론의 성공에 힘입어 세계에 접근하는 자신들의 방식이 옳다는 사실이 입증되었다고 믿었다. 마흐의 관점은 아인슈타인의 가장 유명하고 심원한 연구에서 중요한 역할을 했으므로, 마흐의 시각을 분명 아인슈타인과 공유하고 있다고 판단한 것이다. 하지만 실제로 아인슈타인 당사자와 이야기해 본 마흐의 추종자들은 아인슈타인이 교조적 마흐주의자가 아니라는 사실에 놀랐다. 오히려 마흐주의자와는 거리가 멀었다. 아인슈타인은 상대성 이론에서 절대 공간과 절대 시간이라는 아이디어를 버렸지만, 그 자리를 또 다른 절대 개념으로 대체했다. 여기서 절대 개념이란, 바로 공간과 시간이 통합된, 모든 관측자에게 동등한 **시공간**이다. 게다가 '상대성'이라는 이름을 써서 마치 절대성을 거부한다는 인상을 남긴 물리학자는 막스 플랑크였지 아인슈타인이 아니었다. 외려 아인슈타인은 상대주의relativism 따위를 암시한다는 이유로 '상대성relativity'이란 이름을 싫어했다. 아인슈타인이 더 선호한 "불변론Invariant theory"이라는 이름에서는 전혀 다른 개념이 연상됐다. (상대론에서 '불변량'이란 모든 관측자가 받아들이는 시공간처럼 일정하게 유지되는 양들이다. 상대론에는 이런 양이 많이 나온다.) 훗날 아인슈타인이 여러 차례 밝힌 내용에 따르면, 마흐의 아이디어가 그 정도로 심각히 거론될 줄은 몰랐다고 했다. "마흐의 인식론을 (…) 막상 지지할 수는 없을 것 같습니다"라고 아인슈타인은 썼다. "어떠한 생명체도 탄생시키지 못합니다. 고작해야 해충을 박멸하는 정도입니다." 마흐는 물리학이 세상을 인식한 결과를 체계적으로 정리할 뿐이라고 믿었지만, 아인슈타인이 보기에 물리학은 세상 자체와 직결되었다. "과학의 유일한 목적은 무엇이 **존재**하는지를 결정하는 일입니다"라고 아인슈타인은 말했다.

1905년, 마흐에 대한 아인슈타인의 태도는 같은 해 발표한 논문 두 편에서 무척 설득력 있고 확실하게 드러난다. 그중 한 논문에서 아인슈타인은 유체에서 미시적인 먼지 티끌이 무작위로 움직이는 브라운 운동Brownian motion을 설명했다. 식물학자 로버트 브라운Robert Brown이 이 현상을 발견했을 때가 거의 80년 전(더군다나 광합성을 발견한 얀 잉엔하우스Jan Ingenhousz가 같은 운동을 관측했을 때는 그보다도 40년 전)이었는데도 그동안 누구도 만족스럽게 설명하지 못했다. 아인슈타인은 이를 완벽하게 설명해냈다. 물리학에 접근하는 마흐식 관점을 거부한 결과였다. 아인슈타인은 마흐와 앙숙이나 다름없는 루트비히 볼츠만Ludwig Boltzmann의 접근 방식을 수용했는데 볼츠만은 세상이 경이로울 만큼 많고 극미한 원자로 구성되어 있다고 주장한 장본인이었다. 마흐는 원자가 너무 작아서 원칙적으로 관측불가능하므로 존재하지 않는다고 거듭 공언한 바 있었다. 하지만 볼츠만은 무수한 원자의 통계적 움직임이 마흐가 가정만 했었던 열역학 법칙과 직결된다는 점을 결과적으로 보였다. (원자가 존재한다는 증거를 확보한 화학분야에서는 당시로부터 반세기도 더 전에 원자의 존재를 이미 받아들였다.) 마흐는 볼츠만의 주장을 납득하지 못했다. 하지만 아인슈타인은 볼츠만의 주장이 매력적이고 우아하다고 느꼈고, 당면한 문제를 해결하기 위해 원자가 존재한다는 관점을 기꺼이 수용했다. 볼츠만의 통계적 방법을 활용해서 아이슈타인은 브라운 운동은 유체 속 원자와 먼지 티끌이 불규칙적으로 충돌하기 때문임을 보였다. 아인슈타인은 한 세기 묵은 수수께끼를 단번에 설명했을 뿐 아니라 원자에 기반한 볼츠만의 통계적 접근이 물리학에서 탄탄하면서도 유용한 방법임을 확증했다.

　브라운 운동에 관한 아인슈타인의 논문이 마흐주의자 관점에서 아무리 못마땅했다 해도, 또 다른 논문에 비할 바는 아니었다. 해당 논문에서 아인슈타인은 오랜 수수께끼인 **광전 효과**의 해결책을 제안했다. 금속판에 빛을 쏘면 전류가 공기 속을 통과해 근처 도선으로 건너뛴다. 광전 효과는 관련된 빛의 색이 중요해 보이는 현상이어서 곤혹스러운 문제였는데, 빛이 스펙트럼의 적색 끝으로 치우치면 빛이 얼마나 밝든 간에 전류가 나타나지 않았다. 아인슈타인은 이런 희한한 성질을 설명하려고 빛이 새로운 입자인 광자로 구성되었다고 제안했다. 대담한 가설이었다. 마흐의 철학에는 정면으로 도전했을 뿐만 아니라 빛은 파동이 아니라 입자라고 주장했는데, 이는 한 세기 동안 인정된 실험적 증거와 모순돼 보이는 주장이었다. 아인슈타인은 빛이 전자기파임을 알았음에도—훗날 이런 아이디어는 상대성 이론을 제창할 때 커다란 영향을 주었다—빛은 입자거나 입자의 성질을 띤다고 주장했다. 이런 이상한 생각을 설득하기 위해서 독일 물리학자 막스 플랑크Max Planck가 5년 전에 발견했던 **흑체 복사 법칙**과 함께 광전 효과를 거론할 수밖에 없었다. 20년 가까이 아인슈타인 말고는 거의 아무도 광자가 존재한다고 믿지 않았다. 플랑크도 자신의 연구가 빛이 입자들로 이뤄져 있음을 암시한다고 생각하진 못했다(몇 년 뒤 양자 혁명의 시초가 되었다). 아서 콤프턴Arthur Compton이 전자들을 튕겨 낸 광자들을 실제로 포착한 1923년에 이르러서야 마침내 물리학계는 아인슈타인의 사고방식을 받아들였지만, 여전히 몇몇 학자들은 그런 시각을 탐탁지 않아 했다.

하지만 아인슈타인은 고독감에 익숙했다. 1905년 아인슈타인이 세상을 바꾸었을 때도 스위스 특허청에서 혼자서 일하던 중이었으며, 이후 일생을 고독하게 보냈다. 아인슈타인은 언젠가 인생을 "외말 마차one-horse cart"처럼 보냈다고 했듯이, 다른 물리학자들과 공동으로 연구하는 경우가 무척 드물었고 직접 제자를 둔 적도 거의 없었다. 과학적으로든 어느 면으로든 현상 유지에 늘 의구심을 품었으며, 상식이란 18세까지 쌓인 편견이 똘똘 뭉친 결과물이라고 규정했다. 그래서 1925년 하이젠베르크의 기상천외한 새 이론이 공개된 자리에서 아인슈타인은 당연하게도 회의적이었다. 처음으로 하이젠베르크의 아이디어가 논문으로 발표되고 얼마 지나지 않아 아인슈타인은 "하이젠베르크가 커다란 양자 달걀을 낳았다네"라고 친구인 파울 에렌페스트Paul Ehrenfest에게 썼다. "괴팅겐에서는 믿을지 몰라도 나는 아니라네." 하이젠베르크 코앞에서 물어볼 상황이 마련되자 아인슈타인은 기회를 놓치지 않았다.

아인슈타인이 마침내 아파트에 들어가 편하게 자리하자, 정말로 궁금한 점을 하이젠베르크에게 물었다. "박사는 원자 안에 전자들이 존재한다고 가정하는데 그렇게 접근하는 방법이 꽤 타당하긴 할 겁니다. 하지만 전자들의 궤도를 고려하지 않는군요……. 그런 이상한 가정을 세운 이유가 몹시 궁금하네요."

"원자 안에서 전자들이 움직이는 궤도는 관측할 수 없었습니다." 하이젠베르크가 대답했다. 하이젠베르크는 원자에서 나오는 빛의 스펙트럼만 실제로 관측가능하다고 밝히면서 다소 마흐적인 표현으로 결론내렸다. "훌륭한 이론은 직접 관측가능한 물리량에 근거해야 하므로, 저는 제한된 범위 내에서 방법을 찾는 쪽이 더 적합하다고 생각했습니다."

그날의 만남을 회상하며 훗날 하이젠베르크가 얘기하기를, 아인슈타인은 충격을 받았다. "진심으로 관측가능한 물리량 외에는 어떠한 것도 물리 이론에 들어가면 안 된다고 믿는 건가요?"

"상대성 이론에서 선생님께서 바로 그렇게 하지 않았는지요?" 하이젠베르크가 대답했다.

"나도 아마 그런 식으로 추론했을 테지만, 말이 전혀 안 되기는 매한가지입니다." 아인슈타인이 말했다. "원칙적으로 관측가능한 규모에서만 이론을 세우는 시도는 큰 오류입니다. 실제로는 정반대입니다. 우리가 무엇을 관측할지를 결정해 주는 것이 바로 이론입니다." 그러고는 아인슈타인은 우리 주변의 정보를 과학 장치로—혹은 오감을 이용해서—주변의 정보를 얻는다고 해도, 세상이 작동하는 원리를 설명해 주는 이론 없이는 이해할 수 없을 것이라며 설명을 이어갔다. 온도계로 오븐에서 익힌 통닭의 온도를 재려 할 때는 온도계가 정확히 통닭 안쪽의 온도를 가리키며, 온도계에서 반사되어 눈에 들어오는 빛이 정확히 온도계의 눈금을 가리킨다고 가정한다. 바꿔 말하면, 세상이 작동하는 방식에 대한 이론을 가진 채로 온도계를 사용할 수 있도록 (아주 잘 정당화된) 이론을 이용한다. 비슷한 맥락에서 아인슈타인은 하이젠베르크에게 원자 스펙트럼을 볼 때, "우리는 빛이 진동하는 원자에서 분광기나 눈으로 전달되는 전체 메커니즘이 항상 그러하다고 추정해왔던 대로 작동한다고 가정합니다"라고 지적했다.

훗날 하이젠베르크는 "아인슈타인의 태도에 무척 당혹스러웠다"고 회상했다. 견고한 마흐의 철학을 방패 삼아서 하이젠베르크는 대답했다. "훌륭한 이론이 관측한 결과를 요약한 것에 지나지 않는다는 생각은 (…) 분명 마흐까지 거슬러 올라갑니다. 사실 상대성 이론은 마흐주의적 개념에 크게 의존한다고들 합니다. 하지만 방금 제게 말씀하신 내용은 그 반대인 것 같군요. 이 모든 걸 어떻게 받아들여야 할까요? 선생님이라면 어떻게 하시겠습니까?"

"마흐는 세상이 실제로 존재한다는 사실, 즉 감각적인 인상이 객관적인 어떤 것에 기초한다는 사실을 오히려 간과하고 있습니다." 아인슈타인이 대답했다. "마흐는 '관측한다'는 단어가 무슨 뜻인지 완벽히 안다는 듯이 말합니다. 그래서 '객관적' 현상과 '주관적' 현상을 구별해야 할 부담이 사라진 것처럼 주장합니다. (…) 방금 논의한 문제만 고려해 봐도, 언젠가 당신의 이론 때문에 스스로 곤경에 처할 것 같은 불길한 예감이 드는군요."

서로 주장이 교착 상태에 이르자 하이젠베르크는 화제를 바꾸기로 했다. 하이젠베르크는 요 며칠, 향후 거취 문제로 고심하던 차였다. 1년 전 하이젠베르크는 코펜하겐에서 보어와 함께 7개월간 활발히 연구했고, 직전에 헬골란트로 운명적인 여행을 다녀왔다. 당시 보어는 하이젠베르크에게 자신을 도와줄 자리로 코펜하겐에 다시 와 달라고 제안했고 하이젠베르크는 흔쾌히 응했다. 며칠 뒤, 하이젠베르크는 믿기지 않을 정도로 행복한 고민에 빠졌다. 라이프치히 대학교에서 정교수직 제안을 받은 것이다. 명문대 영년직으로 하이젠베르크처럼 젊은 사람에겐 전례가 없던 일이었다. 어떻게 해야 할지 확신이 서지 않은 하이젠베르크는 아인슈타인에게 조언을 구했다. 아인슈타인은 보어와 연구하기를 권했다. 사흘 뒤, 하이젠베르크는 코펜하겐으로 길을 떠났고, 다시 한 번 양자론의 대부를 사사하기로 했다.

~~~~~

보어와 아인슈타인은 친구였다. 1920년에 보어를 처음 만난 뒤, 아인슈타인은 "당신처럼 그저 있다는 사실만으로도 기분이 좋아지는 사람은 드뭅니다"라고 보어에게 적어 보냈다. 아주 친한 파울 에렌페스트에게 보낸 편지에서는 보어를 두고, "감수성이 예민한 아이 같고 꼭 최면이라도 걸린 사람처럼 돌아다니는 느낌"이라고 표현했다. 아인슈타인과 보어 둘 다 시대를 주름잡던 물리학자였고 양자물리학의 발전에 큰 영향을 미쳤다. 하지만 공통점은 대체로 거기까지였다. 아인슈타인과 달리 보어는 계속 다른 물리학자들과 함께 연구했다. 거의 반세기가 넘는 시간 동안 보어는 젊은 물리학자 수십 명을 배출하는 한편, 물리뿐 아니라 인생에서 조언자 역할도 했다. 보어 특유의 카리스마와 인품은 코펜하겐 연구소를 방문한 학자들에게 강렬한 인상을 남겼다. 미국 물리학자 리처드 파인만Richard Feynman의 표현에 따르면, "학계의 거물에게마저 보이는 위대한 우상이었다." 학생들과 젊은 동료들에게 보이는 아버지 같은 존재이면서 초월적인 현명함을 겸비한 현인으로서, 미국 물리학자 데이비드 프리슈David Frisch는 "현존하는 사람 중 최고로 지혜로운" 인물이라고 했다. 보어의 학생 중에서 가장 걸출했던 존 휠러John Wheeler는 보어의 지혜를 "공자와 부처, 예수와 페리클레스, 에라스뮈스와 링컨"에 빗댔다. 더욱이 대다수 동료들에게 보어는 거의 신비로운 존재로서 과학적 진리의 맑은 샘이었다. "우리는 모두 교수님을 과학 분야에서 최고로 심오한 사상가로 우러러 봅니다"라고 영국 화학자 프레더릭 도넌Frederick Donnan은 보어에게 보낸 편지에 이렇게 썼다. "현대적 발전에 담긴 진정한 의미를 설명해 주는 하늘이 내린 해설자입니다. (…) 교수님께서 아름다운 정원을 거닐며 평화로운 순간을 더러는 남몰래 누리는 사이, 나뭇잎과 꽃과 새들이 자신들의 비밀을 교수님에게 속삭이는 광경을 떠올려 보기도 합니다. 전 시간이 흘러도 그렇게 떠올릴 참입니다."

제도권의 전폭적인 지원에 힘입어 보어의 카리스마는 나날이 더해 갔다. 덴마크 정부는 보어에게 연구할 환경을 제공할 목적으로 전용 연구소를 세우고 비용을 지원했다. 덴마크 학술원은 맥주를 만드는 대기업이었던 칼스버그사社가 짓고 출자한 명예의 저택에 거주할 사람으로 보어를 택했다. 덴마크 지식인 가문의 자제로 태어난 보어는 집에서 정기적으로 물리학자들은 물론 예술가, 정치인, 나아가서 왕실과도 교류하는 자리를 마련했다. 과학사가 마라 벨러Mara Beller의 표현에 따르면 보어는 코펜하겐에 온 젊은 물리학자들에게 "지적인 자극을 주고 경력을 쌓게 해줬다. 정신적인 충족감을 주었고, 현실적인 즐거움을 주었으며, 물질적으로나 심리적으로나 힘을 북돋았다. 젊은 과학자들 다수가 보어를 따르고자 했다. 그 권위에 감히 도전하는 사람이 드문 아버지 같은 존재였다." 실제로 보어가 학생들의 삶에 끼친 영향은 전공 분야를 넘어 무척 개인적인 수준에까지 이르렀다. 보어의 뛰어난 제자였던 빅토어 바이스코프Victor Weisskopf는 말했다. "보어 선생과 연구하는 물리학자는 2년을 넘기기 전에 분명 결혼할 겁니다."

코펜하겐의 위대한 현인을 방문하는 경험은 특히 젊은 과학자들에겐 지적으로나 정서적으로나 대단한 영향을 미쳤다. "보어 선생은 우리 대부분을 칼스버그로 초대했습니다. 우리는 저녁을 먹고 커피를 홀짝이며 한 마디도 놓치지 않으려고 보어 선생에게 붙어 있었는데 몇몇은 말 그대로 발치에 앉았습니다"라고 보어의 다른 학생인 오토 프리슈Otto Frisch는 썼다. "소크라테스가 다시 살아나 우리한테 도전적인 화두를 부드럽게 던지면, 주장을 거듭할수록 논의가 한층 성숙되고 우리 안에 있는지 몰랐던 (게다가 전에 없었던) 지혜를 북돋는 느낌을 받았습니다. 종교에서 유전학, 정치에서 예술까지 폭넓게 아우르며 대화를 나눴습니다. 그런 뒤에 라일락 향기나 비를 흠뻑 뒤집어 쓴 채 자전거로 코펜하겐 거리를 가로질러 집으로 돌아올 때면, 플라톤식 대화법으로 정신세계가 한껏 도취된 기분이었죠."

하지만 보어는 현인 중에서도 특이한 유형에 속했다. 명석하고 통찰력이 뛰어났지만 굼뜨고 모호해서 때로는 짜증을 유발할 정도였다. "보어와 같이 연구해본 적이 없는 사람에게 보어를 설명하기란 사실상 불가능합니다"라고 러시아 물리학자이자 보어의 예전 학생이었던 (그 역시 독특한 성격으로 유명한) 조지 가모프George Gamow는 말했다. "보어 선생의 가장 특징적인 면모는 느리게 생각하고 이해한다는 것이었죠." 당시 가모프는 보어와 영화를 볼 때 느꼈던 불만을 이렇게 표현했다.

보어 선생이 좋아하신 영화라고는 〈레이지 지 목장의 총싸움*The Gun Fight at the Lazy Gee Ranch*〉이나 〈론 레인저와 수 족의 소녀*The Lone Ranger and a Sioux Girl*〉라는 작품이 전부였다. 하지만 선생님과 영화를 보러 가는 건 고역이었다. 선생은 이야기 구조를 이해하지 못했고, 옆에 있던 관객이 엄청 짜증을 낼 정도로 우리에게 끊임없이 질문을 던졌다. "저 사람이 매부의 소 떼를 훔치려던 인디언을 쏜 카우보이의 누이인가?" 보어 선생의 반응이 굼뜨기는 학회에서도 마찬가지였다. 코펜하겐 연구소에 초빙된 어느 젊은 물리학자는 (코펜하겐 연구소의 물리학자 대부분이 젊었다) 양자론의 어떤 복잡한 문제에 대해 최근 계산한 내용을 명석하게 강의하고는 했다. 매번 청중 모두 명료하게 강의 내용을 이해했지만 보어 선생은 아니었다. 그래서 모두 보어 선생에게 간단히 핵심을 설명하기 시작하다가, 나중에 가면 다들 혼란에 빠져 아무것도 이해하지 못하는 지경에 이르렀다. 시간이 한참 지나고서야 마침내 보어 선생은 이해했다. 하지만 그 내용은 초빙 학자가 발표한 바와 판이했고, 결국 보어 선생이 옳은 것으로, 그러니까 발표자의 해석이 틀린 것으로 판명났다.

하지만 보어의 매력이 상당했으므로 제자와 동료들은 연구 과정에서 별난 면모 따위는 무시할 수 있었다. 오히려 특유의 기벽 때문에 학생들은 보어에게 더욱 매료됐다. 보어의 별난 성격은 학생들에게 보어가 필요할 뿐 아니라, 보어 역시 학생들이 필요하다는 사실을 보여줬다. 보어는 원체 느렸지만 치열했고 다같이 협력해서 연구하는 유형이었다. 자기 생각을 거듭 이야기하면서도 다른 사람이 어떻게 생각하는지 알기 위해 부단히 애썼다.

글쓰기는 보어에게 괴로운 과정이었고 누군가의 도움 없이 글을 마치기란 거의 불가능할 정도였다. 실제로 1922년부터 1930년까지 양자론이 크게 발전한 초창기를 포함해서 수년 동안 보어는 단 한 편의 논문도 단독으로 발표하지 않았다. 더군다나 아인슈타인의 글이 명료하고 믿기 어려울 정도로 간단했던 반면, 보어의 글은 배배 꼬여 있고 모호했다. 보어의 문장은 만연하고 난해하기로 유명했다. 일례로 양자 '도약'이 양자물리학과 뉴턴의 고전물리학 사이의 핵심적 차이라고 설명하는 그나마 짧고 간단한 축에 속하는 문장이 이런 식이다.

양자론을 체계화할 때 이에 따라 관련되는 어려움에도 불구하고 그 본질은, 앞으로 살펴보겠지만, 고전 이론에서는 완전히 낯설고 플랑크의 작용 양자로 기호화된 필수적 불연속성 내지는 오히려 약간의 개별성을 어떠한 원자적 과정에든지 부여하는 일명 양자 가설로 표현되어도 괜찮아 보인다.

말이라고 해서 글보다 더 명료하지도 않았다. "1932년 한 학회에서 보어 교수는 현재 원자론에서 나타난 난점을 다루는 기초적인 보고를 했습니다"라고 보어의 학생 카를 폰 바이츠제커Carl von Weizsäcker가 지난 날을 떠올렸다. "괴로운 표정으로 고개를 기울인 채 불완전한 문장을 웅얼거렸습니다." 보어가 자신을 표현하는 데 겪었던 어려움은 공개 강연에 한정되지 않았다. 개인적인 대화 경험을 밝힌 바이츠제커는 보어의 "더듬거리는 이야기 방식은…… 주제가 중요하면 중요할수록 점점 이해하기 어려워지곤 했습니다"라고 썼다. (흥미롭게도 보어는 학생들에게 "결코 생각할 수 있는 수준보다 더 명확하게 자신을 표현하지 말라"는 얘기를 권했다고 한다.) 이런 모호함 때문인지 보어의 현인같은 면모가 더 부각되었다. 보어가 단어를 하나 던져주면, 학생들이 이를 두고 몇 시간이고 며칠이고 갈피를 잡지 못하는 경우가 허다했다. 보어의 제자 중 한 명인 루돌프 파이얼스Rudof Peierls는 (후일 존 벨의 박사 과정을 지도했다) "보어 선생을 이해할 수 없을 때도 많았지만, 우리는 보어 선생을 거리낌없이 존경하고 한없이 좋아했죠"라고 했다.

~~~

아인슈타인을 뒤로한 채 베를린을 떠나고 나서 사흘 뒤, 하이젠베르크는 코펜하겐에 도착했다. 과거 보어의 연구소를 한 번 거친 이후, 하이젠베르크는 그 사이에 박사 학위 심사를 통과했고, 행렬 역학을 발전시켰고, 교수직 제안을 받았다. 하지만 돌아온 하이젠베르크는 좌절감에 빠졌다. 하이젠베르크의 행렬 역학은 획기적이었지만 승리는 오래가지 못했다. 하이젠베르크의 연구가 처음으로 출간되고 6개월이 지난 뒤, 빈의 물리학자 에르빈 슈뢰딩거가 양자물리학에서 경쟁이 될 이론인 파동 역학wave mechanics을 지면에 발표했기 때문이다.

슈뢰딩거는 1926년 새해를 맞이해 스위스 알프스의 휴양지에서 한 여인과 밀회를 즐기던 중 파동 역학을 고안했다. 슈뢰딩거의 이론은 (1장에서 본 대로) 슈뢰딩거 방정식을 따라 매끄럽게 변하는 파동함수들로 파동을 기술하는, 상대적으로 간단한 수학 언어로 쓰였다. 하이젠베르크는 슈뢰딩거의 성과가 자신의 이론을 능가할까봐 걱정했다. 머지않아 우려는 현실이 되었다. 하이젠베르크의 행렬 역학에 도입된 수학은 난해해서 당시 대다수의 물리학자에게는 낯설었다. 수학을 통해 세계를 나타내는 그림이 분명하지 않았다. 반면 슈뢰딩거의 이론은 간단한 물리학적 아이디어에서 비롯해서, 친숙한 수학을 활용했기 때문에 다루기 쉽고 떠올리기도 쉬웠다. 슈뢰딩거는 자신의 이론이라면 물리학자들이 "직관을 억누를 필요도 없을뿐더러 전이 확률, 에너지 준위와 같은 추상적인 개념으로 연산하지" 않아도 된다고 자랑했다. 이전까지 하이젠베르크를 지지하던 대다수의 학자마저도 슈뢰딩거의 말에 동의했다. 하이젠베르크의 박사 과정 지도 교수인 아르놀트 조머펠트Arnold Sommerfeld는 이렇게 말했다. "행렬 역학은 의심할 나위가 없지만, 다루기가 극도로 복잡하고 지나치게 추상적입니다. 슈뢰딩거는 우리가 거기서 빠져나올 길을 제시했습니다." 보른은 슈뢰딩거의 파동 역학을 "양자 법칙 중 가장 심오한 형태"라고 표현했다. 한편 파울리는 슈뢰딩거의 이론을 이용해, 이전까지 행렬 역학만으로는 완수할 수 없던 작업을 용케 해냈다. 수소 스펙트럼의 밝기를 유도하는 데 성공하면서 70년 가까이 미제로 남았던 문제를 해결한 것이다.

하지만 파동 역학이 성공했음에도―슈뢰딩거가 아무리 장담을 했음에도―서로 겹치는 범위에서, 슈뢰딩거의 파동 역학에서 나온 결과물은 하이젠베르크의 행렬 역학과 동일했다. 슈뢰딩거의 이론은 하이젠베르크의 이론처럼 수소 원자의 스펙트럼을 완벽하게 재현했다. 보어가 떠올린 원자의 에너지 준위들은 슈뢰딩거의 이론에서는 에너지 고유상태eigenstates, 즉 에너지가 일정하게 유지되는 특수한 파동함수와 엮여 있었다. 슈뢰딩거가 곧 발견한 대로 행렬 역학과 파동 역학은 수학적으로 동등했고, 아이디어를 기술하기 위해 활용하는 도구가 달랐을 뿐이다―이는 양자역학의 새로운 단일 이론이었다. 스펙트럼 선의 밝기와 같은 문제를 처음에는 파동 역학으로

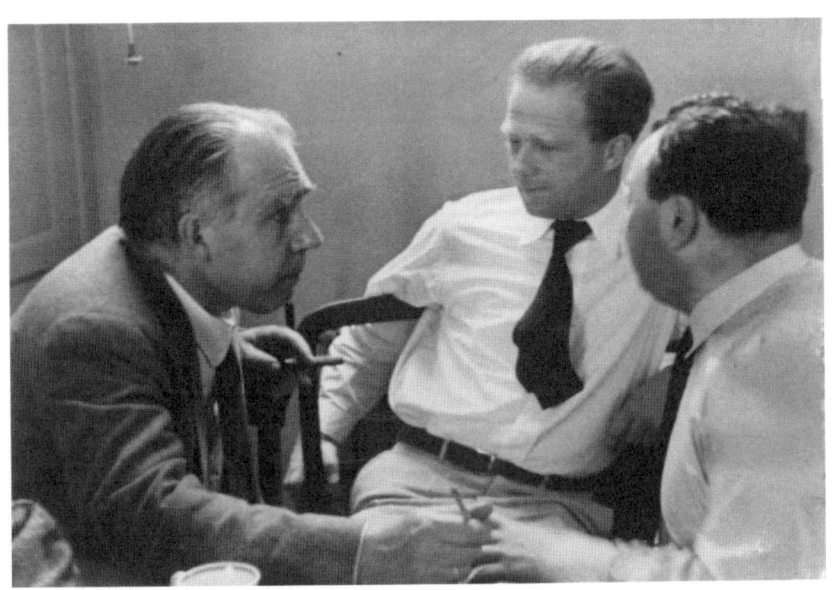

그림 2-1. 코펜하겐 해석의 주창자들. 왼쪽부터 차례로 보어, 하이젠베르크, 파울리. 1936년, 닐스 보어 연구소에서.

풀었다. 많은 경우 슈뢰딩거의 방정식이 하이젠베르크의 행렬보다는 수학적으로 다루기 쉬웠기 때문이다. 하지만 양자역학의 두 가지 학설은 해석에서 극명하게 나뉘었다. 슈뢰딩거는 모든 양자 현상을 자신이 세운 방정식으로 기술되는 파동의 매끄러운 운동으로 해석하는 방법을 알아낼 수 있다고 확신했다. 하이젠베르크는 받아들일 수 없었다. "슈뢰딩거 이론의 물리적 비중에 대해 생각하면 할수록 거부감이 더욱 커졌습니다"라고 하이젠베르크는 파울리에게 편지를 썼다. "슈뢰딩거가 자신의 이론을 시각화할 가능성에 대해 기술한 내용은 **뭔가 분명히 잘못됐어요.** 다시 말해 헛소리입니다."

하지만 대다수 물리학자에게는 슈뢰딩거의 파동이 하이젠베르크의 행렬보다 더 자연스러웠다. 하이젠베르크는 좌절했고, 슈뢰딩거의 아이디어가

2장 문제성 덴마크 고유상태 **61**

자신의 그것을 능가하리라는 두려움을 느낀 나머지 스승인 보어에게 편지를 썼다. 보어는 곧장 슈뢰딩거에게 코펜하겐 연구소에 한번 방문해달라는 편지를 보냈다. "연구소에서 일하는 사람으로 한정해서 토론을 좀 합시다. 이곳에서는 함께 원자론의 여러 미해결 문제를 깊게 논의할 수 있으니 말입니다." 1926년 10월의 첫날, 슈뢰딩거가 기차로 도착하자마자 논쟁이 시작되었다고 나중에 하이젠베르크는 회상했다.

보어 선생과 슈뢰딩거가 기차역에서부터 시작했던 토론은 매일 이른 아침부터 밤늦도록 이어졌습니다. 슈뢰딩거는 대화할 때 아무런 방해도 받지 않으려고 보어 선생님 댁에 머물렀어요. 평상시 보어 선생은 사람들에게 무척 사려 깊고 친절했지만 그때 당시에는 대단한 광신도처럼 보여서 무척 놀랐습니다. 한 치도 양보하지 않고 자신이 자칫 실수할 여지가 있다는 점도 신경쓰지 않는 듯했습니다. 두 사람의 발언에서 어느 하나만 콕 집어서 토론이 정말 얼마나 격했는지, 각자 확신의 뿌리가 정말 얼마나 깊었는지를 전달하기는 불가능할 정도로 어렵습니다.

파동 방정식의 성공은 모든 양자 현상이 궁극적으로 연속적인 파동의 움직임으로 규명될 수 있다는 의미라고 슈뢰딩거는 믿었다. 하지만 보어와 하이젠베르크는 원자 내부의 한 궤도에서 다른 궤도로 전자들이 도약할 때처럼 파동의 매끄러운 움직임으로 규명되지 못하는, 양자 도약이 필요해 보이는 현상이 나타난다고 지적했다. 슈뢰딩거는 생각이 달랐다. "그런 말도 안 되는 양자 도약이 일어난다고 확실히 인정된다면, 제가 양자론에 얽힌 현 상황이 유감스러울 따름입니다"라면서 불만을 표했다. 결국 슈뢰딩거는 보어의 끈질긴 질문에 지쳐서 습하고 어둑한 덴마크 가을의 '신열 감기'에 걸렸고, 보어의 집에서 몸져누웠다. 보어의 부인 마르그레테가 슈뢰딩거에게 차와 케이크를 가져다주면 보어는 이때다 싶어 놓치지 않고 슈뢰딩거의 침대 끄트머리에 앉아서 차분한 목소리로 끊임없이 말했다. "그래도 확실히 인정해야 합니다만……"

양쪽 다 서로 설득하지 못한 채, 슈뢰딩거가 집으로 돌아가야 할 시간이 되었다. "어느 쪽도 양자역학에 대해 완전하고 일관된 해석을 제시할 수는 없었던 시점이라, 서로 이해를 기대할 수 없었습니다"라고 하이젠베르크는 회상했다. "그럼에도 코펜하겐에서 슈뢰딩거의 방문 기한이 차츰 막바지로 향해 갈수록 올바른 방향으로 가고 있다는 확신이 들었습니다." 근본적으로 슈뢰딩거의 파동함수에 담긴 의미가 아직까지 명료하지 않았다는 사실이 문제였다. 하지만 막스 보른이 그해 여름, 퍼즐 조각을 하나 발견했다. 보른이 특정 위치에 있는 입자의 파동함수에서 그 입자를 측정할 확률이 산출된다는 사실을 알아냈다. 아울러 일단 측정이 일어나면 파동함수가 붕괴한다는 사실도 알아냈다. 보른은 이러한 통찰로 결국 노벨 물리학상을 받았다. 마땅한 결과였다. 하지만 파동함수를 다루는 보른의 규칙은 물리학자들에게 새로운 숙제를 남겼다. 측정이란 무엇일까? 그 의미가 무엇이든, 파동함수는 측정되는 중에 왜 달라졌을까? 보른의 아이디어와 슈뢰딩거의 수학은 양자 세계의 자물쇠를 풀었지만 대가를 치러야 했다. 측정 문제가 새롭게 등장한 것이다.

하이젠베르크는 측정 문제를 해결하는 데 딱히 관심이 없었다. 정교수직 제안을 또 받는 데 더 관심이 있었다. 슈뢰딩거의 성과가 자신의 연구보다 낫다고 인정된 상황에서, 라이프치히 대학교에서 제안한 안정된 영년직을 받아들이지 않고 코펜하겐으로 돌아간 결정이 실수였다고 걱정했다. 구직 시장에서 기회를 늘릴, 그리고 슈뢰딩거를 한발 제치고 나갈 또 다른 중대한 통찰에 목말랐던 하이젠베르크는 측정 문제가 아니라 측정 행위 자체로 관심을 돌렸다. 조금 덜 까다로우면서도 결과를 낼 가능성이 높은 어떤 사안에 초점을 맞췄다. 바로 양자 물체에 대해 알아낼 수 있는 영역에 한계가 있다는 점이었다. 하이젠베르크는 보른의 새로운 아이디어와 베를린에서 아인슈타인이 제안한 내용의 일부를 통합해서, 양자 세계가 질서정연하다는 슈뢰딩거의 아이디어가 잘못되었음을 입증하는 간결하면서도 새로운 사실을 밝혀냈다.

하이젠베르크는 전자처럼 단일한 입자의 위치를 아주 정밀하게 측정할 때 어떤 일이 발생하는지 생각해 보았다. 어두운 바닥에서 잃어버린 지갑을 찾을 때, 손전등을 이리저리 비추는 상황과 비슷하다. 평범한 손전등은 전자 하나를 찾을 때는 무용지물이다. 가시광선의 파장이 너무 길기 때문이다. 하지만 하이젠베르크는 파장이 더 짧아서 에너지가 높은 빛, 즉 감마선을 이용해 전자를 찾을 수 있다는 사실을 알아냈다. 방 안에서 이리저리 감마선 광을 비추면 전자를 찾을 수 있을 것이다. 하지만 감마선은 지나치게 영향을 미쳐서, 감마선 광자가 전자 하나에 부딪히면 전자는 어느 방향으로 튈지 불확실해진다. 그러므로 전자가 어디에 있었는지는 알겠지만 얼마나 빨리 움직이는 중인지, 또 현재 어디로 향하는 중인지는 알지 못할 것이다.

하이젠베르크는 측정하는 물체의 위치와 운동량 사이에 이와 같은 절충이 불가피한지, 또는 인위적인 사고실험의 결과에 불과한 것인지 궁금했다. 고무적이게도 이런 측정 한계가 근본적임을 하이젠베르크는 알아냈다. 행렬 역학의 수학을 파고 들어서 정확한 수식을 발견했다. 물체의 위치를 알려면 운동량에 대한 정보를 어느 정도까지 포기해야 하는지 알아냈고, 그 반대도 마찬가지인지 알아냈다. 누구든 물체의 위치가 어디인지 또는 어떻게 움직이는지 알아낼 수 있었지만 동시에 둘 다 알 수는 없었다.

보어의 권유에 따라서 하이젠베르크는 이러한 통찰을 **불확정성 원리** uncertainty principle라고 불렀다. 하이젠베르크는 불확정성에 관한 논문으로 희망했던 바를 이뤘다. 라이프치히 대학교에서 다시 정교수직을 제안받은 것이다. 하이젠베르크는 이를 수락함으로써 1927년 6월 스물다섯 나이에 독일 전체를 통틀어 가장 젊은 정교수가 되었다.

한편 보어는 하이젠베르크의 불확정성 원리가 양자 세계의 진정한 본질이 '상보성complementarity'이라고 명명한 자신의 아이디어와 잘 맞물린다는 점을 발견했다. 상보성에 관한 보어의 논문은 보어답게 끝을 모르는 문장만 이어졌을 뿐, 초안은 이렇다 할 진척이 없었다. 같은 해 9월, 보어에게는 재작성할 시간이 부족했다. 이탈리아 북부 알프스의 코모Como 호숫가에서 열리는 국제 물리학회에서 보어의 기조연설이 있을 예정이었다. 강연 당일 준비한 발언을 허겁지겁 다듬어 연단에 오른 보어는 머뭇거리면서 이야기를 이어갔다.

보어는 이렇게 시작했다. "통상 우리가 물리 현상을 기술할 때는 해당 현상이 특별히 방해받지 않고 관측된다는 아이디어에 전적으로 기반합니다." 하지만 하이젠베르크의 불확정성 원리에서 보았듯이 "원자 현상을 관측하는 어느 경우라도 관측하는 주체와 상호작용하기 마련이며 그 영향을 무시하지 못할 것입니다." 그러므로 "일반적인 물리적 의미에서, 독립적인 실체가 나타나는 원인을 현상이나 관측하는 주체에서 찾을 수 없습니다"라고 보어는 말을 이어갔다. 달리 말하면 아무도 보지 않을 때 원자 안에서 실제로 무슨 일이 일어나는지 물을 수 없었다. 보어에 따르면 양자 세계는 그 세계를 탐구하는 모종의 측정 장치와 함께 고려해야만 실체가 될 수 있다. 물체의 움직임은 측정 장치가 가리키듯이 파동이나 입자로 가장 잘 표현되겠지만, 결코 동시에 양쪽 모두일 수 없다. 이런 표현은 모순이지만—입자는 파동과 달리 위치가 정해지고, 파동은 입자와 달리 진동수와 파장이 있지만—보어는 이 '불가피한 딜레마'가 양자물리학에서는 문제가 아니라고 주장했다. "현상을 모순적이지 않고 상보적으로 보는 그림을 논하는 중입니다"라고 보어는 주장했는데, 이는 "경험을 기술하는 데 불가결한" 그림이었다.

이런 '파동-입자 이중성'은 모든 양자 현상에서 나타난다. 예를 들면, 구식 브라운관 티브이에서 전자들은 티브이의 뒷면에서 앞면의 인광성 화면으로 발사되어 화면에 맞을 때마다 빛이 난다. 전자가 브라운관으로 날아갈 때 전자의 파동함수는 파동처럼 물결 모양으로 퍼져 나가며 슈뢰딩거 방정식을 따른다. 하지만 전자가 인광성 화면에 맞을 때는 한 위치를 때리며, 입자처럼 화면 위의 특정한 지점에서 빛을 낸다. 따라서 전자는 때로 파동처럼 움직이고 때로는 입자처럼 움직이지만 결코 양쪽 모두인 경우는 없다. 보어에 따르면, 한 전자든 다른 무엇이든 이보다 더 완전하게 표현하기란 불가능하다—기껏해야 절대로 겹치지 않는 불완전하고 양립할 수 없는 유추에 불과하다. 이것이 상보성의 핵심이며 불가피하다고 보어는 말했다. 새로운 양자론으로 전자를 언제나 일관되게 설명하기란 불가능했다.

보어는 하이젠베르크의 불확정성 원리가 상보성의 불가피함을 한층 정당화한다고 지적했다. 하이젠베르크의 감마선을 예로 들면서, 전자의 위치를 관측할 때 운동량을 정확히 측정할 방법이 없으며 그 반대도 마찬가지라고 지적했다. 그런 다음에 언젠가 하이젠베르크가 그랬듯 보어는 마흐를 좇아, 전자의 두 성질을 동시에 측정하기가 불가능하다면 전자가 두 성질을 동시에 지니지 못한다는 뜻이라고 주장했다. 위치와 운동량은 입자와 파동처럼 상보적이었다. 한꺼번에 이용되지는 못하지만 상황을 온전히 설명하려면 둘 다 필요했다.

그러나 보어는 틀렸다. 상보성은 전혀 불가피하거나 필연적이지 않으며, 양자물리학의 다른 해석은 얼마든지 가능하다. 실제로 과학에서 해석적 쟁점에 대해 불가결성을 주장하는 것은 지나칠 뿐 아니라 해괴하다. 어떠한 이론도 재해석하는 방법이 가능하기 때문이다. 하지만 보어는 상보성이 양자론으로 알아낸 자연에 대한 가장 깊은 통찰이라고 확신했다.

지금까지도 의아한 사실은 보어가 감마선 실험을 자기 주장의 근거로 삼았다는 점이다. 사고실험이 우리 지식에 한계가 있는 세상을 예증한다는 말은 확실히 옳지만, 그것은 어디까지나 입자의 위치와 운동량이 잘 정의된 세계에 해당하는 얘기다. 애초에 전자가 운동량을 갖고 있지 않으면 감마선으로 전자를 때려도 전자의 운동량은 바뀌지 않는다. 그 운동량이라는 것이 무엇인지는 모르더라도, 존재하지 않는다는 말이 아닌 것은 확실하다.

늘 그렇듯 보어의 글이 무척 난해하고 모호했으므로 실제로 무슨 말을 하려 했는지 확실히 파악하기가 어렵다. 하지만 이것이 확실히 지금까지 상보성이 흔히 이해되어온 방식이다. 게다가 코모 호숫가에 모인 청중들이 무엇을 이해했는지 역시 명확히 알기 어렵다. 보어의 강연에 대한 반응은 조용했다. 다수의 청중이 보어의 제자와 동료였고—하이젠베르크, 파울리, 보른도 거기 있었다—이전에도 코펜하겐에서 보어의 해명을 듣는 데 많은 시간을 쏟았던 사람들이었다.

나머지 사람들이 받은 인상은 그저 그랬다. "상보성으로는 이전에 없던 방정식을 제시하지 못합니다"라고 영국 물리학자 폴 디랙Paul Dirac은 말했다. (디랙은 단순히 비난하는 데 그치지 않았다. 실제로 새로운 방정식을 발견했다. 양자물리학과 특수상대론을 멋들어지게 융합해서 입자물리학에서 양자장론QFT, quantum field theory이라는 새로운 이론에 이르렀다. 디랙의 이론은 반물질의 존재를 제대로 예측했고, 그 업적을 인정받아 1933년 노벨 물리학상을 수상했다.) 명석한 헝가리 수리물리학자였던 유진 위그너Eugene Wigner도 "보어의 원리가 우리들이 물리학을 연구하는 방식을 바꾸지는 않을 것"이라며 디랙의 말에 동의했다. 물론 슈뢰딩거도 보어에게 격하게 반대했지만 그 자리에는 없었다. 당시 베를린 대학교에서 제안했던 편안한 교수직을 수락하고 나서 막 스위스에서 거처를 옮기던 중이었다. 한편, 보어의 아이디어에서 아인슈타인이 좋아할 만한 구석은 없었지만 아인슈타인 역시 그 자리에 없었다. 5년 전 파시스트 베니토 무솔리니Benito Mussolini가 30,000명에 달하는 검은셔츠단을 이끌고 로마로 진군해서 이탈리아를 장악했을 때, 아인슈타인은 무솔리니와 그 무뢰한 일당이 집권하는 한 이탈리아에서 개최되는 모든 행사를 보이콧하기로 다짐한 터였다. 하지만 바로 다음 달, 브뤼셀에서 초빙된 인사들이 참석하도록 일류 학회가 열렸고, 보어를 포함해서 코모 호숫가에 있었던 다수의 물리학자가 참석했다. 이번에는 아인슈타인과 슈뢰딩거를 비롯한 많은 이들도 빠지지 않았다. 양자quantum 결판 무대가 마련된 셈이었다.

3장
길거리 싸움

에른스트 솔베이Ernst Solvay는 자신이 이룬 부로 세상에 족적을 남기고자 했다. 솔베이는 과거 알프레드 노벨처럼 화학으로 산업계에서 돈을 벌었는데—다이너마이트의 아버지인 노벨만 한 거부는 아니었지만—노벨처럼 과학 연구를 장려해서 세상을 이롭게 하기를 원했다. 1911년 솔베이는 막 태동하기 시작하던 양자론을 다루는 학회가 모국인 벨기에에서 열리기를 바랐고, 사재를 써서 준비했다. 학회는 엄청나게 성공했고, 솔베이는 물리학과 화학의 첨단 주제에 관해 초빙된 참가자들만 모이는 학회를 위해서 돈을 더 쏟아붓기로 결정했다. 비록 솔베이는 1922년에 생을 마감했지만 솔베이가 탄생시킨 학회는 현재까지도 계속되고 있으며, 이는 과학 학회 전체를 통틀어 매우 독특한 사례에 해당한다.

1927년 10월 브뤼셀에서 개최된 제5회 솔베이 학회는 그 가운데서도 두드러진다. 참석했던 29명 중에서 17명이 노벨상을 이미 받았거나 훗날 받

그림 3-1. 제5회 솔베이 학회(1927년 브뤼셀).
뒷　　　줄　하이젠베르크가 오른쪽에서 세 번째, 파울리는 오른쪽에서 네 번째, 슈뢰딩거는 가운데.
가운뎃줄　보어가 맨 오른쪽, 보른은 오른쪽에서 두 번째, 드브로이는 오른쪽에서 세 번째.
앞　　　줄　아인슈타인이 가운데, 퀴리는 왼쪽에서 세 번째, 플랑크는 왼쪽에서 두 번째.

게 될 학자들이었다. 그 자리에 있었던 마리 퀴리Marie Curie의 경우, 노벨상을 두 번이나 수상했다. 퀴리만이 아니라, 아인슈타인, 플랑크, 슈뢰딩거, 보어, 하이젠베르크, 보른, 디랙, 파울리도 같이 있었고, 훗날 학회 기념사진은 숱한 양자물리학 교과서에 실릴 정도였다. 이와 더불어 역사적 설화가 비공식적인 구전으로 대를 거듭해 내려온 바, 양자물리학의 기원 신화는 이렇게 흘러간다.

옛날 옛적에 총명한 물리학자 집단이 양자물리학을 발견했다. 새로운 이론은 대단히 성공적이었다. 하지만 아인슈타인은 양자물리학의 초기 발전에 중추적으로 기여했음에도 (그리고 한 세대 전의 물리학자들이 비슷하게 아인슈타인의 상대성 이론에 맞선 사실이 있었음에도) 자연에 다가가는 양자물리학의 새롭고 급진적 그림을 받아들일 수 없었다. "신은 주사위를 던지지 않는다"라는 유명한 항변을 했던 아인슈타인은 1927년 솔베이에서 보어와 비공식적으로 시작했던 논쟁을 이후로도 수차례 이어갔고, 거듭 하이젠베르크의 불확정성 원리를 빠져나가려 했다. 종국에는 보어의 우위로 끝났고 물리학계는 양자물리학이 옳으며 코펜하겐 해석이 양자물리학을 이해하는 올바른 방식이라고 받아들였다. 하지만 아인슈타인은 새로운 이론을 결코 받아들이지 않았으며, 생을 마치는 날까지 자연은 근본적으로 무작위적일 리가 없다고 주장했다. 그리하여 가장 저명한 최고의 물리학자조차 계속 틀리기도 한다는 결말로 설화는 끝이 난다.

이 이야기는 일부 사실이다. 아인슈타인과 보어가 양자물리학을 두고 이견을 보였다는 말은 사실이다. 1927년 솔베이 학회에서나 그 이후로나 두 사람이 논쟁을 벌였다는 일화도 사실이다. 또 아인슈타인이 "신은 주사위를 던지지 않는다"고 했다는 말도 사실이긴 하다. 비록 1927년 브뤼셀의 솔베이 학회에서 했던 발언이 아니라, 1926년 막스 보른에게 보낸 편지 내용이지만 말이다. 하지만 다른 여러 중요한 측면에서 대부분 사실과 완전히 다르며―아인슈타인이 양자물리학에서 진짜로 제기한 문제와 그에 대한 보어의 반론, 심지어 코펜하겐 해석의 내용과 1927년 이후 물리학계에서 코펜하겐 해석을 보편적으로 받아들인 내력마저도―널리 알려진 설화 속 상황보다 훨씬 흥미롭다.

루이 드브로이Luise De Broglie는 물리학자이자 프랑스 귀족으로, 제5회 솔베이 학회에서 초반에 발표 주제를 맡았다. 당시 드브로이는 박사 논문 심사를 통과한 지 3년밖에 안 되었지만, 모든 물질의 기본 구성 요소가 입자와 파동의 양상을 겸한다고 최초로 주장했던 인물이었다. 드브로이가 논리의 상당 부분을 아인슈타인한테서 빌려 왔기 때문에 지도 교수였던 폴 랑주뱅Paul Langevin은 드브로이의 아이디어를 어떻게 받아들여야 할지 확신이 서지 않았고, 아인슈타인에게 의견을 구하는 편지를 썼다. 아인슈타인은 성심껏 답장을 보내서 드브로이가 "거대한 베일의 한쪽 귀퉁이를 들어올렸습니다"라고 열렬히 지지해 주었고, 그로써 드브로이는 박사 학위를 받았다.

　드브로이는 브뤼셀에서 개최된 학회 발표에서 참신한 아이디어를 제시했다. 슈뢰딩거 방정식을 능수능란하게 다루며 동일한 수학을 이용해서 양자물리학에서 새롭고 독창적인 그림을 그려냈다. 입자와 파동이 불완전하고 모순적이고 '상보적'인 양자 그림이 아닌, 입자와 파동이 평화롭게 공존하여 입자가 입자의 운동을 좌우하는 파일럿파pilot waves를 타는 양자 세계를 드브로이가 제시함에 따라, 사반세기 후 양자물리학에 대한 데이비드 봄의 해석이 예기되었다. 보른의 통계적 규칙에도 불구하고 드브로이의 입자는 완전히 결정론적인 방식으로 움직였다. 그러면서도 입자들은 그 경로가 보이지 않았기 때문에 하이젠베르크의 불확정성 원리를 충족했다. 일전에 하이젠베르크가 언급했듯이, 어떠한 실험에서도 입자의 궤적은 드러나지 않았다. 드브로이는 이론과 관찰이 놀라울 정도로 잘 맞아떨어지는 새로운 양자물리학을 희생시키지 않고도 양자 세계에서 인과론과 결정론을 복원하는 방법을 찾아냈다.

드브로이의 아이디어는 관심을 불러일으켰고 격렬한 논쟁으로 이어졌다. 볼프강 파울리는 곧장 반박했다. 드브로이의 이론이 입자 충돌에 대한 기존의 양자물리학 이론 연구와 모순된다고 주장했다. 파울리가 예리하게 파고들자 드브로이는 우물쭈물하면서 파울리에게 대응하느라 적잖이 애를 먹었다. 이 프랑스 백작을 당황하게 한 파울리의 반박은 대단히 잘못된 유추에 기초했다. 드브로이의 대응은 전반적으로 적절했지만 파울리는 여전히 탐탁지 않았다.

드브로이의 해석을 더욱 거세게 반박한 참석자는 보어의 제자였던 네덜란드 물리학자 한스 크라머르스Hans Kramers였다. 크라머르스는 거울에서 광자가 튕겨 나올 때 거울도 그 충격으로 살짝 뒤로 밀려야 한다고 지적했다. 하지만 크라머르스에 따르면 드브로이의 이론으로는 거울이 밀리는 현상을 설명하지 못했다. 드브로이는 이 질문에 답할 수 없다고 인정했다. 당시 드브로이나 크라머르스는 몰랐지만, 사실 드브로이의 이론을 이용해 거울의 밀림 현상을 설명하는 방법은 있었다. 광자뿐 아니라 광자와 거울을 동시에 양자 대상으로 다루기만 하면 됐다. 하지만 드브로이는 당시 많은 물리학자와 마찬가지로 양자물리학이 작은 물체에만 적용된다고 생각했던 탓에 크라머르스에게 제대로 대응하지 못했다. 솔베이 학회 직후, 드브로이는 크라머르스의 반론 때문이었는지 자신의 아이디어를 지레 포기했다.

보른과 하이젠베르크가 학회에서 다음 연사로 나서서 행렬을 기반으로 한 양자역학을 정식화한 체계를 소개했다. 발표에 따르면 더는 줄일 수 없이 무작위적인 양자 도약이 중요한 역할을 했다. 발표가 끝날 무렵, 두 사람은 양자물리학을 두고 "근본적인 물리학적, 수학적 가정이 더는 수정될 여지가 없는 완결된 이론"이라고 대담하게 주장했다. 다시 말해 양자물리학은 완성되었고 완전히 무르익었다고 주장했다. 수학적으로든 해석적으로든 내부 구조를 파고들어서 더 알아내야 할 필요가 없었다. 나중에 발표할 차례가 된 보어는 코모 호숫가에서 했던 강연을 재탕하며 양자 현상을 파동과 입자로 기술하는 접근법은 모순적이라기보다는 상보적이라고 강조했다. 즉 현상을 완전히 기술하려면 파동과 입자가 둘 다 필요하지만, 같은 물체를 기술하는 데 둘이 동시에 쓰이는 법은 결코 없다고 주장했다.

며칠째 거의 아무 말도 없이 앉아서 듣던 아인슈타인이 마침내 공개 토론 시간에 일어나서 발언했다. 아인슈타인은 파울 에렌페스트와 쪽지를 나누면서 은근히 코펜하겐 진영을 비웃었고, 그들에게 대응하기 전에 기다리면서 신중하게 생각을 체계화하던 중이었다. 보어와 하이젠베르크의 아이디어에 대한 아인슈타인의 의구심이 상당하다는 사실은 참석자라면 누구나 알았다. 이윽고 칠판으로 다가가는 아인슈타인에게 모든 시선이 쏠렸다. 아인슈타인은 코펜하겐 해석을 뒤흔들 만한 비판이 담긴 간단한 사고실험을 개괄했다.

~~~

왜 보어와 하이젠베르크를 포함한 다른 학자들은 양자 세계가 시각화될 수 없다고 그토록 확신했을까? 왜 대상이 관측되기 전에는 실재하지 않는다고 생각했을까? 왜 고전 세계는 양자 세계와 근본적으로 다른 규칙을 따른다고 주장했을까? 간단히 말해, 왜 코펜하겐 해석으로 알려진 이상한 주장을 믿었을까?

닐스 보어의 성품이 영향을 미쳤다고 하면 가장 명백한 대답일 것이다. 하지만 보어는 왜 그러한 아이디어를 떠올렸는지, 혹은 진짜 보어가 그렇게 했는지 하는 의문이 뒤따른다. 보어의 글이 무척 어렵고 모호해서 원래 의향이 어떠했는지는 얘기하기 어려우며, 보어에게 영향을 끼친 아이디어를 알아내기는 훨씬 더 어렵다. (놀랍게도 보어의 학생과 동료들은 상보성으로 그 이유를 설명했다. 학생들에 따르면, 보어가 직접 "진리는 명료함과 상보적이다"라고 했으며, 학생들은 "보어 선생은 진리에 너무 매달렸기 때문에 눌변이었다"고 주장했다. 이와 비슷한 맥락에서 보어의 "문장이 만연하고 모호"한 까닭은 "정확성에 공을 들였기" 때문이라고 주장했다.) 하지만 보어의 아이디어들이 어디서 기원했는지 추적하려는 시도는 보어의 글이 아리송하다는 이유만으로 꺾이지 않았다. 오히려 닐스 헨리크 다비드 보어라는 사람의 머릿속에서 어떤 일이 일어나는지 이론화하려는 가내 수공업이 생길 지경이었다. 한쪽에서는 보어가 주로 칸트에게 영향을 받았다고 밝히는가 하면, 한쪽에서는 보어와 국적이 같은 (코펜하겐 아이스텐스 묘지에서 보어와 불과 몇십 미터 떨어진 곳에 묻힌) 쇠렌 키에르케고르Søren Kierkegaard를 지목했으며, 또 다른 쪽에서는 상보성에 내포된 모순성에서 영지주의의 영향을 보았다. 보어를 무척 따랐고 열렬히 지지했던 레온 로젠펠트Léon Rosenfeld는 보어의 글과 생각 속에서 마르크스주의가 일관되게 흐르는 경향을 발견했다―이런 견해는 로젠펠트 본인이 공공연한 마르크스주의자라는 사실과 분명 무관하다. 요컨대 (대다수가 칸트의 글이 보어에게 일부 영향을 주었다는 데 동의하지만) 보어에 대한 문헌은 방대하면서도 아직까지도 합치된 결론이 없다.

그렇지만 보어의 글이 불분명했고 학생과 동료들에게 극진한 믿음을 불어넣는 재주가 특출났다는 설명만으로는 부족하다. 부분적으로 당대의 특수한 지적 분위기에서 그 이유를 설명할 수 있을 것이다. 예를 들면 1, 2차 세계 대전 사이 시기에 바이마르 독일의 비유물론적 문화가 영향을 미쳤을 가능성이 크다. 게다가 하이젠베르크와 다른 학자들은 확실히 에른스트 마흐와 그 계승자들, 즉 논리실증주의logical positivism라는 유파를 발전시킨 '빈 학단Vienna Circle'의 철학자들에게서 영향을 받았다. 논리실증주의는 마흐가 중단한 지점에서 출발했다. 이들에 따르면, 관측불가능한 무엇인가를 언급하는 표현은 형편없는 과학일 뿐만 아니라 말 그대로 무의미했다. 따라서 아무도 보지 않을 때 양자계에서 어떤 일이 벌어지는지 논하는 것은 터무니없었다.

    논리실증주의가 양자물리학의 창시자들에게 끼친 영향은 볼프강 파울리의 경우에는 특히 개인적인 것이었다. 오스트리아 빈에서 나고 자랐던 파울리에게 있어서 에른스트 마흐는 대부였다. 직설적이고 영민하고 소질이 남달랐던 파울리는 동시대의 물리학자들 사이에서 지대한 영향력을 발휘했다. 하이젠베르크와 보어도 파울리의 호평을 얻기를 기대할 정도였다. 하지만 그러기는 쉽지 않은 일이었다. 상대를 통렬하게 깔아뭉개는 것으로 악명을 떨친 파울리는 "천벌"이라는 별명을 달고 다녔다. "그렇게 천천히 생각해도 저는 상관하지 않습니다만, 생각할 수 있는 호흡보다 더 빨리 논문을 낸다면 저는 반대합니다." 파울리가 한때 동료에게 했던 말이다. 다른 물리학자의 논문에 대고는 "틀리기라도 하면 낫죠"라고 무시하는 조로 말했다. 파울리는 칭찬을 해도 어정쩡한 투였다. 뮌헨 대학교에서 만원을 이룬 아인슈타인의 강연을 듣고는 이렇게 감탄을 표했다. "모두 아시다시피 아인슈타인 선생이 말씀하신 게 그렇게 어설프진 않습니다." 더욱이 양자 해석 문제를 논할 때는 종종 어조가 실증주의자처럼 들렸다. 파울리에 따르면, 측정도 하기 전에 물체의 위치에 매달려봐야 무의미했다. "전혀 알 수 없는 대상이 항상 존재하는가 하는 문제를 두고 더는 머리를 쥐어짤 필요가 없습니다"라고 파울리는 말했다. "그래봤자 바늘 끝에 천사가 얼마나 많이 앉을 수 있는지 따져보려는 태곳적 질문과 별반 다르지 않습니다."

실증주의positivism는 코펜하겐 진영의 다른 사람들에게도 정도는 다르지만 영향을 미쳤다. 아울러 실증주의를 여러 가지 방식으로 적용하는 과정에서 서로 일관되지 못한 관점이 드러났다. 보어는 양자 세계라는 아이디어를 간단히 묵살했다. "양자 세계는 없습니다"라고 보어는 말했다. "고립된 물질 입자들이란 추상적 관념으로서, 양자론에서 이들의 특성은 다른 계와 상호작용을 해야만 정의가능할 뿐 아니라 관측가능합니다." 하지만 하이젠베르크는 양자 세계가 있다고 생각했다. 우리가 살아가는 세계와 다르게 움직이는 바로 그 세계 말이다. "원자나 기본 입자들은 일상 현상처럼 실재하지 않습니다. 이들은 사물이나 사실이 아니라 잠재성이나 가능성으로 세계를 형성합니다." 아울러 요르단은 "관측 행위가 측정 대상을 교란할 뿐 아니라 만들어내기도 한다"고 생각해서, 전자를 측정할 때는 "위치가 **특정된다**고 가정할 수밖에 없다"고 주장했다. 하지만 보어의 주장처럼 양자 세계가 없다면, 측정은 거기서 아무런 일도 발생시키지 못한다. 파울리 역시 보어를 반박했다. 파울리는 관측 과정에서 관측되는 계를 제어하기 불가능한 방식으로 교란하는 '확인할 수 없는 효과'가 새로 생긴다고 생각했다. 하지만 보어는 양자 세계가 없다면 관측을 해도 전적으로 양자 세계를 교란할 수 없다고 생각했다. 파울리는 자기모순에 빠졌던 것일지 모른다. 파울리는 아무도 보지 않을 때 무슨 일이 일어나는지 언급하는 자체를 일축했다. 하지만 관측 전에 대상을 언급한들 무의미하다면, 도대체 파울리는 관측할 때 어떻게 교란이 일어난다고 말할 수 있었을까? 더욱이 하이젠베르크와 요르단은 파울리와 생각이 명백히 달랐다. 두 사람은 미관측계를 강력히 주장했다. 그러니까 이런 물리학자들이 통일된 코펜하겐 해석을 창안했다는 신화는, 말 그대로 신화에 불과했다.

하지만 이런 차이점에도 불구하고 보어와 하이젠베르크를 비롯한 괴팅겐-코펜하겐파는 공통점도 더러 있었다. 이들 모두 양자 세계에서 무엇이 '실제로' 일어나는지 논하는 것은 의미 없다는 데 합의했다. 이들에게는 측정 결과를 정확히 예측하면 충분했다. 보어가 솔베이 학회에 다녀오고 몇 년 뒤에 밝혔듯이, "물리학의 과제가 자연이 어떠한지를 알아내는 것이라는 생각은 잘못됐다. 물리학은 자연에 대해 우리가 무엇을 말할 수 있는지를 다룬다." 양자물리학으로 세상이 어떻게 움직이는지에 대해 정연하거나 일관된 그림을 제시할 필요는 없었다. 보어의 상보성에 따르면 일관된 그림이란 필연적으로 불가능했다. 실제로 어떤 일이 일어나는지 이야기하지 않고 세상에서 측정가능한 특징을 정확히 기술하기만 해도 충분했다. 한마디로, 양자물리학을 세상이 실제로 존재하는 방식에 대한 이론으로 진지하게 여겨서는 안 된다. 그보다 양자물리학은 단순한 도구, 곧 측정 결과를 예측하는 기구였다. 그렇지만 희한하게도 양자물리학을 진지하게 여기면 안 된다는 관점이야말로 아주 진지하게 여겨야 하는 바, 하이젠베르크와 보른은 자신들이 제안한 양자물리학의 형태를 '완결된 이론'이라고 주장하면서 관측과 별개로 양자 세계를 설명할 가능성을 원론적으로 배제하던 중이었다.

바로 이 지점에서 아인슈타인은 보어와 하이젠베르크를 포함한 학파와 사상을 달리했다. 아인슈타인에 따르면, "모든 물리학의 계획적 목표는 (…) (관측하거나 실증하는 행위와 무관하게 존재한다고 가정된) 모든 실제 상황을 완전히 기술"하는 것이다. 이런 관점에서 아인슈타인은 자신이 동시대의 지적 유행에 부합하지 않는다는 사실을 알았다. "실증주의에 치우친 현대물리학자는 이런 형식 논리를 들을 때마다 딱하다는 미소를 보입니다." 하지만 아인슈타인은 실증주의가 전혀 설득력이 없으며, 물리적 세상이 존재한다는 생각을 전면 부인하며 실체가 우리 마음속에만 존재한다는 주장과 다를 바 없다고 보았다. "이런 논증에서 제 마음에 안 드는 점은 기본적인 실증주의적 태도로, 저의 관점에서는 지지될 수 없습니다. 조지 버클리George Berkeley의 '존재하는 것은 지각되는 것이다esse est percipi'라는 원리와 매한가지로 보입니다." 아인슈타인은 새로운 양자론이 중요하다는 점은 의심하지 않았다. 하지만 양자물리학이 완전하다고 주장한 보른과 하이젠베르크는 틀렸으며, 보어의 상보성 철학으로 양자 세계의 진정한 본질을 이해하기는 불충분하다고 확신했다. 아인슈타인의 사고실험은 단순하고 우아하며, 이런 불충분함의 핵심에 타격을 입힐 만큼 면밀히 설계되었다.

~~~~~

영사막에 난 아주 작은 구멍을 계속 통과하는 전자들을 고려해 보자고, 아인슈타인은 솔베이 학회에 모인 참석자들에게 말했다(그림 3-2). 영사막 건너편에는 단일한 전자의 영향을 기록할 수 있는 인광 필름을 반구 모양으로 설치한다. 양자물리학에 따르면 전자의 흐름을 나타내는 파동함수는 균일해야 했다—전자가 필름에 부딪힐 확률은 반구의 모든 위치에서 동일해야 하며, 여기까지는 괜찮다—실험을 수행한 뒤 전자가 필름의 평방 센티

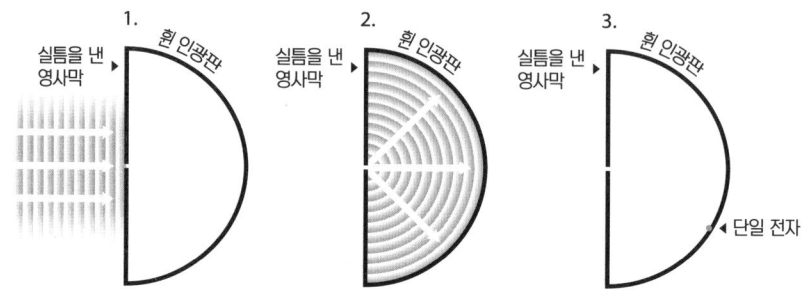

그림 3-2. 솔베이에서 소개된 아인슈타인의 사고실험. 전자가 판에 부딪힐 때 파동함수의 나머지 부분은 어떻게 '알고'서 즉시 붕괴할까? Bacciagaluppi&Valentini (2009), 486쪽의 그림에 기초함.

미터당 10개가 발견될 것이라고 양자물리학이 알려준다면 평균적으로 그만큼 발견될 것이다. 양자물리학은 커다랗게 뭉친 입자군의 총체적 움직임을 기술할 때는 유용했다. 하지만 확률을 할당하는 역할 이상을 할 수 없었다. 인광막의 각 부분에 부딪히는 전자가 정확히 몇 개나 되는지 알려주지 못하며 평균값을 제시할 뿐이다.

이어서 아인슈타인은 청중에게 단일 전자가 구멍을 지나는 경우를 고려하자고 했다. 양자물리학은 여전히 전자가 인광막의 어느 위치든 부딪칠 가능성이 똑같다고 예측하며, 이보다 더 정확한 결과를 알려주지 못한다. 여기까지도 괜찮다. 이론이 일부 불완전하거나 한계가 있다는 의미에 지나지 않으니까. 하지만 아인슈타인은 참석자들에게 하이젠베르크와 보른이 양자물리학은 당시 알려진 대로 완결되고, 완전하고, 완벽하다고 주장했음을 상기시켰다. 이 경우 전자가 필름에 부딪히는 특정 위치를 결정하는 무엇인가는 전혀 존재하지 않았다. 하지만 이는 문제다—단 양자물리학이 자연에 무작위성을 도입한다는 사실은 문제가 아니다.

그보다 문제는 **국소성**locality이었다. 국소성이란 한 위치에서 일어난 어떤 일이 다른 어딘가에서 일어나는 사건에 즉시 영향을 미칠 수 없다는 원리다. 단일 전자의 파동함수는 필름의 반구 전체에 고르게 퍼져 있으며, 하이젠베르크와 보른과 보어에 따르면, 전자 자체는 아무 데도 없다. 전자의 파동함수가 고르게 퍼져 있다는 사실은 필름의 어느 위치에서든 전자의 영향이 기록될 가능성이 같다는 의미일 뿐이었다. 하지만 아인슈타인은 이렇게 지적했다. 필름의 한 지점에서 전자의 영향이 기록될 때 파동함수에 어떤 일이 생길까? 이미 보른은 입자의 파동함수가 특정 장소에서 입자를 발견할 확률에 비례함을 보였다. 하지만 일단 전자가 필름의 특정 지점에 부딪히면, 필름의 나머지 지점에서 전자가 부딪힐 확률이 즉시 0으로 떨어진다. 따라서 왜인지 모르겠지만 파동함수는 필름에 전자가 부딪힌 지점이 나타나는 순간, 반구 전체에서 즉각 사라져야 한다. 즉각 사라지지 않고 남아 있다면, 파동함수가 아직 0이 안 된 어떤 위치에서 필름에 기록이 생겨서 처음의 전자 외에 실제로 있지도 않은 다른 전자를 보게 될 위험이 생긴다. 이렇게 "섬뜩한 원격 작용 메커니즘은 개인적으로 볼 때 특수 상대성 이론의 원리와 모순되는 듯하다"고 아인슈타인은 말했다. 특수 상대성 이론에서 물체나 신호는 빛의 속력보다 더 빨라질 수 없다고 명시한 바 있었다. 따라서 양자물리학이 실제로 자연을 완전하게 기술한다면 상대론을 위배해야 했다. 아인슈타인에게 결론은 분명했다. 양자물리학으로 전자가 정확하게 어디에 있는지 나타내지 못하더라도, 전자가 필름에 부딪히기 전에 전자는 이미 특정 위치에 있었음이 확실했다. 이는 아인슈타인이 보기에 파동함수가 순간적으로 붕괴하여 국소성을 위배하는 현상을 막기 위한 유일한 방법이었다. 그러므로 양자물리학은 자연을 기술하기에는 불완전했고, 양자 세계의 진짜 내막을 이해하려면 뭔가 더 필요했다. 구체적으로 이야기해

그림 3-3. 아인슈타인과 보어, 1930년 경.

서, 상대론과 모순되지 않기 위해서 입자들은 파동함수와 더불어 언제나 위치가 확실히 결정되어야 한다. "이런 방향성을 모색한다는 점에서 드브로이 군이 옳았다고 생각합니다"라고 아인슈타인은 끝을 맺었다.

아인슈타인의 사고실험은 학회 참석자들의 몰이해에 맞닥뜨렸고, 반응은 침묵으로 나타났다. 용케도 보어가 이해하지 못했다는 사실을 시인했다. "저는 아인슈타인 교수가 전하려는 핵심이 정확히 무엇인지 이해하지 못해서 난처할 따름입니다"라고 보어가 털어놓았다. "틀림없이 제 잘못이지 싶습니다." 아인슈타인이 개괄한 사고실험은 코펜하겐 측에게는 치명적인 비판이었다. 하지만 역설적이게도 그 단순함이 이해를 어렵게 하는 걸림돌이 되었을 것이다. 그도 그럴 것이 아인슈타인은 이 실험을 아주 간략하게 제시했고, 자신이 확률 특성을 혼동했다는 인상을 주었을지 모른다. 아인슈타인을 크게 오해한 쪽은 특히 보어였던 것 같다. 보어는 아인슈타인이 하이젠베르크의 불확정성 원리를 의심했으며, 이 원리를 빠져나가기 위해서 사고실험을 제시했다고 훗날 회상했다. 아인슈타인이 국소성 문제를 제기했지만 솔베이 학회 참석자들은 귀를 기울이지 않았다. 하지만 아인슈타인은 새로운 사고실험을 고안했고, 양자물리학의 문제점들을 끈질기게 물고 늘어졌다.

～～

1930년에 열린 그 다음 솔베이 학회에서 아인슈타인은 보어에게 또 다른 사고실험을 제시했다. 이번에는 빛을 가득 채운 상자를 스프링 저울에 매달고 정확한 시계로 시간을 재는 가상의 장치를 고안했다. 또다시 보어는 아인슈타인이 양자 불확정성 원리를 빠져나가려 한다고 보았다. 보어는 잠시 생각하고 나서, 아인슈타인 본인이 제시한 일반 상대성 이론을 고려하지 못한 까닭에 아인슈타인의 사고실험은 '실패'했다고 지적했다.

이 일화는 양자물리학의 역사에서 전설이 되었다. 아인슈타인이 제 꾀에 스스로 넘어갔다는 얘기였다. 하지만 실제로 문제는 보어였다. 아인슈타인의 1930년 사고실험에서 불확정성 원리를 어떠한 의미로든 빠져나갈 의도는 결코 없었다. 3년 전 솔베이에서 그랬듯이, 아인슈타인은 다시 한 번 국소성에 문제를 제기했을 뿐이다. 친구 파울 에렌페스트에 따르면, 아인슈타인은 "결코 불확정성 관계식을 의심하지 않았"으며 사고실험은 "목적이 전혀 다른" 발상이었다. 보어는 또다시 핵심을 놓치고 말았다.

몇 년 뒤 아인슈타인은 또 다른 사고실험을 제시하면서, 향후 수십 년 간 반향을 일으킬 국소성 문제를 제기했다. 1935년 아인슈타인은 두 명의 동료 보리스 포돌스키Boris Podolsky와 네이선 로젠Nathan Rosen과 함께, 「물리적 실재성에 대한 양자역학적 기술은 완전하다고 간주할 수 있는가*Can Quantum Mechanical Description of Physical Reality Be Considered Complete?*」라는 도발적인 제목으로 논문을 발표했다. 저자들 이름의 첫 글자를 따서 EPR **논문**이라고 부르는 이 논문은, 보어와 벌인 결판에서 아인슈타인이 마지막으로 몸부림친 시도로 종종 묘사된다. 하지만 진실은 복잡할뿐 아니라 훨씬 더 흥미롭다.

EPR 논문은 겉보기에는 국소성 연구가 아닌 듯하다. 아이러니하게도 하이젠베르크 불확정성 원리를 빠져나가는 방법으로 비친다. 하지만 아인슈타인이 이전 사고실험에서 시도했다고 알려진 대로, 한 시점에서 한 입자의 운동량과 위치를 측정하는 방법을 강구하는 대신, EPR 논문에서는 이를 간접적으로 개시한다. 논문의 핵심인 사고실험에서는 입자쌍 A와 B를 가정한다. 두 입자는 정면으로 충돌하면서 구체적이고 정교한 방식으로 상호작용한 뒤 서로 반대 방향으로 멀어진다. 운동량은 항상 보존되므로―이것이 자연의 기본 법칙이므로―두 입자의 총 운동량은 시간이 아무리 지나도 고정된다. 아울러 입자들이 상호작용하는 방식 때문에 임의의 시점에서 입자 간의 거리는 쉽게 계산된다.

이는 뉴턴물리학에서 똑같은 당구공 두 개가 서로 정면으로 부딪친 뒤에 거대한 당구대의 양쪽 끝으로 튕겨 나가는 상황과 같다. 두 공의 총 운동량은 0이어야 하므로, 한쪽 공의 속력과 방향을 알면 반대쪽 공은 같은 속력으로 반대 방향으로 움직이는 중임을 즉시 알게 된다. 마찬가지로 충돌 시점과 위치를 알면, 한쪽 공을 찾아냈을 때 반대쪽 공의 위치 역시 계산가능해진다.

양자물리학에서는 상황이 좀 더 묘한데, 입자의 운동량과 위치를 동시에 측정할 수 없기 때문이다. 일단 입자 A와 B가 멀리 떨어졌을 때는 A의 운동량을 측정하여 B의 운동량을 즉시 추론하거나, 아니면 A의 위치를 측정하여 B가 어디에 있는지 즉시 알아낼 수 있다. 코펜하겐 해석에 따르면 입자들의 위치나 운동량 같은 (혹은 다른 어떤) 성질은 측정되기 전까지는 생기지 않는다. 하지만 EPR의 주장에 따르면, 한 입자의 성질을 측정해도 멀리 떨어진 반대쪽 입자에 즉각 영향을 줄 수 없다. 따라서 B의 성질이 멀리 떨어진 A에서 측정한 결과와 부합하려면, 애초부터 B의 위치와 운동량이 확정돼 있어야 한다. 하지만 양자물리학에서는 단일 입자의 위치와 운동량을 동시에 예측하지 못하므로, 양자물리학은 틀림없이 **불완전**하다는 것이 EPR 논문에서 주장한 내용이다—양자물리학으로 설명하지 못하는 세계의 특성이 한두가지 이상 반드시 있어야 한다는 결론이다. EPR 논문은 이런 상황을 설명해줄 더 나은 이론을 향한 희망을 표하며 끝맺는다. "본고에서는 이처럼 파동함수가 물리적 실재성을 완전하게 기술하지 못한다고 보인 한편, 완전한 기술 체계의 존재 여부를 열린 질문으로 남겨 둔다. 그럼에도 필자는 그런 이론이 가능하다고 믿는다."

세상에서 가장 유명한 과학자가 잘 알려진 (잘 이해되지는 않은) 이론에 그토록 단호한 표현을 동원해 가며 포화를 퍼붓자 당연히 언론은 들끓었다. 정확히는 포돌스키가 일찌감치 기자들에게 이야기를 흘리고 난 뒤부터였다. EPR 논문이 발표되기 7일 전, "**아인슈타인, 양자론을 공격하다**"라는 제목이 1935년 5월 4일자 《뉴욕 타임즈 *The New York Times*》를 장식했다. "두 동료와 함께 양자론이 '옳다'고 해도 '완전'하지는 않음을 발견." 아인슈타인은 격분하여 신문사에 성명을 보냈다. "〈아인슈타인, 양자론을 공격하다〉와 관련된 일체의 정보는 (…) 저의 허락 없이 귀사로 흘러들어 갔습니다. 저는 과학적 문제는 적절한 포럼에서만 논한다는 원칙을 철저히 실천하는 사람이므로 언론에서 그 문제를 조금이라도 사전에 공개하는 행위를 비판합니다."

아인슈타인이 분개한 이유는 포돌스키의 유출 때문만은 아니었다. 아인슈타인의 이름이 EPR 논문에 실렸다는 사실에도 불구하고 아인슈타인은 실제로 직접 글을 작성하진 않았으며, 그 또한 탐탁지 않아 했다. 논문 발표 직후 아인슈타인은 슈뢰딩거에게 이렇게 전했다. "논의를 많이 거친 뒤 포돌스키가 작성했습니다. 그런데도 원래 바랐던 만큼 잘 나오지 않았습니다. 말하자면 본질적인 논점이 수학에 짓눌렸습니다." 이어지는 편지 뒷부분에서 아인슈타인은 불확정성 원리에 "개의치 않습니다"라고 했다. 양자물리학에서 아인슈타인이 진정 문제라고 생각한 부분은 불확정성 원리와 관련이 없었다.

아인슈타인이 볼 때 EPR 사고실험의 결정적인 조각은 역시나 국소성과 관련있었다. A의 운동량을 측정하면 B의 운동량도 알게 된다. 하지만 B가 A와는 멀리 떨어져 있으므로, 국소성을 가정하면, A를 측정해도 B에 즉시 영향을 줄 방법은 없다. B의 운동량은 A와 B가 당구공처럼 충돌할 때 결정될 수밖에 없다.

하지만 양자물리학에서는 A와 B가 충돌할 때, 그 운동량을 계산하게끔 내버려 두지 않는다. 대신에 양자 파동함수는 A와 B를 이상한 방식으로 연결한다. A와 B는 각기 다른 파동함수가 있는 게 아니라 충돌을 통해 하나의 파동함수를 공유한다. 하지만 공유된 파동함수는 측정이 일어나기 전에는 입자들의 운동량이 얼마인지 알려주지 못한다. A의 운동량이 측정되면

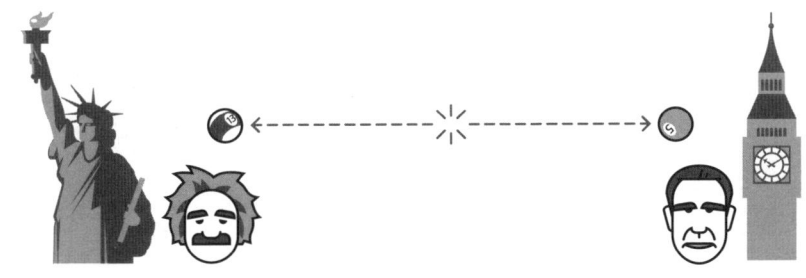

그림 3-4. EPR 실험. 당구공 두 개가 충돌해 반대 방향으로 날아가며 멀어진다. 아인슈타인은 자기 쪽으로 날아오는 당구공의 운동량을 측정할 때, 자신은 뉴욕에 보어는 런던에 있다고 해도 보어 쪽으로 날아가는 당구공의 운동량을 즉시 추론한다. 보어의 당구공은 아인슈타인이 뉴욕에서 측정하기 전에 이미 그 운동량을 지녔거나, "섬뜩한 원격 작용"으로 인해 즉시 대서양을 가로질러 두 공이 연결된다.

B의 운동량은 항상 크기가 같고 방향이 반대임은 그야말로 확실하다.

 코펜하겐 해석에 따르면, 입자들의 성질은 측정되기 전에는 확실하게 정해지지 않는다. 따라서 A와 B의 운동량이 측정되기 전에 확정된다면 코펜하겐 해석은 틀리고 양자물리학이 자연을 기술하는 방식은 불완전하다. 하지만 A와 B의 운동량이 측정되기 전에 확정되지 **않으면**, B의 운동량이 A의 운동량과 크기가 같고 방향이 반대가 되도록 보장되기 위해서, A의 운동량을 측정하는 행동만으로도 즉시 B에 영향을 끼쳐야만 한다. 심지어 A가 뉴욕에 있고 B는 달에 있더라도 마찬가지다. 이는 국소성을 위배한다. 한마디로 양자물리학은 불완전하거나 비국소적이다. 아인슈타인에 따르면 이런 양자택일의 문제가 EPR 논문에서 '짓눌린' 부분이다.

 아인슈타인은 국소성에 위배되는 어떠한 경우도 거부했으며, 막스 보른에게 보낸 편지에서 이러한 경우를 "섬뜩한 원격 작용"이라 지칭했다. 이런 기이한 형태로 연관성을 가정할 이유가 없다고 지적했다. 이렇듯 눈에 선히 보이는 사실로도 양자론의 불완전성이 쉽게 설명될 수 있다고 했다.

익히 알려진 물리 현상, 특히 양자역학에서 그렇게 성공적으로 망라하는 현상을 살펴봤지만 어디서도 내가 국소성을 버려야 할 이유를 발견하지 못했다네. 따라서 코펜하겐 해석의 견지에서 양자역학이 실재성을 기술하는 방식은 불완전하고 간접적인 종류로 간주되어야 해. 언젠가는 더욱 완전하고 정확한 방식으로 대체될 것이라고 믿는 입장이라네.

그 사이 다른 학자들은 EPR 논문에 충격을 받았다. "아인슈타인이 양자역학은 성립하지 않음을 입증했으므로 이제 모두 엎고 다시 시작해야"한다고 디랙은 불만을 토로했다. 격노한 파울리는 아인슈타인의 행동을 '재난'이라고 표현하는 편지를 쓰는 한편, 하이젠베르크에게 응수하는 논문을 발표하기를 권했다. 하이젠베르크는 보어가 직접 답변을 준비하고 있다는 얘기를 듣고는 자신이 쓰던 초안을 보류했고, 아인슈타인에게 보어가 직접 대응하도록 내버려 두었다.

"청천벽력이 따로 없었습니다. 보어에게 미친 영향은 대단했어요"라고 레온 로젠펠트가 말했다. "제 보고를 통해서 보어 선생이 아인슈타인의 주장을 접한 순간부터 우리는 열 일을 제치고 오해부터 풀어야 했습니다." 보어는 로젠펠트의 도움으로 곧장 답변을 다듬기 시작했다. 평소에 비하면 보어치고는 빠른 속도로—로젠펠트에 따르면 "경이로운 빠르기"로—6주 만에 EPR에 답하는 논문을 마침내 완성했다. 그런 다음 EPR 논문이 실렸던 학술지인 《피지컬 리뷰*Physical Review*》에 부쳤다.

보어는 답변에서 EPR 사고실험을 면밀히 따졌다. A의 운동량을 측정해도 '역학적으로' B를 교란할 수는 없다고 인정했으며, 이에는 의문의 여지가 없었다. 하지만 아직까지도 "계의 미래 움직임과 관련하여 가능한 여러 예측 유형을 정의하는, 해당 조건에 미치는 영향력에 대해서는 의문"이라고 주장했다. 애석하게도 보어가 "역학적 교란들"이라고 했다가 "영향들"이라고 했던 표현 사이에 어떤 차이를 두려 했는지는 명확하지 않다. A를 측정하는 즉시 B가 영향받을 수 있다는 말이었을까? 그럴지도 모르겠다. 양자물리학은 그래서 비국소적이어야 한다고 생각했을까? 역시 그럴지도 모른다. 지금까지 EPR에 대응했던 보어의 답변을 해독하는 데 들어간 잉크만 해도 어마어마한 양이다. 하지만 보어가 무엇을 의미했는지, 양자물리학이 비국소적이라고 생각했는지 아닌지에 대해 명확하게 일치된 의견은 없다.

보어는 자신이 쓴 글이 좋지는 못했다고 나중에 직접 사과했다. 거의 15년이 지나서 과거를 되돌아보며, 자신이 EPR에 답변한 결정적인 부분에서 "표현의 비효율성을 깊이 인식"했다고 썼다. 하지만 답변을 더 상술하지는 않았다. 그 대신 양자 세계에서 측정하려는 대상의 움직임과 측정 장치와 측정 대상의 상호작용을 뚜렷하게 구별하기는 불가능하다는 말만 했을 뿐이다. 그 발언이 EPR 논증과 어떤 관련이 있는지는 불분명했을 뿐만 아니라, 아인슈타인이 제기한 국소성 문제도 명확히 해결해 주지 못했다.

보어의 글이 어수선했음에도 EPR 논문에 답했다는 사실만으로 물리학계의 대다수는 한시름을 놓았다. 많은 물리학자가 막스 보른의 말마따나 보어의 글이 "대체로 흐리멍덩하고 불분명"했다는 데 동의했는데도 말이다. 사실상 보어가 쓴 글을 있는 그대로 읽은 사람은 드물었다. 보어가 코펜하겐 해석을 비국소적이라고 생각했든 아니든 간에 물리학자 대다수는 그렇게 생각하지 않았다. 물리학자들에게 보어의 답변은 코펜하겐 해석이 건재하며, 불완전성을 비판하는 EPR 논문을 무시해도 무방하다는 의미였다.

하지만 슈뢰딩거는 여전히 코펜하겐 해석을 납득하지 못했다. EPR 논문을 읽고는 아인슈타인에게 보낸 편지에서, "EPR 논문으로 교조적인 양자역학에 공개적으로 해명을 요구하셔서 무척 기쁩니다"라고 했다.

슈뢰딩거는 EPR 사고실험에서 놀라운 점을 지적하기도 했다. 입자 A와 B가 이상하게 연결되어 파동함수를 공유하는 성질이 특이하지는 않았다. 슈뢰딩거는 이에 대해 아인슈타인에게 쓰기를, 또 같은 해에 완성한 여러 논문에서 쓰기를 이러한 연결성을 '얽힘entanglement'이라고 별칭했다.

슈뢰딩거는 얽힘이 양자물리학에 고루 스며들었음을 파악했다. 어떠한 아원자 입자 두 개가 서로 충돌하든 이들은 거의 항상 얽힌다. 원자 내 아원자 입자들이나 분자 내 원자들처럼 물체들이 뭉쳐서 더 큰 물체가 형성될 때 이들은 얽힌다. 사실 어느 입자들 사이에서 상호작용이 일어나든 입자들은 얽히고, EPR 사고실험에 나오는 입자들과 같은 방식으로 단일한 파동함수를 공유한다.

양자물리학 전반에 걸쳐 얽힘이 나타난다는 슈뢰딩거의 관측로 인해, 코펜하겐 해석의 문제는 더욱 심각해졌다. 계가 얽히면 어느 경우라도 아인슈타인이 제시한 선택지가 적용됐다. 얽힌 계는 비국소적이거나, 양자물리학으로 얽힌 계의 모든 특징을 완전히 기술할 수가 없었다. 아울러 슈뢰딩거는 양자 상호작용이 일어나면 거의 항상 얽힌 계가 생긴다는 점도 보였다. 따라서 EPR 논문이 제기한 문제는 양자물리학의 협소한 영역에 한정되지 않았다. 이론의 근본적인 구조에 깊숙이 박혀 있는 문제였다.

애석하게도 비국소성과 불완전성 사이의 양자택일 문제가 EPR 논문에서 짓눌렸다고 표현한 아인슈타인의 우려섞인 견해는 타당한 것으로 밝혀졌다. 슈뢰딩거는 아인슈타인에게 보낸 편지에서 다른 물리학자들이 얼마나 형편없이 논지를 놓쳤는지 모르겠다며 불만을 터뜨렸다. "한 사람이 '시카고는 추위가 매서워요'라고 하자, 다른 사람이 '그것은 오류죠, 플로리다는 아주 더워요'라고 답한 꼴입니다." 아인슈타인은 물리학자들에게 숱한 편지를 받았다. 코펜하겐 해석을 열렬히 옹호하며 EPR 논문에서 어디가 틀렸는지 지적하는 내용이었다. 하지만 그런 편지에서 잘못을 지적한 부분이 제각기 다르다는 점을 아인슈타인은 흥미롭게 받아들였다. 많은 이들이 EPR 논증과 아인슈타인이 제기한 양자론 문제는, 마치 뉴턴물리학의 우주처럼, 결정론적으로 움직이는 시계장치 우주에 대한 열망에서 비롯됐다고 생각했다. 신이 주사위를 던지겠냐는 아인슈타인의 유명한 탄성이 그들의 오해를 샀을지도 모르겠다. 하지만 아인슈타인이 제기한 문제는 결정론과 거의 관련이 없었다. 그보다 관측자와 독립적으로 존재하는 물리적 실재성과 국소성에 관한 문제였다. 양자물리학은 "현실과 이성을 회피"한다고 아인슈타인은 말했다. 아인슈타인이 보기에, 물리학은 보어를 추종하는 바람에 엇나가 버렸다. 슈뢰딩거에게 쓴 편지에서 아인슈타인은 보어를 겨냥해서 "'현실'을 순진한 사람의 허깨비처럼 취급하면서 현실에는 관심도 두지 않는 탈무드 철학자"라고 표현했다.

    그럼에도 당시 대다수 물리학자에게 아인슈타인이 제기한 문제는 아무리 좋게 보아도 자신들과 관련이 없었고, 나쁘게 본다고 해도 오해에 불과했다. 영국 물리학자 찰스 다윈Charles Darwin은 "물리학자의 철학적 세부 사항은 크게 중요하지 않다는 게 제 지론의 일부입니다"라고 했다. 다윈은 한때 보어의 제자였으며 양자물리학 연구의 최전선에서 활약하는 여러 물리학자들도 마찬가지였다. 하지만 아인슈타인과 연구했던 사람은 드물었다. 따라서 양자 철학의 문제를 두고 두 사람이 격돌했을 때, 대다수 물리학자는 알프레트 란데Alfred Landé가 말했듯이 "보어의 주일 예배 설교"를 따르는 분위기였고, 나름으로 양자물리학에서 더욱 현실적인 연구 주제를 추구하느라 여념이 없었다. 양자물리학은 잘 성립하는데 왜 걱정일까? 새로운 이론 덕분에 물리학자들은 엄청나게 다채로운 현상을 미증유의 정확도로 계산하고 예측하게 되었지만, 그 대부분은 얽힘의 불가사의와 거의 관련이 없었다. 무척 매력적으로 다가온 다른 불가사의는 실험 탐구와 더 잘 어울리는, 특히 원자핵 안에 있는 어둡고 강력한 것이었다. EPR 논증이 발표되고 4년이 채 지나기도 전에 이러한 불가사의가 정체를 드러냈다. 곧이어 세계대전이 발발했다.

4장
맨해튼의 코펜하겐

1955년 겨울, 베르너 하이젠베르크는 스코틀랜드 세인트앤드루스 대학교에서 몇 차례 강연을 이어갔다. 냉전이 한창인 시기였다. 지난 10년 사이 하이젠베르크는 영국의 적국 출신 이방인에서 든든한 우방의 국민이 되었다. 하이젠베르크는 동료 물리학자 사이에서 자신의 평판이 어떨지 불안했고, 스코틀랜드의 강연 기회를 발판 삼아 자신의 명성을 회복하고자 했다.

처음에 하이젠베르크는 코펜하겐의 익숙한 복음을 설파했다. "객관적인 실세계를 이루는 가장 작은 구성 요소들이, 돌이나 나무가 관측과 무관하게 존재하는 것처럼, 객관적으로 존재한다는 생각은 불가능합니다"라고 하이젠베르크가 말했다. 그렇다면 어떻게 원자와 분자의 세상으로부터 돌과 나무의 세상이 나오는 것일까? 하이젠베르크는 말했다. "관측을 수행하는 과정에서 '가능성'이 '현실'로 전이됩니다." 우리가 안 볼 때는 무슨 일이 일어날까? 하이젠베르크에 따르면 이는 성립할 수조차 없는 질문이다. "원자적 사건에서 무슨 일이 일어나는지 기술하고 싶다면, '일어난다'라는 단어는 관측하지 않을 때가 아닌, 관측할 때만 적용될 수 있다는 점을 인식해야 합니다." 그러면 측정 문제는 어떨까? 무엇 때문에 관측이 그렇게 특별할까? 그게 무엇이든 간에 '물리적'이며 '심리적'이지 않다고 하이젠베르크는 말했다. "물체가 측정 장치와, 그러니까 나머지 세계와 상호작용하는 효과가 나타나자마자 '가능성'이 '현실'로 전이됩니다. 따라서 관측자의 머리로 결과를 기록하는 행동과 무관하죠." 하지만 "측정 장치"가 무엇으로 구성되는지, 그리고 측정 장치는 왜 양자 세계와 다른 규칙을 따르는지 하는 의문에 대해서 하이젠베르크는 짜증을 유발할 정도로 모호했다. 강연 내용 어디에서도 측정 문제의 해결책을 찾아볼 수 없었다.

하지만 하이젠베르크는 강연에서 자신의 관점과 보어의 관점이 그다지 다르지 않다는 사실을 확실히 했다. "1927년 봄 이후에 양자론의 일관된 해석이 나타났는데, 흔히 '코펜하겐 해석'이라 합니다." 1927년 이래로 하나의 일관된 해석이 생겼다는 주장은 기껏해야 과장이었다. 당시 '흔히' 코펜하겐 해석이라 했다는 말은 사실이 아니다. 사실 이 신조어는 바로 몇 달 전, 다름 아닌 하이젠베르크가 보어의 칠순 기념으로 발표한 에세이에서 처음으로 썼던 말이다. 하이젠베르크는 에세이에서나 강연에서나 코펜하겐 해석을 보어와 자신을 포함한 소수의 학자가 1927년에 빚어낸 합작품이라고 소개했다. 또한 여러 에세이와 강연에서, 반론에 맞서 코펜하겐 해석을 적극적으로 방어했다. 하이젠베르크는 스코틀랜드에 모인 청중에게 주의할 것을 당부했다. "지금까지 코펜하겐 해석을 비판하면서 고전물리학이나 유물론적 철학 개념에 더 가까운 노선으로 대체하려는 많은 시도가 있었습니다." 하지만 결코 불가능하다고 주장했다. 양자물리학이 대단히 성공적이었기 때문에 코펜하겐 해석이라는 단 하나의 진리가 아니고선 해석될 수 없으므로, 그 나머지 대안은 완전히 논외로 한다는 주장이었다.

'코펜하겐 해석'이라는 말이 새롭긴 했지만, 코펜하겐 진영에서 양자물리학을 해석하는 방법이 유일하다고 주장한 적이 처음 있었던 일도 아니었다. 하지만 당시 하이젠베르크는 자신을 정통적인 양자론의 창시자이자 수호자로 표현해야 할 이유가 있었다. 공통의 적이 영국과 독일의 관계를 돌려놓았듯이, 하이젠베르크는 자기 역시 비슷한 일을 벌일 수 있으리라 기대했던 것 같다. 전쟁 중에 하이젠베르크가 보여준 형편없는 활동으로 말미암아 다른 동료와 자신의 관계가 무너진 상황이었다. 그렇지만 전쟁의 도가니 속에서 물리학 역시 뿌리까지 재편되었다—하이젠베르크나 그가 애지중지했던 평판에는 다행스러운 일이었고, 전란으로 북새통을 이루는 과정에서 물리학자들이 코펜하겐 해석을 수용하기가 훨씬 더 쉬워진 셈이었다.

～～～

1933년 5월 16일, 흑체 복사 법칙으로 양자 혁명을 일으킨 물리학자 막스 플랑크는 아돌프 히틀러와 만났다. 플랑크는 독일 최고의 과학 조직인 카이저 빌헬름 협회Kaiser Wilhelm Gesellschaft의 수장이었고, 새로 바뀐 국가 원수를 만나는 것이 관례였다. 히틀러는 총리가 된 지 4개월이 채 안 되었고 국회의사당 방화 사건을 거치며 국내의 테러 위협을 빌미로 독재적인 권력을 거머쥐고 신흥 바이마르 공화국을 장악한 상태였다. 이제 히틀러는 '순수 아리아인'의 혈통이 아니면 공립대 교수직을 포함해 어떠한 공직에도 종

4장 맨해튼의 코펜하겐　97

사하지 못하도록 명하는 법을 통과시켰다. 플랑크는 지나친 처사라고 보았다. "유대인들 나름이고 인류에게 이로운 사람도 보잘것없는 사람도 있습니다. 그런 분간은 반드시 필요합니다." 플랑크가 히틀러에게 말했다.

"그렇지 않소." 히틀러가 대답했다. "유대인은 유대인일 뿐이오. 유대인들 모두 하나같이 달라붙는 거머리 같소."

플랑크는 방향을 바꿔 보았다. "우리에게는 과학을 연구할 사람들이 필요하기 때문에 이로운 유대인을 타국으로 내보낸다면 큰 손해일 겁니다."

유대인의 도움이 절실히 필요하다는 견해에 히틀러가 쏘아붙였다. "유대인 과학자들을 내보낸다 해서 현대 독일 과학이 괴멸한다면 우리는 당분간 과학 없이 살아야 할 겁니다!" 나치 독일의 총통이 점점 말이 빨라지더니 "너무 광분한 바람에 저는 조용히 자리를 뜨는 수밖에 없었습니다"라고 플랑크는 훗날 기억을 떠올렸다. 독일 과학계에서 유대인은 더이상 설 자리가 없었고, 그런 판국에서 플랑크가 할 수 있는 게 없었다.

독일 대학들은 모두 공립으로, 한 세기가 넘는 동안 유럽 지성의 산실이었다. 당시 실직한 학자는 1,600명에 달했다. 대체로 그 부담은 과학 분야에서 고스란히 떠안았다. 19세기 독일의 관념론적 철학은 과학 분야를 '유물론적'이라며 열등하다고 깔보았기 때문에 당시까지만 해도 유대인이 과학 연구를 하는 데 방해 요소는 거의 없었다. 하지만 이제 상황이 바뀌어, 당시 물리학에서 경쟁 상대가 없었던 중심지 독일에서 전체 물리학자 중 1/4에 해당하는 100명이 넘는 실업자를 양산했다. 단 한 번의 결정으로 독일에서 물리학이 무너졌다.

아인슈타인은 단연코 1순위로 실직자 신세가 될 처지였다. 하지만 아인슈타인은 독일의 비운이 다가오고 있음을 미리 감지했다. 아인슈타인이 아내 엘사와 베를린 집을 떠나 미국 방문 길에 오르고 나서 몇 달 뒤, 히틀러가 권력을 잡았다. "잘 봐둬. 다시는 못 볼 거야." 떠나면서 아인슈타인이 엘사에게 했던 말이었다. 나치가 점령하자 세상에서 가장 유명한 유대인이었던 아인슈타인은 요주의 인물이 되었다. 아인슈타인의 의붓딸은 아인슈타인의 논문을 나치가 없애버리기 전에 베를린의 아파트에서 가까스로 안전하게 빼내는 데 성공했다. 히틀러 패거리들이 아파트에 들이닥쳐서 사흘 동안 네 차례에 걸쳐서 이 잡듯이 뒤졌지만, 이미 아인슈타인은 가족과 함께 논문을 가지고 독일을 빠져나간 뒤였다. 아인슈타인은 벨기에에서 가족을 만나서 자기 물건을 챙긴 다음, 독일 시민권을 포기한다고 공개한 뒤, 미국으로 돌아가 당시 신설된 프린스턴 고등과학원IAS, Institute for Advanced Study에 자리 잡았다. 이후 아인슈타인은 생을 마감하는 날까지 미국에 머물렀다.

아인슈타인 같은 선견지명은 없었지만 유대인 물리학자들은 국가공무원법이 발효되자 나치 독일을 피해 망명했다. 대부분이 미국과 영국으로 흘러든 바람에 물리학계의 중심지에 일대 변동이 일었다(물리학의 국제어도 독일어에서 영어로 바뀌었다). 막스 보른은 괴팅겐에서 인정사정없이 해직당했다. "괴팅겐에서 지난 12년간 고생하면서 쌓은 모든 게 물거품이 됐습니다. 꼭 세상이 끝난 것 같았습니다"라고 보른은 썼다. 보른은 가족과 함께 케임브리지로 가서 한동안 머물다가, 인도를 거쳐서 마침내 전쟁이 한창이던 시기에 스코틀랜드에 다시 정착했다.

1930년대 히틀러가 독일 너머 지배력을 넓히자, 탈출할 방도를 찾아 피신하는 유대인이 늘었다. 1938년 3월 히틀러의 고향인 오스트리아가 나치에게 넘어가 독일과 합병될 무렵에는 이미 빈Vienna 문화권의 위대한 유대인 지성 대다수가 떠난 뒤였다. 루트비히 비트겐슈타인Ludwig Wittgenstein은 케임브리지에서 교편을 잡았고, 카를 포퍼Karl Popper는 뉴질랜드 대학교의 교수로 부임했으며, 빌리 와일더Billy Wilder는 할리우드에서 그레타 가르보 Greta Garbo가 출연한 작품의 대본을 집필했다. 오스트리아에서 가장 유명한 물리학자 에르빈 슈뢰딩거는 유대인은 아니었지만 아내가 유대인이었다. 1933년 베를린 대학교에 적을 두었던 슈뢰딩거는 히틀러가 권력을 쥐자, 그에 항의하며 사임했다. 히틀러가 오스트리아를 침공하자 슈뢰딩거는 견지해 왔던 반나치관을 공식적으로 철회했지만, 새로운 정권에서는 그 정도로 만족하지 않았다. "정치적 불신"을 이유로 대학에서 물러난 슈뢰딩거는 아내와 함께 아일랜드로 몸을 피했다. 그곳에서 한번은 아인슈타인에게 편지를 보내, 자신의 "엄청난 위선"을 깊이 사과했다.

   1938년 여름, 히틀러가 무솔리니의 파쇼 이탈리아를 방문한 뒤 이탈리아의 유대인들은 나치와 반유대주의 정책의 압박을 느끼기 시작했다. "인종차별 선전은 (…) 굉장히 빠른 속도로 탄력을 받았다"라고 로라 페르미 Laura Fermi는 기록했다. "우리는 최대한 빨리 이탈리아를 뜨기로 결심했다." 로라의 남편 엔리코 페르미Enrico Fermi는 이탈리아 물리학의 자부심으로서 핵물리학 이론에서나 실험에서나 세계 굴지의 전문가였다. 하지만 천주교인 남성과 유대인 여성으로 이뤄진 가족에게 이탈리아는 안전하지 않았으므로 엔리코와 로라는 떠나려고 비밀스럽게 계획을 세웠다. 무솔리니의 파쇼 경제 정책에 따라, 푼돈 외에는 이탈리아 밖으로 가져가면 불법이었기에 페르미 부부의 계획은 복잡해졌다. 그러자 보어가 나섰다. 페르미가 그해 여름 학회에 참석하러 코펜하겐에 갔을 때였다. 보어는 페르미를 몰래 따로 불러서—물리학계의 불문율을 어기면서까지—페르미가 그해 노벨상 후보로 거론되고 있다고 알려줬다. 올해 노벨상을 받으면 상금 (현재 통화 가치로) 50만 달러 가량과 해외로 나갈 빌미가 생길 텐데 도움이 되겠는지, 아니면 정치적 상황을 감안하면 다른 시기가 더 편하겠는지 보어가 넌지시 물었다. 페르미는 보어에게 상을 받는다면 해를 넘기지 않는 편이 정말 좋겠다고 했다. 고국으로 돌아간 페르미는 이탈리아 정부가 로라를 비롯한 모든 유대인의 여권을 몰수했다는 사실을 알아차렸다. 하지만 인맥을 동원한 끝에 결국 로라의 여권을 되찾았고, 스톡홀름에서 열리는 노벨상 시상식에 제때 참석할 수 있었다. 스톡홀름에서 일정을 마친 페르미 부부는 코펜하겐으로 가서 보어를 만났고 '노벨상 수상자'라는 타이틀을 담보삼아 한결 쉽게 미국으로 이주하기에 이른다. 그렇게 페르미 부부는 크리스마스 직전에 맨해튼으로 향하는 배에 올랐고, 1939년 1월 2일, 미국 땅을 밟았다.

아인슈타인이나 보른, 페르미처럼 기반이 잡힌 물리학자들은 새로운 나라에 도착하기도 전에 새 직장을 보장받았다. 하지만 학생이나 젊은 연구자들은 그야말로 생계가 막막했다. 1933년 아인슈타인은 보른에게 이렇게 쓰기도 했다. "젊은 친구들을 생각하면 마음이 아픕니다." 아인슈타인은 곧 나치 정권에 희생된 학자들을 돕기 위해 영국이 나설 때 힘을 보탰고, 이런 노력은 어느 정도 성공을 거두었다. 1939년 9월 1일 히틀러가 폴란드를 침공해 제2차 세계 대전을 일으킬 무렵에는 100명이 넘는 물리학자들이 유럽 대륙을 떠나 미국과 영국으로 이주했다. 몇몇 젊은 학자들은 도망치기 바빴고, 새로운 나라에서 일자리 하나 보장받지 못한 채 작은 가방 하나만 들고 영국 해협이나 대서양을 건너온 망명자 신세가 되었다. 몇몇은 빈손으로 건넜으며, 아예 건너지 못한 학자도 부지기수였다.

존 폰 노이만은 아인슈타인처럼 일찌감치 독일을 빠져나왔다. 1930년 노이만은 친구이자 동료인 헝가리 출신 유진 위그너와 함께 프린스턴 대학교에서 자리를 제안받았다. 프린스턴에서는 두 사람이 짐을 꾸려 유럽을 떠나기는 쉽지 않으리라고 보고 근무 기간을 절반씩 나눈 형태를 제안했다. 한 해의 절반은 프린스턴에서 보내고 나머지 절반은 베를린 대학교의 원래 자리로 돌아가 카페에서 아인슈타인과 슈뢰딩거와 느긋이 시간을 보내는 조건으로 임용한 것이다. 두 사람 모두 이 후한 제안을 받아들였지만 신대륙을 바라보는 견해는 달랐다. 폰 노이만은 즉시 미국으로 건너가 거의 매일 밤 아내와 저녁 파티를 열었고, 언제나 말끔하게 차려입었다(언젠가 폰 노이만이 노새를 타고 그랜드캐니언에 갔을 때도 핀스트라이프 스리피스 차림이었다). 위그너는 유럽을 두고 떠나기를 꺼렸다. 하지만 위그너가 봤을 때 언제까지고 매번 베를린으로 돌아올 수는 없을 것이 분명했다. "누가 봐도 독일에서 외국인, 특히 유대계 혈통은 얼마 못 버티리라는 건 의심의 여지가 없었어요"라고 위그너는 회상했다. "특별히 예민하지 않더라도 앞일은 뻔했습니다. (…) 그러니까 뭐라고 할까, 12월에는 더 추울 것 같았죠. 그래요, 실제로 그럴 겁니다. 우리는 그렇게 될 줄 알았습니다." 히틀러가 권력을 장악했을 때 위그너와 폰 노이만은 베를린으로 돌아가지 않았으며, 둘 다 유대계이기 때문에 독일에서 맡았던 자리에서는 해직당했다.

폰 노이만과 위그너는 뛰어난 재능을 자랑하던 헝가리 출신 유대인 과학자 그룹에 속했다. 이들은 수학적으로 기량이 출중하고 과학적으로 다재다능해서 동료들 사이에서 헝가리라는 말은 진짜 출신지를 가리는 구실에 불과하다는 농담이 오갔다. "정말로 화성에서 온 이방인들이었죠." 동료였던 오토 프리슈의 말이다. "이들은 (…) 어디서든 누군지 알 수 있을 정도로 억양이 독특했습니다. 그 때문에 헝가리어를 제외하면 어느 언어를 구사하든 억양이 드러나기로 유명했던 헝가리 사람인 척했습니다. 이 명석한 친구들 모두 다른 곳에서 살아갔습니다." 특히 폰 노이만은 명석하기로는 거의 초인적이었다. 프린스턴의 동료들은 폰 노이만을 두고 "그야말로 반신반인이었음에도 인간을 철저하고 세밀하게 연구해 완벽하게 흉내내고는 했습니다"라고 말했다. 폰 노이만과 화성인들은 매사 동료들과 다르게 생각하고는 했다. 양자물리학의 근간에서도 마찬가지였다.

폰 노이만은 프린스턴을 방문하고 나서 얼마 지나지 않아 양자물리학 교과서를 하나 완성했다. 책은 출간과 동시에 고전의 반열에 올랐다. 같은 주제를 다루는 다른 교과서가 이전에도 있었지만, 폰 노이만은 자신이 쓴 서문에서 가장 잘 알려지고 기술적으로 정교한 종류 하나를 가뿐하게 뭉개면서 (정확히) 이렇게 주장했다. "수학적으로 엄밀하게 요구되는 조건을 어떤 식으로든 결코 충족하지 못한다." 교재에는 틀렸다는 사실을 포착하기 힘든 "불가능성 증명"이 나오는데, 잘못된 결과가 (거의 보이지 않는) 옥에 티 수준이라서 그것을 제외하면 책은 대단한 기술적 성과였다. 폰 노이만은 옷차림만큼이나 딱딱한 정식 수학으로 양자물리학을 표현하면서, 몇 안 되는 근본 가정으로부터 익히 알려진 결과를 유도해냈다. 근본 가정 중 하나가 당시로서는 이론에서 필수라는 점을 폰 노이만은 알았다. 그래서 통상적으로 파동함수가 슈뢰딩거 방정식을 따르지만 측정 시에는 붕괴한다고 언급했다. "따라서 계에 개입가능한 두 가지 방식은 근본적으로 다르다"고 적었다. 물체가 아무 영향도 받지 않은 상태로 유지되면, 슈뢰딩거 방정식은

"계가 연속적으로 그리고 인과적으로 어떻게 바뀌는지 기술한다". 하지만 일단 측정하고 나면 슈뢰딩거 방정식의 매끄러운 규칙성은 사라진다. "측정으로 인한 임의의 변화는, 불연속적이고 비인과론적이며 즉각적으로 일어난다"고 폰 노이만은 말했다.

여기서 폰 노이만은 보어의 관점에 수긍하지 못했다. 보어는 측정 장치나 다른 큰 물체가 고전물리학의 언어로 기술되어야 하며, 그러면 파동함수가 붕괴한다고 들먹이지 않아도 양자 실험 결과가 설명된다고 주장했다. 정확히 어떻게 그렇게 되는지에 관해서는 보어나 보어의 지지자들이나 무척 불분명했다. 불명료함은 양자물리학을 수학적으로 더욱 엄격하게 만드는 연구 수순을 모색하던 폰 노이만에게는 기피 대상이었다. 그 대신에 폰 노이만은 양자물리학이 물체의 크기와 상관없이 적용된다고 생각했다. 폰 노이만의 관점에서 양자물리학은 세계 전체의 이론이었다. 하지만 이렇게 되면 측정 문제가 훨씬 더 적나라해진다. 만일 평범한 물체가 원자와 마찬가지로 양자물리학의 법칙을 따른다면, 평범한 물체는 파동함수를 붕괴시키지 못한다. 파동함수는 붕괴하면서 슈뢰딩거 방정식을 위배하기 때문이다. 더욱이 평범한 물체의 파동함수가 붕괴되지 않으면, 곧바로 슈뢰딩거 고양이의 패러독스가 발생한다. 책의 도입부에서 언급했던 펑크 록 입자는 겉보기에 모순된 두 상태에—**중첩**이라는 기이한 상황에—놓인다. 입자의 파동함수가 붕괴되지 않는 한, 결국 슈뢰딩거의 고양이 역시 죽은 동시에 살아 있는 중첩 상태다. 하지만 실제로 고양이는 죽거나 살아 있을 뿐이며 중첩된 상태가 아니다(그게 어떠한 의미로 쓰였든 간에). 이런 문제를 피해가려 했던 까닭에, 폰 노이만은 자신의 책에서 파동함수 붕괴가 실재한다고 분명하게 서술했다. 하지만 여전히 어떻게, 그리고 왜 그러한 붕괴가 일어났는가 하는 문제가 남아 있었다.

폰 노이만은 파동함수가 —그게 누구든— 관측자 때문에 붕괴한다고 생각했다. "세계를 두 부분으로, 한쪽은 관측되는 계로 다른 한쪽은 관측자로 나눠야 한다"라고 폰 노이만은 말했다. "세계의 관측되는 부분에서 발생하는 사건이 관측하는 부분과 상호작용하지 않는다면, 양자역학에서는 슈뢰딩거 방정식을 활용해 사건을 기술한다. 하지만 상호작용이 발생하자마자 즉 측정을 하자마자 파동함수의 붕괴가 필요해진다."

폰 노이만이 무슨 뜻으로 이렇게 말했는지는 확실하지 않다. 일부는 폰 노이만이 의식 자체가 파동함수의 붕괴를 일으킨다는 의미로 말했다고 여겼다. 이는 프리츠 런던Fritz London과 에드먼드 바우어Edmond Bauer라는 물리학자가 몇 년 뒤에 쓴 책에서 강조한 관점으로서, 폰 노이만의 연구에 큰 영향을 받았다. 위그너 역시 나중에 이런 관점을 수용했다. 하지만 이는 희한한 관점이다. 의식으로 말미암아 파동함수가 붕괴된다는 주장으로 측정 문제는 어쩌면 해결되겠지만 새로운 문제를 야기하는 대가를 치러야 한다. 어떻게 의식이 파동함수 붕괴를 야기할까? 파동함수가 붕괴되면 슈뢰딩거 방정식에 어긋나므로, 의식으로 자연법칙을 일시적으로 유예하거나 바꾼다는 의미일까? 어떻게 이것이 사실일까? 뭐가 됐든, 의식이란 무엇일까? 누가 의식을 가졌을까? 침팬지도 파동함수를 붕괴시킬까? 개는 어떨까? 벼룩은? 측정 문제를 '해결'하기 위해 의식과 결부된 패러독스가 담긴 판도라의 상자를 여는 시도는 측정 문제의 해결책을 완전히 도출하지 못한 당시 상황에서는 타당해 보였을지 모르겠지만 극단적인 행보다.

폰 노이만 역시 이상하긴 해도 파동함수 붕괴가 의식에서 비롯된다는 관점을 견지했는지도 모른다. 하지만 폰 노이만의 교재에서는 이 의문을 피해 갔다. 이론에서 의식적인 관측자가 차지하는 위치가 특별하지 않다고 주장한 것이다. "관측자와 관측 대상의 경계는 매우 임의적이다"라고 썼다. 실증주의적인 논조로 이런 견해를 펼쳤다. "경험을 통해서 관측자가 특정한 현상을 (주관적) 관측을 했다고 진술하는 것만 가능하며, 물리량은 값이 특정된다는 식으로 결코 진술할 수 없다." 또한 보어의 연구가 자연에 대한 이런 "이중 설명"을 지지한다고도 주장했다. 하지만 폰 노이만의 양자 해석은 확실히 보어의 해석과 궤를 달리했다. 실제로 파동함수 붕괴와 측정 장치에 양자론을 적용하는 문제는 물론, 상보성에 관해서도 보어와 '화성인들' 사이의 간극은 컸다. 1927년 코모 호숫가에서 보어가 처음으로 상보성이라는 아이디어를 공개했을 때, 위그너는 대수롭지 않게 여겼다. 또한 폰 노이만은 자신이 저술한 교재에서 상보성을 거의 활용하지 않았다. 폰 노이만과 다른 학자들이 여러 각도로 코펜하겐 정통성에 지속적으로 의문을 제기하는 바람에 양자론의 근간을 둘러싼 대립으로 이어질 뻔했다.

그렇지만 1930년대 말까지, 보어는 물론 폰 노이만과 위그너도 양자물리학의 근간을 생각할 겨를이 없었다. 전쟁이 목전으로 다가온 상황이었고, 물리학에서 실용적인 세부 분야에서 새로운 발전을 도모하는 흐름이 물리학의 철학적 기반에 대한 관심을 능가했다. 1939년 1월, 보어와 문하에 있던 레온 로젠펠트를 대동해서 증기선을 타고 대서양을 건너 맨해튼에 유럽 대륙의 최신 소식을 전했다. 독일 물리학자 오토 한Otto Hahn이 원자를 쪼갰다는 소식이었다. 보어는 즉시 그 문제와 씨름했다. 양자물리학의 아버지인 보어가 한때 제자였던 존 휠러의 도움을 받아 우라늄의 신비들을 밝히는 연구에 착수했다.

원자 폭탄의 가공할 만한 위력은 근본적으로 모든 원자의 핵에서 미묘하게 균형이 잡히는 과정에서 나온다. 원자핵을 둘러싼 전자 구름은 음전기를 띠는 전자들과 양전기를 띠는 핵 내 양성자들이 서로 끌어당기는 전기력을 받아 핵에 묶인다. 하지만 똑같은 전기력이 핵을 갈라놓으려는 힘으로도 작용한다. 같은 전하끼리 밀어내고 서로 가까워질수록 더욱 세게 밀어낸다. 전형적인 원자핵은 사람의 머리카락 굵기보다 수백만 배 작은 주변 전자구름보다도 100,000배 작다. 그렇게 좁은 공간에서 핵 내 양성자들 사이에서 전기적 반발력이 작용할 때 양성자들을 그냥 두면, 거의 광속으로 날아가면서 서로 멀어지게 될 것이다. 하지만 실제로는 원자핵들은 상상할 수 없을 정도로 강력한 힘인, '강한 핵력strong nuclear force'에 묶여 있다. 강력은 양성자들과 중성자들을 원자핵 안에 묶어둔다. 중성자들은 전기적으로—이름에서 나타나듯—중성이지만 양성자들처럼 강력에 반응한다. 전기력은 반발하고 강력은 끌어당기는 핵 줄다리기에서 중성자는 전기력에 영향을 주지 않고 강력을 키우는 결정적인 역할을 한다. 강력은 자체 힘만으로는 두 양성자를 묶어둘 만큼 아주 강하지는 않지만, 중성자를 보태 섞으면 전기전하가 전혀 늘어나지 않아도 강력의 '끈적함stickiness'이 더 증가해서 양성자 둘과 중성자 하나(헬륨-3)로 구성된 안정한 원자핵이 생긴다.

끈적한 강력과 밀어내는 전기력 사이의 핵 씨름은 결국 핵의 크기에 따라 달라진다. 핵이 작으면 강력이 훨씬 우세한데 일반적으로 양성자와 중성자가 많을수록 강력은 더 커진다. 하지만 강력은 딱 양성자 크기 정도인 아주 짧은 거리까지만 작용한다. 그러므로 1조 분의 1밀리미터보다도 훨씬 먼

거리는(엔리코 페르미 이름을 딴 1페르미라는 거리) 강력의 영향권을 한참 벗어난다. 특정 수준을 넘어 핵이 아주 커지면 전기력이 줄다리기에서 이기기 시작하고 양성자와 중성자가 늘어날수록 핵은 약해진다. 구체적으로 그 수준은 니켈(양성자 28개와 중성자 34개)과 철(양성자 26개와 중성자 30-32개)에 가깝다. 이보다 더 큰 핵들은 훨씬 더 불안정하며, 어느 크기—양성자가 82개, 중성자가 100개—이상에서는 안정한 핵이 하나도 없다.

우라늄은 그 수준을 훨씬 상회한다. 양성자가 92개라서 우라늄에서 중성자들이 얼마나 더 많이 늘어나는진 중요하지 않으며. 언젠가 반드시 붕괴한다. 하지만 붕괴할 때까지 수십억 년 동안은 그대로 유지될 것이며, 우라늄 핵의 형태는 두 가지, 우라늄-235와 우라늄-238이다(이하 U-235, U-235로 표기). 이 숫자들은 핵 안에 있는 양성자와 중성자의 총 개수다. 즉 U-235는 중성자 143개와 양성자 92개를 가졌으며 둘을 합친 숫자인 235로 표기한다. U-238은 중성자가 세 개 더 많아 살짝 더 무겁다. 하지만 둘 다 우라늄으로서 원자핵의 화학적 동일성은 핵 내 양성자 개수만으로 결정된다. 화학은 원자들 사이의 전자기 상호작용이 관건이다. 원자의 화학적 특성은 전적으로 원자 내 전자들 개수에 따라 결정되며, 특정 원자핵 주변을 차지하는 전자들 개수는 결국 핵 내 양성자들의 개수에 따라 결정된다. 양성자 개수가 같지만 중성자 개수가 다른 핵은 같은 원소의 서로 다른 동위원소다. 이들의 무게는 서로 다르지만, 화학적 특성은 다르지 않다.

보어와 휠러는 망명 물리학자들인 리제 마이트너Lise Meitner와 마이트너의 조카인 오토 프리슈의 연구를 바탕으로, 우라늄은 두 동위원소의 핵특성이 아주 다르다는 사실을 발견했다. 구체적으로 말하면, U-235 핵에 중성자가 부딪히면 핵이 분열된다. 곧이어 더 작은 두 개의 핵으로 갈라지면서 굉장히 큰 에너지가 나오고 중성자들 몇은 자유롭게 떠다닌다. U-235가 충분하면—임계 질량—분열하면서 남은 중성자들이 U-235의 핵에 더 많이 부딪히고, 핵이 분열되며 중성자가 더 많아지는 식으로 연쇄반응이 시작된다. 54킬로그램 나가는 순수한 U-235는 직경 20센티미터가 안 되는 작고 둥근 고밀도의 금속이지만, 제어하지 않고 놔두면 핵 연쇄반응이 일어나 TNT 15,000톤에 달하는 위력으로 폭발한다. 작은 도시 하나 정도는 깡그리 날려버릴 정도다. 과잉 중성자들 일부를 흡수해 연쇄반응을 제어하면 같은 U-235 54킬로그램으로 작은 도시에 연일 전력을 공급할 수 있다.

U-238은 이야기가 다르다. 과잉 중성자가 셋이라 조금 더 안정적이라서 중성자와 부딪쳐도 그렇게 쉽게 분열되지 않는다. 이런 성질 때문에 U-238로 폭탄을 만들기는 불가능하다. 게다가 다행스럽게도 천연 우라늄 중 약 99.3퍼센트가 U-238이다. 원자폭탄을 만들려면 엄청나게 큰 U-238 덩어리에서 미량의 U-235를 분리해내야 했다. 이 둘은 화학적으로 동일하기에 이들을 분리하는 방법은 유일하게도 U-238이 U-235보다 1.3퍼센트 더 무겁다는 사실을 활용하는 수밖에 없었다. 이 때문에 우라늄이 엄청나게 많이 필요하고 도시 규모에 달하는 산업용 확산 설비와 원심분리 시설이 들어서야 해서, 원자력을 확보하는 일은 유례없을 정도로 어려우리라고 예상되었다. "미국 전체를 하나의 거대한 공장으로 바꾸지 않고서는 원자력을 얻기는 결코 불가능합니다"라고 보어는 결론지었다.

하지만 원자력을 포기하기엔 위험이 너무 컸다. 나치 독일이 원자폭탄을 만들기라도 하면 전쟁은 끝이었다. 세상의 아인슈타인들, 페르미들, 보어들은 히틀러의 제국을 결코 벗어날 수 없을 터였다. "이렇게 작은 폭탄이라니." 페르미가 손을 오므린 채 맨해튼 너머로 내려다보았다. "다 날아갈 겁니다."

"제가 어디서 핵분열에 대해 알아냈는지 맞춰 보시겠습니까? 그게…… 병원이랍니다." 한때 유진 위그너는 황달을 앓았다. "6주 동안 병원에서 지냈습니다. 굉장한 시간이었어요, 황달이 아프지는 않았으니까요"라고 위그너는 회상했다. "거기서는 감자, 콩, 모든 것을 물에 삶아서 주었는데, 음식이 좋지는 않았습니다. 하지만 그 외에 요소들이나 단절감은 굉장히 좋았습니다." 위그너는 방문 온 친구 레오 실라르드Leo Szilard와 우라늄 분열에 대한 소식을 나누었는데, 실라르드는 헝가리 출신으로 몇 년 전 핵 연쇄반응의 엄청난 가능성을 간파한 망명 물리학자였다. "프린스턴에서 지내는 실라르드가 매일 저를 찾아왔고, 우리는 핵분열 문제와 함께 이런저런 대화를 나눴죠. 아니나 다를까 보어와 휠러의 이론에 꽤 깊이 빠져들었습니다. (…) 어느 날 아침에 실라르드가 제게 와서 말했습니다. '위그너, 이제 연쇄반응이 일어나겠어.'"

앞으로 무엇을 해야 할지 옥신각신하던 두 헝가리인은 제삼자를 끌어들였다. 바로 워싱턴DC에 정착한 에드워드 텔러Edward Teller였다. 1939년 여름을 지나면서, 이 '헝가리 공모'를 거쳐, 실라르드의 표현에 따르면 "히틀러의 성패가 핵분열에 좌우될지 모른다"는 위험한 사실을 미국 정부에 경고하려는 계획을 세웠다. 그 과정에서 공작에 가담시키기로 섭외한 네 번째 인물이 있었다. 바로 알베르트 아인슈타인이었다. 이 헝가리인들은 전 세계에서 가장 유명한 과학자가 편지를 보내면 루스벨트 대통령이 주목하리라는 희망을 품었다. 롱아일랜드에 있는 아인슈타인의 별장에서 아인슈타인과 몇 주 간 주말을 보낸 실라르드는 텔러와 위그너의 도움으로 루스벨트 대통령에게 건넬 편지를 다듬었다. 어느 정도 계획이 통해, 편지는 루즈벨트 대통령의 주목을 끌었지만, 루즈벨트 대통령은 미표준국Bureau of Standards의 무능한 국장이었던 라이먼 브리그스Lyman Briggs를 우라늄 위원회의 위원장으로 임명했다. 브리그스와 우라늄 위원회가 하는 일도 없다시피 하며 헝가리 계획이 1년이 넘도록 지연되는 동안, 히틀러는 덴마크를 점령하고 파리를 함락하고 런던을 무자비하게 포격했다.

1941년 가을, 마침내 미국 정부가 심각하게 원자력을 검토하기 시작했을 때 위그너는 아서 콤프턴을 만났다. 아서 콤프턴은 미국 물리학자로, 원자폭탄 개발 가능성이 타당한지에 대해 루즈벨트 대통령의 최고위정책실에 제출할 보고서를 준비하던 중이었다. "위그너는 거의 울면서 핵 계획이 굴러가도록 도와달라고 내게 간청했습니다"라고 콤프턴은 훗날 기록했다. "나치가 폭탄을 먼저 개발하리라는 생생한 공포감을 토로했던 모습이 떠오릅니다. 위그너는 유럽에서 살아본 경험으로 나치를 잘 알았으니까요."

진주만 공습 후 몇 달이 지나, 미국의 원자폭탄 계획은 군으로 이관되었다. 미국 육군 공병대 장교인 레슬리 그로브스 장군Leslie Groves이 책임자로 배정되었다. 그로브스는 펜타곤(당시 세계에서 가장 큰 건물) 건축을 지휘하는 임무를 막 마친 뒤였는데, 처음에는 임명에 항의했다. 전방으로 발령받기를 원했기 때문이다. 하지만 계획의 파급력을 알고 나자, 더욱 적극적으로 계획에 임했다. 그로브스는 버클리 소속 물리학자 로버트 오펜하이머Robert Oppenheimer를 코드명 맨해튼, 즉 극비 계획의 과학 총책임자로 선출했다. 맨해튼 계획의 '독특한 자치권'에 따라 페르미와 위그너, 다른 유럽 출신 망명 물리학자들은 뉴멕시코 사막 고원에 자리한 로스앨러모스에서 미국 동료들과 합류해 맞수 독일을 대적해 폭탄을 개발하기 시작했다.

로스앨러모스에 모인 다수의 물리학자는 나치가 원자력에서 유리한 고지를 점했다고 보았다. 그렇게 생각할 이유가 충분했다. 독일은 지난 몇 세기를 거듭하는 동안 세계 물리학의 중심지였던 반면, 미국은 오랫동안 과학의 변방으로 인식되었다. 핵분열은 역시 독일에서 처음 발견되었다. 독일은 전쟁 경험도 많았던 데다, 체코슬로바키아를 침공한 이후 방대한 우라늄 자원도 손에 넣었다. 게다가 히틀러의 인종차별주의적 공무원법에도 불구하고 나라를 떠나지 않은 훌륭한 물리학자가 많았다. 핵분열을 발견한 핵 화학자 오토 한은 나치와 절대로 엮이지 않았으면 했음에도 불구하고 독일에 머물렀다. 그 대신 묵묵히 연구를 계속하면서, 힘이 닿는 대로 유대인 동료들을 보호하고 마이트너와 프리슈처럼 망명 생활 중인 동료들과도 편지를 주고받았다. 오토 한의 친구이자 노벨상을 받은 물리학자 막스 폰 라우에Max von Laue는 나치를 반대하는 데 그치지 않고, 한발 더 나아가 목숨을 걸고 내부에서 지속적이고 공개적으로 히틀러 체제를 규탄했다. 하지만 독일 물리학자 대부분이 오토 한의 노선을 따르지는 않았고, 폰 라우에처럼 원칙을 고수한 이도 드물었다. 몇몇은 파스쿠알 요르단처럼 적극적으로 히틀러 체제에 가담했다. 요르단은 나치 이데올로기가 미학적으로 매력적이면서도 과학철학에 대한 자신의 이상주의적 견해와 통한다는 이유로 1933년, 나치당뿐이 아니라 히틀러의 무장 돌격대인 갈색셔츠단에도 가담했다. 더욱이 다른 물리학자들은 요하네스 슈타르크Johannes Stark와 필리프 레나르트Philipp Lenard처럼 히틀러가 권력을 장악하기 전부터도 나치 당에 들어갔고, 히틀러의 인종차별 '철학'을 물리학에 적용해서 상대론과 양자론을 '유대계 물리'라고 규정했다.

베르너 하이젠베르크는 나치에 양심적으로 반대하는 폰 라우에도, 나치 철학을 전적으로 수용한 요르단도 아닌, 어중간한 노선을 취했다. 하이젠베르크는 슈트라크와 레나르트의 "독일인 물리"가 당혹스러우리만치 비상식적이라고 비판했고 폰 라우에를 도와 독일에서 양자물리학과 상대론을 거부하는 움직임에 종지부를 찍는 데 성공했다. 그렇지만 하이젠베르크 역시 의무감과 애국심의 발로로 히틀러 제국에 남았고 도덕적으로 타협하면서 과학의 '비정치적' 본질 뒤로 숨어서 나치에 동조했다. 하이젠베르크는 히틀러가 집권하고 전쟁이 터질 때까지 6년 동안 미국과 영국 전역에서 여러 제안을 받았다. 1939년 여름, 미국 여행 도중에 받은 제안이 가장 최근에 받은 제안이었다. 하이젠베르크는 "독일은 내가 필요하다"는 주장을 내세워 그런 제안을 모두 거절했다. 나치는 아니었지만, 지도자가 누구였든 간에 독일을 향한 애국심에는 의심의 여지가 없었다. 한번은 미시간에서 열린 물리학 여름학교를 일찍 떠나면서 "바이에른 알프스에서 기관총 훈련"을 하러 독일로 돌아가야 한다고 말하기도 했다.

전쟁이 시작되고 얼마 지나지 않아, 하이젠베르크는 (놀랍지 않게도) 독일 핵 프로그램의 지도자 중 한 명으로 뽑혔다. 계획은 출발부터 우왕좌왕했다. 하이젠베르크는 뮌헨에서 보낸 학창 시절부터 실험물리학을 이해하는 데는 엉성해서 연관된 수치들을 계산할 때도 단순한 오류를 저질렀다. "이론학자로서 명석했지만 하이젠베르크는 수치를 다룰 때는 조심성이 턱없이 부족했다"라고 하이젠베르크의 제자였던 루돌프 파이얼스는 회상했다. 의사소통에 문제가 생기고 기록에 오류가 나타나는 바람에 계획은 혼란에 빠졌다. 나치의 과학 관료체제가 간섭하면서 과학적 탁월함보다는 정치적 신념에 따른 인사가 강요되었다. 게다가 하이젠베르크와 그의 동료들은 결정적인 사실 하나를 간과했다. 정제된 흑연이 핵 연쇄반응을 조절하고 제어하는 데 이용가능하다는 점이다. 이들이 불순물 섞인 흑연을 이용할 가능성을 배제한 채, 훨씬 희귀하고 비싼 감속재인 중수heavy water에 집중했던 바람에 계획의 진척이 무척 더뎠다. 1942년 무렵, 미국의 폭탄 프로그램에 점점 속도가 붙는 사이 독일의 프로그램은 거의 중단될 지경이었다. 1942년 베를린에서 열린 육군 군수 회담에서, 전쟁이 끝나기 전에 폭탄이 완성될 가능성은 낮지만 원자로가 제국의 전시 체제에 동력을 공급해줄 새로운 전력원으로 유망하다고 하이젠베르크는 독일 나치 상부에 알렸다. 그로부터 얼마 지나지 않아, 하이젠베르크는 이전에 실험 팀을 이끌어본 경험이 전혀 없었음에도 사실상 독일 핵 프로젝트의 수장이 되었다. 하이젠베르크의 팀은 1945년 전쟁이 끝날 때까지 제어된 핵 연쇄반응을 만들어내는 연구를 계속했지만, 1942년 시카고에서 페르미가 같은 연구에 먼저 성공했다는 사실은 모르고 있었다. 반응을 일으키고 나서도 제어하지 못하는 경우에는 노심 용융을 막을 수 없었다. 하이젠베르크는 자신의 생각만큼 참을성이 그다지 강하지 않았다. 나치 체제에서 피 묻은 돈을 받아서 흥미로운 핵물리학 연구를 진행하는 식으로 "물리학을 위해 전쟁을 이용"하기를 바랐다. 설령 히틀러에게 원자력을 쥐여 줄지라도. 하이젠베르크가 "악마의 저녁 식사 초대에 응했습니다"라고 파이얼스는 몇 년 뒤에 적었다. "아마 거리를 두고 신중해야 한다는 사실을 겪어 보고 나서야 알았던 것 같습니다."

    1944년 12월 무렵, 하이젠베르크에게 독일이 졌다는 사실이 거의 확실해졌다. 스위스에서 저녁 파티에 갔다가 동료 그레고르 벤첼Gregor Wentzel과 이야기를 나누면서는 "우리가 이겼다면 정말 멋졌을 텐데"라며 아쉬운 한숨을 내쉬었다. 하이젠베르크는 헤힝엔에서 자신이 이끌던 핵분열 연구소로 돌아와 원자로를 완성하기 위해 온 힘을 쏟았지만 시간이 부족했다. 1945년 4월, 연합국이 독일을 전면 포위한 바람에 하이젠베르크는 연구를 뒤로하고 떠날 수밖에 없었다. 연합국 항공기의 포격을 피하려고 밤에만 자전거로 52시간 동안 250킬로미터를 이동해 우르펠트에 살던 가족에게 돌아갔다. 거기서 며칠 뒤 미군 별동대에 체포되었는데, 이들은 유럽으로 구석까지 투입되어 독일 핵물리학자를 포로로 잡아 심문하는 알소스 작전 Operation Alsos을 수행 중이었다.

알소스 팀은 하이젠베르크, 한, 폰 라우에를 비롯한 독일 물리학자들을 군 정보기지로 개조한 영국식 저택인 팜홀Farm Hall로 서둘러 호송했다. 이 집에는 운동기구, 칠판, 라디오가 있었고 음식도 풍족하게 제공되었다—평범한 영국인 가정 환경보다 더 좋았다고 군 경호원 중 한 사람이 투덜대기도 했다. 분명 평범한 영국인 가정이었다면 팜홀처럼 방마다 완벽하게 마이크를 숨겨두진 않았을 것이다. "여기 마이크를 설치했나 궁금해지네요?" 도착하고 며칠 지나 독일 물리학자들 중 쿠르트 디에브너Kurt Diebner가 물었다. "마이크가 설치되었다고요?" 하이젠베르크가 웃으며 답했다. "아뇨, 그렇게 약삭 빠르지는 못하죠. 진정한 게슈타포 방식을 안다고 보지 않아요. 그런 면에선 좀 구식이죠." 독일 물리학자들은 열심히 신문을 읽고 물리와 정치와 시사를 마음 놓고 토론했는데, 애당초 영국 측 감시원이 논의를 유발할 목적으로 제공한 신문이었다.

하이젠베르크와 다른 학자들은 계속 억류되어 있는 의문스러운 현재 상황에 대해서도 논의했다—물어보면, 그저 언제 풀려날지 "기약은 없다"는 대답만 돌아왔다. 핵물리학에서는 자신들이 세계에서 제일이라고 여겼음은 물론, 독일 물리학이 월등하므로 미국이 폭탄을 만들려고 무슨 수를 써도 독일을 능가할 수는 없으리라는 확신에 차서 무모한 구상을 하기도 했다. 바로 궁지에 처한 자신들의 상황을 언론에 주지시키고 케임브리지로 탈출해서 (그들이 가정하기에) 핵 문제에 대한 그들의 지적 조언에 목마른 동료를 만나겠다는 계획이었다. 자신들의 운명이 당시 포츠담에서 회동한 '빅 쓰리Big 3', 즉 트루먼과 처칠과 스탈린의 손에 달려 있다는 말까지 태연하게 꺼낼 정도였다. 일부는 나치와 연루되었다는 사실이 개인적으로 더 불리하게 작용하지 않음은 물론, 엘리트 물리학자라는 위상을 내세워 아르헨티나로 탈출해 새로운 삶을 시작할 수 있으리라고 확신하기에 이르렀다.

몇 주째 호화로운 포로 생활을 누리던 가운데, 마침내 거품이 가라앉고 참상이 드러났다. 1945년 8월 6일 저녁 식사 직전, 팜홀을 담당하던 영국군 정보부 장교 리트너 소령이 조용히 오토 한을 한쪽으로 데려가서는 미국인들이 히로시마에 원자폭탄을 떨어뜨렸다고 알려주었다. "오토 한은 그 소식에 엄청나게 충격받았습니다"라고 리트너는 썼다.

> 오토 한은 수십만 명을 죽음으로 몰아넣은 사태에 개인적으로 책임을 통감했습니다. 자신이 최초로 발견한 것으로 인해 폭탄이 만들어졌기 때문입니다. 자신의 발견이 가져올 끔찍한 가능성을 인식했을 때 스스로 목숨을 버릴지 고민하기도 했다고 내게 말했죠. (…) 한 알코올성 각성제 덕분에 한은 진정했고 우리는 저녁 자리에 내려가 모인 손님들에게 소식을 알렸습니다. 예상대로 다들 믿을 수 없다는 반응이었습니다.

"단 한마디도 못 믿겠습니다." 하이젠베르크가 소식을 듣자마자 말했다. "우라늄과 조금이라도 관련되었다고는 못 믿겠어요." 그러자 오토 한이 비웃었다. "미국인들이 우라늄 폭탄을 확보했다면 당신은 이류인 셈입니다. 안됐네요, 한물간 하이젠베르크 선생." 그날 밤 늦은 시각, BBC가 보도하는 자세한 소식을 들은 후에야 하이젠베르크와 동료들은 진실을 받아들였다. 그들이 크게 당했다는 현실을.

그후 며칠 동안, 하이젠베르크는 자기가 맡은 프로젝트가 어째서 그렇게나 심하게 뒤처졌는지 고심했다. 스스로 이해했다고 확신했음에도 폭탄을 어떻게 만들어야 하는지 사실상 처음부터 전혀 이해하지 못했다는 사실을 어설픈 계산을 확인하고 나서야 알았다. 게다가 팜홀의 과학자들끼리 나눴던 논의를 통해 알소스팀이 미리 확보해둔 문서의 의미가 비로소 명확해졌다. 나치의 폭탄 개발 프로그램은 맨해튼 계획과 달리 체계가 없이 뒤죽박죽 흘러갔고 중요한 정보는 따로 놓았으며 앞으로 어떻게 진행할지 청사진이 명확하지 않았다. 그런데도 그 며칠 사이, 하이젠베르크는 제자인 카를 폰 바이츠제커와 함께 그들의 전시 활동을 수정주의적 관점에서 의도적으로 재구성하려 한 시도가 팜홀의 녹취록에서 분명하게 드러났다. 이들에 따르면 미국인들이 유례없는 규모로 죽음과 파괴를 몰고 올 무기를 만드는 동안 자신들 독일인은 신중하게 원자로만을 추구했을 뿐 히틀러 제국을 위해 엄청난 새로운 무기를 만들 생각은 없었다는 것이다. 실패의 책임을 자신들의 순전한 무능함이 아닌 이른바 도덕적 투명함 탓으로 돌린 셈이었다.

전쟁 중에 하이젠베르크가 자기만의 영예로운 목적으로 연구하는 사이, 스승인 보어는 겨우 죽을 고비를 넘겼다. 1939년 미국 방문을 마치고 코펜하겐으로 돌아간 보어는 그해 9월에 전쟁이 발발하기 몇 달 전, 집에 도착했다. 이듬해 4월 9일 새벽 동이 틀 무렵, 독일이 덴마크를 침공했고 두 시간 뒤 덴마크 정부는 투항했다. 히틀러는 덴마크를 '모범 보호국'으로 삼아서 세계 다른 국가에 자신의 방식이 평화적임을 입증하기로 했다. 히틀러는 용케도 3년이 넘도록 덴마크에서 반유대주의 법을 도입하지 않았다. 마침내 1943년 10월, 일명 SS라고 불리는 나치 친위대가 코펜하겐 거리에 당도했다. 이들은 유대력에서 가장 거룩한 날 중 하나인 나팔절Rosh Hashanah을 기해서 도시의 유대인을 한데 모을 계획이었다. 하지만 이들이 집집마다 문을 두드렸을 때 시내 유대인들이 거의 다 사라졌다는 사실을 알았다. 독일 외교관 게오르크 더크비츠Georg Duckwitz가 덴마크의 유대계 지도자들에게 며칠 전에 경고했고, 대부분의 덴마크 유대인은 SS가 도착하기 전에 숨어버렸다. 그중 한 명이었던 닐스 보어도 안전하게 식구들과 함께 어선을 타고 외레순 해협을 건너 중립국인 스웨덴에 도착했다. 나치가 보어를 체포하러 그의 연구소에 들이닥치기 사흘 전이었다. 스톡홀름에서 보어는 국왕 크리스티안 10세를 만나 자신이 겪은 일을 언급하며 덴마크 유대인이 스웨덴으로 망명하도록 허락해 달라고 간청했다. 그날 저녁, 스웨덴은 라디오 방송으로 망명을 제안한다고 공표했다. 이후 두 달간 덴마크 저항군과 스웨덴 해안 경비대는 작은 어선이고 조정이고 카누고 할 것 없이 수백 척의 배가 각기 유대계 덴마크인들을 두서넛씩 안전하게 태우고 지나가도록 뱃길을 터주었다. 유대인 7,000명 이상이—당시 덴마크에 살던 유대인의 95퍼센트가—나치를 피할 수 있게 되었다.

스톡홀름은 나치 요원들로 득실댔기에 보어에게 안전하지만은 않았다.

연합국의 입장에서는 좌우간 보어라는 인물을 스웨덴에 남겨 두기에는 아깝다고 판단했다. 영국 공군은 대공포보다 높이 뜨도록 설계된 경비행기인 모스키토라는 고공용 폭격기를 출동시켜 보어를 영국으로 호송해왔다. 이 작은 항공기의 폭탄실에는 특별히 보어를 위해 산소마스크와 함께 조종사가 귀중한 화물과 교신할 수 있도록 헤드폰을 넣어 두었다. 하지만 보어의 거대한 머리에 비해 헤드폰은 너무 작았다. 산소 주입기를 켜라는 명령을 들을 수 없던 보어는 그만 의식을 잃었다. 다행히 조종사가 문제가 생겼음을 알아채고 북해에서 저공으로 비행했던 덕분에 목숨을 건질 수 있었다. 영국에서 브리핑을 마친 보어는 미국으로 날아갔고, 곧장 로스앨러모스 맨해튼 계획 본부로 옮겨졌다. 그리고 니콜라스 베이커Nicolas Baker라는 가명으로 활동했다. '니콜라스'에게 시설을 안내한 에드워드 텔러는 원자력에 대한 보어의 비관론이 오도되었음을 보어에게 보여줄 날을 기다리던 차였다. "내가 말문을 떼어도 좋을까 하는 사이, 보어가 먼저 말을 걸었습니다. '이봐요, 일전에 내가 전국을 공장으로 뒤덮지 않는 한 불가능할 거라고 했었잖아요. 근데 당신이 여기서 바로 그걸 해냈군요.'"

상황은 보어가 알아냈던 것 이상으로 예상과 잘 맞아 떨어졌다. 전쟁이 끝날 때까지 맨해튼 계획에는 국고에서 거의 250억 달러를 들였고, 미국과 캐나다 전역에 걸쳐 31개의 지역에서 125,000명을 고용했다. 물리학자 수백 명이 일상의 실험실 연구를 뒤로하고 맨해튼 계획에 동원됐고, 부족한 인력과 자재가 끊이지 않고 충원됐다. 전쟁이 끝나자 미국의 물리학 연구는 전쟁 전과 비교하면 판이하게 달라졌다. 폭탄을 완성한 것이 결정적으로 영향을 미쳐서 군사 연구비가 물리학으로 쏟아졌다. 1938년 전쟁 전에 미국에서 물리학 연구에 쓰인 총액은 약 1,700만 달러였지만 정부에서 나온 지원금은 거의 없는 수준이었다. 전쟁 후 10년이 지나기도 전에, 1953년에 조달된 물리학 연구비는 4억 달러에 육박했다. 불과 15년 만에 규모가 25배 가까이 늘었다. 게다가 1954년 무렵에 미국에서 물리 과학 분야 기초 연구에 쓰인 자금의 98퍼센트는 군대나 맨해튼 계획을 넘겨받은 원자력위원회처럼 국방과 관련된 정부 기관에서 나왔다.

돈이 그렇게 모이자 사람도 몰려들었다. 버섯구름이 두 군데서 피어오르며 전쟁이 끝나자, 제대 군인 원호법GI Bill으로 지원을 받은 젊은 참전 군인이 새로운 물리학을 배우려고 대학으로 몰려들었다. "군 복무 중 뉴멕시코에서 원자폭탄에 관련된 작업을 하면서 물리학에 관심이 생겼습니다." 1948년에 어떤 하버드 대학교 물리학 박사과정생이 썼던 기록이다. 어떤 사람은 "전쟁의 결과로서 물리학이 중요하다는 느낌"을 받았다고 썼고, 또 어떤 사람은 "전쟁으로 인해 과학 연구에 몸담게 됐습니다"라고 썼다. 물리학과는 학생으로 넘쳐났다. 1941년에는 미국 대학원 졸업생 약 170명이 물리학 박사 학위를 받았다. 1951년 무렵, 그 숫자는 500명을 넘어서 같은 기

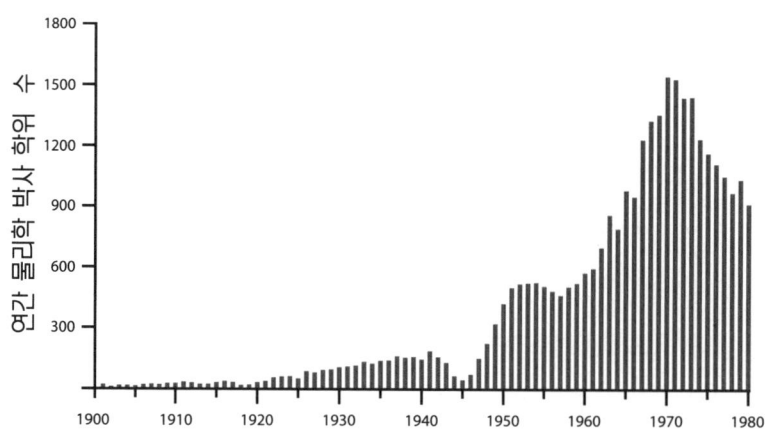

그림 4-1. 미국 기관에서 수여된 연간 물리학 박사 학위 추이, 1900~1980년.

간, 다른 학문 분야보다 더 가파른 비율로 상승했다(그림 4-1). 더군다나 1953년 무렵에는 물리학 박사 학위자들 전체 중 절반이 30세 미만이었다. 물리학자를 양성하는 것은 단순히 과학적 필요성의 문제가 아니라 군사적 기반을 닦는 데 반드시 필요한 투자로 받아들여졌다. 1950년, 원자력위원회의 위원이자 프린스턴 대학교 물리학과의 전임 학과장 헨리 스미스Henry Smyth가 미국 과학진흥협회AAAS, American Association Advancement of Science 강연에서 "과학 인력의 양성과 공급"에 대해 이야기했다. 과학자를 두고 스미스는 이렇게 말했다. "중요한 전쟁 자산이 되었습니다. 국익에 최대한 기여하는 방향으로 과학자의 능력이 발휘되는 게 중요합니다. (…) 나는 과학자들을 우리 문화를 풍성하게 키우는 사람들이 아니라, 우리의 자유를 유지하는 데 필요한 전쟁 수단으로 본다는 이야기입니다."

새로운 국면으로 접어들자 상당히 많은 물리학자가 우려를 표하거나 못마땅함을 느꼈다. "격전과 냉전으로 인해 물리학계의 분위기가 너무 바뀌어 알아볼 수 없을 지경입니다"라며 네덜란드 출신 미국 물리학자 사무엘 구드스미트Samuel Goudsmit는 불평했다. "우리 물리학자들은 2차 세계 대전에 적응하지 못했던 퇴역 군인이나 마찬가지입니다." 구드스미트는 히틀러가 권력을 장악하기 전에 미국으로 이민한 소수의 유대인 유럽 물리학자로서, 전쟁 전에 쥐꼬리만 한 물리학 예산에 예비 부품으로 둘러싸인 환경에서 연구하던 '끈과 봉랍의 시절'이 그리웠다. 전쟁이 끝난 지 10년이 채 되기도 전에 인력과 자본이 밀려들며 물리학을 연구하는 일상적 풍경은 송두리째 바뀌었다.

충격이었습니다. 기초 연구를 하던 우리 실험실은 굉장했고 물리학자다운 물리학자라면 누구든 진심으로 좋아할 정도였죠. 그러나 300달러짜리

리 분광기가 생겼다는 이유만으로 파티를 열던 몇 년 전과 달리, 어쩐 일인지 실험실을 아끼던 애착심이 사라졌습니다. 오늘날에는 수백만 달러에 달하는 장치가 들어와도 기부 기념식이 끝나자마자 훨씬 더 강력한 장비를 들일 계획을 면밀히 세웁니다. 옛날에는 물리학자들이 오로지 우주의 근본 법칙들을 연구하는 데 완전히 빠져들었죠. 이제 우리가 하게 되리라고는 전혀 상상도 못한, 즉 철저하게 비과학적인 일을 하도록 소환된 느낌입니다. 국방부 장관과 앉아서 내년도 국방 예산을 짜는 일을 돕습니다. 대통령에게 미국의 핵 비축량을 브리핑하고요. 우리 가운데 일부는 산업계에서 전자 장치를 설계하고 다른 일부는 영국, 프랑스, 독일 주재 미국 대사관 직원들과 같이 일하기도 합니다. 히로시마 이전에는 투표에 전혀 신경도 안 쓰던 동료들이 이제는 원자력이라는 주제가 의제로 오르면 이 나라의 유엔UN 대표들 바로 옆에 앉는 겁니다.

구드스미트는 전쟁 중 이런 비과학적인 활동을 직접 겪었다. 구드스미트는 하이젠베르크와 다른 일급 독일 핵물리학자를 모아 팜홀로 보낸 알소스 작전의 민간인 리더 자격이었다. 메사추세츠 공과 대학에서 레이더 연구(수천 명이 고용되고 수백만 달러가 들어간, 중요한 전시 물리학 연구 계획)도 했고, 영국 공군에게 조언을 주기도 했다. 전쟁 전에는 미시건 대학교에서 연구했기에 연구 생활을 은퇴하면 전임으로 교육에만 전념하려 했다. 하지만 전쟁이 끝나자 마음을 바꿨다. "히로시마 이후로 물리학과 관련한 모든 것이 급증했습니다"라고 구드스미트가 말했다. "대학 캠퍼스에서 가능해 보이는 이상으로 더 긴밀한 역할을 하고 싶었습니다." 구드스미트는 정부가 운영하는 새로 설립된 순수 연구소 중 하나인 브룩헤이븐 국립 연구소의 물리학과 수장이 되었다. 하지만 '거대 과학'이라는 새로운 체계의 관리직을 맡았음에도 해당 분야의 변화 앞에서 계속 갈피를 잡지 못했다. 1953년에는 "오늘날 우리가 연구하는 환경에서 확실히 특정한 돌파구를 만들어내지 못하고 있습니다"라고도 말했다.

> 사반세기 전만 해도 정부 기밀도, 무기 개발 계획도, 스파이 사건도 신경 쓰지 않고 보어의 연구에 나온 아이디어를 교환할 수 있었습니다. (…) 누구도 대학 총장이나 산업계의 거물이 될 수 있다는 제안에 혹하지 않았고, 각국 정부도 물리학자가 뭘 하든 전혀 개의치 않았어요. 권력을 휘두를 곳이 없다는 단순한 이유로 팔을 걷어붙이고 권력을 거머쥐려고도 하지 않았습니다. 거대한 연구소도 없고, 군사 계획도 없고, (…) 국적 불문하고 회원이 고작해야 400명 정도 모인 지부 같은 곳에 속한 느낌을 가지고 누구든 서로 잘 알았습니다. 적어도 다른 회원이 뭘 하는지 정도는 알고 있었어요. 이제는 미국 물리학자끼리만 모여도 그 숫자가 네 배는 될 터라, 대부분 서로 낯선 상황입니다.

양자물리학의 의미를 파헤치는 연구는 전쟁으로 타격을 크게 받은 영역 중 하나였다. 각지에서 강의실이 신입생으로 붐비자 교수들은 양자물리학의 여러 근간에 깔린 철학적 의문을 가르치기는 불가능함을 알았다. 전쟁 전만 해도 양자물리학 과목에서는 개념적인 문제를 다루는 데 엄청난 시간을 할애했는데, 대서양을 기준으로 한쪽에서는 라이프치히의 하이젠베르크가, 반대 쪽에서는 버클리의 오펜하이머가 강의를 이끌었다. 전쟁 전에는 교과서와 시험에서 학생들에게 불확정성 원리의 본질과 양자 세계에서 관측자가 하는 역할에 관한 에세이를 상술하라고 했다. 하지만 수강생 규모가 급격히 커지면서 세세한 철학적 논의는 거의 불가능해졌다. "불확정성, 상보성, 인과관계와 같은 주제는 강의를 해봐야 소용이 없었습니다"라고 1956년 피츠버그 대학교의 어느 물리학과 교수는 불만을 표했다. "어리둥절해진 학생은 사실상 무엇을 적어야 할지 알지 못하며, 교수는 학생이 적은 내용을 보고 몸서리칠 게 뻔합니다." 수강생 규모가 더 작으면 근본적인 문제를 다룰 시간이—규모가 큰 수업과 비교해서 다섯 배 정도 더—생긴다. 하지만 학생이 급증하는 바람에 규모가 작은 물리학 수업은 거의 남아나질 않았다. 학생이 더 많은 수업에서는 근본적인 문제보다는 "반복가능한 효율적 계산 도구"에 초점을 두었다. 더욱이 교과서도 하나같이 여러 가지 근본적인 문제를 거의 빼 버렸다. 정기간행하는 물리학 학술지의 심사위원이 세대교체되면서, "철학적으로 오염된 문제"와 "철학적 토론을 피하기" 위해 새로운 기조로 작성한 원고를 높이 샀기 때문이다. 시류를 거스른 교재는 "위치와 운동량에 대한 고리타분한 태곳적 법석"을 떠느라 너무 시간을 많이 쏟는다는 악평이 나돌았다. 거대 과학의 시대가 도래했다. 양자물리학의 의미를 골똘히 모색해 나갈 인내심은 바닥을 드러냈다.

≈

이후 평생토록 하이젠베르크는 이야기를 들어줄 만한 사람만 만나면 독일의 폭탄 프로그램에 대한 경험담을 되풀이했다. 구드스미트는 팜홀 보고서에 접근 권한이 있었기에 나치 핵 프로그램의 애처로운 잔재를 두 눈으로 접할 수 있었고, 하이젠베르크의 이야기가 조작임을 알았다. 하지만 팜홀 녹취록 자체가 기밀이라 구드스미트는 하이젠베르크가 거짓말을 한다는 사실을 밝혔을 뿐, 구체적으로 어떻게 알았는지는 설명하지 못했다. 1958년, 당시 처음으로 대중에게 공개된 맨해튼 계획 이야기로서 스위스 기자 로베르트 융크Robert Jungk가 쓴 『천 개의 태양보다 밝은Brighter Than a Thousand Suns』에서는 하이젠베르크의 이야기를 거의 글자 그대로 옮겨놓았다. 『바이러스 하우스The Virus House』도 마찬가지였는데, 최초로 독일 폭탄 개발 프로그램의 역사를 기술하는 데 집중해서, 하이젠베르크는 물론 팜홀에 하이젠베르크와 같이 억류된 동료학자들의 인터뷰를 바탕으로 쓴 책이다. (저자인 데이비드 어빙David Irving은 나중에 밝혀진 바에 따르면 홀로코스트 자체를 부정한 부류였다.)

하이젠베르크 본인의 적극적인 해명에도 불구하고, 남은 평생 하이젠베르크에게는 의혹이 그림자처럼 따라다녔다. 특히 하이젠베르크와 보어의 관계는 전과 같을 수 없었다. 융크의 책이 출간된 뒤, 보어는 화가 나서 하이젠베르크에게 편지를 썼다. 1942년에 두 사람이 만났다고 하이젠베르크가 세세히 설명했기 때문이었다. 하지만 보어답게도 초안만 여러 가지로 작성했을 뿐 보내지 못했다. 그런데도 보어와 하이젠베르크는 다시 이야기를 나눴고, 전쟁이 끝난 후엔 여러 차례 만나기까지 했다. (하이젠베르크의 거짓말은 몇몇에 비하면 오히려 사소한 편이었다. 대표적으로 파스쿠알 요르단의 경우, 과학에 국가 사회주의자로서 접근하는 장점을 열렬히 찬양하는 저작물을 출간했음에도 나치를 진정으로 지지한 적은 없었다고 주장했다. 히틀러의 인종차별주의 정책으로 축출된 자기 스승인 막스 보른에게 대담하게 편지까지 보내, 자신은 정말로 나치가 아니었다고 설명하면서 자신이 '탈나치화de-Nazification'되

없음을 증빙하는 추천서를 부탁했다. 보른은 나치에게 살해당한 자기 친구와 친지들의 명단으로 답신했다.)

전쟁 활동 중 행보로 명성에 타격을 입은 상황에서 하이젠베르크가 코펜하겐 해석을 단일하게 통일해서 양자물리학의 역사를 재편하려 했던 시도는 일부 자신의 이익을 위한 것이었을지도 모른다. 코펜하겐 해석이 순전한 날조는 아니었다. 보어와 보어의 제자와 동료들이 견지한 관점은 분명히 유사했다. 하지만 하이젠베르크의 강연과 보어의 글은, 날조했을 리 없다고 유심히 살펴보는 누구나 알 수 있을 정도로 충분히 차이를 보였어야 했다.

그럼에도 보어와 하이젠베르크라는 거목 사이에 걸친 양자물리학의 해석이 단일하게 확립되었다는 아이디어는 맨해튼 계획 이후 거대 과학계에서 순순히 받아들여졌다. 물리학자 대다수에게 양자물리학의 의미를 궁구하는 시도는 그들이 수행하는 연구와 거의 관련이 없었다. 따라서 코펜하겐 해석 자체를 구성하는 생각이 뒤죽박죽이어도 불만이 없었다. 이론의 수학적 형식이 계속 놀랍게도 잘 부합했기 때문에, 전후 물리학을 군산복합체에서 응용하는 범위가 넓고 다양해지자, 핵물리학이나 고체물리학 분야에서 활동하는 물리학자가 대다수인 양상으로 흘러갔다(고체물리학은 물리학의 한 분야로서 전후 실리콘 트랜지스터를 포함한 여러 물질을 개발하는 데 기여했고, 이후 컴퓨터의 중요성이 급부상하면서도 그 크기는 축소된 시대를 맞이하는 데 결정적인 역할을 했다). 해석에 얽힌 온갖 의문은 장기적으로 과학의 진보에 중요했지만, 급작스럽고 당면한 문제에 양자론을 현실적으로 적용해야 할 상황에서는 무용했다. 양자론을 둘러싼 수수께끼에 모호하지만 비교적 완전한 해결책을 제시하는 코펜하겐 해석 덕분에, 전후 새롭게 형성된 물리학자 집단은 이론의 의미는 고민하지 않고 답들을 계산할 수 있었다. 물리학자들이 미국으로 이동하는 과정에서 이런 경향성이 증가했는데, 유럽의 위대한 이론학자와 대조적으로 미국 물리학자들은 항상 실험과 실용성을 중시했다. 아인슈타인과 보어에게는 중요했던 양자물리학의 기저에 자리한 문제들은 미국 물리학자 사이에서는 뜬구름 잡는 얘기로 치부됐고 펜타곤에서 강물처럼 흘러나오는 자금을 지원받을 연구 주제로는 적절하지 못하다는 이유로 묵살됐다.

하지만 미국 물리학자들이라고 해서 모두 코펜하겐 해석을 덥석 믿을 만큼 실용적이기만 한 것은 아니었다. "상보성에 천착한 보어의 원리는 자연을 애매한 상태로 내버려 둡니다"라고 예일 대학교에 적을 둔, 철학적 성향이 강했던 물리학자 헨리 마르게나우Henry Margenau는 불평했다. "코펜하겐 해석은 이해의 간극을 메울 수 없고 영원히 존재한다고 단언함으로써 그 옹호자들에게 그런 틈을 메워야 할 부담을 덜어주면서, 난점을 표준으로 합법화합니다." 특별히 한 미국 물리학자가 코펜하겐 해석에 심각한 문제를 제기할 운명을 타고났다. 그는 전쟁이 한창일 적에 버클리 대학교에서 오펜하이머와 연구하고 얼마 지나지 않아 프린스턴에 임용된 인물이었다. 1947년, 데이비드 봄은 조교수로 부임하기 위해서 프린스턴 대학교에 도착했다. 당시까지는 코펜하겐 해석을 수용해왔지만 계속된 의혹에 신경이 곤두섰다. 5년 동안 의구심이 쌓일대로 쌓인 끝에, 마침내 정통적인 양자론을 겨냥해 개인적인 반란을 일으켰다. 데이비드 봄은 불가능한 일을 할 참이었다. 바로 폰 노이만의 증명을 거부하고 코펜하겐과 껄끄러운 평화를 유지하기로 한 존 스튜어트 벨을 일깨우는 일이었다. 나아가 양자물리학을 영원히 바꿀 셈이었다.

2부
양자 이단아들

강조하건대 우리 관점은 소수에 속하는 데다 이런 질문에
관심을 기울이는 사람도 드물다. 일반적인 물리학자라면
오래전부터 이런 질문에 대답이 제시됐다고 느낄 뿐
아니라, 이에 대해 20분만 생각해 봐도 어떻게 그렇게
되는지 완전히 이해할 것이다.

—존 스튜어트 벨과 마이클 나우엔베르크, 1966년

5장
유배된 물리학

막스 드레스덴Max Dresden이 북적이는 세미나실로 들어가서 칠판 앞에 혼자 자리를 잡고 서자, 그에게 시선이 쏠렸다. 드레스덴은 켄자스 대학교의 물리학자였는데 1952년 프린스턴에 소재한 고등과학원을 방문했을 때 데이비드 봄의 흥미진진한 새 연구에 대한 강연을 자청했다. 드레스덴은 청중이 봄의 연구를 어떻게 생각할지 몹시 궁금했다. 프린스턴 고등과학원은 아인슈타인을 비롯한 물리학계를 통틀어 가장 뛰어났던 지성들의 본거지였다. 하지만 드레스덴이 좌중을 둘러보아도 아인슈타인 특유의 헝클어진 하얀 머리카락은 눈에 띄지 않았다.

언젠가 드레스덴의 학생들이 봄의 논문을 언급했을 때만 해도 드레스덴은 그 문제를 단번에 일축했었다. 코펜하겐 해석이 양자물리학을 이해하는 유일한 방식임을 보인 폰 노이만의 증명이 그 이유였다. 하지만 거듭되는 권유에 드레스덴은 봄의 논문을 검토했고, 마침내 봄이 발견한 사실에 놀랐다. 봄이 양자물리학을 해석하는 완전히 새로운 방식을 발견했던 것이다. 코펜하겐 해석에서는 양자 세계에 대한 질문에 대답하기를 거부했다면, 봄의 해석에서는 아원자 입자로 이뤄진 세계를 기술했고 아원자 입자는 누군가 위치가 확정된 입자를 보는 행위와 무관하게 존재했다. 이 입자들에는 **파일럿파**가 있었기 때문에 움직임은 정연하고 예측이 가능했다. 봄은 혼돈스럽고 알 수 없었던 양자 세계를 길들이는 방법을 알아냈다. 동시에 봄의 이론은 '표준적인' 양자물리학과 수학적으로 동일했기 때문에 정확성을 희생하지도 않았다.

강연에서 드레스덴은 봄의 아이디어와 수학을 소개했다. 준비한 설명을 마친 드레스덴은 초조해지기 시작했다. 기라성 같은 학자들이 모인 자리에서 질문은 누구에게나 열려 있었기 때문이다. 채 일주일도 남지 않은 시점에서 제안했던 강의였고, 누군가의 아이디어를 놓고 고도로 기술적인 논의가 오가게 될 것이 분명한 자리에서 잘 대처할 수 있기를 간절히 바랐다.

하지만 경악스럽게도 그 자리에서 독설이 쏟아졌다. 어떤 사람은 봄을 '공공의 적'이라고 했고, 어떤 사람은 배신자라고 했으며, 또 어떤 사람은 트로츠키주의자라고 했다. 봄의 아이디어는 단순히 청소년기의 일탈로 치부되었고 몇몇 사람들은 드레스덴이 물리학자로서 봄을 진지하게 받아들이는 실수를 저질렀다고 주장했다. 마침내 연구소 소장이었던 로버트 오펜하이머가 입을 열었다. 오펜하이머는 당대 물리학자 중에서 가장 영향력 있고 유명한 사람으로서 전쟁 중 맨해튼 계획을 성공으로 이끈 장본인이었다. 이전에 버클리에서 오펜하이머가 이끈 연구진은 눈부시도록 명석한 물리학자들이었는데, 봄도 그 일원의 한 명이었다. 그런 오펜하이머가 그 자리에 모인 사람들에게 "만일 우리가 봄을 반박할 수 없다면 무시하는 데 동의해야 합니다"라고 발언하는 것을 목격한 드레스덴은 충격에 빠졌다.

봄은 현장에 없었으므로 직접 나서서 아이디어를 방어할 수 없었다. 불과 몇 달 전까지만 해도 프린스턴 대학교의 교수였던 봄은 브라질에서 옴짝달싹할 수 없는 처지였다. 브라질로 망명해서 모국에서 블랙리스트에 오른 상황에서, 이전의 프린스턴 동료들은 봄의 새로운 이론을 제대로 살펴보지도 않고 묵살하는 분위기였다.

~~~

드레스덴이 봄의 논문을 발굴했고, 후에 프린스턴을 방문했으며, 강연에서 물리학자들의 반응이 놀랍도록 무신경했다는 일련의 일화는 아마 사실일 것이다. 이는 데이비드 봄과 봄의 아이디어가 수용되는 과정에서 전해지는 일대기 중 하나다. 특히 봄을 무시하자고 했다는 오펜하이머의 일화는 지금까지도 악명이 자자하다. 하지만 봄과 관련한 일화는 대다수 출처가 불분명하거나 전혀 근거가 없다. 이런 이야기가 돌아다니는 까닭은 데이비드 봄이 사후 사반세기가 지날 때까지 평가가 극과 극으로 나뉘는 인물이기 때문이다. 한쪽에서는 봄을 아이작 뉴턴의 물리학으로 돌아가려는 고루한 골수 보수파이자 망상에 빠진 신비주의자나 별종 따위로 치부했지만, 다른 한쪽에서는 '단 하나의 참교회'였던 코펜하겐의 틈바구니에서 탄생한 이단의 수호성인이자 선지자로 칭송했다.

데이비드 봄을 다룰 때 생기는 문제가 하나 있다. 바로 인생에서 가장 중요한 일부 시기에 봄이 갖은 박해를 당했고 곳곳으로 도망 다닐 수밖에 없었다는 점이다. 이는 봄의 가장 흥미로운 논문 중 상당수가 분실되거나 폐기되었다는 뜻이다. 더군다나 봄에게 동의하지 않았던 사람들은 역사의 승자들이었다. 그들은 승자의 위치에서 역사를 다루는 작업에 들어갔고, 그로 인해 신화와 사실을 분간하기가 훨씬 더 어려워졌다. 설상가상으로 봄의 옹호자들도 정통 진영의 수정주의 역사에 거세게 반발하면서 정도를 지나쳤다. 친구이자 동료였던 데이비드 피트David Peat가 쓴 데이비드 봄의 전기에서, 봄은 실재의 본질을 명확하게 통찰했던 세속적인 성자로 묘사된다. 게다가 전기는 잘못된 사실관계로 점철돼 있었고, 몇몇 인용구는 맥락을 벗어나 있었으며, 정말 그런 발언을 했는지 출처가 불분명한 말이 생겨나기도 했다. 봄이 타계하고 얼마 지나지 않아, 봄의 연구에 대한 관심이 급증했고 잦아들 기미가 보이지 않았다. 1992년에 봄이 숨을 거두기 전에 누군가 나서서 봄에게 직접 물어봤다면 쉽게 답변을 들을 수 있었을 새로운 질문이 꼬리를 물었다. 상황은 어수선했고 생전엔 무명이었던 한 물리학자를 둘러싼 신화와 전설이 걷잡을 수 없이 생겨났다.

이런 신화와 전설은 중요하다. 양자물리학의 발달 과정에서 봄이 기여한 바가 무엇인지 알려주는 한편 봄의 아이디어가 일으킨 반향 역시 알려주기 때문이다. 전설 뒤편에는 양자 세계의 움직임을 간단명료하게 드러내는 이론과 더불어 박복하지만 명석했던 한 인물의 복잡다단한 생애가 놓여 있다.

~~~

데이비드 조지프 봄은 1917년 12월 20일 펜실베이니아주의 윌크스 바레에서 태어났다. 봄의 아버지 새뮤얼은 19살에 단신으로 헝가리에서 펜실베이니아로 이민 온 유대인이었다. 그곳에서 새뮤얼은 몇 년 전에 가족과 미국으로 건너온 리투아니아 출신의 유대인인 프리다 팝키를 만나 결혼했다. 새뮤얼 봄은 마을에서 가구점을 운영했던 현실적인 인물로서, 동네에서는 수완가이자 여자 꽁무니를 쫓아다니는 남자로 유명했다. 그와 비교하면 프리다 봄은 수줍음 많은 주부였고—가족과 함께 유럽을 떠나온 이후로 내내 조용하고 내성적이었으며—감정 기복이 심했다. 프리다의 변덕스러운 행동은 봄이 자라면서 더욱 심해졌다. 환청이 들렸고 이웃의 코를 부러뜨렸고 남편을 죽이겠다고 위협하다가 결국 정신 병원에 들어가기까지 했다. 데이비드 봄은 엄마와 가까이 지냈지만, 엄마의 행동이 무서워서 책 속으로 파고들며 도피처를 찾을 수밖에 없었다. SF소설을 찾아내자마자 봄은 푹 빠져들었다. 자연히 관심사가 과학으로 기울었다. 봄의 아버지는 아들의 과학주의scientism 앞에서 거의 인내심을 발휘하지 못했다. 한번은 봄이 태양 주변 궤도를 도는 다른 행성이 존재한다고 알려주자, 새뮤얼은 그게 세상일과 무슨 상관이 있냐며 딱 잘라 무시한 적도 있었다. 그럼에도 새뮤얼은 데이비드 봄의 대학 교육에 학비를 댔고, 펜실베이니아 주립대학교에 진학하도록 해 주었다(오늘날처럼 커다란 주립대학교가 되기 전 당시에는 작은 시골 대학이었다).

대학교에서 친구에게나 교수들에게나 봄의 명석함은 별난 성격만큼이나 유명했다. 친구였던 멜바 필립스Melba Phillips에 따르면, 봄은 "사람들에게 측은지심을 불러일으키는 재주"가 있었고 "실제로 불행해지는 재주"까지 있었다. 봄은 계속 건강으로 골치를 앓았다. 펜실베이니아 시절 이후로는 지독한 복통으로 내내 고생했다. 그런 와중에도 연구에 매진했고, 1939

년 대학교 졸업과 동시에 일명 칼텍Caltech이라고 불리는 캘리포니아 공과대학교의 물리학 박사 과정생으로 선발되었다. 펜실베이니아 이민자의 아들이 성공해서 세계 최고의 물리학 중심지에 들어간 것이다. 하지만 칼텍에서 한 학기를 보내고 난 뒤, 강의 과정과 연구 선택권이 생겼음에도 봄은 만족스럽지 않았다. 칼텍에서 진행되는 연구는 근본적이라기보다 점진적이었으며, 칼텍의 분위기도 자신의 성향에 비해서 지나치게 경쟁적이었다. "칼텍에서 그렇게 행복하진 않았습니다"라고 훗날 봄은 회상했다. "그들은 과학에 관심이 없었습니다. 경쟁에서 앞서 나가고 기법을 숙달하는 따위에 더 관심이 있었죠." 의욕이 꺾이고 미래가 불확실했던 봄은 집에서 여름을 보내기 위해 윌크스 바레로 돌아갔다. 가을에 다시 칼텍이 있는 패서디나로 돌아왔을 때 봄은 더욱 침울해졌다. "매번 우울하지는 않았지만 대체로 기분이 저조했습니다. 그다지 좋은 시기는 아니었어요." 그러던 중 봄은 친구의 권유로 카리스마 있고 젊은 한 객원 교수를 만났고, 버클리 대학교의 연구 그룹에 자리가 있는지 물어보았다. 그렇게 다음 학기가 시작될 때쯤, 봄은 캘리포니아 연안을 따라 올라가서 새로운 스승인 J. 로버트 오펜하이머와 연구하게 되었다.

오펜하이머에게서 봄은 동질감을 느꼈다. 동부 연안 출신의 유대인이었던 오펜하이머는 이론물리학에서 중대한 미해결 문제를 공략하고 싶었고, 물리학을 넘어 다양한 분야의 지적 활동에 관심이 있었다. 하지만 봄과 오펜하이머 사이에는 커다란 차이점이 있었다. 봄의 집안이 어디까지나 노동자계층이었던 반면, 오펜하이머의 집안은 맨해튼 사교계에서도 부유하고 연줄이 든든했다. 당시 유대인을 배척하는 '유대인 할당제'가 존재했음에도 오펜하이머는 하버드 대학교 학사 과정을 밟았다. 그리고 3년 만에 최우등으로 졸업한 뒤 유럽으로 떠나서 막스 보른 지도 하에 박사 학위를 받았다. 이후 오펜하이머는 스위스에서 파울리와 연구하면서 시간을 보냈고 코펜하겐에서 연구한 적은 없지만, 보어를 만나 아주 친하게 지냈다. 친구나 제자들 사이에서 "오피Oppie"라는 애칭으로 통하기도 했던 오펜하이머는 미국으로 돌아가자, 버클리 대학교를 미국 전역에서 제일가는 이론물리학과로 탈바꿈시키는 작업에 들어갔다. 1941년 봄이 나타났을 무렵, 오피의 대학원생이었던 조 와인버그Joe Weinberg의 표현에 따르면, 버클리의 물리학자들에게 "보어는 신이었고 오피는 보어의 선지자"였다. 봄이 버클리에 도착했을 때, 와인버그는 이 신입생을 개종시키기 시작했다. "와인버그와 함께 보어의 상보성에 대해 집중적으로 토론했습니다"라고 훗날 봄은 떠올렸다. "당시 보어의 접근법이 올바른 방식이라고 자신했고, 몇 년 동안 보어의 접근법을 따랐습니다. (…) 와인버그는 아주 치열하고 설득력 있는 사람이라 빠져들 수밖에 없었어요. 오펜하이머 교수도 지지하는 접근법이기에 저도 그런 생각에 비중을 두었습니다."

버클리에서 봄의 마음을 사로잡은 것은 양자물리학만이 아니었다. 봄은 유럽에서 불거진 전쟁 또한 주시하고 있었다. 그리고 그 영향으로 공산주의에 관심을 갖게 되었다. "1940년인가 그 이듬해까지도 공산당에 크게 공감하지 못했습니다"라고 봄은 나중에 회상했다. "유럽이 나치에게 무너지면서 깊은 인상을 받았습니다. 저는 그게 저항할 의지가 부족한 탓이라고 보았어요. (…) 나치는 문명에 더없는 위협이라고 생각했습니다 (…) 러시아인들만이 정말로 나치와 싸우는 유일한 사람들 같았습니다. 그게 결정적이었죠. 다음부터는 그들이 하는 이야기에 호의적으로 귀를 기울이기 시작했습니다." 1942년 11월, 봄은 공산당의 버클리 캠퍼스 지부에 가입했다. 하지만 당의 구체적인 실상은 그들이 가진 신념처럼 호소력이 있지는 않았다. "캠퍼스에서 사태에 대한 시위를 조직하려는 이야기나 아무 의미가 없는 이야기 따위 말고는 아무것도 하지 않는다고 느꼈습니다. (…) 회의는 끝날 줄을 몰랐습니다." 몇 달 뒤 봄은 당을 떠났지만, 그 이후로도 오랫동안 마르크스주의자라는 정치적 신념을 견지했다.

박사 학위 시험을 통과해야 할 때가 다가오자 봄의 정치적 견해가 문제시되었다. 봄이 로스앨러모스로 올 수 있게끔 오펜하이머가 개인적으로 요청했지만, 봄은 군에서 보안 등급 허가를 받지 못했다. 군 보안부 측은 봄에게 보안상의 위험이 있다고 오펜하이머에게 둘러댔다. 봄에게 불리하게 이용될지도 모르는 봄의 친지들이 아직 유럽에 남아 있기 때문이라는 것이다. 하지만 실제로 봄이 허가를 받지 못한 이유는 공산당원인 와인버그와 연루되었기 때문이었다. 원자핵들의 상호작용에 관한 봄의 연구 논문은 로스앨러모스에서 진행되던 프로젝트와 상당한 관련이 있었고, 논문은 봄의 의사와 무관하게 즉시 기밀로 분류될 정도였다. 봄의 노트와 계산 결과는 군에 압수당했고 논문을 쓰는 것도 금지됐다. 오펜하이머는 급히 구제에 나서서, UC버클리 당국에 봄이 박사 학위를 받을 만하다고 보증했다.

봄은 전쟁 후에도 2년 정도 더 버클리에서 머물면서 양자물리학의 다양하고 난해한 영역에서 끊임없이 논문을 발표했다. 앞선 연구 성과와 존 휠러가 호의적으로 보고한 면접 결과에 힘입어, 1947년에 프린스턴 물리학과는 봄을 조교수로 임용했다. "봄은 오펜하이머가 발탁한 가장 능력이 뛰어난 젊은 이론물리학자 중 한 명으로 우리에게 추천되었다"라고 당시 학과장이었던 헨리 스미스는 기록했다. (몇 년 뒤 스미스는 '과학 인력의 비축'에 대해 썼다.)

프린스턴 캠퍼스와 그 분위기가 이전에 버클리에서 보내던 시절과는 다르기는 했지만, 여전히 봄의 성에 차지는 않았다. 봄은 교수진이 "사회적 지위를 무척 의식"한다고 보았다. 그럼에도 봄은 빠르게 자리잡았다. 오펜하이머의 예전 노트를 이용해 양자물리학을 가르치기 시작했고 전도유망한 대학원생들과 협력 연구도 개시했다. 소수이긴 했지만 친한 친구가 생겼고 고등과학원 교수의 의붓딸인 해나 로위Hanna Loewy와 가까워졌다. 봄과 로위의 관계가 깊어지면서 혼담이 오갔다. 로위는 봄을 집으로 데려가 어머니 앨리스와 새아버지 에리히 칼러Erich Kahler에게 소개했다. 그곳에서 봄은 칼러의 절친 중 한 사람을 만났는데, 그가 바로 알베르트 아인슈타인이었다.

~~~

1949년 5월 25일 수요일, 데이비드 봄은 미국 내 반역활동을 조사할 목적으로 하원에 설치됐던 반미활동조사위원회HUAC, House Un-American Activities Committee에 출석해야 했다. 봄은 리처드 닉슨Richard M. Nixon을 비롯한 여섯 명의 하원의원과 여섯 명의 의회 직원 반대편에 앉아서, 공산당에 얼마나 깊이 관여했는지 추궁받았다. "그 질문에는 답할 수 없습니다"라고 봄은 대답했다. "괜한 빌미를 제공해서 폄훼 당하고 싶지 않을 뿐더러, 수정 헌법 제1조에 따라 보장되는 저의 권리를 침해한다고 생각하기 때문입니다." 위원회는 봄에게 거듭 답변을 요구했다. 그 후로도 수십 가지 질문을 던지면서 조 와인버그를 비롯한 이전 버클리 대학교 시절 동료와 친구들과 연루되었음을 밝히라고 요구했다. 봄은 거절했다. 그리고 나서 봄은 귀가했고 1년

그림 5-1. 데이비드 봄, 1949년 5월 HUAC에서 증언하고 나서.

넘게 이에 대해서는 더 생각하지 않았다. "그렇게 별문제 없이 넘어가는 듯 했습니다"라고 훗날 봄은 회상했다.

봄은 다른 문제로 고심하던 중이었다. 양자물리학 과목 자료를 한데 모아서 교재를 집필하려던 참이었는데, 코펜하겐 해석을 설명하고 변호하는 데 엄청난 공을 들였다. 하지만 점점 의심이 차오르기 시작해서 1950년 여름에 이르러 책을 거의 완성했을 즈음, 의심은 걷잡을 수 없이 불어난 상태였다. "책을 끝냈을 때 정말로 이해했는지 확실하지 않았습니다"라고 봄은 말했다. 그리고 나서 1950년 12월 4일, 미국 경찰관이 연구실로 찾아와서 봄을 체포했다.

봄은 트렌턴 연방 법원으로 끌려갔고 반미위원회에서 증언을 거부했다는 이유로 의회 모독죄로 기소되었다. 아내 로위는 봄의 제자였던 샘 슈베버Sam Schweber와 트렌턴까지 차를 몰고 가서 보석금을 냈다. 하지만 봄이 프린스턴으로 돌아왔을 때는 이미 대학교 총장 해럴드 돕스Harold Dodds가 봄을 정직시킨 상태였고 캠퍼스에 발을 들일 수조차 없었다. 봄이 블랙리스트에 올랐던 것이다.

1951년 2월, 법정에 출석할 날을 기다리는 사이 봄은 『양자론Quantum Theory』이라는 새로운 교재를 출간한 기념으로 작은 파티를 열었다. 봄은 책에서 방정식보다 여러 개념을 강조하여 양자물리학을 단순하고 알기 쉽게 전개했다. 봄은 장章 하나를 측정 문제에 통째로 할애해서 열심히 코펜하겐 해석을 변호했다. "보어의 관점에서 바라던 책을 썼습니다"라고 봄은 나중에 기억을 떠올렸다. "최대한 이해하려고 했습니다. 3년 동안 양자물리학을 가르쳤고 노트를 꺼내 모아 마침내 책을 구성했습니다." 봄의 책이 공개되자 전반적으로 호평을 받았다. 까칠하기로 악명 높은 볼프강 파울리한테서도 '무척 열광적인' 반응을 이끌어냈다. 파울리는 주제에 접근하는 봄의 방식이 마음에 든다고 했다.

출간하고 얼마 지나지 않아, 봄은 앞으로 삶의 이정표를 바꿀 전화를 한 통 받았다. "아인슈타인에게서 전화가 왔습니다"라고 봄은 말했다. "집에서 아인슈타인의 친구들과 머물러 있었을 때였는데 아인슈타인이 저를 봤으면 했습니다." 아인슈타인은 봄의 책을 읽었고, 봄과 이야기를 나누고 싶었다. "아인슈타인을 만나러 가서 책에 대해 논했습니다"라고 봄은 회상했다. "아인슈타인은 누가 와서 설명하더라도 이해할 만큼 제가 이론을 잘 서술했다고 했지만 아직 충분한 정도는 아니라고 보았습니다. 기본적으로 아인슈타인은 이론이 개념적으로 불완전하고, 파동함수는 실재를 완전하게 기술하지 못하며, 그 이상이 있다고 이의를 제기했어요. 그게 기본적으로 아인슈타인이 반대한 이유였습니다." 아인슈타인은 25년 전에 제기했던 똑같은 문제를 되풀이하는 중이었다. 양자론은 그 모든 성취에도 불구하고 '실재란 무엇인가' 하는 문제에 대해선 굳게 입을 다물었다는 것이다. "우리는 그것에 대해서 토론했습니다. 아인슈타인은 독립적이고 지속적으로 존재하고 매번 관측자를 언급할 필요가 없는, 어떤 실재를 논할 수 있는 이론이 필요하다고 보았습니다." 봄은 회상했다. "실제로 아인슈타인은 양자론으로는 그것을 할 수 없으리라고 확신했습니다. 그러므로 양자론으로 나오는 결과가 옳다고 인정했음에도 (…) 이론으로서 불완전하다고 생각했습니다."

봄이 아인슈타인의 연구실을 나왔을 때 머릿속에서 한 가지 생각이 떠올랐다. "이 문제를 다른 방식으로 볼 수 있을까?" 양자물리학의 이상한 수학을 해석하는 다른 방식이 있었을까? 아니면 코펜하겐 해석이 유일한 방법이었을까? "아인슈타인이 타당하게 느껴졌고, 저는 이미 만족스럽지 않았습니다"라고 봄은 회상했다. "파동함수가 실재성을 완전하게 기술하는가? 궁금해졌습니다." 아인슈타인은 그렇지 않다고 확신했다. 봄은 이런 생각에 계속 매달렸다. 불과 몇 주 만에 봄은 양자론의 기본 방정식을 다시 쓰는 간단한 방법이 있음을 발견했다. 예측과 결과는 그대로였지만—새로운 방식은 수학적으로 이전과 동일했지만—재구성한 수학이 제시하는 세상의 풍경, 다시 말해 그 이야기는 코펜하겐 해석이 들려줬던 바와 근본적으로 달랐다.

봄은 자신이 발견한 결과에 놀랐다. 자신의 아이디어를 논문 두 편으로 정리해 《피지컬 리뷰》에 발송했다. 그러는 사이 봄은 몇 가지 희소식을 접했다. 5월 31일 워싱턴DC의 연방 지방 법원에 출석해서 모든 혐의를 벗은 것이다. 하지만 다음 달, 돕스 총장의 압력에 못 이겨 프린스턴 물리학과는 봄과 계약을 갱신하지 않았고 직위에서 해임할 것이라고 봄에게 통지했다. 아인슈타인은 봄을 위해 여러 차례 추천서를 써 주었지만 소용없었다. 봄은 법적으로 무고해졌음에도 블랙리스트에 계속 남았다.

그해 여름이 끝나갈 때쯤, 봄은 (아인슈타인과 오펜하이머의 도움으로) 브라질 상파울루 대학교에 자리를 잡았다. 이전까지 봄은 미국을 벗어난 적이 없었고 포르투갈어는 한마디도 하지 못했다. 하지만 선택의 여지가 없었던 데다가 연방수사국FBI의 감시를 받는다는 의혹을 느끼던 상황이었다. 그해 10월, 봄은 브라질로 떠났다.

수난에 시달리던 중에도 봄은 이듬해 1월에 논문들이 출판되면, 양자론에 대한 자신의 새로운 관점이 논쟁을 촉발하고 동료 물리학자 사이에서 자신의 인지도가 올라가리라는 희망을 품었다. 브라질에 도착한 지 얼마 안돼, 과거 프린스턴 시절의 친구에게 쓴 편지에서 "내 논문이 수용될지 예단하기는 어렵다네"라고 썼다. "하지만 결국에는 큰 영향을 줄 것이라서 만족하고 있어." 이어서 봄은 정말로 두려운 일이 있다고 했다. "거물들이 내 논문을 묵인하자는 음모를 꾸미는 것이네. 그렇게 되면 내 논문이 비논리적이라고 입증될 만한 것은 없지만 실질적인 관심은 불러일으키지 못하는, 그야말로 철학적인 논점에 불과하다는 사실을 평범한 학자들에게 은근히 암시하는 셈이 된다네." 봄은 포르투갈어를 배우려 했고 새로운 (그리고 봄에게는 달갑지 않은) 분위기에 적응하려 했다. 그렇게 봄은 자신의 아이디어가 마침내 세상에 알려지기를 기다렸다.

양자물리학을 봄의 이론처럼 해석하면 양자 세계의 신비는 상당 부분 사라진다. 누군가 물체를 보든 말든 항상 물체의 위치가 확정된다. 입자는 파동성을 지니지만 거기에 '상보성'은 없다. 즉 입자들은 그저 입자들이고 이들의 운동은 파일럿파가 유도한다. 입자들은 (말 그대로) 파동의 움직임에 의해 유도되며 파동을 따라 나아간다. 하이젠베르크의 불확정성 원리는 여전히 성립한다. 즉 입자의 위치를 알면 알수록 입자의 운동량을 알기는 더 어려워지고, 그 반대도 마찬가지다. 하지만 봄에 따르면 이는 양자 세계가 우리에게 기꺼이 내주는 정보의 한계에 불과하다. 특정 전자가 어디에 있는지 모를지언정, 봄의 우주 어딘가에 항상 있을 것이다.

봄은 이런 간단한 아이디어로 양자물리학의 패러독스라는 덤불을 헤쳐 나갈 수 있었다. 코펜하겐 해석에서는 상자를 열어 보기 전에 슈뢰딩거의 고양이에게 무슨 일이 일어나는지 아예 묻지 못하게 하며, 관측불가능한 대상을 논해봐야 의미 없다고 주장할 뿐이다. 하지만 봄의 파일럿파 해석에서는 그렇게 묻는 게 가능했고 대답할 수도 있다. 상자 안을 보기 전에 고양이는 죽거나 살아 있으며 상자를 열면 어느 쪽이 사실인지 간단히 드러난다는 것이다. 관측 행위는 고양이의 상태와 무관했다.

언뜻 보면 지나치게 간단해 보인다. 만일 봄의 이론에서 입자의 위치나 슈뢰딩거의 고양이에 대해 이상한 점이 하나도 없다면, 어떻게 양자물리학의 기이한 결과들이 다시 똑같이 나올 것이라고 기대할까? 수학이 관건이었다. 봄의 이론은 수학적으로 양자물리학의 핵심 방정식인 슈뢰딩거 방정식과 동일하므로 다른 해석과 동일한 결과를 예측해야 한다. 기술적으로 사

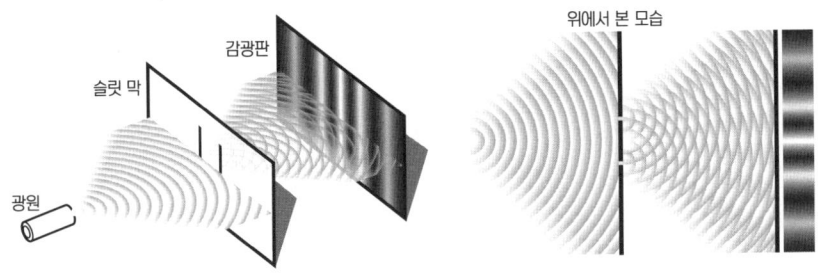

그림 5–2. 이중 슬릿 실험에서 파동들이 서로 간섭한다.

실이지만, 그렇다고 해서 봄의 해석이 실제로 어떻게 작동하는지 감이 오지는 않는다. 이를 해결하려면 양자물리학을 통틀어 가장 이상한 실험 중 하나인 '이중 슬릿 실험'을 살펴봐야 한다.

위대한 물리학자 리처드 파인만이 이중 슬릿 실험을 두고 했던 유명한 말이 있다. "그 안에 양자역학의 골자가 있다. 실제로 **유일한** 신비가 거기 있다." 거창하게 표현하긴 했지만 실험은 놀랍도록 단순하다. 감광판 앞에 막을 설치하고 막에는 좁은 간격으로 기다란 구멍 두 개를 낸다. 이제 막에 빛을 비춘다. 각 슬릿을 지나는 광파는 서로 간섭해서 감광판에 밝고 어두운 띠 무늬를 남긴다(**그림 5–2**). 여기에 특별히 양자적인 것은 없다. 연못에 돌 두 개를 던졌을 때, 겹치는 파동이든 스테레오 스피커 두 개에서 나오는 음파든 파동은 항상 간섭 패턴을 만든다. 파동 간섭은 신비로운 현상이 아니다. 한 파동의 봉우리가 다른 파동의 골짜기와 나란히 만나는 지점에서 서로 상쇄되어 파동이 사라지고, 두 파동의 봉우리가 서로 만날 때는 파동이 증폭된다. 이렇게 해서 **그림 5–2**에서 보는 것처럼 어둡고 밝은 띠 무늬가 나타난다.

정말 기이한 현상은 이중 슬릿에 훨씬 더 희미한 빛을 비췄을 때 나타난다. 이중 슬릿에 손전등 빛을 비추지 않고 가능한 한 최소량의 빛만 보낸다. 한 번에 광자 하나씩만 보내는 것이다. 이때 각 광자는 책의 도입부에서 소개한 나노미터짜리 햄릿처럼 선택의 갈림길에 놓인다. 통과하는 쪽이 왼쪽 슬릿일까 오른쪽 슬릿일까? 일단 광자가 슬릿을 지나간 다음에는 슬릿 뒤에 설치된 감광판에 닿으며 점을 남긴다. 이 과정을 계속 반복하면 점들이 각 슬릿 뒤로 정렬되어 두 개의 무리를 형성한 모양을 보게 될 것이다(그림 5-3a). 어쨌든 광자들은 입자들이며 빛으로 된 작은 테니스 공과 비슷하다. (훨씬 더 큰) 이중 슬릿으로 테니스 공을 던지면, 아마 각 슬릿 뒤에 있는 벽에 맞아서 두 개의 무리를 이룰 것이라고 예상할 것이다. 하지만 광자는 실제로 빛으로 된 테니스공이 아니고 광자들은 특별한 일을 벌인다. 각각의 빛은 감광판의 단일한 위치에 맞더라도, 그 결과를 한데 모아놓으면 감광판에서 간섭무늬를 형성한다(그림 5-3b). 각 광자가 개별적으로 이중 슬릿을 통과하더라도 간섭무늬를 형성하려면, 광자는 감광판의 어느 위치에 도착해야 하는지 미리 알고 있어야 했다. 입자끼리 서로 간섭하지 않는다는 것이 사실이더라도, 광자가 통과할 때 무엇인가 각 광자와 간섭하는 셈이다. 어쨌든 이중 슬릿에서 입자는 한 번에 하나씩 지나갔다.

실험 결과가 당혹스러우므로 살짝 바꿔서 실험을 반복해 보기로 한다. 광자 하나하나가 어느 슬릿을 통과하는지 확인할 목적으로 작은 광자 검출기를 각 슬릿에 달아두면, 감광판에 간섭무늬가 어떻게 생기는지 알아낼 수 있다. 결과를 보면 이미 짐작했으면서도 여간해선 믿기 어려운 사실을 확인하게 된다. 광자들이 꼭 골탕을 먹이려는 것 같다. 아주 가까이서 광자들을 관측하면, 광자들은 간섭무늬를 전혀 만들어내지 않기로 한듯, 오히려 예상했던 대로 점들이 정확히 두 무리를 이룬다(그림 5-3a). 어째서일까? 어

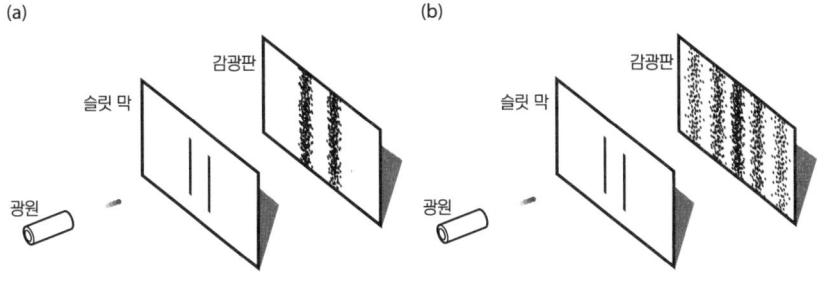

그림 5-3.
(a) 이중 슬릿을 한 번에 하나씩 통과하는 광자들이 간섭무늬를 만든다고 예상하진 않을 것이다.
(b) 이중 슬릿을 통과하는 개별 광자들은 용케도 자기들끼리 간섭한다.

떻게 광자들은 관측된다는 이유만으로 다르게 움직일까? 뭐가 됐든 광자들은 관측되고 있다는 사실을 어떻게 알았을까?

늘 그렇듯, 코펜하겐 해석에서는 상보성을 앞세워서 보여주의 철학의 언어에 물든, 불가사의하면서도 사이비 같은 답변을 제시한다. 코펜하겐식으로 말하면 입자 관념은 파동 관념과 상보적이라는 것이다. 두 관념은 상충하지만—광자들은 입자이면서 동시에 파동일 수 없지만—이 실험을 설명하려면 둘 다 필요하다. 광자의 위치를 측정하지 않으면 광자는 파동이다. 따라서 광자들은 이중 슬릿을 통과하면서 자신들끼리 간섭한다. 하지만 광자의 위치를 측정하면 광자는 입자처럼 움직인다. 그러므로 광자가 이중 슬릿 뒤에 설치한 막에 맞을 때, 오직 한 지점에만 부딪혀야 한다. 마찬가지로 각 슬릿에 광자 검출기를 달면 광자는 이중 슬릿을 지나갈 때 입자처럼 움직인다. 검출기들의 영향으로 각 광자는 슬릿 하나만 통과하므로 자유로이 파동처럼 움직이면서 양쪽 슬릿을 통과하기 전까지는 자기들끼리 간섭하지 못한다. 하지만 광자가 측정 전에 어디에 있었는지 물어봤자 의미가 없다. 파동은 단독 위치가 없기 때문이다. 측정된 특성은 측정하는 행위로

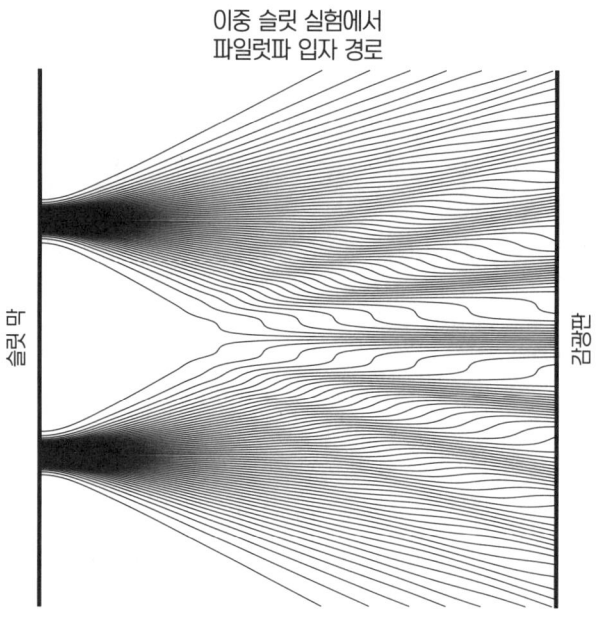

그림 5-4. 이중 슬릿 실험에서 파일럿파들이 유도하는 입자 경로들(위에서 본 형태). UCSD의 찰스 세벤스 교수가 제공해준 매스매티카(Mathematica) 코드로 생성한 그림.

인해 생겨나는 것이며, 미리 위치를 물어봤자 궤변에 지나지 않는다. 이것이 어떻게 가능한지 묘사하려는 시도나 양자 세계가 측정하지 않는 동안 어떻게 움직이는지 설명하려는 시도는 실패를 면치 못할 것이다. 왜냐하면 보어가 말했듯이 양자 세계가 존재하지 않기 때문이다.

봄은 이중 슬릿 실험의 이상한 결과를 설명했으며 그 과정에서 코펜하겐 해석이 불가능하다고 말한 것이 정확히 가능함을 보였다. 누가 보든 말든 양자 세계에서 무슨 일이 일어나는지 자세히 설명했다. 봄에 따르면 광자들은 파도를 타는 입자들이다. 한 입자가 하나의 슬릿만 통과할 수 있는 반면, 입자의 파일럿파는 양쪽 슬릿을 통과하며 스스로 간섭한다. 입자의 운동은 파일럿파가 유도하므로 이러한 자체 간섭은 결과적으로 입자의 운동에 영향을 미친다. 이중 슬릿을 통과하는 광자들이 충분히 많을 때는 파일럿파가 입자를 감광판에 간섭무늬가 나타나는 경로로 유도한다(그림 5-4). 각 슬릿에 광자 검출기를 달면 각 광자의 파일럿파에 영향을 미친다. 아무리 정교하게 설계된 광자 검출기라도 하이젠베르크의 불확정성 원리를 따르기 때문에 광자의 파일럿파를 변화시켜야만 하는데, 이로써 봄의 해석에서는 측정 대상과 측정 장치가 일정 수준 간섭할 수밖에 없다. 이런 측정이 광자의 파일럿파에 영향을 미쳐서 광자의 경로가 바뀌며, 감광판에 간섭무늬가 아니라 두 무리의 흔적이 남는다. 봄의 설명에 따르면 측정으로 입자의 운동이 영향을 받더라도 관측 행위와 무관하게 모든 입자의 위치가 확정된다.

봄의 해석은 1927년 솔베이 학회에서 소개된 드브로이의 해석과 많이 비슷하다. 두 해석의 수학은 본질적으로 동일하고, 특정 아이디어를 강조하는 방식만 다를 뿐 중요한 물리적 통찰은 같다. 바로 양자 세계는 파동이 유도하는 입자로 구성된다는 점이다. 하지만 봄은 드브로이가 실패한 지점에서 한발 더 나아갔다. 봄은 모든 것을, 즉 측정되는 대상과 측정을 실행하는 장치 모두 양자적 방식으로 다루어야 한다고 주장했다. 이로써 봄은 파울리와 크라머르스를 포함한 다른 학자들이 사반세기 전 솔베이에서 제기한 문제를 손쉽게 해결했다. 당시로선 급진적인 아이디어였다. 세계 전체를 설명하는 방식으로 양자물리학을 진지하게 받아들인 셈이다. 봄의 파일럿파 해석에서는 커다란 물체의 이상한 양자적 특징이 최소화된다. 일상에서 양자 현상을 보지 못하는 이유는 이 때문이다. 하지만 크기와 상관없이 모든 물체는 궁극적으로 일련의 동일한 양자 방정식을 따른다.

이와 대조적으로 코펜하겐 해석에서는 양자물리학을 세계 전체를 설명하는 방식으로 보지 않았다. 특히 측정할 때 필요한 감광판이나 이중 슬릿 같은 실험장치를 양자물리학의 대상이 아니라고 간주했다. 보어에 따르면, 양자물리학의 근본적인 특징 중 하나는 "원론적으로 양자와 관련된 모든 측면을 배제하고 측정 기구의 기능을 순수하게 고전적인 용어로 설명할 필요성"이었다. 양자역학은 큰 것이 아니라 작은 것의 물리학이었고 둘은 공존할 수 없었다. 보어의 제자인 조지 가모프가 양자물리학이 어떻게 돌아가는지를 비과학자들에게 설명할 요량으로 양자 현상이 커다란 규모로 나타나는 환상 세계에 대해서 서술했을 때, 보어는 "재미있기보다는 언짢았다." 코펜하겐 학파에 따르면 양자물리학은 세계 전체의 이론으로 진지하게 고려해선 안 되었다. 그보다 양자물리학은 극미한 세계와 접점을 모색하는 방법을 다루는 이론으로서, 실용적인 발명품이자 실험 결과를 예측하는 도구일 뿐이었다. 보어에게는 당연한 귀결이었다. 물리학자가 할 일은 우리 주변 세계의 "실재하는 본질을 드러내는 것이 아니고" 오히려 "인간의 경험을 정돈하고 탐구할 방법"을 찾는 것이라고 보어는 주장했다.

∽∽

과연 보어가 옳았을까? 물리학자는 세계가 실제로 어떤지 이해하려고 시도해야 한다고 주장하면 안 되는 것일까? 실험 결과를 정확히 예측하는 이론을 찾으면 충분할까? 게다가 봄의 이론이 '정규' 양자물리학(그게 무엇이든 간에)과 동일한 결과를 예측한다면 핵심은 무엇일까? 어떻게 두 가지 경쟁 이론이 동일한 결과를 예측하면서도 중대한 차이점을 보이는 것일까?

이런 의문은 과학철학 분야에서 난해한 쟁점으로 이어진다(8장에서 그 일부를 다시 접하게 될 것이다). 단언할 순 없지만 짧게만 답하자면, 보어는 옳지 않았다. 물리적 이론과 조화로운 세계상은 이론의 중요한 한 축을 담당한다. 예측 결과가 동일하더라도 두 이론이 세상을 그리는 구도는—우주의 중심에 태양이 아닌 지구를 놓는 것처럼—서로 판이하게 다를 수도 있다. 이런 그림은 과학을 일상적으로 실천하는 과정에서 많은 영향을 끼친다. 태양계의 중심이 지구가 아니라 태양이라고 생각했다면, 사람들은 지구나 태양계가 뭇별의 주변을 도는 행성처럼 특별하지 않다고 결론을 내렸을지 모른다. 서로 다른 빛이 어떻게 하늘을 가로질러 지구에 당도하는지 두 이론에서 예측한 결과가 같더라도 말이다. 과학 이론과 일관된 이야기는 과학자들이 수행하기로 선택한 실험과 새로운 증거가 평가되는 방식에 영향을 주며, 궁극적으로 새로운 이론을 찾는 여정에서 길잡이 역할을 한다.

1952년, 봄은 자신이 제안한 해석을 개괄하는 연작 논문에서 이 점을 명확히 밝혔다. 두 번째 발표한 논문의 결론부에서 봄은 이렇게 썼다. "이론의 목적은 우리가 관측하는 방법을 아는 관측 결과의 상관관계를 규명할 뿐만 아니라, 새로운 유형의 관측이 필요하다는 사실을 제시하고 그 결과를 예측하는 것이다." 봄은 코펜하겐 해석에서 발생한 일부 문제를 과학철학인 논리실증주의 탓으로 돌렸는데, 이는 (3장에서 소개했던 대로) 마흐에게서 영감을 얻은 사상이었다. 봄의 관점에서 코펜하겐 해석은 보이지 않는 물체가 실재하지 않는다는 사고방식, 즉 봄이 실증주의적 영향이라고 간주한 사고방식에 "상당히 크게 좌우되었다". 하지만 봄이 지적한 대로 "과학 연구의 역사는, 특정한 물체나 구성 요소가 직접 관측되는 과정이 알려지기 한참 전부터 그것이 실재한다고 가정하는 것이 대단히 유익하다는 사실을 보여주는 사례로 가득하다." 이어서 봄은 원자를 예시로 들었다. 일방적인 증거가 있었음에도 당시 마흐가 눈에 보이지 않는다는 이유로 끝까지 원자의 존재를 부인했다는 것이다. 봄은 브라질에 도착하고 얼마 지나지 않아, 친구이자 동료 물리학자인 아서 와이트먼Arthur Wightman에게 쓴 편지에서 이 점을 거듭 밝혔다.

경험적 증거가 확보되기 전이라도 실험을 선택하고 설계할 때 길잡이로서 활용할 뿐만 아니라 해석을 도울 잠정적 개념이 필요해. (…) 참신한 아이디어에 대한 실제 경험적 증거는 의외의 사람들한테서 종종 나오지 (이를테면 원자들이 존재한다는 최초의 증거인 브라운식 움직임Brownean movement은 생물학자가 발견했다네). 하지만 증거는 그런 가능성에 촉각을 곤두세우고 있던 사람에게만 유의미하게 인식된다네. 이런 이유로 물리학자들 사이에서 **모든** 가능성을 열어놓는 인식이 최대한 널리 퍼져야 한다고 생각해. 지금 같은 때에 물리학자들은 모든 가능성을 염두에 두어야 해. 그리고 어느 쪽이 옳은지 모르더라도, 새로운 관점에서 제멋대로이고 흉해 보이지만 어떤 것을 설명하는 데 도움이 되는 쪽을 지지하기 위해서라면, 오래된 관점에서 안전하고 아름다워 보이는 것마저도 기꺼이 버릴 준비가 돼 있어야 하지.

1952년에 발표한 논문에서 봄은 "실증주의 사상이 현대 이론물리학자 다수가 암묵적으로 수용한 철학적 관점에 아직까지 남아 있다"라고 지적했다 실증주의로 기울어진 물리학자에게는 양자물리학의 새로운 해석이 필요하지 않았다. 이들에 따르면 해석 따위는 아예 필요하지 않았다. 양자물리학은 완벽하게 관측 결과를 예측하고 그 관계를 밝혔다. 이것이 과학을 엄격하게 실증주의적으로 설명할 때 과학 이론에 필요한 전부였다. 자연이 실제로 어떠한지를 다루는 이론과 관련된 아이디어는 애물단지로 전락하고 말았다. 이는 과학사학자 마라 벨러의 표현대로 보어의 "불가피성의 미사여구" 뒤에 숨은 논리였다. 보어와 그 추종자들은 코펜하겐 해석이 양자물리학을 이해하는 올바른 방법일 뿐만 아니라 유일한 방법으로서, 양자 혁명의 필수적이고 불가피한 결론이라고 주장했다. 보어와 절친한 동료였던 레온 로젠펠트는 "코펜하겐 해석의 특징"을 이렇게 주장했다. "전형적인 양자 현상을 고전적인 용어로 분석할 때 근본적으로 발생하는 모호함을 피할 유일한 방법이며, 우리에게 불가피한 해석이었습니다." 따라서 보어 진영에 따르면, 다른 해석을 찾으려는 노력은 불필요하며 시간 낭비였다. 제2차 세계대전이 끝나고 7년이 흘러 물리학계의 풍토가 바뀐 뒤, 봄의 논문이 하나둘 나올 무렵까지는 이런 관점이 지배적이었다.

봄은 코펜하겐 해석의 신선한 대안을 제시함으로써 불가피성의 미사여구가 거짓임을 밝혔다. 하지만 봄이 자신이 제안한 이론으로 반응을 얻기는 어려웠다. 봄은 자신의 이론이 무시되거나 폄하되리라고 막연히 예상했었다. 하지만 막상 프린스턴 고등과학원에서 자신의 연구에 보인 반응을 전해들었을 때는 당연하게도 씁쓸함을 감추기 어려웠다.

～～～

"프린스턴 고등과학원 얘기라면, 그런 좀스런 작자들의 생각은 내게 대수롭지 않아. (…) 내가 올바른 길로 가고 있다고 확신하고 있다네." 브라질에 홀로 떨어진 봄은 친구들에게 보내는 편지에서나 불만을 토로할 수 있었다. 친구와 주고받았던 편지들은 물리학계에서 무슨 일이 일어나는지 봄에게 알려주는 유일한 소식통이었다. 1951년 10월에 브라질에 도착하고 나서 몇 주가 지나, 봄은 상파울루에 있는 미국 영사관에 소환되었다. 일단 불려가자, 여권을 몰수당하고 미국으로 돌아가는 것만 가능하다는 도장이 찍혔다. 하지만 봄은 고국 땅으로 돌아가 겪게 될 일이 두려웠다. "최선은 그들이 제가 브라질을 떠나지 않기만을 바라는 겁니다"라고 봄은 아인슈타인에게 편지를 썼다. "그리고 최악의 경우, 그들이 엄청나게 지저분한 짓을 재개해서 저를 도로 데려갈 계획을 꾸리는 겁니다." 봄은 유럽에 가서 일선의 물리학자들을 만나 자신의 아이디어를 검증하고 싶었다. 봄은 친구에게 이렇게 썼다. "가능하다면 유럽에서 내가 직접 강연할 기회가 필요해. 유럽이 가능하지 않다면 미국에서라도 말이야. 아니면 아무도 내 논문을 읽으려 하지 않을 거야." 여권도 없이 봄은 혼자 고립된 채 변론해야 할 처지였다. 일은 수월하게 진행되지 않았다.

　봄은 자신의 논문들이 출판되기 전에 양자물리학의 창시자들에게 초안을 보냈다(그중 일부는 바로 몇 달 전 봄이 쓴 교재를 호평하는 편지를 썼다). 드브로이는 자신도 25년 전에 비슷한 아이디어를 떠올렸다며 답장했다. 하지만 파울리와 다른 학자들은 파일럿파 이론에 중요한 문제를 제기하면서 봄을 몰아세웠다. 파울리는 이어지는 편지에서 봄에게 같은 문제를 지적했다. 하지만 봄은 측정 장치도 양자론의 서술에 포함해야 한다는 명석한 통찰을 내세우며 우아하고 침착하게 대응했다. 몇 달 동안 길고 열정적인 서신이 오간 뒤, 마침내 파울리는 봄의 이론이 일관성 있다는 사실을 인정했다. 하지만 그러면서도 '표준적인' 양자물리학으로 봄의 이론을 검증할 방법이 없기 때문에 "공수표"에 불과하다는 주장을 굽히지 않았다. 근본적으로 파울리는 봄의 아이디어가 "인공적인 형이상학"이라고 생각했다.

애초에 닐스 보어는 봄에게 답장도 하지 않았다. 하지만 봄은 당시 보어의 연구소에 방문했던 친구 와이트먼한테서 소식을 전해 듣긴 했다. 와이트먼에 따르면, 보어는 봄의 이론이 "터무니없다"라며 더 언급하지 않았다. 한편 폰 노이만은 완전히 무시하지는 않았다. 봄의 아이디어가 "일관되고" 심지어 "아주 우아하다"고 생각했지만, 미심쩍게 보면서 봄의 이론이 스핀이라는 양자 현상을 아우를 수 있을 정도로 확장되기는 어려울 것이라고 보았다. 이런 의혹은 훗날 틀린 것으로 판명난다.

폰 노이만이 품은 의혹은 코펜하겐 해석의 필요성을 입증한 '불가능성' 증명에서 기인한 듯했다. 봄은 자신의 이론으로 불가능성 증명에 뭔가 잘못된 점이 있음을, 적어도 다른 물리학자들이 일반적으로 생각한 수준보다는 탄탄하지 않다는 사실을 보였다고 생각했다. 봄은 파일럿파 이론을 전개한 두 번째 논문의 말미에서 자신의 이론으로 폰 노이만의 증명을 빠져나가는 방법을 논했다. 하지만 봄의 분석은 아무리 좋게 봐도 다소 불분명했고 나쁘게 보자면 그냥 틀렸다. 게다가 폰 노이만의 증명에서 무엇이 잘못되었는지 명료하고 간결하게 설명하지 않아서 오히려 오류는 봄의 이론에 있다고 가정한 물리학자가 많았다. 즉 폰 노이만이 진작에 그런 이론이 불가능함을 보였으므로 봄의 이론은 틀렸다는 것이다.

봄의 관점을 지지한 물리학자들은 소수였다. 특히 루이 드브로이는 자신의 예전 해석을 들먹이며 연구의 우선순위를 놓고 봄과 논쟁했다. 처음에 봄은 드브로이의 기여도를 인정하지 않고 버텼다. "한 사람이 다이아몬

5장 유배된 물리학 **155**

드를 발견했지만 보잘 것 없는 돌로 오판해서 버렸고, 훗날 다른 사람이 진가를 발견했다면 다이아몬드는 두 번째 사람 소유라고 얘기하지 않겠습니까?" 다행히 논쟁은 오래가지 않았고 원만히 해결되었다. 몇 년 뒤 봄이 새로운 해석을 다루는 책을 썼을 때, 드브로이는 서문에서 극찬하며 "우아하고 도발적인" 연구라고 표현했다. 파리에 소재한 드브로이의 연구소는 코펜하겐 해석을 반대하는 것이 표준으로 자리한, 세계에서 몇 안 되는 곳 중 하나가 되었다.

봄은 소련 물리학자와 다른 공산주의자의 지지 또한 얻기를 바랐다. 봄의 해석으로 말미암아 양자물리학에서는 세상에 존재하는 사물을 다루는데 있어 더욱 명료해졌고, 실험 결과를 거론할 때 추상적으로 진술하는 경향은 줄어들었다. 이는 마르크스주의의 숱한 갈래를 하나로 꿰는 가닥으로서 유물론materialism과 반실증주의를 강조하는 흐름과 결이 잘 맞았다. 특히 마흐의 실증주의는 마르크스주의자의 동네북이었다. 레닌도 나서서 마흐를 힐난했고, 『유물론과 경험비판론Materialism and Empirio-criticism』에 입각해서 마흐 철학을 '반동분자'와 '유아론자'의 철학으로 치부했다. 드미트리 블로킨체프Dmitrii Blokhintsev와 야코프 테를레츠키Yakov Terletsky 같은 일부 소련 물리학자도 코펜하겐 해석에 비판적이었는데, 봄은 자신만의 해석을 발전시킨 후에 이들의 연구를 접할 수 있었다.

봄의 이론은 즈다노프 비판Zhdanovism이 한창일 때 등장했다. 즈다노프 비판은 소련 공산주의의 이상과 갈등을 야기할 조짐이 조금이라도 보이는 지적 활동을 일소하려는 스탈린 체제 소련 사회주의 공화국의 이념 운동이었다. 소련의 국가 이념과 부합하는 내용이 코펜하겐 해석에 있었지만, 코펜하겐 해석을 둘러싼 실증주의적 분위기 때문이었는지 스탈린 통치하에서 대다수 소련 물리학자는 보어의 아이디어를 공개적으로 옹호하지 못했다. 과학사학자인 로렌 그레이엄Loren Graham에 따르면, 이는 소련에서 "상보성을 추방하는 시대"로 이어졌다.

마르크스주의자였던 봄의 일부 동료들은 연구에 긍정적으로 반응했다. 드브로이의 여러 학생은(특히 장 피에르 비지에Jean-Pierre Vigier) 마르크스주의와 파일럿파에 끌렸다. 하지만 봄의 아이디어를 지지하지 않은 마르크스주의 물리학자도 많았다. 블로킨체프와 테를레츠키가 보어의 상보성 원리와 코펜하겐 해석의 장식적 요소를—때로는 강경한 투로—비판하긴 했지만, 두 사람은 막상 봄의 해석을 지지하지는 않았다. 그 대신 정통적인 양자론의 대안을 제시하며 나름으로 해결책을 모색했다. 실제로 봄은 즈다노프 비판 때문에 철의 장막 뒤에서 활동하는 물리학자 대다수가 양자 해석을 둘러싼 문제를 일체 논하지 못하고 있으리라 추측했다. "난 자문해 보았다네. '소련에서 25년 동안 어째서 아무도 양자론의 유물론적 해석을 제시하지 못했을까?' 그렇게 어려운 일은 아니었을 텐데 말이야"라고 친구 미리엄 예빅Miriam Yevick에게 썼다. "소련에서는 이념적인 이유로 양자론을 비판했어. 하지만 아무런 결과도 나오지 않은 것으로 미루어 보면 사람들을 고취하기보다는 겁줘서 이런 문제로부터 멀어지게 만들었던 걸지도 모르겠네."

어찌됐든 1953년 즈다노프 비판 정책은 스탈린과 함께 자취를 감추었고, 흐루쇼프 휘하에서 소련의 이념적 제약은 (비교적) 완화되기에 이르렀다. 이로써 통제에서 벗어난 러시아 물리학자들은 보어를 따라 코펜하겐 해석을 지지하는 목소리를 냈다. 그중 하나인 블라디미르 폭Vladimir Fock은 소련 물리학 교육계 전체에 보어의 아이디어를 선전하면서, 파일럿파 해석을 '봄-비지에 질환'이라고 불렀다. 봄은 사람들이 보어에 대한 충성심 외에도 이념적인 문제로 두려워했기 때문에 코펜하겐 해석을 비판하는 데 주저했다고 추측했다. 당시 소련에서는 생물학을 마르크스주의적으로 이해한 것에 기반해서, 다윈주의적 진화론의 사이비적인 대안으로 리센코 학설Lysenkoism이 등장했다. 소련의 생물학과 농학은 리센코와 유사과학의 추종자들에게서 받은 타격을 회복하는 데만 수십 년이 걸렸다. 소련에서 훌륭한 물리학자들은 양자물리학에서 비슷한 재앙이 닥치지 않기를 바랐다.

특히 한 마르크스주의자가 봄에게 트집을 잡았는데, 코펜하겐에서 보어의 오른팔이었던 레온 로젠펠트였다. 로젠펠트가 상보성과 마르크스주의에 몰두하자, 이를 본 파울리는 로젠펠트를 "보어×트로츠키의 제곱근"이라고 별칭했다. 로젠펠트는 봄에 맞서서 참된 양자물리학을 지키기를 자청했다. "봄은 물론 누구와도 상보성을 주제로 논쟁을 벌일 생각이 없습니다. 간단히 말하면 논란이 될 점이 조금도 없기 때문입니다"라고 봄에게 써 보냈다. 정작 로젠펠트는 있지도 않다고 했던 논란에 상당한 시간을 쏟았고, 봄의 아이디어가 퍼지지 않도록 막는 데 엄청난 공을 들였다. 로젠펠트는 봄이 《네이처Nature》에 논문을 싣지 못하게 했다. 상보성을 비판하는 러시아어 논문의 번역 원고를 중단하도록 역자를 설득해서 《네이처》에 게재되지 못하게 막았다. 게다가 몇 년 뒤, 봄이 파일럿파 해석에 관한 책을 출간했을 때 로젠펠트는 신랄한 서평을 쓰면서, 봄이 양자물리학을 형편없이 오해했다고 주장했다. "미지의 땅을 밟은 개척자가 처음에 최선의 경로를 발견하지 못하는 건 이해할 법하다. 하지만 땅을 측량한 후 20,000분의 1 축척으로 지도가 나왔는데도 여행자가 길을 잃는 것은 이해할 수 없다." 로젠펠트의 관점은 물리학계에 널리 퍼졌는데, 로젠펠트의 한 친구가 그에게 보낸 편지에서도 드러난다. "데이비드 봄이 맹공격을 받는 꼴이 참 볼만하더군. (…)

저명한 물리학자들 여럿이서 찔러댔으니 말야. 그렇게 젊은 사람에겐 엄청난 영광일 테지."

그 저명한 물리학자에는 로젠펠트와 파울리는 물론이고, 봄의 이론이 "사실상 물리적인 실재성과 무관한 '이데올로기적 상부구조ideological superstructure'의 일종"이라고 묵살한 하이젠베르크도 있었고, 파울리가 "철학적으로나 물리학적으로나 봄을 압도"한다고 말했던 막스 보른도 있었다. 하지만 하이젠베르크, 보른, 파울리, 로젠펠트를 포함한 창단 멤버들도 각자 사상적으로 의견이 나뉘었다. 로젠펠트가 보기에 하이젠베르크는—마르크스주의자가 지독히 멸시하는—관념론에 무서운 줄 모르고 달려들고 있었다. 파울리와 보른이 보기에 로젠펠트는 과학에서 너무 정략적으로 행동했다. 하지만 코펜하겐 해석의 창시자들은 의견 충돌이 있었음에도 봄에게 반대할 때는 똘똘 뭉쳤다.

봄의 아이디어가 탐탁지 않았던 사람들은 그뿐이 아니었다. 봄을 어떤 식으로든 접해 본 젊은 물리학자들 역시 봄에게 부정적이었다. 특히 많은 사람에게 봄의 이론에서 불가피한 한 가지 사실이 골칫거리였다. 비국소성, 즉 멀리 떨어진 입자들이 서로 즉각 영향을 주는 게 가능했던 것이다. 어디도 부딪히지 않고 우주를 떠도는 홑입자는 입자의 파일럿파가 유도하는 경로를 따라가며 완벽하게 국소적이다. 하지만 이런 입자와 상호작용하는 입자를 하나 더 고려하면, 갑자기 둘은 연결되면서—얽히면서—서로 아무리 멀리 떨어져 있어도 한쪽 입자의 파일럿파가 다른 한쪽 입자의 정확한 위치에 따라 달라진다. 이런 류의 "섬뜩한 원격 작용"은 코펜하게 해석에도 등장했고, 이는 정확히 아인슈타인이 EPR 논문에서 주장한 바였다. 하지만 여전히 많은 물리학자가 EPR 논증을 알지 못했으며, 알고 있었던 이들조차 대부분 크게 오해했다. 그들에게 봄의 이론에서 당연한 원격 작용이란 코펜하겐 해석과 비교하면 또 다른 결점이었다.

봄의 아이디어가 연구에서 실제로 새로운 통찰로 이어질지에 대한 의구심도 있었다. 특히 봄의 이론에서는 빛보다 빠르게 입자들이 연결되므로, 봄의 아이디어를 확장해서 특수상대론과 통합하기는 어려워 보였다. 양자장론이라는 상대론적 양자론은 당시 미국과 유럽에서 이미 활발히 연구되던 분야였다. 양자장론은 원래 디랙이 개척했으며 당시에는 파인만, 줄리언 슈윙거Julian Schwinger, 도모나가 신이치로Sin-Itiro Tomonaga, 프리먼 다이슨Freeman Dyson이 주도했다. 양자장론은 엄청난 성공을 거두었다. 이를 통해 디랙은 반물질이 존재한다고 예측한 공로를 인정받아 노벨 물리학상을 수상했고, 다른 학자들은 언뜻 무관해 보이는 양자 특성 사이의 깊은 연결 고리를 증명했으며, 고에너지 입자물리학에서 세계적으로 입자가속기의 숫자가 늘어나면서, 쏟아져 나오는 점점 더 복잡한 결과물을 설명했다. 한편, 비상대론적 양자론 역시 고체물리학과 같은 다른 분야에서 성공적으로 활용되었다. 샘 슈베버에 따르면 봄은 여전히 물리학에서 다른 연구로 높이 평가받았지만, 양자론에 대한 봄의 참신한 아이디어를 당면한 다양하고도 흥미로운 문제에 어떻게 적용하는지는 아무도 몰랐다. "고체물리학과 고에너지물리학 양 분야에서 많은 일이 일어나고 있다 보니, 그 근간을 따지는 작업에 다들 별로 신경 쓰지 않았습니다"라고 슈베버는 회상했다. 양자론에 대한 봄의 해석을 두고 슈베버는 말했다. "생성적이지 않았습니다. 봄의 양자역학을 양자장론으로 이를 일반화하고 싶어도 어떻게 해야 할지 알기 어렵고요. 이론은 주변부로 밀려났습니다."

봄의 이론이 살아남으려면 양자장론의 성공을 설명하는 한편, 이미 활발히 연구 중인 다른 분야와 연관성을 마련해야 했을 것이다. 하지만 브라질에 발이 묶인 봄은 진척이 더뎠다. 봄은 친구에게 불만을 토로했다. "나 혼자서 일이 년 안에 뉴턴, 아인슈타인, 슈뢰딩거, 디랙을 모두 통합할 만한 과학 혁명을 일으켜야 할 판이야." 봄은 유배된 바람에 양자물리학의 최신 발전상을 따라가기도 어려웠다. 친구인 리처드 파인만의 최신 양자장론 연구를 "무용하다고 판명날 이론에 관한 길고 따분한 계산"이라며 대수롭지 않게 여겼지만, 해당 연구로 파인만은 결국 노벨 물리학상을 수상했다. 지리적·사상적으로 고립된 탓에 봄은 과학 연구에서 심각한 대가를 치르는 중이었다.

에르빈 슈뢰딩거처럼 정통적인 코펜하겐 학파에게 완강히 반대하던 이들도 봄에게 힘을 실어주지 않았다. 사반세기가 지나도록 슈뢰딩거는 코펜하겐 해석의 문제가 크다고 보았고, 생을 마감하는 날까지 계속 대립했다. "염치없이 코펜하겐 해석이 보편적으로 받아들여진다고 집요하게 주장한다면, 완전히 몽매한 청중에게라도 더는 존중받기 어려울 겁니다"라고 1960년에 막스 보른에게 써 보냈다. "역사의 판결에 개의치 않으십니까?" 하지만 봄이 슈뢰딩거에게 파일럿파 해석을 다루는 편지를 보냈을 때, 슈뢰딩거의 비서에게서 봄의 연구에 관심이 없다는 답신을 받았을 뿐이었다. "고명하신 분께서 제게 직접 답장하지 않고 굳이 비서를 통해, 양자론을 다루는 역학적 모형이 발견될 수 있다는 주장이 적절하지 않다고 전하더군요"라며 봄은 투덜거렸다. "물론 고명하신 분께서는 제 논문을 읽을 필요를 못 느꼈겠지요. (…) 이제부터 포르투갈어로 슈뢰딩거를 '부흐호um burro'라 해야겠군요. 번역은 본인 추측에 맡기겠습니다." 슈뢰딩거는 입자가 전혀 없고 파동함수만 있는 양자 세계를 그리면서, 양자물리학을 해석하기 위해 자기 나름으로 골몰했다. 입자를 유도하는 파일럿파는 전적으로 슈뢰딩거의 관심 밖에 있었다.

하지만 가장 실망스러운 일은 아인슈타인의 반응이었다. 아인슈타인은 봄의 동기에 충분히 공감했지만—처음부터 봄이 아이디어를 전개할 용기를 준 것도 아인슈타인의 조언이었지만—봄이 도달한 결론을 반기지 않았다. "봄이 양자론을 결정론적 용어로 해석할 수 있다고 (드브로이가 25년 전에 했던 대로) 믿는다는 걸 알고 있나?" 아인슈타인은 옛 친구인 막스 보른에게 썼다. "그 방식이 내게는 지나치게 가벼워 보이네."

아인슈타인의 편지에서는 봄의 아이디어에서 무엇이 정확히 "가벼워 보였는지" 자세히 설명하지 않았다. 하지만 파일럿파 해석에는 아인슈타인이 명백히 받아들일 수 없는 몇 가지 특징이 있었다. 물체가 움직일 법 한데도 움직이지 않거나 이상한 방식으로 움직이기도 했다. 봄의 이론에서는 상자 안에 갇힌 입자의 운동 에너지(움직이는 에너지)가 엄청나게 크더라도 운동하지 않을 수 있다고 아인슈타인은 지적했다. 이는 커다란 물체를 다룰 때 양자물리학이 고전물리학과 일치해야 한다는 원리와 모순되었다. 답장에서 봄이 지적하기를, 그런 상황에서 상자를 연다면 상자 벽이 입자와 상호작용하여 이전까지 움직이지 않았던 입자가 고속으로, 즉 상자가 열리기 전에 애당초 지녔던 운동 에너지에 해당하는 속도로 상자 밖으로 튕겨 나올 것이다. 분명 이상하긴 하지만, 어느 이론이라도 양자물리학의 비직관적인 결과와 부합하려면 이상해야 한다. (나중에 아인슈타인은 직접 나서서 봄의 답변이 자신의 견해와 나란히 실리도록 배려해 주었다.)

아인슈타인은 비국소성이라는 아이디어 역시 불만이었다. 코펜하겐 해석이 비국소적이라는 점을 아인슈타인이 알고 있었으므로 봄의 이론이 그런 특징을 보인다고 해서 기존의 관점보다 특별히 더 나쁠 건 없었다. 하지만 아인슈타인은 국소성을 포기해야 할 물리적 이유를 찾지 못했다. EPR

논증에서 양자물리학이 비국소적이거나 불완전하다는 점을 명료하게 밝혔고, 아인슈타인은 후자를 확신했다. 아인슈타인은 보른에게 이렇게 썼다. "익히 알려진 물리 현상, 특히 양자역학에서 그렇게 성공적으로 망라하는 현상을 살펴봤지만 어디서도 내가 국소성을 버려야 할 이유를 발견하지 못했다네."

아인슈타인도 양자 수준에서 벌어지는 일을 한꺼번에 기술하는 다른 방법을 찾고 싶었다. 보어와 코펜하겐 해석의 지지자들은 측정 도구를 고전적으로 기술함과 동시에 고전적 개념을 이용할 필요성을 주장했다. 봄의 아이디어는 양쪽과 모두 결별했지만, 아인슈타인이 희망한 만큼 철저하게 결별하지는 않았다. 아인슈타인은 자연을 바라보는 새로운 방식을 원했다. 그것은 기존 양자론을 새롭게 해석하는 방법이라기보다 기존에 알려지지 않은 진리를 드러낼 양자물리학의 기저 이론이었다. 아인슈타인은 통일장론 unified field theory으로 그러한 그림을 찾고자 했는데, 통일장 이론은 양자물리학의 수학 하부를 이루는 심원한 실재와 일반 상대성 이론을 통합할 이론이었다. 사후 아인슈타인에 대해서 보른은 이렇게 썼다. "아인슈타인의 아이디어는 데이비드 봄보다 급진적이었으며 '미래의 음악'이었습니다."

역사는 반복되고 있었다. 25년 전 솔베이 학회에서 그랬던 것처럼 코펜하겐 해석의 옹호자들은 개인적인 의견이 달랐음에도 단결된 모습을 보인 반면, 반란은 구심점을 찾지 못하고 흐지부지되었다.

2년 후, 봄은 브라질을 떠나고 싶어 못 견딜 지경이었다. 봄의 이론은 무시되거나 폄하되었다. 이론을 설득할 목적으로 강연을 하러 다닐 수도 없었다. 봄은 아인슈타인에게 도움을 청했다. 아인슈타인은 파일럿파 해석이 마음에 들지 않았지만 여전히 봄에게 의지처가 돼 주었다. 아인슈타인은 연줄을 동원해 봄이 자유의 몸이 되도록 도왔다. 한때 자신의 조교이자 EPR 논문의 공저자였던 네이선 로젠에게 연락해 이스라엘, 곧 로젠의 새로운 나라에서, 로젠의 새로운 물리학과에서 봄을 채용할 수 있을지 물었다. 봄은 재능이 뛰어난 물리학자이자 유대인 출신의 망명자였고 이스라엘에서 잘 적응할 수 있을 것 같았다. 아인슈타인은 세상에서 가장 유명한 유대인인 만큼 이스라엘과 연이 깊었다. 로젠이 봄의 자리를 마련해 놓았지만, 봄은 여권이 없어서 브라질을 빠져나가지 못했다. 일자리를 얻게 된 봄은 이스라엘 시민권을 얻고자 했지만 실패했다. 그러자 아인슈타인은 봄에게 브라질 시민권을 얻은 다음 그 여권으로 다니는 쪽을 권했다. 브라질 정부와 접촉하는 일은 순탄하게 굴러갔고, 1954년 12월 20일 봄은 브라질 국민이 되었다. 몇 달 뒤 마침내 봄은 브라질을 떠났는데 그곳에서 거의 4년을 거기서 보내고 난 뒤였다.

봄은 이스라엘에서 잘 지냈다. 이민자였던 세라 울프슨Sarah Woolfson을 만나 곧 결혼했으며, 오롯이 자신의 방식을 따른 양자물리학에 관한 책을 하나 출간했다. 유럽으로 다니면서 다른 물리학자를 만나 함께 연구했다. 코펜하겐에 있는 보어의 연구소도 두 번 방문했다. 그곳에서 혼자서 플라즈마 물리학에 대한 연구를 했지만, 파일럿파 해석에 대해 보어와 이야기를 나누었다는 기록은 없다. 봄은 텔아비브에서 특히 재능이 출중한 학생인 야키르 아하로노프Yakir Aharonov와도 연구했다. 봄은 자신의 이단적 냄새가 아하로노프에게 배지 않기를 바랐고, 공동 연구를 시작할 때 한 가지 사항을 합의했다. 모든 연구를 봄의 새로운 방식이 아닌, '표준적인' 양자물리학을 통해서 하자는 얘기였다. 두 사람은 힘을 합쳐 양자물리학에서 놀랍고도 참신한 결과를 발견했다. '표준적인' 물리학에서 봄의 가장 잘 알려진 연구라고 인정된 '아하로노프–봄 효과'로, 전기장 근처를 지나는 전자와 전기띤 입자의 움직임에서 나타나는 독특한 특성이었다.

한편 봄은 파일럿파 해석이 잘못됐다는 사실을 받아들였다. 해당 주제에 관한 책을 쓴 다음, 봄은 자신이 실수했고 해석이 결국 성립하지 않는다고 판단했다. 하지만 그렇다고 해서 정통적인 코펜하겐의 관점이 옳다고 생각한 것은 아니었다. 여러 이유로 봄은 자신의 해석을 폐기했다. 특수상대론과 묶어 낼 방법을 알 수 없었고, 물리학계에서 더 널리 인정받지 못해 의욕이 꺾였으며, 자신의 이론에서 나온 아이디어로 더 진전을 볼 수 없었기 때문이었다. "당시 어떻게 더 나아갈지 명확하지 않았으므로 관심사가 다른 방향으로 옮겨갔습니다"라고 몇 년 뒤 봄이 말했다. 이런 변화와 동시에, 또 달리 지적으로 중요한 전환점이 봄에게 찾아왔다. 1956년 헝가리 봉기가 잔혹하게 탄압되는 사태가 일어나면서 봄이 마르크스주의를 버린 것이다. 이러한 철학적 변화로 말미암아 양자 세계의 본질에 대한 봄의 사고방식도 바뀌었으며 나아가 봄이 예전 아이디어를 버리는 계기가 되었다.

봄이 양자물리학에 접근하는 새로운 방법을 찾으면서 마침내 직업적으로도 어느 정도 안정을 찾았다. 1957년 이스라엘을 떠나 영국 브리스톨 대학교에 단기로 임용되었다. 몇 년 뒤 런던 대학교 버크벡 칼리지에서 정교수로 부임했다. 나중에는 미국의 두 곳에서 정교수직을 제안받았다. 한 곳은 새로 설립된 브랜다이스 대학교였고, 다른 한 곳은 뉴멕시코 광산공과대학교였다. 하지만 자리를 잡으려 했을 무렵 봄은 새로운 문제에 봉착했다. 미국 정부가 봄이 브라질 시민권을 받았다는 것을 알고, 봄의 미국 시민권을 박탈해 버린 뒤였다. 게다가 봄이 공산주의에 연루된 적 있다는 사실이 국무부 관계자들의 뇌리에 남아 있던 터라, 고국 땅에서 시민권을 다시 신청한 봄이 곱게 보이지 않았다. 정부 측은 봄이 공개적으로 공산주의를 포기한다면 다시 미국인이 될 수 있다고 고지했다. 봄은 더이상 마르크스주의자가 아니었지만, 단순히 실리를 얻을 목적으로 공개적으로 과거의 정치적 견해를 포기하는 행동은 부도덕하다고 여겼다. "미국 시민권을 다시 받을 **목적으로** 공산주의를 비판하는 일은 잘못이라고 봅니다. 그건 순간을 모면할 속셈으로 하는 말이지, 대체로 진실하다고 생각해서 하는 말이 아닙니다. 이는 상사에게 좋은 인상을 남길 **목적으로**, 더 좋은 자리를 얻으려고 과학 기사를 쓰는 짓과 같습니다." 소신을 굽히고 싶지 않았던 봄은 버크벡에 남았다.

그러는 동안 파일럿파 해석은 세상에서 잊혀 갔으며, 봄은 양자 세계를 이해하는 새로운 방식에 몰두했다. 하지만 봄의 문제가 제기됐던 프린스턴에서 아니나 다를까 새로운 대안 하나가 이미 발견되었다.

6장
또 다른 세계로부터 나타나다

1954년 4월 14일, 뉴저지 프린스턴에서 알베르트 아인슈타인은 생애 마지막 강연을 했다. 상대론에 관한 존 휠러의 대학원 세미나에서 진행한 초청 강연이었지만 불가피하게 양자물리학에서 관측자의 역할로 주제가 바뀌었다. (한번은 아인슈타인이 친구 오토 슈테른에게 "양자론은 뇌 지방을 다 써버리는 정도가 상대론보다 심하다네"라고 말했다.) 아인슈타인이 양자물리학에 대한 반대 의견을 개괄했다. 학생들은 휠러에게 배운 대로 보어의 관점을 옹호하기 위해서 질문을 던졌다. 아인슈타인은 차분히 대처하다가 미소를 머금고 되묻기도 했다. "쥐가 관측하면 우주의 상태가 바뀔까요?"

그날 그 자리에 있던 1년 차 대학원생 한 명이 코펜하겐 해석에 도전하는 아인슈타인의 촌철살인을 귀담아 두었다. 1년 뒤 아인슈타인이 세상을 떠났고, 그 자리에 있었던 휴 에버렛은 양자물리학을 해석하는 자신의 방식을 옹호할 때 아인슈타인이 했던 말을 요긴하게 활용했다. 아인슈타인과 달리―그리고 봄과 같이―에버렛은 완전히 새로운 이론을 도모하기보다는 양자물리학의 수학 자체를 적용해서 문제를 해결하려 했다. 하지만 한편으로는 봄과 달리 에버렛은 해결책으로 파일럿파를 끌어들이지 않았다. 양자물리학의 근간에 자리한 질문에 제시한 에버렛의 답변은 독창적이었고 봄이나 아인슈타인이 제안했던 것보다 훨씬 더 이상했다.

~~~

휴 에버렛 3세Hugh Everett III는 1930년 11월 11일 태어났다. 아버지 쪽을 거슬러 올라가면 버지니아에 뿌리를 둔 집안이었다. 증조 친할아버지는 남북전쟁에서 남부 연합 소속으로 싸운 인물이었다. 아버지 휴 에버렛 2세는 공병 경험을 거친 군수 장교로서 오랜기간 육군에 몸담았던 인물이었다. 어머니 캐서린은 성격이 분방한 작가이자 평화주의자였다. 캐서린과 휴 2세는 성격으로 보나 삶의 방향성으로 보나 불협화음을 냈고 휴 3세가 태어나고 몇 년 지나서 (당시로서는 불미스럽게도) 이혼했다. 휴는 메릴랜드 주 베세즈다에서 아버지와 새어머니의 슬하에서 자랐다. 집에서 에버렛은 다부진 체격 때문인지 '땅딸보'라는 별명으로 불렸다. 에버렛은 그 별명을 싫어했지만 평생 떼려야 뗄 수 없었다.

평소 SF소설에 코를 파묻고 지냈던 에버렛은 일찍이 학업에서 두각을 드러내는 한편, 패러독스를 즐겼다. 열두 살에 아인슈타인에게 편지를 써서, 움직일 수 없는 물체가 멈출 수 없는 힘을 만나면 어떻게 될까 하는 질문을 해결했다고 주장했다. 편지는 분실되었지만 아인슈타인은 답신에서 멈출 수 없는 힘과 움직일 수 없는 물체가 실재하지 않는다고 말하면서도 "혼자서 만들어낸 기묘한 난관을 당당히 헤치고 나아간 아주 집요한 소년은 있는 것 같군요"라고 써 주었다.

1년 뒤, 에버렛은 워싱턴디씨에 소재한 천주교 계열 예비 사관학교에서 장학금을 받았다. 거의 모든 과목에서 뛰어난 성취를 보였다. 이미 "이단"이라는 새로운 별명이 따라다녔을 만큼 강경한 무신론자였음에도, 필수 종교 수업에서도 탁월한 성적을 보였다. 1948년 에버렛은 우등으로 학교를 졸업했고 같은 도시에 있는 가톨릭 대학교에 진학해서 화학공학과 수학을 공부했다. 에버렛은 수학과 논리학에서 출중한 능력을 선보이며 교수들과 동기들의 머릿속에 금세 각인되었다.

논리학에 뛰어난 재능을 보였던 에버렛은 당연하게도 그 당시까지 패러독스를 즐기고 있었다. 필수 종교 수업을 도저히 참을 수 없었던 에버렛은 독실한 천주교 신자였던 교수에게 신이 존재하지 않는다는 '증명'을 선보였다. 그 교수는 심각한 종교적 회의와 절망 상태에 빠지는 바람에 에버렛을 당혹스럽게 만들었다고 알려진다. 하지만 에버렛은 그게 누구든 근본적으로 세계관을 바꾸도록 설득하는 데 그다지 관심이 없었다. 그냥 재미있었으면 할 뿐이었다. 더욱이 에버렛에게 재미란, 주장하는 논리적 결과물을 게임처럼 주고받다가 논쟁에서 이기는 정도였다. 누군가의 종교적 신념을 공황에 빠뜨리는 것은 목적이 아니었다. 에베렛은 그게 누구든 독실한 사람에게는 두 번 다시 증명을 보여주지 않기로 결심했지만 지키지 못할 결심이었다. 허술한 논리의 구멍을 찾는 재미에서 벗어날 수 없었고, 그후로도 한번씩 종교를 가진 친구들에게 증명을 선보였다.

에버렛은 1953년 가톨릭대 졸업 후 프린스턴의 물리학 박사 과정에 들어갔다. 6주 늦게 지원했지만, 프린스턴 교수진에서는 에버렛처럼 비상한 학생을 만나고 싶어 했기 때문에 특별히 문제가 되지는 않았다. 에버렛의 점수는 당시 새로 도입된 물리학 대학원 입학 자격시험GRE에서 상위 1퍼센트였으며, 추천서들은 화려했다. "이것은 일생일대의 추천서입니다. (…) 에버렛은 프린스턴, 럿거스, 카톨릭 대학교에서 지금까지 추천인이 만난 학생 중에서 가장 뛰어났습니다. 에버렛은 카톨릭 대학교의 대다수 대학원생들보다 수학 지식이 뛰어나며, 아마도 타고난 능력에서 필적할 학생이 없을 듯합니다." 당시 신설된 국립과학재단NSF, National Science Foundation에서도 비슷한 인상을 받았고 에버렛에게 대학원 등록금과 급여를 지원했다.

프린스턴에서 에버렛은 동기 세 명과 각별히 친해져서 나중에는 넷이 같은 집에 살았다. "에버렛은 아주 유쾌했죠. 걸핏하면 사람들을 건드리는 낙으로 지냈어요"라며 세 명의 친구 중 한 명이었던 헤일 트로터Hale Trotter는 회상했다. "뭐든지 아주 경쟁적이었어요, 포커든 탁구든 말입니다"라고 또 한 명인 하비 아널드Harvey Arnold 역시 회상했다. "에버렛은 본인이 이기지 않고는 못 배겨서 상대를 이길 때까지 붙잡고 놔주지 않았어요." 삼총사 중 남은 한 명인 찰스 마이스너Charles Misner 또한 수긍했다. "명석한 괴짜였어요 (…) 좋아한 놀이는 한 수 앞서가기였고요"라고 전하면서도 에버렛과는 "항상 사이좋게 경쟁했습니다"라고 황급히 덧붙였다.

프린스턴 친구들에게 에버렛의 명석함은 인상적이었다. "그 정도로 명석한 줄은 몰라서, 나중에 알고 난 다음에는 놀랐죠"라고 아널드는 회상했다. "에버렛이랑 친해지기 전엔 알지 못합니다. 그러다 가까워지면 그 친구가 세계 최고가 되리라는 생각이 들 겁니다. 다방면에서 똑똑했어요. 그러니까 화학공학에서 수학하고 물리학에 이르기까지요. 그리고 대부분의 시간을 SF소설에 파묻혀 보내기도 했죠. 한마디로 타고났다는 얘기죠."

프린스턴에서 보낸 초창기 시절, 에버렛은 경쟁심을 지닌 사람에게 어울리는 수학적으로 엄밀한 분야를 연구하는 데 몰두했다. 바로 수학적 게임 이론game thoery이었다. 에버렛의 관심은 개인적일 뿐만 아니라 실용적이었다. 게임 이론은 에버렛이 박사 학위를 받고 나서 일하고자 했던 펜타곤의 군사 전략가들이나 최적화 연구자들이 쓰는 언어였다. 당시 프린스턴 대학교는 게임 이론을 공부하기에 비할 데 없을 정도로 여건이 훌륭했다. 게임 이론의 창시자 중 한 사람인 폰 노이만이 바로 길 따라 내려가면 고등과학원에 있었고, 오스카르 모르겐슈타인Oskar Morgenstern과 앨버트 터커Albert Tucker같은 거물도 교내에 있었다. 게임 이론 세미나도 매주 있어서, 1994년 노벨경제학상을 수상한 존 내시John Nash를 비롯한 프린스턴 교수진과 방문 학자들의 강의가 이어졌다. 에버렛은 첫 해부터 정기적으로 세미나에 참석했고, 훗날 게임 이론 분야에서 고전의 반열에 오르게 될 짧은 논문을 발표했다.

게임 이론에 빠져 있었을 때를 제외하고, 에버렛의 관심사는 차츰 양자물리학으로 기울었다. 당시 미국 내 대다수의 대학원 양자물리학 과목에서는 양자물리학의 핵심에 자리한 수수께끼를 거의 다루지 않았다. 에버렛이 프린스턴에서 1년 차에 수강한 과정도 예외가 아니었다. 하지만 폰 노이만의 고전적 교과서와 비교적 최근에 나온 봄의 교과서를 모두 읽었던 에버렛은 이론의 핵심에 문제가 도사리고 있음을 알았다. 폰 노이만의 교과서에서 명료히 밝히기를, 파동함수 붕괴는 슈뢰딩거 방정식과는 별개이며 앞뒤가 맞는 이론이 되기 위해서 추가된 내용이었다. 하지만 어째서일까? 봄의 책에서는 코펜하겐 해석을 드러내놓고 옹호하고 있어서, 에버렛이 보기에 양자물리학에 대한 흔한 접근 방식으로는 대안을 제시할 수 없음이 분명했다. 그러는 사이 봄은 파일럿파 논문에서 표준적인 관점에 구체적인 대안을 제시했다. 이런 종류의 연구에 매달리면—당시 봄이 정치적으로 위험인물이라는 사실과 별개로—평판에 좋지 않았지만, 에버렛은 별로 개의치 않았다. 게다가 코펜하겐 해석을 마뜩잖아 했던 아인슈타인의 태도 덕분에 에버렛으로서는 반론을 제기하기 더 수월했다. 당시 프린스턴에서 양자물리학의 근간을 연구하던 위그너와 폰 노이만 같은 전문가들의 견해가 항상 보어와 일치하지 않았다는 사실도 한몫했다.

한편, 에버렛을 지도하던 교수 중 한 명이었던 존 휠러 역시 평판에 도움이 되지 않는 문제에 사로잡혀 지냈는데, 바로 일반 상대성 이론이었다. 당시 일반상대론은 보편적으로 인정되기는 했지만 합당한 연구 분야로 인식되지는 않았다. 휠러는 아인슈타인이 해결하려던 것과 비슷한 문제에 몰두했다. 일반상대론과 양자물리학을 양자중력quantum gravity이라는 단일한 이론으로 합쳐서, 궁극적으로는 갓 태동한 분야로서 더욱 평이 안 좋았던 양자 우주론quantum cosmology으로 우주 전체와 그 기원을 기술하는 목표를 추구했다. 휠러는 에버렛의 친구 찰스 마이스너를 연구에 섭외했다. "당시 휠러 교수는 누구랑 대화하든 양자중력에 대해 생각해 보라고 권했습니다"라고 마이스너는 회상했다. 에버렛이 자신의 뛰어난 재능을 갖고 양자론의 근본적인 문제에 관심을 두었다는 사실로 미루어 보았을 때, 에버렛이 휠러를 지도 교수로 선택한 것은 자연스러웠다.

하지만 에버렛이 측정 문제에 관심을 둔 이유는 휠러의 영향과 패러독스를 좋아하는 취향 때문만이 아니었다. 타고난 승부욕도 영향을 끼쳤다. 상대는 바로 보어의 휘하에서 연구하던 한 학자였다. 1954년 가을, 프린스턴

그림 6-1. 왼쪽부터 마이스너, 트로터, 보어, 에버렛, 데이비드 해리슨. 1954년 프린스턴에서.

에서 에버렛이 2년 차가 되던 해, 보어가 고등과학원을 넉 달 동안 방문했다. 보어는 오게 페테르센Aage Petersen이라는 에버렛보다 몇 살 위인 덴마크 물리학자를 대동했다. 에버렛은 페테르센과 친해진 덕분에 보어를 접할 수 있었다. 그해 가을, 아널드는 에버렛이 페테르센과 보어와 함께 대화에 빠져서 프린스턴 캠퍼스를 돌아다니는 모습을 보았다. 보어가 캠퍼스에서 강연할 때 에버렛과 마이스너도 참석했다. 두 사람은 나이 지긋한 양자론의 대부가 '양자측정론quantum theory of measurement'이라는 아이디어는 오류에 빠졌다고 일축하는 주장을 들었다.

그 무렵 에버렛은 박사 과정 자격시험을 통과했고 학위 논문을 진지하게 고민하던 상황이었다. 에버렛은 짧고 재밌는 논문이 되기를 바랐지만, 적

6장 또 다른 세계로부터 나타나다 173

합한 주제가 필요했다. 술을 마시다 주제가 떠올랐다. "대학원 기숙사에서 셰리를 한두 잔 홀짝이던 어느 날 밤이었습니다." 에버렛은 몇 년 뒤 마이스너와 이야기하다 당시를 떠올렸다. "자네와 페테르센이 양자역학의 함의에 대해 얼토당토않은 이야기를 꺼냈을 때야. 내가 다소 솔깃해져서 두 사람을 놀리면서, 그런 논리가 얼마나 황당한 건지 얘기했을 텐데, 아마 그때 셰리를 좀더 마시면서 이야기가 길어졌다니까. 마이스너, 기억 안 나? 거기 있었잖아!" 마이스너는 기억이 없었고 에버렛은 "셰리를 너무 많이" 마셔서 그렇다며 말을 이어갔다.

에버렛: 글쎄, 어쨌든 모든 사태는 그날의 논의에서 시작됐지. 아마 그러고 나서는 휠러 교수한테 가서 이렇게 말했을 걸. "저, 이거 어떨까요? 이런 걸 하려는데요." (…) 양자론에서의 명백한 불일치성이나 그거랑 관련해서 그때 내가 생각했던 뭐든 간에 말이야.

마이스너: 불일치성에 그렇게 관심이 많으시다니 이상하네. 대체로 보면 보어 교수의 정상 신조를 확실히 거스르니까.

에버렛: 글쎄, 교수님은 아직까지도 약간 그렇게 느끼시는 거 같던데.

마이스너에 따르면, 당시 휠러는 "여러 방정식을 살펴서 물리학의 근본을 지키는 한편, 거기서 도출한 결론을 따라가며 진지하게 귀를 열어두기만 하면 된다는 생각을 설파하고 다녔"다. 에버렛은 박사 학위 논문을 쓸 때 휠러의 조언을 받아들였다. 양자물리학의 얼토당토않은 함의를 살펴보고 진지하게 귀를 열어두었다. 에버렛이 발견한 결과는 그렇게까지 좋아하던 SF소설 속 이야기보다 훨씬 놀라웠다.

앞으로 돌아가자면 1장에서는 측정 문제를 살펴보았다. 간단히 말해 문제는 다음과 같다. 양자 파동함수는 항상 단순하고 결정론적인 법칙, 즉 슈뢰딩거 방정식을 따라서 매끄럽게 움직인다—예외적인 경우를 제외하면 그렇다. 측정이 일어나면 파동함수는 붕괴한다. 파동함수가 어떻게 그리고 왜 붕괴하는지가—그리고 어쨌거나 '측정'을 구성하는 것이 무엇인지가—측정 문제이며 양자물리학의 한복판에 자리한 수수께끼다.

에버렛의 생각에, 폰 노이만의 교과서에서 설명하는 측정이란 "계가 완벽하게 자연스럽고 연속적인 법칙을 따른다고 가정되는 모든 상황에서 아주 급격한 일(파동함수 붕괴)이 예외적으로 발생하는 '마법' 같은 과정"이었다. 측정은 다른 물리적 과정과 근본적으로 다르지 않아야 했다. 설상가상으로 에버렛의 말에 따르면, 폰 노이만의 접근법으로는 측정이 무엇인지 알 수 없었다. 측정이 누군가 계를 볼 때만 일어난다면 특별히 누가 봐야 할까? 에버렛은 이러한 논리의 흐름이 부득이하게 유아론으로 귀결된다고 주장했다. 우주에서 자신만이 유일한 존재고 다른 모든 사람은 환상에 불과하거나 부차적이어서, 파동함수 붕괴의 심판자인 자신이 그들을 관측하기로 마음먹기 전에는 어중간한 상태로 실재한다는 관념이었다. 에버렛은 논문에서 그런 관점이 내적으로 일관된다면서도 이렇게 인정했다. "가령 양자역학 교재를 집필해서 파동함수를 설명할 때, 그런 관점이 적용되지 않는 사람들을 아우르기는 어려울 겁니다."

작은 것들의 양자 세계는 큰 것들의 고전 세계를 좌우하는 규칙과 완전히 다르다는 보어의 아이디어는 이런 딜레마를 해소하기 위한 방책으로 제시됐다. 하지만 모순이 없는 통일된 세계관은 대가가 요구되었으며, 에버렛은 그것을 (당연하게도) 못마땅하게 여겼다. "코펜하겐 해석은 선험적으로 고전물리학에 의존하기 때문에 (**이론적으로** 양자론에서 고전물리학을 추론한 부분이나 측정 과정을 충분히 규명하지 않기 때문에) 암울할 정도로 불완전합니다"라고 에버렛은 불평했다. "그뿐 아니라 거시 세계의 '실재' 개념을 소우주microcosm에서는 부인하는 철학적인 흉물입니다." 페테르센에게 보내는 편지에서 에버렛은 명료하게 의도를 밝혔다. "때가 됐어요. (…) 고전물리학에 조금도 의존하지 않고 근본적인 이론으로서 양자물리학을 다루고, 거기서부터 고전물리학을 유도할 시기입니다." 일찍이 봄이 그랬던 것처럼 에버렛은 양자물리학을 세계 전체의 이론으로 진지하게 받아들이고자 했다.

폰 노이만과 보어를 거부한 채, 에버렛은 측정 문제를 해결하는 자신만의 해결책을 제시했다. 파동함수 붕괴를 설명하기보다 파동함수가 절대로 붕괴하지 않는다고 밝혔다. 그 자체로는 새로운 주장이 아니었다. 봄도 동일하게 주장했었다. 하지만 봄은 위치가 확정된 입자도 이론에 포함했고, 그를 통해 측정 결과를 설명했다. 에버렛은 이론에 입자를 포함시키지 않았다. 입자가 필요하다고 생각하지 않았던 것이다. 그 대신 단일한 보편 파동함수universal wave function가 존재할 뿐이라고 주장했으며, 보편 파동함수는 우주에 있는 모든 물체의 양자 상태를 기술하는 거대한 수학적 객체였다. 에버렛에 따르면, 보편 파동함수는 언제나 슈뢰딩거 방정식을 따르며 결코 붕괴하지 않지만 여러 갈래로 나뉘기는 했다. 실험이 이뤄지거나 양자 사건이 발생할 때마다 보편 파동함수는 새로 가지를 쳐서 다중 우주를 형성했고, 하나의 사건은 가능한 모든 결과로 이어졌다. 에버렛의 충격적인 아이디어는 양자물리학에서 '다세계many worlds' 해석으로 알려지게 되었다.

다세계 해석은 언뜻 보기엔 터무니없으며, 아마 몇 번을 다시봐도 마찬가지일 것이다. 우리는 아주 많은 세계가 아니라 하나의 세계에 산다. 양자 사건이 일어날 때마다—완전히 양자적인 세계에서 발생하는 모든 사건에서—우주가 나뉜다면 다른 우주는 어디에 있을까? 거기 있다는 표시 하나 없이 어떻게 그렇게 많이 존재할 수 있을까? 어떻게 단일한 사건이—예컨대, 광자 하나가 이중 슬릿 장치를 통과하는 사건이—우주 전체를 갈라지게 할 수 있을까? 다세계 해석으로 이런 문제를 설명하는 방식을 이해하기 위해, 이중 슬릿보다 간단한 양자 실험을 다시 살펴보도록 하자. 바로 슈뢰딩거의 고양이다.

책의 도입부에서 80년이 넘도록 동물학대방지협회에게 악몽으로 남아 있는 슈뢰딩거의 사고실험을 살펴본 바 있다. 상자 안에는 고양이와 독이 담긴 유리병과 약한 방사성 금속 조각을 같이 넣고, 가이거 계수기(방사선 검출기)와 망치를 달아서, 검출기가 방사선을 조금이라도 검출하면 망치가 유리병을 내려치도록 장치한다. 상자 안에 고양이를 그대로 두고 한참 기다리면 금속에서 방사선이 나올 확률은 반반이다. 그러면 이제 어떻게 될까? 고양이는 살았을까 죽었을까? 코펜하겐 해석에 따르면 이런 질문은 무의미하다. 상자를 열기 전에는 무슨 일이 일어났는지 관측할 수 없으므로 물을 수도 없다. 봄의 파일럿파 해석에 따르면 이런 질문은 무척 유의미하지만 여전히 그 답은 모른다. 고양이는 죽거나 살았으며 어느 상태인지 알기 위해서는 상자를 열어야 한다.

수학에서는 뭐라고 할까? 슈뢰딩거 고양이에 대해서 슈뢰딩거 방정식은 어떤 사실을 알려줄까? 아마 금속 조각의 파동함수는 반은 '방사선이 방출'되고 반은 '방사선이 미방출'된 상태일 것이다. 금속 조각의 파동함수는 검출기의 파동함수와 상호작용하는데, 이는 둘이 서로 얽히게 된다는 의미다. 그러면 이제 금속 조각과 검출기에 대응하는 두 개의 파동함수가 아니라, 둘 다 적용되는 하나의 파동함수가 생기면서 기이한 상태에 이른다. 바로 절반은 "방사선이 방출돼서 검출기에서 검출된" 상태이고, 절반은 "방사선이 방출되지 않았고 검출기에서 미검출된" 상태인 것이다. 이 양자적인 루브 골드버그 장치가 계속 돌아가는 한, 파동함수는 줄줄이 얽힌다. 망치의 파동함수가 검출기와 금속의 파동함수와 얽히고, 유리병의 파동함수가 망치와 검출기와 금속의 파동함수와 차례로 얽히다가 결국에는 고양이까지 포함된다. 결국 전체 계가 ─ 고양이, 상자, 금속, 유리병을 비롯한 모든 것이 ─ 단일한 파동함수를 공유하고, 전체 파동함수는 다시 동등한 두 부분을 포함한다. 즉 한쪽 부분에서는 방사선이 방출돼서 고양이가 죽었고 다른 한쪽에서는 방사선이 미방출되어 고양이가 살아 있다.

여기까진 아주 좋다. 이제 상자를 열면 무슨 일이 일어날까? 일반적인 답변은 ─ 코펜하겐 해석과 폰 노이만의 유명한 교과서에 제시된 답변은 ─ 측정이 파동함수를 붕괴시킨다는 것이다. 하지만 붕괴하지 않는다면 어떻게 될까? 상자에 든 것을 대하듯이 관측자를 대하면 어떻게 될까? 아마 그 경우에는 상자 안을 들여다보는 관측자가 상자와 상호작용할 것이다. 이는 상자와 상자 안에 있는 모든 것이 공유하는 파동함수와 얽힌다는 의미다. 그리고 나면 파동함수가 훨씬 커져서 마찬가지로 두 부분, 즉 죽은 고양이와 깨진 유리병을 보는 부분과 살아 있는 고양이와 멀쩡한 유리병을 보는 부분이 파동함수에 포함된다. 이런 파동함수의 어느 부분이 실재할까? 에

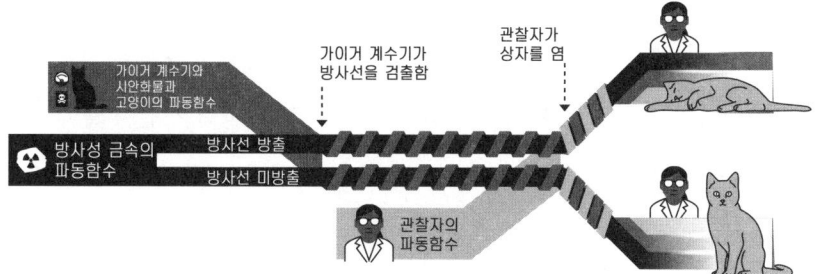

그림 6-2. 다세계 해석에서 나타나는 갈래.

버렛은 물리학 법칙의 결과를 진중하게 여기라는 휠러의 조언에 근거해서, 둘 다 실재한다고 대답했다. 더 실재하는 한쪽을 고르는 방법은 없으며 슈뢰딩거 방정식은 둘을 동등하게 처리한다. 따라서 실험할 때 양쪽 결과가 발생한다고, 그러니까 관측자도 둘로 갈라진다고 에버렛은 언급했다.

물론 우리가 실험할 때 둘로 갈라지는 것처럼 보이진 않는다. 아니, 어느 때라도 마찬가지다. 하지만 에버렛은 이런 문제에도 대답을 마련해 두었다. 살아 있는 고양이를 보는 관측 주체에게 고양이가 몇 마리 보이냐고 물으면, '단 한 마리'라고 대답할 것이다. 파동함수의 다른 갈래에 얽힌 죽은 고양이 쪽 관측 주체에게 같은 질문을 던지면, 같은 대답이 돌아올 것이다(관측 주체에 따라 말투는 상당히 다르겠지만). 관측 주체의 각 분신에게 자신이 몇 명이나 보이냐고 물어보면 같은 대답을 듣게 될 것이라고 에버렛은 지적했다. 파동함수의 갈래마다 관측 주체는 단 하나뿐이며, 실험을 여러 번 반복해도 변함없는 사실이다. 파동함수가 더 많이 갈라진다고 해도 각 갈래마다 관측 주체의 분신은 단 하나뿐이다. 더군다나 슈뢰딩거 방정식에 따라서 파동함수의 갈래들은 서로 독립적이고 어떠한 상호작용도 일으키지 않을 것이다.

무척 이상하게 들리지만 여기서 끝이 아니다. 관측자가 주변의 사물과 상호작용할 때 사물은 관측자와 얽히고, 또 다른 사물과도 계속해서 얽히고 또 얽히는 식이다. 궁극적으로 우주 전체를 나타내는 복잡하게 얽히고설킨 단일한 파동함수, 즉 보편 파동함수가 생긴다. 아울러 사건이 늘어날수록 보편 파동함수가 갈라져 상호작용하지 않는 부분이 점점 더 늘어나며, 각 부분은 슈뢰딩거 방정식의 결정론적 리듬에 맞춰 조화롭게 움직인다. 이들이 에버렛의 해석에 나타나는 다세계다. 표면적으로는 터무니없어 보일지 모르겠다. 결국에는 우리가 경험하는 세계 하나만 남으니까 말이다. 하지만 만일 누군가 이런 사실을 반박한다면, 에버렛은 결코 하나가 아니라고 답변할 것이다. 다시 말해 보편 파동함수의 각 갈래에 속한 사람에게 나타나는 세계는 유일하며, 상자 안에 고양이가 한 마리만 보이는 현상도 그 때문이다. 이는 다세계 해석의 특유한 현상이다. 여러 세계가 진짜로 존재함에도 단일한 세계로만 나타난다는 것이다.

～

1956년 1월, 에버렛이 논문의 초안을 완성했을 때, 그것을 처음 본 사람은 휠러였다. 휠러는 에버렛의 재능을 높이 샀다. 국립과학재단에 보낸 편지에서 휠러는 에버렛을 이렇게 설명했다. "양자론의 측정 문제를 해석할 때 확연한 패러독스를 제기했습니다. (…) 여기 프린스턴에서 대학원생과 연구원 그리고 보어와 함께 패러독스를 논했을 때, 에버렛이 문제의 새로운 특징을 밝혀냈습니다. 더욱 발전시킨다면 그 자체로 훌륭한 논문의 주제로 삼기에 적절한 수준이었습니다. (…) 에버렛은 정말로 독창적인 학생입니다."

당시 휠러는 상충되는 이해관계에 사로잡혀 있었다. 명석한 학생의 연구를 지원하는 한편, 양자 우주론에서 진전을 볼 방법을 찾고도 싶었다. 에버렛의 '보편 파동함수' 아이디어를 지원하면 둘 다 충족하는 셈이었다. 하지만 휠러는 스승이자 친구인 보어에게도 의리를 계속 지키고 싶었다. 실제로 휠러는 우상이었던 보어를 두고 이렇게 쓴 적도 있었다. "닐스 보어와 클람펜보르 숲의 너도밤나무 아래를 걸으면서 이야기만 나누어도, 공자와 부처, 예수와 페리클레스, 에라스무스와 링컨처럼 현명함을 겸비한 인류애적인 동료가 있었다는 사실에는 의심의 여지가 없었습니다."

휠러는 정치 감각도 탁월했다. 다른 사람과 어울려 일하며 자신의 아이디어로 사람들의 호응을 끌어내는 방법을 알았는데, 아인슈타인에게는 없었던 재주였다. 보어와 관계가 나빠지면서까지 에버렛을 지원하면 경력에 좋지 않다는 점도 휠러는 알았다. "존 휠러 교수는 모두와 잘 지냈습니다"라고 마이스너는 회상했다. "하지만 에버렛 일이라면, 휠러 교수는 평소대로 처신하기가 무척 어려웠어요. 지도 교수로서 아이디어를 밀어붙이고 가능한 탄탄하게 제시해 보라고 무작정 힘을 실어주기에는 에버렛의 아이디어가 보어 교수에게 반하는 내용이었기 때문입니다." 하지만 휠러는 에버렛의 보편 파동함수 이론을 쉽사리 포기하고 싶지 않았다. 양자중력에서 진척을 앞당길 가능성을 본 터라 놓치기에는 너무 아까운 기회였다. 결국 휠러에게 남은 선택은 하나뿐이었다. 바로 에버렛의 연구를 자신이 직접 공개적으로 지지하기 전에 보어의 은총을 받도록 할 작정이었다.

1956년대 중반 휠러에게 기회가 왔다. 네델란드의 라이덴 대학교에 몇 달 동안 방문 교수로 초빙되었다. 휠러는 일단 적응하자, 에버렛의 논문 초안에 「확률 없는 파동 역학*Wave Mechanics Without Probability*」이라고 적절히 제목

그림 6-3. 휠러(오른쪽)가 아인슈타인(왼쪽)과 노벨상 수상자 유가와 히데키와 함께, 1954년 프린스턴에서.

을 달고 소개하는 글과 함께 보어에게 보냈다. 에버렛이 보어와 상반된다는 인상을 줄까봐 제 발에 저려서 휠러는 이렇게 썼다 "제목 자체는 (…) 논문에 포함된 여러 아이디어들과 마찬가지로 더 분석하고 표현도 다듬어야 합니다." 곧이어 휠러는 직접 나서서 코펜하겐 연구소에서 며칠 동안 머무르면서, 보어와 페테르센과 다른 학자들과 함께 에버렛의 논문을 논했다.

코펜하겐 연구소를 방문한 이후, 휠러는 에버렛에게 편지를 썼다. 휠러는 편지에서 장차 진행할 연구를 희망적이고 명료하게 언급했다. "보어와 페테르센과 함께 세 차례 깊은 논의를 거쳤지. (…) 자네가 파동함수를 이용해 수립한 아름다운 수식 체계는 물론 건재해. 하지만 우리 모두 진짜 쟁점은 수식 체계의 물리량에 따라 붙는 단어들이라고 느꼈다네." 휠러는 에버렛에게 직접 코펜하겐에 와서 이런 문제를 해결해 달라고 간청하면서, 증기선 요금의 반을 부담해 주겠다고 제안했다. "보어는 철저히 검토하고 싶어하니까 자네가 방문한다고 하면 무척 반길 걸세. (…) 보어 앞에서 해석적 쟁점들을 매듭지어야만 자네의 논문처럼 파급력 있는 연구에서 도출한 결론에 내가 만족할 수 있을 거야. **부디 가줬으면 하네**(가능하면 오가는 길에 나한테도 들르고). 어떻게 보면 당신의 논문은 다 되었지만, 또 달리 보면 논문에서 가장 어려운 부분을 이제 막 시작하는 셈이지. (…) 언제쯤 도착할 수 있겠나?" 편지에서 마지막 몇 줄은 에버렛에게 필시 달갑지 않았을 텐데, (휠러가 이전에 에버렛에게 이야기한 대로) 여름이 지나기 전에 논문이 승인되고 학위가 수여된다는 전제로 에버렛은 3주 뒤 펜타곤에서 최적화 연구 분야에 합류해 일을 시작하기로 결정된 상황이었다.

하지만 보어와 페테르센과 코펜하겐의 다른 학자들은 에버렛의 아이디어들에 휠러가 생각한 만큼 열성적이지 않았다. "에버렛의 아이디어에, 가령 보편 파동함수에 의미심장한 내용은 부족해 보인다고들 생각했죠"라고 알렉산더 스턴Alexander Stern은 썼다. 당시 스턴은 보어와 연구했던 물리학자로서, 보어를 비롯한 연구소 전체를 대상으로 에버렛의 논문을 검토하는 세미나를 담당하고 있었다. 스턴의 편지를 보면, 당시 코펜하겐에서 에버렛의 아이디어를 둘러싼 분위기가 어땠는지 드러난다. "박학다식하지만 우유부단하고 불명료합니다. 논문의 접근법에서 드러난 기본 결함은 저자가 측정 과정을 충분히 이해하지 못했다는 점입니다. 에버렛은 거시적 측정의 **궁극성과 근본적으로 비가역적인 특징**을 파악했다고 보이지 않습니다. (…) 이는 **기술하기 까다로운 상호작용**입니다." 스턴은 별다른 부연 설명 없이 계속해서 주장하기를, 슈뢰딩거 방정식과 파동함수 붕괴 사이에 모순이 없으며—측정 문제는 전혀 문제가 아니며—그런 모순이 존재한다는 에버렛의 주장은 "타당성이 떨어"진다고 주장했다. 결과적으로 스턴은 에버렛의 아이디어가 '형이상학'이거나 '신학의 문제'라고 일축했는데, 에버렛이 가정한 추가 세계는 결코 직접 보이거나 인지될 수 없었기 때문이다.

코펜하겐에서 에버렛의 연구에 보인 견해가 비관적이었지만, 휠러는 여전히 보편 파동함수와 그것이 약속할 양자 우주론이 필요했다. 따라서 보어의 공식적인 지지를 얻으려면, 보편 파동함수에 따라다니는 용어를 코펜하겐 해석과 더 잘 어울리도록 바꾸어야 했다. 휠러는 여전히 코펜하겐의 언어를 구사하면서도 에버렛의 아이디어에서 마음에 드는 점을 유지할 방법을 찾으려 했다. 휠러가 에버렛에게 잇따라 보낸 편지에서는 이런 생각이 명확히 드러난다. 코펜하겐에서 보인 반응 이후, 에버렛의 연구를 바라보는 휠러의 태도가 얼마나 바뀌었는지도 알 수 있었다.

> 보어와 같이 쟁점을 해결하려면 **시간**이 많이 든다네. 보어처럼 노련하고 끈질긴 상대와 강도 높은 **논쟁**을 많이 해야 하고, 문장을 **쓰고** 또 다시 써야 할지도 모르지. 겸손한 자세로 수정 사항을 받아들이면서도 근본 원리를 견지하는 자질을 겸비하기는 어렵지만 꼭 필요한 태도야. 자네에게는 그런 자질이 있다네. 하지만 철벽 수비를 자랑하는 자와 직접 일전을 치르지 않고서는 별 도움이 안 될 거야. 솔직히 말해서, 보편 파동함수를 이용한 수식 체계를 제외하고서라도 이런저런 용어에서 오류를 잡아내는 데만 해도 꼬박 두 달은 필요할 거야.

휠러는 스턴에게 회신하면서, 보편 파동함수를 격하게 옹호하는 한편 보어와 코펜하겐 해석을 지지한다는 의견을 적극적으로 표명했다. 놀랍게도 휠러는 에버렛이 코펜하겐 해석을 지지한다고 주장했다.

> 만일 제가 '보편 파동함수' 개념이 양자론을 만족스럽게 제시하고 조명하는 방법이라고 느끼지 않았다면 (…) 동료들에게 에버렛의 아이디어를 분석하는 부담을 지우지는 않았을 겁니다. 저는 양자역학 체계 자체의 일관성과 적절성에 의문을 제기하려는 게 아닙니다. 측정 문제에 접근하는 현재 방식을 지금까지 지지해왔고 앞으로도 지지할 겁니다. 확실히 에버렛은 한때 기존의 논점에 의문을 품었을지 모르지만, 저는 아닙니다. 더욱이 탁월하고 유능하며 독립적으로 사고하는 이 젊은 친구가, 현재 논문에선 미심쩍은 지난 사고방식의 흔적이 약간 남아 있음에도, 측정 문제를 다루는 현재 접근법을 올바르고 자체 일관성을 지닌 방식으로 점차 수용하게 되었다고 말씀드리고 싶습니다. 따라서 어떠한 오해의 여지도 두지 않기 위해, 저는 에버렛의 논문이 측정 문제를 다루는 현재 접근법을 **의심하는 방향**이 아니라 인정하고 **일반화**하려 한다고 말해두겠습니다.

며칠 뒤 휠러는 에버렛에게 진척 상황을 알려주기 위해 다시 편지를 쓰면서, 스턴의 편지와 스턴에게 직접 쓴 답장을 동봉했다. 편지에서 에버렛과 보어의 아이디어를 양립시키기 위해 고심했던 휠러를 엿볼 수 있다. "논문에서 수학은 괜찮지만 토론 내용과 용어는 상당히 많이 수정해야 한다는 점을 받아들여야 해. 그래야 내가 자네를 온전히 책임지고 승인 심사에 추천할 수 있다네. 더군다나 모든 쟁점에 동의하기는 인간적으로 불가능하다는 게 내 생각이야. 자네와 내가 몇 주 동안 같은 곳에서 보내거나, 자네와 보어와 동료들이 몇 주 동안 같은 곳에서 보내거나, 아니면 양쪽 상황이 다 가능하지 않는 한은 그렇겠지." 휠러는 이어서 에버렛에게 "연구가 봄의 발표 논문이 몰고 온 수준에 필적하는 토론을 불러일으킬 것임을 확신"한다며 에둘러 칭찬했다. 당연하게도 편지의 말미에서 휠러는 자신이 에버렛의 "'후견인'이자, 제자의 평판과 탄탄한 미래를 무척 생각해 주는 사람"이라고 확신을 줄 필요를 느꼈다.

휠러는 에버렛에게 즉시 코펜하겐에 가야 한다고 강조했지만, 에버렛은 가지 못했다. 페테르센이 에버렛에게 보낸 전갈 때문이었다. 보어가 가을까지는 출타 중이며, 또한 보어와 코펜하겐 학자들은 에버렛이 방문하기 전에 조금 더 연구를 했으면 한다는 내용이 씌어 있었다. "제시하려는 비판의 배경으로 상보적 기술 방식[즉, 코펜하겐 해석]을 뒷받침하는 사고방식을 철저하게 다루어 주고, 상보적 접근법이 불충분하다고 생각하는 대목을 가능한 한 명료하게 짚어주면 우리한테 큰 도움이 될 겁니다." "내가 그렇게 하는 사이에, 당신도 내 연구를 꼭 그렇게 검토해 주면 좋겠네요"라고 에버렛은 쏘아붙였다. "논문을 더 꼼꼼히 (가령 두세 번) 읽으면 여러 오해가 해소될 거라고 봅니다." 에버렛은 여전히 코펜하겐에게 가고 싶었지만, 페테르센이 제안한 일정 또한 문제였다. 에버렛은 새 직장인 펜타콘의 무기 시스템 평가단WSEG, Weapons Systems Evaluation Group에서 군의 핵 공격에 관해 최적화 연구를 수행하고 전쟁 게임을 설계하는 일을 하기로 되어 있었다. 채 한 달이 남지 않은 시기였다. 로젠펠트와 보어에게 시간을 들여 세세한 답신을 작성했던 데다가 학위 논문 때문에 휠러가 새로 요청한 일이 겹쳤다. 꼭 새로 얻은 직장에서 맡게 될 업무 때문이 아니라도 에버렛이 그 모든 것을 감당하기란 불가능했다. 게다가 무기 시스템 평가단과 완전히 무관한 업무 때문에 (페테르센이 제안했듯이) 가을에 두 달 동안 코펜하겐을 다녀올 수도 없는 노릇이었다.

휠러는 에버렛을 코펜하겐에 보낼 수는 없었지만 박사 학위 논문을 수정하도록 독려할 수는 있었다. 1956년 여름이 다 가고, 휠러가 미국으로 돌아왔을 때였다. "제 연구실에서 에버렛과 함께 늦은 시각까지 초안을 수정했습니다"라고 훗날 휠러는 떠올렸다. 휠러가 친구이자 동료인 브라이스 디윗Bryce DeWitt에게 말하기를 "둘이 앉아서 에버렛에게 어떻게 써야 할지 일러 주었죠"라고 했다. 마침내 여섯 달이 지나고, 에버렛은 논문을 철저하게 수정하고 분량을 줄여서 보편 파동함수의 수학적 형식을 강조하고 다세계로 '갈라지는' 해석의 수위를 낮춰서, 「양자역학의 '상대 상태' 형식*Relative State' Formulation of Quantum Mechanics*」이라는 새로운 제목으로 제출했다. 1957년 4월, 휠러의 승인을 거쳐서 마침내 에버렛은 물리학 박사 학위를 받았다. 짧아진 에버렛의 논문은 '대단히 좋음'으로 평가되었고 《리뷰 오브 모던 피직스*Reveiws of Modern Physics*》에 게재됐다. 휠러의 짧은 자매논문과 함께 게재되었으며, 이를 통해 휠러는 에버렛의 해석은 "코펜하겐 해석을 대체하려는 시도가 아니라, 코펜하겐 해석의 새롭고 독립적인 토대를 제시하는 시도를 모색"한다고 주장했다.

그런데도 여전히 코펜하겐의 물리학자들은 휠러에게 동조하지는 않았다. 휠러가 보어에게 축약한 에버렛의 논문을 한 부 보내자, 보어는 에버렛이 "관측적 문제를 약간 혼동"했다고 휠러에게 적어 보냈다. 아니나 다를까 보어는 해당 주제에 대해 자기 생각을 모두 기술하기엔 시간이 부족하다면서, 에버렛에게는 페테르센이 더 자세한 답변을 써 보낼 것이라고 약속했다. 페테르센의 답변은 실제로 무척 포괄적이었고 혹독했다. "내 생각에 코펜하겐에서는 대다수가 문제를 다르게 보며, 당신의 논문이 양자역학에서 없애려는 문제점을 느끼지 못했습니다"라고 페테르센은 적었다. "바로 관측한다는 관념은 고전적 개념틀에 속합니다." 그러니까 페테르센과 코펜하겐의 학자들은 관측 과정은 고전적이어야 한다고 보았다. 다시 말해 관측을 양자물리학으로 설명하기는 원론적으로 불가능하다고 생각했다. 그보다 세상은 고전 세계와 양자 세계라는 두 부류로 나뉘어야 하므로 양자물리학은 관측과 측정 같은 고전적 사건을 기술하는 데 결코 활용될 수 없었다. 하지만 같은 편지에서 몇 문장을 더 이어 가다가 페테르센은 자기모순에 빠졌다. 양자 효과가 측정 장치에 영향을 미치지만, 장치가 충분히 크기 때문에 무시해도 좋다고 이야기한 것이다. 놀랍게도 페테르센은 고전 세계와 양자 세계의 분리를 정당화했는데, 애당초 측정 기기를 양자적으로 기술하기 불가능하다고 가정한 근거가 그러한 분리 상태였다! 페테르센은 이렇게 썼다. "고전 개념을 이용할 때와 양자론의 수식 체계가 필요할 때를 임의로 구분할 수 없습니다. 측정 기기의 질량이 개별적인 원자 대상보다 커서 양자 효과를 무시해도 되기 때문입니다." 에버렛은 즉시 모순을 알아챘고 페테르센에게 답신했다. "거시계의 질량이 크니까 거기서부터는 양자 효과를 무시해도 좋다는 말이군요. 하지만 그렇게 독단적인 주장은 아무런 타당성이 없습니다"라고 에버렛은 썼다. "슈뢰딩거 방정식을 풀어도 그런 주장은 절대 도출하지 **못합니다**. 어떠한 측정 과정을 따르든 거시계에서조차 절묘한 중첩 상태에 이르게 됩니다!" 또한 지적하기를, 페테르센이 답장에서 이야기했던 대로—또 보어가 30년 전에 아인슈타인에게 보낸 답장에서 얘기했던 대로—하이젠베르크의 불확정성 원리를 측정 장치에 적용하면, 코펜하겐 해석에서 양자물리학으로 측정을 기술하지 못하도록 엄격하게 금지해

놓은 견해에 위배되었다. 하지만 페테르센을 비롯한 코펜하겐 진영에서는 아무도 그 점에 의문을 제기하지 않았고, 에버렛의 비판을 계속해서 무시했다.

게다가 보어측 인사들을 제외하면, 에버렛의 연구를 접했던 이들은 극소수였다. 휠러는 에버렛의 논문을 슈뢰딩거, 오펜하이머, 위그너 같은 소수의 물리학자들에게 보냈다. 대다수는 답신조차 하지 않았다. 답신해준 이들조차 보어나 페테르센이나 스턴처럼 반대하기만 했다. 1957년 채플힐에서 열린 양자중력 학회에서 휠러는 조심스럽게 보편 파동함수를 지지했지만, 에버렛의 이론은 비슷한 대우를 받았다. 학회에 참석했었던 (그리고 예전에 바로 휠러의 학생이었던) 리처드 파인만은 에버렛의 아이디어가 황당무계하다고 판단했다. "보편 파동함수라는 개념에는 심각한 난점이 있습니다"라고 학회 참석자들이 모인 자리에서 이야기했는데, 그렇게 되면 "무한히 가능한 세계가 모두 동등하게 실재한다고 믿을" 수밖에 없다고 주장했다. 파인만 같은 반항아가 받아들이기에도 큰 무리였던 셈이다.

모든 사람이 에버렛의 새로운 해석을 무시했던 것은 아니었다. 사이버네틱스cybernetics의 창시자이자 게임 이론의 거목인 노버트 위너Norbert Weiner도 휠러가 추려 놓은 논문의 수신자 명단에 있었다. 위너는 휠러와 에버렛에게 "관점이 마음에 드네요"라고 말했다. 휠러는 헨리 마르게나우에게도 에버렛의 논문을 보냈다. 당시 예일 대학교에서 활동 중이던 마르게나우는 코펜하겐 정통성에 동조하지 않은 대표적 인물로서, 파동함수 붕괴를 '수학적 허구'이자 '괴이한 주장'이라면서 수년 동안 측정 문제에 불만을 표명하고 "측정이 (…) 신성한 기름부음을 받거나 구원 행위를 하리라고 기대해선 안 됩니다"라고 이의를 제기했다. 마르게나우는 해당 논문을 면밀히 읽을 시간은 없었다고 시인하면서도, 아니나 다를까 에버렛의 아이디어가 괜찮다고 인정했다.

휠러의 동료 브라이스 디윗은 휠러와 채플힐 양자중력 학회를 주최한 양자 우주론학자이자 연구원으로서, 처음에는 에버렛의 논문에 회의적이었다. "유감스럽게도 저를 비롯한 많은 사람이 당신이 소개한 함의를 소화할 수 없다는 것이 에버렛의 이론에서 가장 결정적인 점입니다. (…) 제가 받아들일 준비가 **안 된 부분은**" 에버렛의 이론에서 요구하는 세계의 갈라짐이라고 디윗은 휠러에게 썼다. "개인적으로 고찰해 봤을 때 그 점을 저나 교수님도 증명할 수 있습니다. 그냥 저는 갈라지지 **않는답니다**." 휠러는 디윗의 답장을 에버렛에게 전했고, 에버렛은 특유의 반어적 어조로 디윗의 반론과 초창기 코페르니쿠스적 태양계 모형에 제기된 반론의 유사성을 지적하는 답신을 썼다.

코페르니쿠스의 이론에 공개적으로 가해진 비판 중 하나는 "물리적인 사실로서 지구의 움직임이 자연의 상식적인 해석과 양립하지 못한다"는 것이었습니다. 다시 말해 어느 바보라도 지구가 **실제로** 움직이지 않는다는 사실을 분명히 알 텐데, 우리가 아무런 움직임도 느끼지 못하기 때문이라는 식입니다. 하지만 어떤 이론이 지구 안에 사는 누구도 지구의 움직임을 느끼지 못하리라고 유도해내는 수준으로 완벽하다면, 그런 이론을 받아들이기는 어렵지 않습니다(뉴턴물리학처럼 말입니다). 따라서 이론이 우리 경험과 모순되는지 판단하기 위해서는 이론 자체가 우리 경험이 어떠할지 예측하는 바를 살펴봐야 합니다.

보내신 편지에서 "그냥 저는 갈라지지 **않는답니다**"라고 했으니, 저는 이렇게 묻지 않을 수 없네요. 지구의 움직임을 느끼시나 봐요?

디윗은 기가 막혀 그저 웃으면서 말했다. "졌네요, 졌어." 디윗은 완전히 설득된 나머지 당분간 에버렛의 둘도 없는 신봉자가 되었다.

~~~

휴 에버렛은 결국에는 박사 학위를 받았고, 무기 시스템 평가단과 냉전 시대의 군산복합체 소속으로서 남은 평생을 일했으며, 다시는 학계에 발을 들이지 않았다. 에버렛이 학계를 떠난 이유는 휠러와 보어의 측근들에게 형편없는 평가를 받았기 때문이라고 말하고 싶다. 하지만 실상 에버렛은 학자가 되고 싶은 마음이 전혀 없었다. 휠러가 코펜하겐에 방문해서 혹평을 듣기 훨씬 전부터 에버렛은 학계를 떠날 작정이었다. 휠러가 보어의 연구소에 방문하고 나서 에버렛에게 편지를 쓸 무렵에는 이미 무기 시스템 평가단에서 일이 잘 풀려 자리를 얻은 뒤였다. 휠러는 라이덴 대학교에 머물 당시 에버렛에게 편지를 써서 학자의 길을 가도록 간청했다. 하지만 일전에 휠러가 코펜하겐에 방문해 주기를 간청했을 때도 그랬던 것처럼, 휠러의 바람은 물거품이 됐다. 에버렛은 근본적인 물리에 큰 관심이 있었지만 직업적으로 보나 어느 면으로 보나 그것이 유일한 관심사는 아니었다. 에버렛은 고급 음식, 칵테일, 담배, 여행 그리고 여자에게 관심이 많았다. 〈매드맨*Mad Man*〉처럼 화려한 삶을 살고 싶었다. 학자로서 경력을 쌓으면 불가능하지만 냉전 시대의 기술관료로서 경력을 쌓는다면 가능했다. 1958년 경, 에버렛은 원하는 바를 이뤘고, 워싱턴DC 근교에 있는 버지니아주의 부유한 동네에 살면서 세련된 생활을 유지할 만큼 충분히 돈을 벌었으며, 아내와 한 살배기 딸이 집에서 기다리는 동안 비밀리에 맡은 일을 수행해 나가던 나날이었다. 한편 에버렛은 업무의 일환으로 갓 태동한 군산복합체의 최상위층과 계속 접촉했다. 에버렛은 여전히 여러 세계를 다루는 업무를 했다. 냉전 시대의 최적화 연구자로서 여러 가지 가상의 핵 종말 시나리오 전략을 구상했다. 늘 그래왔듯, 에버렛은 유능함을 인정받았다. 핵폭발로 발생하는 방사능 낙진의 파괴적인 효과에 관해 공동으로 집필한 초기 연구는 중요성을 인정받았고, 그 소식은 아이젠하워 대통령 귀에까지 들어갈 정도였다. 언뜻 봐서 보면 파동함수는 에버렛의 관심 밖으로 물러난 것처럼 보였다.

하지만 1959년 3월, 휠러가 가달라고 재촉한 시점에서 3년이 더 지나서야 에버렛은 코펜하겐에 도착했다. 아내 낸시와 어린 딸 리즈를 데리고 유럽으로 휴가를 떠났는데 덴마크가 첫 방문지였다. 에버렛은 코펜하겐에서 2주를 보냈고, 보어와 페테르센, 로젠펠트 그리고 보어를 따르는 학자들과 이야기하면서 이틀을 보냈다. 당시 보어 연구소에서 연구 중이었던 마이스너도 찾았다(마이스너는 보어 친구의 딸인 덴마크 여성 수잔 켐프Suzanne Kemp와 막 약혼한 참이었다). 마이스너가 회상하기로, 보어와 에버렛은 열띤 토론을 하거나 결전을 벌이지는 않았다. 보어가 아주 조용히 말하며 중간중간 자신이나 다른 사람 말을 끊고 파이프에 불을 붙였던 탓에 대화를 이어가기가 어려웠다. "뭔가 이야기를 꺼낼 틈도 없었습니다. 보어는 파이프에 열일곱 번 불을 붙였거든요"라고 마이스너는 당시를 떠올렸다. "뭐라고 하는지 잘 안 들렸어요. 가까이 몸을 기울여야 했죠." 게다가 에버렛은 공석에서 발언하는 것을 꺼렸기 때문에 특별히 견해를 주고 받을 기회가 없었다. 에버렛이 강연을 했더라도 달라질 것은 별로 없었을 것이다. 마이스너가 지적한 대로, "양자역학에 대한 보어의 관점은 나날이 세계 곳곳의 수많은 물리학자에게 사실상 보편적으로 수용되고 있었다. 어느 풋내기의 한 시간짜리 강연으로 인해 보어가 관점을 완전히 바꾸리라고 기대하는 것은 비현실적이었다." 에버렛은 마지못해 보어에게 수긍했다. 유일하게 에버렛의 음성이 담긴 녹음으로, 1977년 마이스너가 비공식적으로 인터뷰한 테이프 기록이 남아 있다. 마이스너가 코펜하겐 방문에 대해 에버렛에게 물었을 때 에버렛과 마이스너의 웃음소리 때문에 녹음 내용이 일부 묻혀서 에버렛이 대답한 몇 마디 정도만 귀에 들어온다. "거기는 지옥이었거든. 처음부터 불길했다니까."

보어의 측근들은 에버렛을 엉뚱한 젊은이 정도로 치부했다. "휠러가 에버렛을 독려해서 완전히 그릇된 아이디어를 설득하려고 (…) 코펜하겐 연구소에 방문했을 때는 도저히 참을 수 없었습니다"라고 수년 뒤 로젠펠트는 기록했다. "에버렛은 이루 말할 수 없이 어리숙했고 양자역학에서 가장 단순한 것들도 이해하지 못했습니다." 사실상 보어 자신만의 상보성 원리를 우뚝 세워놓았던 터라, 그 높은 보좌에서 에버렛을 내려다 본다는 게 더 신통한 일일지도 몰랐다. "보어 선생과 함께 했던 잊지 못할 산책에서 한번은 선생이 흉금을 털어놓은 적이 있습니다"라고 훗날 로젠펠트는 썼다. "보어 선생은 몹시 확신에 차서 상보성이 학교에서 가르치는 주제이자 보통 교육의 일부가 될 거라고 말하면서, 상보성의 감각이 어떠한 종교보다도 사람들에게 필요한 지침을 제시할 것이라고 덧붙였습니다." 게다가 여전히 보어는 완전한 양자적인 세계에 대한 아이디어들을 받아들일 생각이 없었다. "고전적 개념의 한계를 보어가 훌륭히 입증하자, 그를 대체할 새로운 개념이 비집고 들어갈 만한 조그만 틈도 보이지 않았습니다"라고 보어의 제자였던 블라디미르 폭이 푸념했다. 궁극적으로 에버렛과 코펜하겐 진영은 목표하고 가정한 바가 달랐으므로 양측이 서로를 이해하지 못하고 실망했던 것은 어찌 보면 당연한 일이었다.

별다른 소득 없이 길어진 그날의 토론이 끝난 뒤, 에버렛은 양자물리학을 뒤로하고 땅거미가 지는 오후, 덴마크의 청회색 하늘 아래를 걸어서 자신이 머물던 코펜하겐 호텔로 돌아갔다. 호텔 바에서 줄창 술을 마시고 담배를 피우다가—"에버렛은 언제나 후줄근했고, 입에는 담배를 물고 있었습니다"라고 수잔 마이스너는 회상했다—알코올의 힘을 빌려서 보편 파동함수와는 완전히 무관한, 기발한 아이디어를 떠올렸다. 맥주를 들이키면서 호텔 편지지에 급하게 적어내려갔고, 그렇게 에버렛은 군사 자원을 배분하는 새로운 최적화 알고리즘을 개발했다. 당시 부피가 거대하고 느린 컴퓨터에서 적용하기 쉽고 빠르게 돌아가는 알고리즘이었다. 집에 돌아간 에버렛은 이 알고리즘에 특허를 확보했고, 결과적으로 에버렛과 군산계 동료들은 부를 거머쥐었다. 드디어 에버렛은 원하던 것을 얻었고, 술과 음식, 담배는 결코 끊이질 않았다. 멋진 인생이었다.

그러는 동안, 에버렛의 양자 아이디어에 대한 반응은 시들해졌다. 현실은 휠러의 예측대로 일어나지 않았다. 에버렛의 이론에 대한 논의는 예전 봄의 이론에 비해서도 훨씬 적었다. 에버렛의 이론이 다시 언급된 몇 안 되는 사례 중 하나는 1962년 제이비어 대학교에서 열린 양자물리학의 근간에 관한 학회였고, EPR의 'P'에 해당하는 보리스 포돌스키가 마련한 자리였다. 30년 전 아인슈타인-보어 논쟁 이후, 처음으로 양자론의 철학적 기초를 논하는 학회 중 하나였다. 하지만 여느 학회와는 달리 이 학회는 단연 관심도가 낮았다. 포돌스키는 개회사에서 이렇게 말했다. "자발적으로 거침없이 생각을 표현해 주기를 바라는 바입니다 (…) 신문에 알려질 일은 없으니까요." 양자물리학의 근간에 합의가 된 상태였기 때문에, 그를 탐구하는 작업은 기껏해야 시간 낭비였다. 최악의 경우에는 공산주의자라는 딱지가 붙을 수 있었다. 하지만 그 자리에는 의외로 많은 명사가 모여 있었다. 양자물리학의 근간은 여전히 몇몇 사람들에게는 문제였던 것이다. 포돌스키 외에도 EPR의 'R'에 해당하는 로젠도 왔고, 상대론적 양자장론의 아버지 폴 디랙도 있었고 위그너도 있었다. 또한 봄은 여전히 유배 중이라 참석할 수 없었지만 한때 봄의 제자였던 아하로노프도 왔다. 학회 참석자들은 3일 동안 측정 문제, 코펜하겐 해석의 비일관성, 봄의 파일럿파 이론 같은 대안을 논했다. 학회 첫날, 파동함수 붕괴의 사기성을 논하다가 누군가 에버렛이 제안한 이론에서는 붕괴가 전혀 일어나지 않는다고 지적했다. 주최 측은 에버렛에게도 때늦은 초대장을 추가로 보내기로 했고, 에버렛은 워싱턴DC에서 제이비어로 날아가서 학회 둘째 날에 참석했다. 명사들은 에버렛에게 물었다. "세계들이 비가산적non-denumerable으로 무수히 존재하는 듯합니다"라고 포돌스키가 첨언했다. "그렇습니다." 에버렛이 답했다. 그러자 참석자 중 한 명이었던 웬들 퓨리Wendell Furry가 세계가 그 정도로 많이 나타난다는 사실을 믿지 못하겠다는 의견을 표했다. "각기 다른 일을 하는 퓨리의 대체자를 떠올릴 수는 있지만, 서로 다른 퓨리들이 비가산적으로 무수한 세계는 떠올릴 수 없습니다." 학회가 계속되는 동안 에버렛의 아이디어가 진지하게 논의되었다. 하지만 참석자 가운데 소수를 제외하고는 무슨 일이 일어났는지 몰랐고, 학회록은 이후 40년 동안 (아하로노프와 한두 명을 제외한 모든 참석자가 타계할 때까지) 공개되지 못했다.

에버렛의 이론은 이후 10년 동안 깊은 어둠 속으로 미끄러졌고, 즉각적인 반응은 거의 일으키지 못했다. 봄의 논문이 격한 반응을 불러일으킨 것과는 확연히 달랐다. 보편 파동함수가 수 년 동안 무시되는 동안, 에버렛은 냉전주의자로서 평범한 일상을 영위했다. 한때 물리학자였다가 지금은 전쟁 게이머war-gamer가 된 동료와 대화를 나누다 보면 이따금씩 아이디어가 떠오를 때도 있었다. 하지만 에버렛은 더 얘기하기를 꺼렸고 논의를 키우려 하지는 않았다. 에버렛은 패러독스와 비뚤어진 주장과 개인적인 농담을 즐겼던 암울한 재주꾼이었다. 학계의 더 넓은 무대는 에버렛의 취향이 아니었다. 뭐가 됐든 공개 강연도 내키지 않았다. 양자물리학을 둘러싼 물리학계의 오판을 굳이 나서서 바로잡아야 할 필요성을 느끼지도 않았다. 그 일을 감당할 인물은 다른 부류의 사람이어야 했다. 학구적일 뿐만 아니라 도덕적 의무감과 진정성이 더 확고한 누군가였고, 더 큰 무대에서 소수 의견에 소리도 높이기를 마다하지 않는 누군가였고, 매력적으로 말하고 쓰는 게 가능하면서도 당면한 문제에 다른 물리학자의 이목을 집중시킬 방법을 정확히 이해한 누군가였다. 그 인물은 코펜하겐이 구제불능이라는 사실을 인지하고 있던 누군가였고, 데이비드 봄이 불가능한 시도를 하는 과정을 지켜본 누군가였다. 그는 다름 아닌, 존 스튜어트 벨이었다.

7장
과학에서 가장 심오한 발견

존 벨과 메리 벨 부부가 도착한 나라는 비탄에 잠겨 있었다. 두 사람이 캘리포니아에 내리기 하루 전, 댈러스에서 케네디 대통령이 충격으로 사망했기 때문이다. "최악의 순간이었습니다"라고 훗날 존 스튜어트 벨은 말했다. 벨 부부는 둘 다 입자가속기 물리학의 전문가로, 평소 연구하던 스위스 본거지에서 지구 반 바퀴 떨어진 스탠퍼드 선형가속기센터SLAC, Stanford Linear Acceleration Center에서 1년 동안 지낼 방문 학자로 초빙되었다. 비통한 분위기였지만 벨 부부는 연구에 착수했다. "메리는 가속기 본부에 저는 입자 이론 그룹에 빠르게 융화되었습니다"라고 벨은 회상했다.

벨은 바뀐 상황을 기회 삼아, 10년 넘게 마음속에 담아 두었던 과학적 아이디어를 탐구했다. 1952년 봄의 논문을 읽은 후였고 벨은 봄의 파일럿파 해석 같은 이론이 성립할 수 없음을 보인 폰 노이만의 유명한 증명에서 뭔가 잘못된 점을 발견했다. 하지만 다른 물리학자들은 그때까지도 폰 노이만을 인용하면서 봄의 아이디어를 인정하지 않았다. 벨은 스위스를 떠나기 얼마 전에 요제프 야우흐Josef Jauch와 얘기를 나누었다. 야우흐는 제네바 대학교의 물리학자로서 폰 노이만의 증명을 '보강한' 형태를 근래에 발표한 터였다. 야우흐는 자신의 아이디어를 방어하면서, 봄이 양자물리학에 접근한 방식을 배제한다고 추정되는 증명을 벨에게 일러주었다. "황소 앞에 빨간 불이 켜진 셈이었죠"라고 벨이 말했다. "야우흐가 틀렸다는 걸 보여주고 싶었습니다. 우린 치열한 토론을 나눴어요." 낯설고 삭막한 캘리포니아 풍경에 둘러싸인 채로 벨은 곧바로 작업에 들어갔다. 그 과정에서 양자 세계의 눈부신 진리를 발견했으며, 마침내 코펜하겐 해석이라는 집단의식에 사로잡혀 있던 물리학계를 해방시켰다.

~~~

1928년 6월 28일, 존 스튜어트 벨은 북아일랜드 벨파스트에서 서민층 개신교 집안의 네 아이 중 둘째로 태어났다. 본인의 언급에 따르면, 대대로 "목수, 대장장이, 육체 노동꾼, 농장 일꾼, 말 장수" 같은 직업을 가졌던 집안 출신이었다. 집안에서 처음으로 벨이 고등학교에 진학했다—아버지는 8살 때 학교를 그만두었고 형제자매들은 14살에 모두 일자리를 구했다. 16살에 벨은 그 지역에서 학비가 가장 적게 드는 고등학교를 이미 졸업했지만, 인근의 퀸즈 대학교에서는 17살이 되지 않은 학생에게 입학을 허가하지 않았다. 자연히 벨은 일할 곳을 찾게 되었다. "작은 공장 사무실 사환이나 BBC에서 새로 생긴 자리에 지원했습니다. 하지만 어디도 들어가지 못했습니다"라고 벨은 수년 뒤 회상했다. 결국 벨은 퀸즈 대학교 물리학과에서 실험실 조수 자리를 찾았다. "제게는 엄청난 자리였어요. 거기서 일찌감치 미래의 교수님들을 만났으니까요. 다들 무척 친절하셨습니다. 읽을 책도 주셨고요. 사실상 저는 실험실을 청소하고 학생들이 쓸 전선을 정리하면서 대학교 물리학과 1학년 과정을 밟은 셈입니다."

퀸즈 대학교에서 공식적으로 학업을 끝마쳤을 무렵, 벨은 양자물리학의 수학과 거기에 필수적으로 동반되는 코펜하겐 해석을 당시 처음으로 접했다. 알게 된 사실이 달갑지는 않았다. "원소 주기율표, 즉 이론의 실용적 측면 전체를 배웠습니다"라고 벨은 회상했다. "그렇게 수수께끼가 시작되었습니다." 벨이 접한 강사와 교재는 파동함수의 본질 자체에 대해서 막연했다. "파동함수가 실재하는 것인지 계산을 위한 연산 도구인지" 명료하지 않았다. 만일 파동함수가 일종의 부기 도구라면, 다시 말해 정보일 뿐이라면 그것은 누구의 정보일까? 또한 보어의 주장대로 실제로 양자 세계가 없다면 그 정보는 무엇에 관한 것일까? 벨은 강사 한 명과 논쟁을 벌이기까지 했다. "열이 뻗쳐서 강사 보고 다소 솔직하지 못하다고 비난했습니다. 상대 역시 화가 나서 '너무 하군요'라고 대꾸했습니다. 하지만 저는 아주 열심이었고 우리가 이 모든 것에 명료하지 못하다는 사실에 화가 났죠."

낙담한 벨은 혼선을 말끔히 정리할 희망을 품고 양자물리학의 창시자들이 내놓은 연구 결과를 읽기 시작했다. 그렇게 알게 된 바가 특별히 도움이 되지 않았다. 보어는 양자 세계와 고전 세계를 구분하는 경계가 어디에 놓이는지 분명히 알지 못했다. "보어는 이상할 정도로 둔감해 보였습니다. 우리가 이렇게 아름다운 수학을 갖추고도 그것을 세계의 어느 부분에 적용해야 할지 모른다는 사실을 말입니다"라고 벨은 말했다. "보어는 자신이 이 문제를 해결했다고 생각한 것 같습니다. 저는 보어가 쓴 글에서는 해결책을 찾지 못했습니다. 하지만 보어 본인이 문제를 해결했으며 그렇게 하는 과정에서 원자물리학만이 아니라 인식론과 철학, 그리고 인류 전반에 기여했다고 확신했다는 사실엔 의심의 여지가 없습니다." 또 하이젠베르크의 글은 벨에게 "엄청나게 난해"했다. 측정 문제는 심각한 쟁점이었음에도 코펜하겐 해석에서는 그 문제를 사소하게 다루었다. 벨은 엄밀함과 명료함을 원했지만, 벨의 진지한 질문은 빈약한 대답으로 일축되었다.

이어서 벨은 폰 노이만의 증명을 접했다. 벨이 독일어를 읽을 수 없었으므로 실제로 벨이 읽은 것은 폰 노이만의 증명을 다룬 막스 보른의 글이었다. 다른 방식으로는 "양자역학을 해석할 수 없다는 점을 누군가—폰 노이만—실제로 **증명**했다는 사실이 제게는 인상적이었습니다"라고 벨이 말했다. 그래서 벨은 잠시 미뤄두기로 했다. "제가 봤을 때 이런 의문에 매달리기에는 위험 부담이 컸습니다. (…) 그래서 의도적으로 벗어나기로 했습니다"라고 벨은 회상했다. "당시 너무 일찍 이런 의문에 엮이면 헤어 나오지 못하겠다는 생각이 들었습니다."

퀸즈를 졸업한 뒤, 벨은 영국 하웰에 있는 원자력 연구소에 채용됐다. 그곳에서 맨해튼 계획에 참여했던 베테랑 클라우스 푹스Klaus Fuchs와 함께 원자로에 관한 연구를 했다. 하지만 벨이 도착하고 몇 달 뒤 푹스가 소련에 원자 기밀을 넘겼다고 자백한 바람에 벨은 가속기 물리학 본부에 재배치됐다. 그곳에서 지내는 동안 동료 물리학자이자 나중에 아내가 되는 메리 로스Mary Ross를 만났다. 1952년 봄이 최초로 파일럿파 논문을 잇따라 발표하고 나서, 존 벨이 그 논문을 접했을 당시에도 존과 메리 부부는 하웰에서 일하고 있었다.

그림 7-1. 존 벨, 하웰에서 1952년 경.

벨은 봄의 아이디어에 쏟아진 냉랭한 반응에 충격을 받았다. "25년 동안 사람들은 코펜하겐 해석의 대안은 불가능하다고 말해왔습니다. 봄이 그 일을 해내자, 이제 와서 그 문제가 사소해졌다고 주장합니다. 그 사람들은 환상적인 공중제비를 돈 겁니다." 벨은 봄의 논문을 읽고 나서, 즉시 폰 노이만의 증명이 잘못된 게 분명하다고 즉시 꿰뚫어 보았다. 하지만 증명은 아직까지 영어판본이 제공되지 않은 상황이었다. 따라서 벨은 하웰에서 독일어를 할 줄 아는 동료였던 프란츠 맨들Franz Mandl을 찾았다. "프란츠는 (…) 폰 노이만의 주장 중 일부를 제게 알려줬습니다"라고 벨은 당시를 떠올렸다. "폰 노이만의 비합리적인 공리가 무엇인지 직감했습니다."

하지만 폰 노이만의 증명은 그 후로 3년이 지날 때까지도 영어로 출간되지 않았고, 막상 출간되었을 때 벨은 이미 박사 학위를 위해 완전히 다른 연구를 시작한 상황이었다. 벨이 대학원에 도착했을 때, 박사 과정 지도 교수인 루돌프 파이얼스는 최근에 연구한 내용을 발표해 달라고 요청했다. 벨은 가속기물리학이나 양자물리학의 해석에 대해 발표하려 한다고 얘기했다. 파이얼스는 가속기에 대해 발표하는 편이 훨씬 더 낫겠다고 벨에게 말했다. 벨은 그 조언을 따랐고, 이후 몇 년 동안 양자물리학의 의미를 찾는 문제와 떨어져 지냈다.

몇 년 뒤, 벨은 스위스 제네바의 유럽입자물리학연구소CERN(오늘날 대형 강입자 충돌기의 기지로 유명하다)에서 보어를 만났다. 벨 부부는 이제 막 일하기 시작했고, 보어는 당시 새로 생긴 연구소의 개소식을 기념하기 위해 참석한 명사 중 한 명이었다. 벨은 엘리베이터에서 보어를 마주쳤고, 살아 있는 전설에게 어떻게 말해야 할지 잘 몰랐다. "그때 당시 '당신의 코펜하겐 해석은 엉터리 같은데요'라고 말할 엄두가 나지 않았습니다"라고 존 벨은 기억을 떠올렸다. "게다가 엘리베이터를 그렇게 오래 타진 않았습니다. 아니, 엘리베이터가 층 사이에 걸려서 멈추었다면 수지맞았겠죠. 어떻게 됐을지는 모르겠지만요."

3년 뒤 벨은 입자물리학연구소에서 했던 연구를 뒤로 한 채 안식년을 보내기 위해서 캘리포니아에 도착했고, 마침내 폰 노이만이 어느 부분에서 틀렸는지 알아내서 야우흐의 코를 납작하게 해줄 기회를 잡았다. 벨은 사람들이 떠받드는 폰 노이만의 증명이 그동안 반론을 저지하는 용도로 쓰였음에도 사실상 아무것도 증명하지 못했다는 사실을 알아냈다. "폰 노이만의 증명을 제대로 파악하기만 하면 그 증명은 결딴이 날 겁니다!"라고 벨이 말했다. "아무것도 아니었습니다. 틀렸을 뿐더러, 유치합니다." 나중에 알려진 바에 따르면 위대한 폰 노이만은 정말 실수를 저질렀다. 증명에서 전적으로 근거 없는 가정을 했던 것이다. "폰 노이만의 가정을 물리적 용어로 옮기면 말이 되지 않았습니다. (…) 폰 노이만의 증명은 틀렸을 뿐만 아니라 어처구니없습니다."

～～～

벨은 폰 노이만과 야우흐가 틀렸음을 증명하는 데서 그치지 않았다. 이전의 여러 증명을 대신해 새로운 증명을 하나 남겼다. 폰 노이만의 증명과 (야우흐의 "보강된" 증명과 야우흐가 벨에게 언급한, 앤드류 글리슨Andrew Gleason의 증명을 비롯한) 그와 비슷한 연구에서는 일명 숨은 변수hidden variables를 이용한 양자물리학의 해석을 모두 배제해야 한다고 주장했다. 숨은 변수 해석은 양자 물체들이 관측되기 전부터 대상에 확정된 위치나 다른 성질을 부여하지만, 이런 성질을 이론 자체로 계산할 수는 없다. 이들은 양자물리학의 수학에서 안 보이는 성질들이므로 말마따나 '숨은' 변수다. 봄의 파일럿파 해석이 대표적인 예다. 봄의 세계에서 입자들은 항상 위치가 정해지더라도, 이런 위치는 대체로 숨겨져 있으며 슈뢰딩거 방정식으로 계산가능하지 않다. 폰 노이만, 야우흐, 글리슨의 증명은 모두 그런 체계가 불가능하다는 결론을 암시했다. 하지만 벨이 익히 알던 대로 봄의 파일럿파 해석은 분명히 성립했다. 뭔가 잘못되었음이 분명하며 벨은 그게 무엇인지 알 것 같았다. 숨은 변수가 불가능하다는 증명을 꼼꼼하게 해체하면서 살살 찔러보다가 취약한 부품 조각, 즉 증명의 근저에 놓인 부당한 가정을 찾아냈다. 벨은 이런 가정을 완전히 뒤집어서, 기존에 제기된 '숨은 변수 없는no-hidden-variables' 증명들이 하나같이 완전히 다른 무언가를 시사한다는 점을 보였는데, 그 무언가란 애당초 증명을 만든 사람들이 전개할 때는 의도하지 않았거나 충분히 이해하지 못한 내용이었다. 구체적으로 말해, 숨은 변수 이론에 훗날 **맥락성**contextuality이라고 별칭한 독특한 특성이 있다면, 숨은 변수 없는 증명이 쳐놓은 덫을 피해갈 수 있다는 사실을 벨은 알아냈다.

맥락성이란 양자계에서 어떤 측정을 하면 동일한 계에서 동시에 측정되는 다른 요인에 따라 측정 결과가 달라진다는 뜻이다. 말하자면 어떤 대상의 성질을 측정하면, 측정 결과는 동시에 측정하는 다른 무엇인가에 따라 달라질 수 있다. 맥락적 세계에서 중성자의 스핀을 중성자의 운동량과 같이 측정하면 중성자의 스핀을 답으로 얻을 것이다. 하지만 중성자의 스핀을 위치와 함께 측정했다면, 스핀이 완전히 달라지는 결과를 얻게 될 것이다. 이는 스핀을 측정하는 맥락 때문이다.

맥락성을 더 잘 파악하기 위해서 중성자는 잠시 잊자. 대신에 더 크고 더 익숙한 대상, 룰렛에 대해 이야기해 보자. 플로라고 불리는 친구가 카지노 룰렛에 있고 우리가 전화로 플로와 통화한다고 상상해 보자. 원반을 볼 수는 없어도 원반이 다 돌아간 다음, 공이 어디에 떨어졌는지 플로에게 물어보는 것은 가능하다. 짝수인지 홀수인지, 큰 수인지 작은 수인지, 빨강인지 검정인지 물어보면 된다. (룰렛 원반은 숫자의 절반이 빨강이고 절반이 검정이지만, 홀짝이나 대소大小라는 기준으로는 나뉘지 않는다. 대소의 절반이 빨강이며 그건 홀짝일 때도 마찬가지다. **그림 7-2**를 참고하자.) 하지만 플로가 이상하게도 카지노에서 무슨 일이 일어나는지 말을 아낀다고 해 보자. 원반을 돌릴 때마다 세 가지 질문에 대답하는 게 아니라 두 가지 질문에만 대답하려 한다. 보통 별문제 없다고 생각할지도 모르겠다. 즉 플로가 뭐라고 하

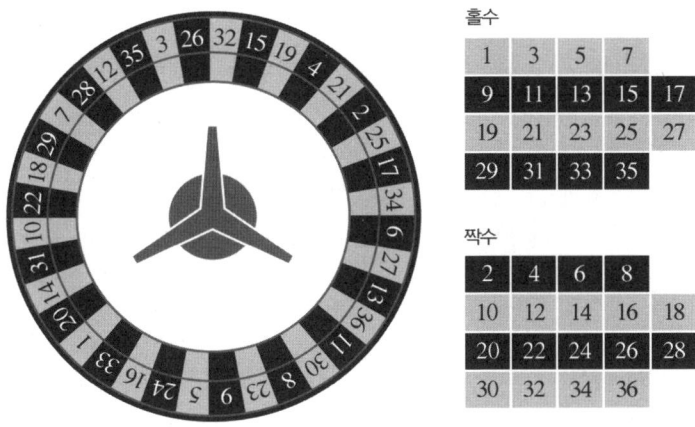

그림 7-2. 완벽한 룰렛 원반. 숫자들은 대소, 검빨, 홀짝으로 고르게 나누어지며 0이나 00칸은 없다.

든, 원반이 돌고 나면 공은 특정 칸에 떨어질 것이다. 그러므로 공은 밖에서는 실제 상태가 안 보이지만, 일단 공이 멈추면 세 가지 모든 질문에 대한 답은 결정된다. 만일 공이 34에 떨어졌다면, 플로가 세 가지 중 두 가지만 알려줘도 공은 크고 빨간 짝수 칸에 떨어진 것이다.

하지만 룰렛이 맥락적이라면 이 모든 게 쓸데없다. 맥락적 룰렛의 경우, "공이 빨강 칸에 있나?"라는 질문에 대한 대답은 함께 묻는 물음에 따라서 달라진다. 가령 원반이 다 돌아간 다음에 공이 빨강 칸에 있는지, 또 짝수인지 물어보았다고 하자. 이윽고 두 질문에 대한 대답이 '그렇다'라고 알려진다. 하지만 원반이 똑같이 돈 다음에 다른 질문을 하면—공이 빨강 칸에 있는지, 그리고 큰 숫자인지 물었다면—두 질문에 대한 대답은 '아니다'일 것이다. 어쨌든 "공이 빨강 숫자에 있나?"라는 질문에 대한 대답은 실제로 함께 묻는 다른 질문에 영향을 받는다! 이것이 맥락성이다. 질문의 대답이 함께 묻는 질문이라는 맥락에 따라 달라진다. 벨은 숨은 변수 없는 증명을 뒤

7장 과학에서 가장 심오한 발견 **205**

집으면서, 양자물리학이 맥락적 세계를 기술한다는 점을 입증했다.

얼핏 보면 양자물리학이 맥락적이라는 사실은 코펜하겐 해석이나 그 비슷한 시각을 뒷받침하는 듯하다. 질문의 대답이 함께 묻는 질문에 따라 달라진다면, 이는 질문의 대답은 묻기 전에는 없다는 사실을 시사하는 것이 아닐까? 어쨌든 양자 세계가 맥락적이라면 실제로 룰렛과 같지는 않을 것이다. 즉 특정한 숫자 위에 놓인 채 우리가 관측하기를 수동적으로 기다리는 공이란 존재할 수 없다. 숫자의 성질이 우리가 묻는 질문에 따라 달라지기 때문이다. 룰렛에서는 숫자가 홀수인지 물을 때 숫자의 색깔은 바뀌지 않는다. 공을 두고 어떠한 질문을 하든 간에 34는 빨강이다. 따라서 양자 세계에서는 보기 전까지 룰렛 공이 존재할 수 없다. 파스쿠알 요르단이 말한 대로, "우리 자신이 측정 결과를 만든다."

코펜하겐스러운 설명이 매력적이었음에도 불구하고 벨은 보어를 인용하며, '유도식 기술'로 그런 설명을 가볍게 쓰러뜨렸다. 벨이 양자 세계의 핵심적 특징인 맥락성을 확립한 논문에서, 보어의 말처럼 "원자적 대상의 움직임과 측정 기구와의 상호작용을 뚜렷하게 구분하는 것"은 불가능하기 때문에 맥락성이 놀랄 만한 것이 아니라고 벨은 지적했다. 양자 세계를 바꾸지 않고 볼 수는 없다. 하지만 그렇다고 해서 양자 세계가 누가 보기 전에는 거기 없다는 의미는 아니었다. 정반대였다. 거기 없었다면, 본다고 해서 없는 그것을 바꿀 수는 없다. 맥락적 룰렛은 존재할 수 있다—다른 방식으로 바라보면 공의 위치가 바뀐다는 의미다. 관측자가 공을 볼 때, 공이 관측자와 일으키는 상호작용을 공의 움직임과 분리할 수 없기 때문이다. 이 말은 공이 존재하지 않는다거나 관측자가 보기 전에 위치가 없다는 의미가 아니라, 단지 공이 변화에 다소 민감해서 조금만 영향을 받아도 과도하게 움직인다는 의미다. 봄의 파일럿파 해석에 나오는 숨은 변수들은 정확히 이런 식으로 반응한다. 봄에 따르면, 입자는 항상 위치가 부여된다—하지만 이런 위치는 실험 환경이 약간만 방해를 받거나 변하기만 해도 극적으로 바뀐다. 봄의 세계에서는 전자에게 약간 다른 질문들만 해도 엄청나게 다른 답들을 얻게 된다—하지만 전자는 언제나 위치가 확정된다. 게다가 봄의 이론은 맥락적이므로 이론을 배제한다고 추정되는 증명들을 피해 간다. "불가능성 증명impossiblity proof으로 증명된 바는 상상력 부족의 산물"이라고 벨은 결론지었다.

~~~

봄의 이론이 불가능하지 않다고 명확히 입증했음에도 불구하고, 벨은 파일럿파 이론의 이상하기 짝이 없는 특징 때문에 여전히 고심하고 있었다. 바로 '소름 끼치게 비국소적'이라는 점이었다. "봄 이론에서 지독한 일이 발생했습니다"라고 벨은 말했다. "예를 들면, 우주 어디서든 누군가 자석을 움직이면 입자의 경로가 순간적으로 바뀌었습니다." 봄의 이론에서 비국소성이 양자물리학의 본질적 특징이었을까? 벨은 폰 노이만의 증명을 뒤집은 논문의 결론부에서, 이러한 질문을 던지면서 향후 연구해야할 과제를 남겨두었다.

비국소성을 둘러싼 벨의 의문은 오래도록 아무도 주목하지 않았다(폰 노이만의 증명을 뒤집은 논문이 몇몇 표기 실수로 인해 편집자의 책상을 굴러다니다 2년이 지나간 상황이었다). 하지만 벨은 의문을 그냥 내버려 두지 않았다―비로소 답을 알고 싶었다. 벨은 다음 연구 과제에서 답을 찾는 작업에 착수했다. "물론 저는 아인슈타인-포돌스키-로젠의 설정이 중요하다는 사실을 알았어요. 그런 조건에서는 물체가 서로 멀리 떨어진 상태에서도 상관관계가 나타났기 때문입니다"라고 벨은 회상했다. "따라서 간소화된 아인슈타인-포돌스키-로젠 상황에서 양자역학적 그림을 완성하면서도 모든 것이 국소적으로 유지되는 모형을 세울 수 있을지 알아내기 위해 본격적으로 연구했습니다."

벨은 연구를 진행하면서, 봄이 파일럿파 해석을 전개하기 직전에 쓴 교재에서 고안했던 단순화된 EPR 설정을 이용했다. 봄이 나름대로 바꾼 EPR 실험에서는 전체적인 그림을 구상하기가 쉬웠다. 서로 충돌하고 날아가면서 얽힌 운동량으로 멀어지는 두 입자 대신, 봄의 EPR 설정에서는 광자, 그리고 얽힌 편광이 개입되었다.

편광polarization은 빛의 특성이다―빛은 전자기파인데, 편광 현상은 전자기파가 지나갈 때 진동이 나란하게 제한된 방향으로 나타난다. 이 경우에 가장 중요한 사실은 편광이 방향성을 띤다는 점이다. 편광은 다른 방향을 가리키도록 각 광자가 달고 다니는 작은 화살표와 비슷하다. 하지만 그렇게 간단하지만은 않다. 우선 첫 번째로 광자의 편광 화살표가 어느 방향을 가리키는지 실제로 알지 못한다. 다소 간접적인 방식으로 광자를 (양쪽에 편광 유리를 씌운 선글라스 렌즈 같은) 편광판에 쏘아서, 특정 축에 나란한 광자의 편광을 하나씩 측정할 수 있을 뿐이다. 광자가 편광판을 때리면 통과하거나 막히며 광자의 편광이 편광판의 축에 가까울수록 통과할 가능성이 더 높다.

봄의 EPR 실험에서는 편광이 얽힌 광자쌍이 동일한 광원에서 나와서 서로 반대 방향으로 두 편광판을 향해 날아간다. 두 편광판은 축이 동일한 편광을 측정하도록 설정된다. 광자들은 편광이 얽혀 있기 때문에, 편광판에 도착하면 매번 같은 일이 벌어진다—둘 다 편광판에 막히거나 편광판을 통과한다. 이때 편광판을 어느 축으로 설정했는지는 중요하지 않다. 편광판의 축이 일치하는 한, 얽힌 광자쌍은 항상 양쪽 편광판에서 똑같은 결과를 도출할 것이다. 또한 결정적으로 편광판이 얼마나 멀리 떨어져 있는지는 중요하지 않다. 거리와 무관하게 항상 광자쌍은 양쪽 편광판에서 똑같이 통과하거나 가로막힐 것이다.

이런 실험 결과는 양자물리학에서 요구하는 바와 일치한다. 얽힌 광자쌍이 공유하는 단일한 파동함수는 축이 일치하는 두 편광판에 닿을 때 이들이 항상 똑같은 방식으로 움직이도록 보장한다. 하지만 파동함수는 광자쌍이 무엇을 할지 정해 주지 않는다—다만 같은 것을 하라고 정해줄 뿐이다.

이제 아인슈타인의 양자택일, 즉 아인슈타인이 EPR 논문에서 모호하게 드러났다고 우려한 문제가 도드라진다. 자연이 국소적이라고 가정했을 때, 얽혀 있지만 서로 멀리 떨어진 광자쌍의 안무가 완벽히 동기화되는 현상을 설명할 길은 하나밖에 없다. 바로, 광자들이 동일한 광원에서 나와서 서로 멀어지기 전에 율동이 합의되어 있었다는 것이다. 하지만 얽힌 광자쌍이 공유하는 파동함수는 어떠한 종류의 사전 합의도 얘기해 주지 않는다. 광자가 동일하게 설정된 편광판에서 항상 동일한 것을 하도록, 즉 광자 사이에 완벽한 상관관계가 형성되도록 해줄 뿐이다. 그러므로 만일 자연이 국소적이라면 파동함수가 전부는 아니다—숨은 변수가 존재해야 한다. 따라서 양자물리학이 불완전하거나, 자연이 비국소적이다. 양자물리학은 국소성과 완전성을 모두 아우르지 못했다. 이것이 아인슈타인의 양자택일 문제로서 EPR 논증의 핵심이었다.

벨은 이러한 EPR-봄의 사고실험을 이리저리 살펴보면서, 순전히 국소적이면서도 양자물리학에서 예측한 모든 결과와 맞아 떨어지는 모형을 구성하려고 했다. "모든 일이 잘 풀리지는 않았습니다"라고 벨은 말했다. "할 수 없을 것 같은 느낌이 밀려왔습니다. 그러다가 불가능성 증명을 구성해냈습니다."

아인슈타인은 양자물리학이 국소성과 완전성 중 하나를 선택해야 할 필요성을 입증했지만, 벨의 불가능성 증명은 사실상 국소성과 **정확성** 사이에서 선택하는 문제임을 보였다. 벨은 자연이 국소적이라는 가정에서 출발해서 부등식을 유도했는데, 이는 자연에 대한 어떠한 국소 이론이라도 충족해야 하는 수학적 조건이었다. 그리고 나서 벨은 봄이 수정했던 EPR 사고실험을 기민하게 바꿔서 양자물리학의 예측이 부등식을 충족하지 않는 상황을 설정했다.

벨의 기발한 발상은 완전함보다 불완전함을 고려한 결과였다. 결과적으로 EPR-봄 설정에서 완전한 상관관계는 국소성과 쉽게 양립한다—광자들은 동일한 광원에서 나오기 전에 미리 설정된 숨은 행동 체계를 공유한다. 하지만 편광판 중 하나의 축을 회전시키면, 양자물리학에서는 편광판에 도달하는 얽힌 광자쌍이 더는 매번 같은 방식으로 움직이지 않을 것이라고 예측한다. 그리고 벨은 양자물리학에서 예측한 불완전한 상관관계가 너무 강력해서 자연을 다루는 어떠한 국소 이론으로도 이런 성질들을 설명할 수 없다고 입증했다. 따라서 양자물리학의 예측이 틀리고 자연이 국소적이거나, 양자물리학이 옳고 "섬뜩한 원격 작용"은 실재한다. 벨은 직관과 어긋나지만 놀랍고 심오한 진리를 발견했다.

또한 벨은 두 선택지 사이에서 결정을 내릴 수 있도록 한 실험을 제시했다. 누군가는 벨이 수정한 EPR 사고실험이나 얽힌 입자와 관련된 비슷한 실험을 실제로 구성하고 수행하기만 하면 됐다. 만일 벨 부등식을 만족하지 않으면 양자물리학은 무사했지만 자연은 비국소적이었고, 벨 부등식을 만족하면 양자물리학은 틀렸지만 자연은 국소적이었다. 벨의 불가능성 증명은 비국소성 문제를 논쟁의 울타리 안에서 꺼내서 실험상 도전이 가능한 영역으로 밀어넣었다. 오늘날 벨의 정리Bell's theorem로 알려진 이 증명은 당연하게도 "과학에서 가장 심오한 발견"으로 일컬어진다.

≈

벨의 결과물은 예기치 못한 것일 뿐 아니라 문제적이었다. 국소성은 물리학을 비롯한 사실상 모든 과학의 기본 가정이다. 국소성이 없다면 통제된 실험을 수행하기 어려울 것이다—실험 환경을 아무리 잘 통제해도 실험 결과에 멀리 떨어진 곳에 순간적으로 영향을 미칠 가능성은 늘 있었다. 아인슈타인이 특히 강조하기를, 국소성은 과학의 핵심 원리여야 하며 불가피한 상황이 아닌 한 포기해서는 안 된다고 했다. "공간적으로 떨어진 대상들의 상호 독립적인 존재성('실체성being-thus')을 가정하지 않으면, 우리에게 친숙한 의미에서 일상적이고 물리적인 사고방식에서 기인한 가정은 가능하지 않을 겁니다"라고 아인슈타인은 썼다. "또 분명하게 구별하지 않으면 물리 법칙이 어떻게 형식화되고 검증되는지 알지 못합니다. (…) 기본 원리를 완전히 금지하면 닫힌 계(혹은 그에 준하는 계)가 존재한다는 생각도 불가능하고, 따라서 우리에게 친숙한 의미에서 경험적으로 검증가능한 법칙을 확립할 수 없을 겁니다."

아인슈타인의 철학적 관심사는 논외로 하더라도 아인슈타인의 과학 연구는 국소성이 세계의 핵심적 특징이라는 점을 명확히 했다. 특수상대론에 따르면 무한한 에너지가 수반되는 온갖 패러독스를 감수한다고 하더라도 물리적 대상은 광속 이상으로 빨라질 수 없다. 빛보다 빠르게 움직이는 무엇인가를 발견하여 문제를 피해가는 게 가능할지도 모른다—하지만 아직까지 그런 물체가 발견된 사례는 없다. 실제로 상대론적 입자물리학에서는 그런 물체가 굉장히 불안정해서 스스로 무한 에너지 패러독스infinite-energy paradox에 빠진 끝에 존재 자체가 불가능할 것이라고 주장한다. 더욱이 어떻게든 문제를 피해서 빛보다 빠르게 신호를 보내는 데 성공하더라도 여전히 패러독스에 봉착할 위험이 남아 있다. 상대론에 따르면, 초광속 신호를 보내는 것만으로도 그 즉시 '타키온을 이용한 시간전화기tachyonic antitelephone'를 만들어서 과거로 전갈을 보내는 일이 가능해지기 때문이다.

하지만 벨의 정리는 과거로 전화하거나, 영화 〈백투더퓨처〉의 드로리안을 1955년으로 보낸다는 것을 의미하지 않는다. 벨과 다른 학자들은 훗날 양자 얽힘을 이용해 초광속으로 신호를 전달하기는 불가능하다고 증명했다. 얽힌 입자에서 드러나는 비국소성은 특정한 조건에서만 나타나고 복잡 미묘해서 아인슈타인이 우려했던 과학에 실존적 위협이 될 만한 사안이 아니었다. 하지만 그동안 우리가 제기해왔던 검증을 모두 통과한 특수상대론을 따르는—국소적으로 보이는—세계에서, 벨의 정리에서 드러난 비국소성의 망령이 성가시다는 사실은 여전하다. 벨의 실험을 통해서 양자적 예측이 옳다는 게 밝혀지고, 벨 부등식이 깨진다면, 무엇인가는 비국소적이며 국소성은 단순한 환상일 뿐이다. 이는 아인슈타인의 상대론을 넘어 시간과 공간 개념을 크게 바꿔야 할 필요성을 제기한다. 벨 부등식을 위배하고도 가능한 세상은 어떤 형태로든 이상할 수밖에 없었다.

벨은 어떻게 그토록 놀랍고도 방대한 함의가 담긴 바를 증명할 수 있었을까? 벨의 증명을 온전히 이해하려면 룰렛 이상이, 아니 카지노 전체가 필요할지도 모르겠다. (증명의 세부 과정을 따라가는 데 관심이 없다면, 다음 절은 얼마든지 건너뛰어도 무방하다. 책의 나머지 부분을 이해하는 데 아무런 영향도 없을 것이다. 하지만 아래에서 소개할 논의를 따라간다면 벨이 어떻게 증명했는지 이해하기 훨씬 쉬울 것이다.)

~~~

캘리포니아주의 북동쪽 구석, 벨빌이라는 조그만 동네에 새로운 카지노가 문을 열었다. 소유주는 일명 '곰탱이' 로니였고, 마피아와 결탁되었다는 의혹이 제기된 인물이었다. 파티마와 질리언이라는 두 명의 캘리포니아 게임국 감독관은 로니가 뭔가 꾸미고 있다는 사실을 알아차리고 개장 전에 카지노를 점검하러 벨빌로 향했다.

로니의 카지노 업장에서는 룰렛을 아주 복잡하게 설정했는데, 아마 감독관에게 깊은 인상을 주려던 모양이다. 방 중앙에 설치한 커다란 기계의 양 옆으로 뻗어 나온 미끄럼대가 양쪽 바닥에 놓인 룰렛 테이블까지 이어져 있다. 각 룰렛 테이블에는 룰렛 원반 세 개와 그 가운데에서 돌아가는 작은 다이얼이 있다. 주내 법에 따라 룰렛 원반에는 빨강과 검정 사각형 칸만 번갈아 표시할 수 있고, 숫자는 표기할 수 없다. 캘리포니아주에서는 룰렛 원반에 숫자를 넣는 것이 불법이다(**그림 7-3**). 파티마와 질리언이 각자 한쪽 테이블에 앉고 나서 로니가 장치에 달린 버튼을 누르면, 각각의 공은 미끄

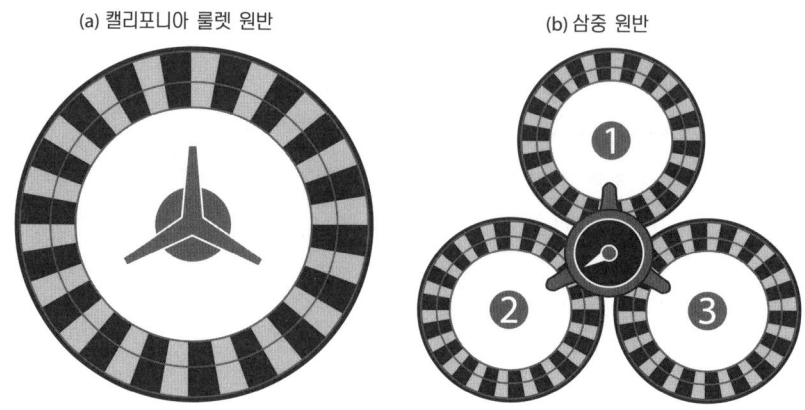

그림 7-3. (a) 캘리포니아 룰렛 원반 (b) 로니 카지노의 삼중 원반, 가운데는 선택 다이얼.

럼대를 따라 양쪽 테이블로 굴러간다. 공이 움직이는 사이에 감독관들이 가운데 다이얼을 돌려놓으면, 각각의 공은 세 개 중 선택된 원반에 들어가 마침내 빨강 또는 검정 칸에 알아서 멈춘다(그림 7-4).

질리언과 파티마는 원반들의 특성을 철저하게 조사하고자 여러 번 반복하면서, 그때마다 어느 원반이 작동하고 어떤 색이 나오는지 결과를 세세히 기록했다. 검정과 빨강은 거의 같은 비율로 나타났다. 수십 번을 돌려 본 다음, 감독관들은 사무실로 돌아가 각자 적어둔 기록을 비교해 보았다.

두 감독관이 파악한 결과, 실제로 각 테이블의 룰렛 원반은 완전히 무작위적으로 움직이는 듯했다―빨강과 검정은 거의 정확히 절반씩 나왔다. 하지

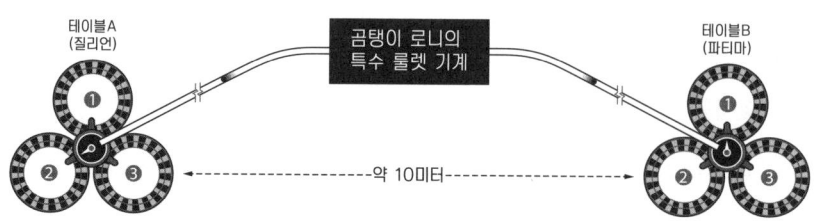

그림 7-4. 로니 카지노에 있는 룰렛 테이블.

회차	질리언 원반	질리언 색깔	파티마 원반	파티마 색깔
83	3	빨강	3	빨강
84	3	빨강	1	검정
85	1	검정	1	검정
86	3	검정	2	빨강
87	2	빨강	2	빨강
88	1	검정	2	빨강
89	1	검정	3	검정

그림 7-5. 질리언의 기록과 파티마의 기록 중 일부를 비교한 것.

만 파티마와 질리언의 기록 사이에는 이상한 상관관계가 나타났다. 두 테이블에서 작은 다이얼로 고른 원반 번호가 서로 같을 때, 한 쌍의 공은 색깔이 같은 칸에 멈췄다. 예를 들어, 87회차에서 둘 다 다이얼을 2번 원반에 맞추었다. 그러자 한 쌍의 공이 모두 빨강 칸에 멈추었다(그림 7-5). 감독관들은 다이얼로 같은 원반을 고를 경우, 대형 룰렛 기계에서 미리 정해둔 프로그램이 실행돼서 공이 매번 색깔이 같은 칸에 멈추도록 설계된 구조라고 결론을 내렸다.

	원반 1	원반 2	원반 3
가능한 명령어 집합 8가지	빨강	빨강	빨강
	빨강	빨강	검정
	빨강	검정	빨강
	빨강	검정	검정
	검정	빨강	빨강
	검정	빨강	검정
	검정	검정	빨강
	검정	검정	검정

그림 7-6. 룰렛 공의 가능한 명령어 집합.

하지만 파티마는 결과에서 또 다른 패턴을 포착한다. 파티마와 질리언이 선택한 원반 번호가 일치하지 않았을 때는 전체의 25퍼센트만 같은 결과가 나왔던 것이다. 파티마는 이것이 가능할 리가 없다고 보았다. 그래서 여덟 가지로 구분이 가능한 공의 명령어 집합을 나열해 보았다(그림 7-6).

명령어 집합에서 첫 줄처럼 **빨강-빨강-빨강**인 경우, 공은 어느 원반에 위치하든 항상 빨강 칸에 멈출 것이다. 그 다음 줄처럼 **빨강-빨강-검정**인 경우, 공은 1번이나 2번 원반에 위치하면 항상 빨강 칸에 멈추겠지만, 3번 원반에서는 항상 검정 칸에 멈출 것이다. 파티마는 한 쌍의 공이 명령어 집합 중에서 어느 경우를 동일하게 실행하든 선택한 원반 번호가 서로 다를 때는 양쪽의 결과가 전체의 25퍼센트 이상 일치해야 한다고 지적했다.

- 두 공이 명령어 집합에서 **빨강-빨강-빨강**이나 **검정-검정-검정**을 동일하게 실행하면, 각각의 공이 들어갈 원반 번호가 다르더라도 결과가 100% 일치한다.

- 두 공이 그 나머지 집합 중 하나를 동일하게 실행하면, 파티마와 질리언이 선택한 원반 번호가 서로 다르더라도 공이 같은 색깔의 칸에 멈추는 비율은 전체의 1/3(33%)이어야 한다. 가령 해당 명령어 집합이 **검정-빨강-빨강**이라 하자. 파티마와 질리언이 선택한 원반 조합이 1-2, 2-1, 1-3, 3-1 중 하나인 경우, 각 공이 멈춘 칸의 색깔은 다르다. 하지만 원반 조합이 2-3이나 3-2인 경우—총 여섯 가지 경우 중 두 가지, 즉 3분의 1—공이 멈춘 칸의 색깔은 같다. 다른 명령어 집합(검정-검정-검정인 경우와 **빨강-빨강-빨강**인 경우)에서도 마찬가지 결과가 나온다.

그러므로 파티마와 질리언이 선택한 원반의 번호가 다르면, 적어도 전체의 33퍼센트 비율로 칸의 색깔이 같아야 한다. 일치하는 비율이 이보다 낮은 명령어 집합은 없기 때문이다. 그런데도 전체의 25퍼센트만 일치하는 상황이었다. 감독관들은 한 쌍의 공이 실행하는 명령어 집합이 동일하지 않다는 결론을 내릴 수밖에 없었다. 하지만 질리언과 파티마가 선택한 원반 번호가 일치할 때는 매번 공이 같은 색깔의 칸에 멈추었으므로, 분명 모종의 조정이 일어난 셈이다. 이런 사실을 종합해 보았을 때, 감독관들은 한 쌍의 공이 실행하는 명령어 집합이 애당초 동일했다는 사실을 의심하게 되었다. 이런 결과가 설명되려면, 각각의 공이 어느 원반에 멈췄는지 알고 난 다음에 서로 신호를 주고받았어야 했다.

지금까지 소개한 내용은 벨의 정리를 약간 변형해서 증명한 것이다. 한 쌍의 공은 편광이 얽힌 광자쌍에 해당한다. 룰렛 원반은 서로 다른 세 방향과 나란한 편광을 측정하는 편광판에 해당하며, 방향은 광자가 편광판 쪽으로 날아가는 동안 무작위로 선택된다. 그리고 벨의 정리는 앞선 이야기에 들어 있는 증명이며, 파티마가 알아낸 내용에 해당한다. 정말 공이 앞서 소개했던 것처럼 움직였다면 뭔가 이상한 일이 벌어진 것이고, 각각의 공이 분리된 순간부터 숨은 명령어—숨은 변수—가 실행됐다고 가정하는 방식으로는 설명될 수 없다. 그럼에도 얽힌 광자쌍은 실제 이런 식으로 움직이므로 양자물리학에서는 아주 이상한 일이 벌어지고 있는 게 분명했다. 벨은 정확히 무엇을 증명했을까? 이를 이해하기 위해서 로니의 카지노에서 무슨 일이 일어났는지 더 자세히 살펴보자.

앞에서는 각각의 공이 먼 거리에서 마법처럼 순간적으로 상호작용할 수 없다는 가정에서 출발했다(이를 끝까지 명시적으로 밝힌 적은 없지만). 다시 말해 국소성 가정에서 출발했다. 이는 공 자체에 숨은 명령어 집합이 있어야 한다는 생각으로 이어졌는데, 그것이 질리언과 파티마가 똑같은 원반을 골랐을 때 결과가 완전히 일치하는 이유를 설명할 유일한 방법이기 때문이다. 하지만 질리언이 파티마와 다른 원반을 골랐을 때, 결과에서 보았던 이상한 상관관계로 인해서 숨은 변수가 있을 가능성은 배제되었다. 그러므로 앞선 가정은 틀림없이 뭔가 잘못되었으며, 국소성이 위배되어야 한다. 로니 카지노의 경우에는 두 공은 무전으로 교신했을 가능성이 남아 있다. 하지만 실제 실험에서 '룰렛 공'은 광속으로 움직이는 광자에 해당한다. '룰렛 원반'은 서로 멀리 떨어진—일부 실험에서는 수백 킬로미터까지 멀어지기도 하는—편광판이다. 아마 한쪽 광자가 편광판에 도달한 뒤 광속으로 보내는 신호는, 반대쪽 광자 역시 편광판에 도달해서 무엇을 할지 결정하기 전까지는 반대쪽 광자에 닿지 못할 것이다. 요컨대 얽힌 광자들로 실제 실험한 결과는 어떤 영향력이 빛보다 빠르다는 사실을 의미한다. 얽힘은 단순히 양자물리학의 수학적 가공물이 아니다. 실재하는 현상으로서 멀리 떨어진 물체들 사이를 실제로 즉시 이어준다.

충격적인 결과였다. 어떻게 이런 결과가 가능할까? 그 이유를 설명하려면 세계에 대해서 어떤 이야기를 해야 할까? 가장 확실한 대답은 세계가 비국소적이라는 것이다. 양자물리학을 다루는 봄의 파일럿파 해석은 벨의 정리와 아무런 문제도 일으키지 않았다. 봄의 이론은 명시적으로 비국소적이기 때문이다. 이 덕분에 파일럿파 이론에서 약점으로 지적된—동떨어진 입자들이 즉시 연관되는—특성이 강점으로 바뀐다. 벨의 정리는 양자물리학이 비국소적이라는 사실을 강력히 시사하며, 파일럿파 이론은 이상한 양자적 움직임을 무시하지 못하도록 뚜렷이 드러낼 따름이다.

하지만 비국소성 때문에 치러야 할 대가는 크다. 상대론은 가장 잘 검증되고 가장 탄탄한 현대물리학의 토대 중 하나다. 그런데 비국소성이 이를 위협한 셈이다. 벨의 정리말고 다른 방법은 없을까? 국소성은 실제로 가정에 불과하지 않을까? 글쎄, 질리언과 파티마는 카지노에서 일어난 모든 일을 하나도 빠짐없이 완벽히 기록했다고 가정했다. 구체적으로 말하면 두 사람은 룰렛 원반이 한 번 돌아갈 때마다 하나의 결과만, 즉 그들이 기록으로 남긴 결과만 나왔다고 가정했다. 만일 원반이 한 번 돌아갈 때마다 어쩐 일인지 결과가 하나 이상이라면, 광자가 편광판에 부딪칠 때마다 벨의 증명은 무너져 내릴 것이다. 그리고 이것이 정확히 에버렛의 다세계 해석에서 벌어지는 일이다. 에버렛에 따르면 룰렛 원반이 돌 때마다 보편 파동함수가 여러 세계로 갈라져서 빨강과 검정 두 가지 결과가 가능해진다. 따라서 벨의 정리는, 만일 국소성을 버리고 싶지 않다면, 에버렛이 쓴 각본에서 가장 이상한 대목이 이 세계의 필연적인 특징일 가능성을 강력히 시사한다.

여기서 가정은 두 가지다. 하나는 국소성을 지키는 것이고 다른 하나는 단일한 우주에서 살아가는 것이다. 벨 부등식은 실제로 실험에서 위배되므로 둘 중 하나는 틀렸다. 이는 벨의 정리가 강제하는 선택일까, 아니면 기이한 제삼의 뭔가가 있을까? 룰렛 원반 선택기가 완전히 무작위적이지 않았거나 각각의 룰렛 공은 어느 원반으로 들어갈지 미리 알고 있었을지도 모른다. 룰렛 원반과 룰렛 공 사이에 그런 결탁이 있다면 파티마와 질리언이 보았던 결과가 설명될 것이다. 하지만 이를 실제 물리학으로 옮겨 보면 문제성이 드러난다. 광자와 편광판 사이에 결탁이 있다는 말은 아무리 좋게 들으려 해도 황당하다. 실험하는 사람이 어떤 평관판을 쓸지 매번 의도적으로 고른다면 어떨까? 광자는 어떻게 미리 알았을까? 실험자는 실험 조건들을 자유롭게 선택한다고 생각하기 마련이다―설령 그것이 착각이라 해도, 실험자가 광자 속에 어떤 행동을 할지 미리 암호화해 두었다고 상상하기는 어렵다. 하지만 기술적으로 이런 '초결정론superdeterminism' 따위가 논리적으로 벨의 정리를 빠져나오는 방법의 하나일지도 모르며, 소수의 물리학자는 이러한 이론에 살을 붙이는 작업에 몰두하기도 한다(비록 자연의 그런 방대한 '음모'가 애초에 과학을 하지 못하게 만든다는 우려가 있지만 말이다).

다른 방법도 있을까? 벨의 놀라운 정리에서 빠져나갈 방도는 없을까? 벨의 증명에서 또 다른 가정인, 숨은 변수를 상정했다고 주장하는 책과 논문은 많다. 공에는 숨은 명령어가 전혀 없다고 하면서 벨의 정리가 설득력이 없다는 논지를 펴지는 말자. 그런 주장은 옳지 않다. 앞에서 설명했을 때도 공에 숨은 명령어가 있다고 가정하지 않았다. 적어도 증명을 시작할 때는 그런 가정을 하지 않았다. 대신에 국소성을 가정했을 뿐이며, 이때 룰렛 공에 명령어가 있다고 가정해야 질리언과 파티마가 같은 원반을 골랐을 때 두 사람에게 나타난 결과가 완벽하게 일치하는 상태가 설명된다는 필연적 결론으로 귀결되었을 뿐이다. 왠지 친숙한 주장처럼 들린다면, 이는 EPR 논증 때문이다. 만일 룰렛 공이 항상 같은 색에 멈춘다면, 한 쌍의 공은 처음부터 동일한 명령을 실행했거나 도착 지점에 가서 뭐가 됐든 빛보다 빠르게 연락을 주고받아야 할 것이다. 숨은 변수에 관한 가정은 없다―국소성만 가정했을 뿐이며, 숨은 변수들을 고려한 까닭은 룰렛 공의 결과적인 움직임 때문이다. 벨은 자신의 정리가 처음 발표되고 나서 15년 후에, "이 점을 전달하기란 터무니없이 어렵습니다. 이 분석에서 숨은 변수들은 **전제가 아닙니다**"라고 불평했다. "내 첫 논문은 **국소성**에서 결정론적 숨은 변수에 이르기까지, EPR 논증을 요약하면서 시작합니다. 하지만 논평가들은 거의 하나같이 논문이 결정론적 숨은 변수로 시작한다고 소개했습니다."

이와 관련한 또 다른 주장에서는 벨의 정리가 모종의 **실재론**realism을 가정한다고 했다. 특히 코펜하겐 해석의 지지자들 사이에서 유행한 주장이다. 양자 세계에 실재하는 특성을 가정하지 않으면—혹은 양자 세계의 존재를 가정하지 않으면—이들은 벨의 정리가 성립하지 않는다고 주장했다. 이 역시 틀리다. 여기서 문제는 '모종의 실재론'이라는 표현이다. 정확히 '실재론'이란 무슨 의미일까? 몇몇 물리학자는 벨의 정리에서 양자 물체가 측정되기 전에 잘 정의된 특성을 지닌다는 개념을 가정한다고, 그리고 이것이 '실재론'이 의미하는 바라고 주장했다. 하지만 언급했다시피 이는 명백히 사실이 아니다—벨의 정리에서는 미리 존재하는 특성(즉, 숨은 변수)을 전혀 가정하지 않는다. EPR 논증과 마찬가지로 그런 생각은 국소성을 가정한 데서 비롯한다. 일부 학자들은 벨의 정리에서 가정하는 실재론이, 무엇이든지 관측과 독립적으로 존재한다는 바로 그 사고방식이라고 주장한다. 이런 사고방식을 부정하는 것이 코펜하겐 해석의 참된 통찰이며, 그리하여 벨의 독창적인 증명에도 불구하고 코펜하겐 해석은 국소적으로 유지될 수 있다고 주장했다. 코펜하겐 해석이 물리학에 야기하는 유아론 문제를 무시하면—누가 관측해야 진짜 실재가 될까?—다른 문제가 발생한다. 관측과 독립적으로 실체가 어떤 형태로 존재한다는 가정이 없으면 국소성이라는 개념 자체가 무의미하다. 물체나 위치가 아예 존재하지 않는데 어떻게 한 장소에서 다른 장소로 빛보다 빠르게 전달되는 효과를 이야기할 수 있을까? 벨의 증명을 논파하기 위해서 실재론을 부인하면 어김없이 국소성의 개념 또한 무너져내린다—반실재론자에게는 **피로스의 승리**Pyrrhic victory, 어떠한 대가를 치르더라도 물리학을 국소적으로 유지하기로 결정한 이들의 상처뿐인 영광이다. 벨은 이렇게 말했다. "나는 양자역학과 통하는 국소성 개념을 전혀 모릅니다. 그래서 비국소성에 천착합니다."

양자물리학 자체도 벨의 증명에서 가정한 사항이 아니다. 결국 파티마는 룰렛 공의 불가능성을 설명할 때 양자물리학을 끌어들일 필요가 없었다. 벨의 정리는 사실상 양자물리학과 독립적이며, 세계에 대한 주장일 뿐이다. 세계가 특정한 방식으로 움직인다면—로니의 룰렛 공이나 얽힌 광자쌍이 카지노에서 관측된 통계를 따른다면—국소성이 위배되거나 자연은 다세계 해석 같은 어떤 이론을 따른다(그게 아니라면 아마 자연이 음모나 초결정론을 따를지도 모른다). 이 논증에서 양자물리학이 들어갈 틈은 하나밖에 없다. 바로 양자론의 수학에 따르면, 얽힌 광자쌍은 로니의 룰렛 공과 같은 방식으로 움직일 거라는 점이다. 따라서 양자물리학이 옳다면, 적어도 이렇게 특정한 상황에서 옳다면 국소성이나 단일한 우주 중 하나는 (아니면 둘 다) 포기해야 한다.

요컨대 벨의 정리는 실제 세 가지 명쾌한 가능성만 남긴다. 자연이 어떤 점에서 비국소적이거나, 겉보기와 달리 여러 갈래로 나뉘는 다세계에 살거나, 특정한 조건으로 설정한 실험에서는 양자물리학의 예측이 틀렸거나. 그 결과가 어떻든 벨의 연구는 코펜하겐 해석을 위협한다. 아마 널리 수용된 지혜와 모순되기 때문에 오래도록 물리학자들은 벨의 정리에 담긴 진정한 함의를 이해하기가 무척 어려웠을 것이다. 사실상 정리가 발표되기 전부터 여러 오해가 있었다.

벨은 자신의 획기적인 정리를 완성하고 나서, 어느 학술지에 보내야 할지 확실히 정하지 못했다. 지난 30년 동안 EPR 논문, 보어의 답신, 봄의 파일럿파 논문이 모두 실렸던 《피지컬 리뷰》는 최고의 물리학 학술지로 당연한 선택이었다. 전 세계 거의 모든 물리학자가 《피지컬 리뷰》를 읽었다. 그만큼 확실한 학술지였다. 하지만 논문을 게재하려면 비용이 청구되었고, 보통은 저자의 소속 기관에서 이를 지불했다. 스탠퍼드 선형가속기센터의 방문 학자로서 벨은 초빙 기관에게 비용을, 특히 이렇게 비정통적인 논문에 지불하는 부담을 주고 싶지 않았다. "논문을 싣는 비용을 지불해 달라고 하기 난처했습니다"라고 벨은 말했다. 대신에 벨은 당시 창간된지 얼마 안 돼 비주류 딱지를 달고 다니던 학술지 《피직스Physics》에 논문을 발표했다.

《피직스》—더 정확히 《피직스 피지크 피지카: 모든 분야에서 물리학자들이 특기할 선정 논문의 국제 학술지Physics Physique Fizika: An International Journal for Selected Articles Which Deserve the Special Attention of Physicists in All Fields》—는 독특한 학술지였다. 두 저명 고체물리학자, 필립 앤더슨Philip Anderson(1977년, 노벨물리학상 수상)과 베른트 마티아스Bernd Matthias가 창간했다. 앤더슨과 마티아스는 이 학술지가 물리학자들 사이에서 "《하퍼스Haper's》와 마찬가지로 문학과 일반 정보 분야의 학술지"가 되기를 바라며, 부제에서도 드러나듯 물리학의 모든 하위 분야의 연구를 아울렀다. 앤더슨과 마티아스는 《하퍼스》처럼 저자가 비용을 지불하게 하지 않고 적지만 고료를 지불했다. 벨에게는 완벽했다. "논문을 《피직스》에 게재해야겠다고, 난처해하지 않아도 되겠다고 생각했습니다."

앤더슨은 벨의 논문을 보고 나서 깊은 인상을 받았다―하지만 애당초 벨이 바랐던 방향과는 조금 달랐다. "봄주의Bohmism를 반박할 가능성을 담은 점이 마음에 들었죠"라고 앤더슨은 회상했다. "그것이 기본적으로 옳다고 믿었습니다." 편집자이자 심사자로서 앤더슨은 벨의 논문 출판을 승인했지만, 그 이유는 내용을 심각하게 오해했기 때문이다.

설상가상으로 《피직스》는 오래가지 못했다―몇 호 찍지도 못하고 앤더슨과 마티아스는 전통적인 고체물리학 학술지로 갱신할 수밖에 없었고, 1968년 무렵 유통하는 문제에 시달렸으며, 부담을 느낀 출판사에서 학술지를 출간하기를 꺼렸던 탓에 폐간됐다. 제대로 배포되지도 못하고 절판된 학술지의 과월호 더미 속에 파묻혀 벨의 연구는 몇 년 동안 빛을 보지 못했다. 벨은 논문이 처음 실리고 나서 거의 5년이 지날 때까지 논문에 대한 서신을 일체 받지 못했다. 하지만 이를 읽은 소수의 사람들이 들고 일어섰다. 이후 1970년대 중반 무렵에는 벨의 연구로 양자론에서 전면적인 반란이 일어났고, 코펜하겐 해석은 물리학계 내부에서 무척 광범위하면서도 중대한 도전을 받았다. 보어와 아인슈타인의 논쟁 이후로 처음 일어난 사건이었다.

하지만 이 일이 있기 전―사실 벨이 자신의 정리를 떠올리기도 전에―또 다른 반란이 진작에 시작되었다. 학문적 다툼은 빠르게 혁명으로 격화되면서 기존 질서를 뒤엎고 양자물리학의 바탕에 놓인 엄청난 함의를 드러냈다. 그런데도 존 스튜어트 벨과 대다수 물리학자의 눈에 띄지 않은 사안이었다. 사실 물리학자와는 거의 관련이 없었다. 하지만 논리실증주의가 무너지고 과학적 실재론이 부상하자 과학철학은 송두리째 바뀌었다. 그리고 마침내 코펜하겐 해석의 근간 자체가 치명상을 입었다.

8장
천지간에는 수없이 많은 일이

공기에서는 여느 때처럼 퀴퀴한 홉hop 냄새가 났고 도시를 뒤덮은 하늘은 칙칙한 연회색이었다. 하늘 아래엔 약간 솟은 자갈길이 언덕 주변으로 완만하게 이어져 있었고 언덕은 거기 있다는 자체만으로도 눈에 띄었는데 도시 전체가 저지대 섬에 세워진 탓이었다. 한편, 코펜하겐 외곽에는 낮은 돌담으로 둘러싸인 작은 초록 언덕이 도저히 거기 있을 법하지 않은 자리를 차지하고 있었다. 길모퉁이에서 한 남자가 나타났다. 장년의 나이에 접어든 남자는 양복 차림에 테가 두꺼운 까만 안경을 쓴 모습이었다. 까만 머리에 이마는 유난히도 벗어졌다. 남자는 벽을 따라 걷다가 길을 건너 칼스버그 양조장 입구까지 올라갔다. 1962년 11월 17일 토요일, 토머스 쿤Thomas Kuhn이 칼스버그 명예의 저택에 30년 전부터 살고 있던 인물, 닐스 보어를 만나러 왔다.

당시 쿤은 UC버클리에 신설된 양자물리학사 기록물 보관소의 소장이었다. 물리학을 전공했던 쿤은 하버드 대학교에서 박사 과정을 밟던 중 물리학의 역사에 관심을 기울였고, 15년이 더 흐른 그 당시에는 이미 버클리의 역사학 교수 신분이었다. 지난 몇 달간 그래왔던 것처럼 향후 2년 동안 쿤은 직접 팀을 꾸려, 세계 곳곳을 다니며 양자물리학의 여러 법칙을 처음으로 규명한 영웅 세대의 학자들을 인터뷰할 예정이었다. 그 목록에는 하이젠베르크, 드브로이, 보른, 디랙을 비롯한 다수 학자가 포함되었다. 프로젝트를 시작했을 당시 아인슈타인과 슈뢰딩거는 물론 파울리마저 세상을 떠났지만, 쿤과 팀원들은 현재와 미래의 역사학자에게 도움이 되리라는 목적으로 물리학자들의 논문을 모아서 편찬하는 한편, 그들이 이룬 연구의 밑그림을 모으는 작업을 추진했다. 보어가 양자물리학에서 남긴 지대한 업적과 동료들에게 미친 막대한 영향력은 논외로 하고서라도 코펜하겐의 보어 연구소는 지난 40년 동안 이곳을 거쳐 간 수백 명의 과학자가 발표한 방대하고도 중요한 논문의 본고장이었다. 그러므로 쿤과 쿤의 팀이 유럽을 다니던 중에 임시로 코펜하겐에 본부를 구성해서 인터뷰 자료와 논문을 수집했던 것은 자연스러운 수순이었다.

　그날 쿤은 보어라는 거목을 직접 인터뷰하는 중이었다. 보어는 이미 3주에 걸쳐 네 차례 인터뷰를 녹음한 상황이었고, 쿤은 몇 차례 더 보어와 대화를 나눌 계획이었다. 한번은 칼스버그 저택에서 쿤은 보어와 보어를 따르던 오게 페테르센과 에릭 뤼딩거Erik Rüdinger와 자리를 가졌다. 넷이서 몇 분 정도 잡담이 오간 뒤 쿤이 녹음기를 켰다. 주제는 곧 양자물리학을 둘러싼 보어와 아인슈타인의 논쟁으로 옮겨갔다.

　"처음 아인슈타인을 만났을 때였습니다"라며 보어가 기억을 떠올렸다. "난 아인슈타인에게 물었어요. 당신이 진정 추구하는 것이 무엇이며 하고자 하는 게 무엇인지를요. 양자 물체가 입자라고 증명되면 회절격자를 사용하는 것이 불법이라서 독일 경찰이라도 부르겠다는 건지, 아니면 반대로 파동으로 묘사할 수 있으면 광전지photo-cells를 사용하는 것을 불법이라고 할 셈인지 물었습니다." 아인슈타인은 양자물리학에서 입자와 파동 양쪽의 중요성을 결코 부인한 적이 없었다―실제로 양쪽 개념이 모두 필요하다고 초기부터 옹호했다. 아인슈타인이 양자물리학에 제기했던 비판은 국소성과 완전성에 관련있었고, 보어는 이런 비판에 충분히 대응한 적이 없었다. 하지만 보어의 입장에서 자신이 아인슈타인과 벌인 논쟁은 오래전에 마무리되었으며 아인슈타인이 진 게임이었다. "여러 비판을 제기했기 때문에 사사건건 부딪쳤습니다만, 제가 볼 땐 전적으로 아인슈타인이 틀렸음이 매번 드러났죠. 하지만 아인슈타인은 별로 달가워하지 않았습니다." 보어는 아인슈타인이 일련의 사고실험을 계속하다가 나중에는 EPR 논문에 이르기까지 양자물리학을 반박하느라 세월을 허비했다고 안타까워했다. "아인슈타인이 그런 함정에 빠져 포돌스키와 연구했다니 참담했습니다." 보어가 말했다. "제가 보기에 로젠은 더 심합니다. 로젠은 아직까지 EPR 사고실험을 믿습니다만, 제가 알기로 포돌스키는 포기했죠. (…) 면밀히 살펴보면 그 아이디어 전체가 아무것도 아닙니다. 제가 너무 모질게 이야기한다고 생각할지도 모르지만 사실이 그렇습니다. 전혀 문제가 없습니다."

보어는 상보성도 언급했다. 상보성이 모든 분야의 탐구 과정에서 필수 요소로서 '상식'이 되리라고 보았다. 보어에게 상보성이란, 측정 장치처럼 큰 물체를 양자물리학으로 기술하지 못한다는 가정에서 이끌어낸 단순한 결과였다. "나는 이런 몇 가지 주장―측정 장치가 무거운 물체heavy body이기 때문에 기술할 수 없다는―을 통해, 상보적인 기술 체계에 다다를 수 있다고 봅니다. 아마 제가 틀렸을지도 모르고, 옳지 못하다고 생각할 수도 있겠지만—왜 사람들이 좋아하지 않는지는 잘 모르겠습니다." 특히 철학자들이 자신의 아이디어를 이해하지 못하는 것이 보어에게는 불만이었다. "철학자라는 이들은 상보적 기술 체계가 의미하는 바를 이해하지 못합니다." (나중에 인터뷰에서 페테르센이 보어에게 상보성의 원리를 명료하게 진술할 수 있는지 묻자, 보어는 질문을 회피했다. "상보성을 좋아하지 않는" 아인슈타인에게 이를 간단히 설명했다는 것이다. 그러고는 보어가 주제를 바꿨고 질문은 흐지부지됐다.)

보어의 불만에도 불구하고 당시 유명한 철학자 중에서 코펜하겐 해석에 우호적인 이들이 많았다. 하지만 점차 상황이 바뀌었다. 일부 이유는 그 당시 한해 전에 출간된 『과학 혁명의 구조 The Structure of Scientific Revolutions』 때문이었다. 쿤의 책은 과학이 어떻게 돌아가는지 급진적으로 새로운 그림을 제시하는 한편, 당대의 철학적 통설을 신랄하게 비판했다. 책에서 제시한 관점이 철학자 사이에서 널리 수용되지는 않았지만, 세상에 선을 보였을 때 책에서 반대한—논리실증주의라는—규범은 이미 병들어가는 중이었고, 책은 그 종말을 앞당겼다. 논리실증주의는 코펜하겐 해석처럼 관측가능하지 않은 대상을 논하는 게 무의미하다고 보았다. 물리학자나 철학자 모두 코펜하겐 해석을 옹호하려고 실증주의에 근거한 주장을 하곤 했다. 『과학 혁명의 구조』가 코펜하겐 해석을 직접 겨냥하지는 않았지만—사실 『과학 혁명의 구조』는 코펜하겐 학파에 대체로 호의적이다—실증주의를 통렬하게 논평했기 때문에 정통 양자론의 입장에서는 잠재적으로 불길한 조짐이었다.

『과학 혁명의 구조』의 저자가 다름 아닌 쿤이었으므로 쿤이 보어와 진행한 인터뷰는 실증주의에 반대하는 책의 내용을 보어가 어떻게 생각하는지 파악할 환상적인 기회였을 것이다. 그러나 유감스럽게도 그날 쿤은 실증주의에 대해 보어와 이야기를 나누지 못했으며 쿤이 보어에게 물어볼 기회는 다시 오지 않았다. 이튿날 보어는 점심을 먹고 낮잠을 자다가 다시는 일어나지 못했다. 생전에 보어는 논리실증주의가 무너지는 것을 보지 못했다—이어서 물리철학자 사이에서 코펜하겐 해석을 지지하는 분위기가 수그러드는 것도 보지 못했다.

～～～

1929년 10월, 모리츠 슐리크Moritz Schlick가 오스트리아 빈으로 복귀했을 때 슐리크의 동료들은 반색했다. 리더가 돌아왔기 때문이다. 슐리크는 빈 대학교의 자연철학과 학과장으로서 지난 학기를 스탠퍼드에서 지냈다. 그곳에 있는 동안 슐리크는 독일 본 대학교에서 후한 조건으로 제안한 자리를 고려했었다. 슐리크는 몇 달 동안 결정을 내리지 못하고 미적거린 끝에, 결국 빈의 현직에 남기로 결심했다. 본 대학교에서 제안한 자리가 매력적이긴 했지만, **빈 학단**이라는 과학자와 철학자 무리의 수장이자 논리실증주의라는 새로운 철학의 대변자로서 슐리크가 비공식적으로 확보한 고유한 위치에는 비할 바 아니었다. 슐리크는 점잖은 태도와 세련된 매력, 뛰어난 지적 능력 덕분에 극성스러운 학자 무리에서도 이상적인 리더 역할을 했다. 슐리크가 돌아오기로 한 결정에 "감사함과 즐거움의 표시"로 빈 학단 최고 선배 학자였던 몇몇이—오토 노이라트Otto Neurath, 루돌프 카르나프Rudolf Carnap,

한스 한Hans Hahn — 슐리크가 돌아오면 건네주려고 선언문을 작성했다. 학단이 공유하는 철학적, 과학적, 정치적 비전을 명시한 내용이 담겼다. 훌륭한 선언문이 대개 그렇듯, 「과학적 세계이해: 빈 학단*The Scientific Conception of the World: The Vienna Circle*」은 학단이 추구하는 바는 물론, 반대하는 바를 단호히 선언했으며 찬반양론을 광범위하면서도 전세계적인 움직임의 일환으로 그려냈다.

> 오늘날 형이상학적이고 신학적인 사고가 우리 일상과 과학에서 다시 득세하고 있다고 주장하는 이가 많다. (…) 이는 대학교 강의 과목 주제와 철학적 출판물의 제목을 보면 쉽게 확인된다. 하지만 마찬가지로 계몽주의와 **반형이상학적 사실 연구**에 반대하는 경향도 점점 커졌다. (…) 일부 학단에서는 경험에 토대를 두고 추론을 꺼리는 사고방식이 어느 때보다 더 강하며, 새로운 반론은 그러한 사고방식을 한층 견고하게 만들었다. 경험 과학 연구의 모든 방면에서 **과학적 세계이해의 정신**이 살아 숨쉰다.

빈 학단이 선언문에서 대립각을 세웠던 "형이상학적이고 신학적인 사고"는 단순히 종교적인 성격 덕분에 부상했던 것은 아니었다. 독일 관념론은 당시 중유럽 지역에서 가장 영향력이 큰 철학 풍조에 속했던 데다, 빈 학단의 현실적인 경험론과 완전히 배치되었다. 독일 관념론자는 물질계보다 관념이 더 중요하다고 믿었던 19세기 초 유명한 독일 철학자 헤겔Georg Wilhelm Friedrich Hegel의 지적 후손이었다. 헤겔은 역사의 흐름에서 생겨나서 궁극적인 목적을 향해 나아가는 세계정신을 믿었다. 실증주의자들은 실재의 본질을 거창하게 웅변했던 헤겔이 쓸데없이 모호하고 이해하기 어렵다고 보았다. 가령, 널리 알려진 헤겔의 저작 중 하나인 『역사철학 강론Lectures on the Philosophy of History』에서 헤겔은 이렇게 선언했다. "이성은 (…) 무한한 힘이자 실체이며, 그 자체로 자연적인 삶과 영적인 삶 모두를 기저에서 지탱하는 무한한 요소이자 무한한 형태로서 물질에 움직임을 부여한다." 실증주의자에게는 이것이 헛소리로 들렸다.

빈 학단이 추구했던 이상은 헤겔과 그 추종자들 뿐 아니라 당대의 독일 철학자였던 마르틴 하이데거Martin Heidegger의 철학과도 부딪쳤다. 여러 주제에서 하이데거는 헤겔과 생각이 달랐지만, 둘 다 경험적 자료와 물질적 실체보다 추상적인 관념과 직관을 강조했다. 빈 학단의 이상과 정반대였다.

빈 학단의 선언문은 일종의 동원령으로서 퇴행적이고 복잡하고 의도적으로 모호한 철학에 대항하자는 주장이 담겨 있었다. "간결함과 명료함을 추구하고, 어두운 간격과 불가해한 깊이는 배제한다"고 선언했다. 헤겔과 하이데거와 그 비슷한 무리의 연구는 보이고 들리는 일상 세계와 동떨어졌다는 이유로 '형이상학'으로 일축되었다. "우월하고 앎을 꿰뚫어 보는 능력, 즉 개념적인 사고의 족쇄에 얽매이지 않고 감각 경험을 넘어서는 능력이 직관에 근거한다는—이러한 관점은 배제된다. (…) 경험을 통하지 않고서는 진정한 지식에 이르는 방법이 없듯이, 경험을 앞서거나 넘어서는 관념들의 영역은 없다." 빈 학단은 관념론이나 신학 대신에, 두 가지 특징을 보이는 "과학적 세계이해"를 도모한다. "**첫째**, 과학적 세계이해는 **경험주의이자 실증주의다**. 지식은 오직 경험에서 근거한다. (…) 이는 정당하다고 인정되는 과학적 내용의 한계를 설정하는 것이다. **둘째**, 과학적 세계이해는 특정한 방법론, 다시 말해 **논리적 분석**을 활용한다는 특징이 있다." 여기서 '논리실증주의'가 유래했다.

논리실증주의자는 철학적인 공중누각과 그 주위를 에워싼 길고 복잡한 산문체를 반대했다. 하지만 형이상학을 반대하는 데서 그치지 않고, 실제로 형이상학적 주장이 무의미하기 때문에 묵살할 수 있다고 믿었다. 의미는 **검증**의 문제였다. 그러므로 특정 주장이 의미하는 바를 아는 것은 감각을 동원해서 그 진술을 입증하는 방법을 아는 것과 동등하다. 실증주의자가 '여기보다 밖이 덥다'라고 말할 때는 실제로 '밖에 나가면 여기보다 더 덥게 느낄 것이다'라는 의미다. 진술의 의미란, 경험적으로 검증하는 방법을 말한다—그리고 감각에 반하는 진술을 검증할 방법이 없다면 해당 진술은 의미가 없다. 따라서 물질과 형태에 대한 헤겔의 선언처럼 난해한 진술과 "신이 존재한다" 따위의 형이상학적 주장은 관측가능한 세계와 관련이 없으므로 무의미했다.

하지만 꼭 관념론적이고 신학적인 주장이 아니더라도 감각을 배제하는 진술이 가능하다. "거실에 아무도 없어도 소파는 있다"처럼 직접 확인할 수 없는 더욱 간명한 주장도 있다. 감각과 독립적으로 물질적 대상이 존재하고 지속된다는 진술은 **실재론자**realist가 주장하는 내용이었다—주변에 누가 있든 없든 실재 세계를 진술하며, 그 자체로 과학의 근간을 이룬다. 그렇지만 목욕물을 버리다가 아이도 함께 내다 버리듯, 일부 실증주의자는 실재론자의 견해 역시 경험으로 입증될 수 없으므로 무의미하다고 일축했다. 실증주의자에 따르면 지각할 수 있는 진술만 의미가 있었고, 수학처럼 순수하고 논리적인 진술과도 부합해야 했다.

실증주의자들은 난감해졌다. 지각과 독립적으로 존재하는 세계를 논하는 것은 무의미하다고 생각했지만, 또 한편으로는 과학이 잘 작동한다고 말할 수 있기를 바랐다. 실증주의자들은 의미검증론verification theory of meaning

과 잘 어울리는 과학적 관점을 전개함으로써 문제를 해결하려 했다. 과학은 지각을 조직하는 문제였다. 과학 이론은 수학적 기계를 통해 과거의 지각을 활용해서 미래의 지각을 예측하는 방법일 뿐이었다. 과학은 지각과 독립적으로 존재하는 객관적인 실재 세계에 관한 것이 아니었다. 지각 너머에 있는 어떠한 것도—"실재"한다고 추정되는 세계일지라도—형이상학에 불과하다고 보았기 때문이다. 관측불가능하지만 "실재"하는 사물을 상정하는 과학 이론은 불필요한 가설로 치부됐다. 진정한 과학 작업과 무관한 형이상학적 짐덩어리라는 것이다. 예를 들면, 전자는 실재하지 않았다—전자는 보이지 않았다. 거품 상자cloud chamber 같은 입자 검출기에서 눈에 지각되는 궤적만이 실재한다고 간주할 수 있었다. 물리학자들은 전자가 실제로 존재하는 것처럼 얘기했지만, 그것은 자신들의 지각을 간추린 표현에 불과하며 문자 그대로 받아들일 수는 없었다. 과학은 지각을 예측하는 도구 이상은 아니었다. 과학에서는 이런 관점을 **도구주의**instrumentalism라고 불렀다.

그뿐 아니라, 실증주의자들은 과학자와 철학자들이 '과학의 통일성'을 추구해야 한다고 믿었다. 과학적 통일성이란 과학과 관찰에 입각한 단일하고 일관된 세계관으로서, 각기 다른 과학 분야가 연속적이고 일관된 전체를 이룬다. 생물학은 화학에 토대를 두어야 하고 화학은 물리학에 토대를 두어야 한다는 식이다. 현재의 관점에선 논란의 여지가 없는 주장이지만 당시 과학계에서는 반발이 거셌다. 19세기 물리학과 화학은 오랫동안 불화했다. 화학자 대다수가 원자가 존재한다고 믿었던 반면, 물리학자는 그런 믿음에 회의적이었다. 그러다 20세기에 들어서고 10년이 흐르자, 두 분야는 화학적 상호작용을 일으키며 일관된 그림을 그려가기 시작했다. 여전히 생물학은 이런 흐름에서 비켜서 있었다. 당시 일부 생물학자는 **생기론**vitalism—생물이 무생물과 똑같은 물리 법칙을 따르지 않으며, 세포 분열과 유전에는 열역학으로 설명되지 않는 비물리적인 무엇인가가 있다는 사고방식—을 믿었다. 실증주의자들은 그런 주장을 무의미하고 막연한 형이상학으로 치부했다. 빈 학단의 선언문에 따르면, 철학 자체도 과학의 통일성에 포함되어야 했다. "단일한 경험 과학의 다양한 분과와 비등하거나 그것을 넘어서는 기초 과학이나 보편 과학으로서 철학 따위는 없다." 철학도 자연과학처럼 관찰과 감각에 대한 진술에 근거해야 했다.

빈 학단이 경험주의와 논리를 강조하긴 했지만 관심사는 과학과 철학에 국한되지 않았다. 과학의 통일성은 인간 활동 전반으로 퍼져 나갔다. "과학적 세계이해의 정신이 차츰 사적이고 공적인 삶의 양상으로서 깊이 침투하고 있음을 우리는 목격한다"라고 선언문에서 대담하게 주장을 이어갔다. "합리적인 원칙에 따라 교육과 양육, 건축에서 경제적이고 사회적인 삶을 꾸린다." 빈 학단의 일원은 비슷한 기풍을 공유한 예술적·사회적 움직임과 유대를 형성했는데 독일의 바우하우스 예술종합학교가 대표적인 사례였다. 나아가 혁명적인 수사에 걸맞은 정치적 견해를 가졌다. 독일 관념론자 같은 빈 학단의 철학적 반대파는 종종 퇴보적인 우익 정치를 보였다. 대표적으로 하이데거는 완고한 국수주의자이자 농경 전통주의자로서 산업화를 비인간화의 동력으로 보았다. 하이데거는 전통적인 문화 가치로 돌아가자고 촉구했고, 대의 민주제와 같은 근대적 흐름에 저항했으며, 1933년 나치당에 가입했다. 빈 학단에서는 비과학적이고 구시대적인 철학과 극우 정치가 맞물려 돌아가며 참상이 발생했다고 보았다. 이들은 자신들이 데이비드 흄David Hume과 존 로크John Locke와 같은 계몽주의 시대의 위대한 경험론 철학자들의 계보를 따르며, 계몽주의적 가치를 고취했다고 믿었다. 국수주의보다 국제적 협력을, 신앙보다 이성을, 파시즘보다 휴머니즘을, 독재주의보다 민주주의를 추구했다. 이들은 산업화를 억압적인 영향이 아닌 현대화의 흐름으로 보았다. 빈 학단은 이런 정치적 명분이 자신들의 철학적 연구와 긴밀하다고 믿었다. 일례로 노이라트는 1919년에 짧게 존속했던 혁명적 사회주의 바이에른 공화국의 경제학자였고, 문제가 생겨서 거의 수감될 뻔했다. "경제적이고 사회적인 관계로 새롭게 조직을 형성하고, 인류를 통합하고, 학교와 교육을 개혁하려는 이 모든 시도는 과학적 세계이해와 내적으로 연결돼 있음을 보여준다"라고 빈 학단의 선언문에서 노이라트는 적었다. "과학적 세계이해의 대변자들은 인간 경험이라는 토대 위에 선다. 이들은 수천 년 동안 이어 내려온 형이상학적이고 신학적인 잔해를 제거하는 임무에 자신 있게 임한다."

인도주의적이고 국제적인 정치 신념에 입각해서 슐리크와 동료들은 세상에 손을 내밀었다. "폐쇄적 집단으로서 추진하는 공동 작업에 빈 학단은 국한되지 않는다"라고 이들의 선언문은 표명했다. "과학적 세계이해에 우호적이며 형이상학과 신학을 배척하기만 한다면 빈 학단은 어떠한 움직임과도 연대할 것이다." 그렇게 실증주의자는 한동안 승승장구했다. (베를린 학파에 속했던) 독일의 라이헨바흐Hans Reichenbach나 영국의 앨프리드 줄스 에이어A. J. Ayer 같은 철학자들은 빈을 방문했다가, 모국으로 돌아가서 국경과 언어의 장벽을 넘어 논리실증주의를 전파했다. 루돌프 카르나프는 빈 학단의 대변자가 되어, 1929년에 역사적인 저서 『세계의 논리 구조The Logical Structure of the World』를 펴내면서 실증주의 운동의 거물로 부상했으며, 카르나프의 제자들 다수가 자신의 힘으로 뛰어난 철학자가 되었다. 카르나프와 라이헨바흐는 기존 철학 학술지 《철학 연보Annalen der Philosophie》를 가까스로 인수해서 자신들 취지에 부합하도록 《에르켄트니스*Erkenntnis*》('지식' 또는 '인식')라고 이름을 바꿨고, 학단 안팎을 막론하고 실증주의를 다룬 논문을 실었다. 한편, 열정 넘치고 타고난 거구였던 오토 노이라트는—에이어가 떠올리기로 "슐리크가 우아하고 세련되었다면, 노이라트는 투박하고 소란스럽고 편지에 코끼리 그림으로 서명한 거구의 사내"—과학의 통일성이라는 명분 아래서 세상을 바꿀 원대한 계획을 세웠다. 논리실증주의와 여러 과학 분야의 개념을 여러 권으로 엮어 한 가지 결정판 문헌에 담아낼 의도로 『국제 통일과학 백과전서*International Encyclopedia of Unified Science*』를 편찬할 계획이었다. 과학과 철학에서 국제 공동 연구를 돕기 위해서, 명료한 방식으로 감각 자료를 정확히 구체화할 국제 상징어 '아이소타이프ISOTYPE'를 개발하는 데 노력을 기울였다. 또한 노이라트는 전 세계에 퍼진 실증주의자가 모여들어 각자가 추진 중인 철학적, 사회적 프로그램의 경과를 논하는 일련의 학회인 '국제 통일과학 학회International Congress for the Unity of Science'도 조직했다. 1920년대 후반에서 1930년대 초반까지, 짧은 기간 동안 빈 학단이 선언문에서 다짐했던 내용은 빛을 발했다.

~~~

실증주의자의 사고방식 중 많은 부분—관측을 강조하고, 실재와 보이지 않는 대상을 형이상학으로 치부하고, 과학은 지각을 조직하는 도구에 지나지 않는다는 사고방식—이 코펜하겐 해석의 특정 견해와 유사하다. 논리실증주의와 양자물리학은 같은 시기와 장소에서 출발했다. 빈 학단과 베를린 학파는 모두 1920년대에 형성되었으며, 이는 독일 출신 하이젠베르크와 오스트리아 출신 슈뢰딩거가 처음으로 온전한 양자물리학의 이론을 부흥시켰던 시기와 일치한다. 우연의 일치는 아니었지만 그렇다고 사전에 모의했던 것도 아니었다. 초창기 실증주의자와 양자물리학자가 공유했던 시간과 장소 주위를 안개처럼 흐릿하게 떠돌던 아이디어가 그들의 사고방식에 영향을 주었을지도 모른다. 하지만 양쪽 모두 공통으로 영감을 얻은 대상이 있었다. 바로 에른스트 마흐의 연구였다.

빈 학단보다 한 세대 앞서서 마흐가 빈 대학교에 있던 시절, 마흐는 모든 과학 이론이 관측가능한 대상만 언급해야 한다고 강력히 주장했다. (앞서 2장에서 보았듯, 무척 놀랍게도 마흐는 루트비히 볼츠만에게 원자는 눈에 보이지 않는다며 원자의 존재를 부인했다.) 마흐의 관측가능주의 과학철학은 논리실증주의의 발전에 직접 영향을 주었다. 빈 학단은 선언문에서 마흐를 자신들의 선구자이자 큰 영향을 준 인물로 언급한다. 마흐는 슐리크와 노이라트를 포함한 학자들 외에도 영향을 미쳤다. 빈 출신의 볼프강 파울리라는 젊은 수학 천재에게는 대부 격이었다. 마흐의 관점은 파울리의 과학철학에 스며들었다. "실험으로 원칙상 관측될 수 없는 양을 (…) 논해봐야 의미가 없다"라고 대학을 갓 졸업했던 1921년 당시, 파울리는 썼다. 그런 양들이 "허위이며 물리적 의미는 없을" 것이라고 주장했다. 30년이 흐른 뒤, 측정 시점들 사이에서 어떤 일이 일어나는지 양자물리학으로 기술 가능한지를 의심했던 아인슈타인의 주장을 일축하며, 파울리는 이렇게 말했다. "전혀 알 수 없는 대상이 항상 존재하는가 하는 문제로 더는 머리를 쥐어짤 필요가 없습니다. 바늘 끝에 얼마나 많은 천사가 앉을 수 있는지 따져보려는 것과 별반 다르지 않습니다."

빈 학단과 코펜하겐 물리학자들의 사고방식에 공통적으로 영향을 끼친 인물은 마흐 외에도 있었다. 바로 아인슈타인이었다. 아인슈타인은 특수 상대성 이론을 확립할 때 마흐에게서 영감을 받았다. 관측불가능한 빛의 매질로서 허깨비나 다름없었던 발광 에테르를 밀쳐두고 관측가능한 시계와 막대자를 쥔 채 아이슈타인은 과학에서 혁명을 일으켰다. 특수상대론의 성공은 마흐 물리학의 승리나 다름없었다. 하이젠베르크 또한 (2장에서 본 대로) 1926년에 베를린에서 아인슈타인과 대화를 나눴을 때, 상대론을 앞서 언급한 방식으로 받아들였음이 틀림없다. 하이젠베르크만 아니라 파울리 역시 상대론이 자신이 따랐던 마흐의 관점에 정당성을 부여한다고 여겼다. 실증주의자도 아인슈타인의 연구를 이런 식으로 바라보았다. 모리츠 슐리크는 상대론과 그 철학적 함의를 설명한 『현대물리학의 시간과 공간 Space and Time in Contemporary Physics』이라는 책이 유명세를 얻으면서 철학자로서 명성을 누리기 시작했다. 아울러 빈 학단의 학자들은 아인슈타인이 자신들의 아이디어를 지지한다고 지나치게 자신한 나머지, 그들 마음대로 선언문 끝에 "과학적 세계이해를 대표하는 학자들" 중 한 명으로 아인슈타인의 이름을 올렸다.

아인슈타인이 마흐의 견해에 일부 기대긴 했지만 — 적어도 말년에는 — 전적으로 매료되지는 않았다. "내가 마흐가 탄 조랑말을 어떻게 생각하는지 알거야"라고 1919년 친구에게 적었다. "살아 있는 어떠한 생명체도 탄생시키지 못한다네. 고작해야 해충을 박멸하는 정도지." 빈 학단의 창립 학자였던 필리프 프랑크 Philipp Frank는 아인슈타인과 과학철학을 논하다가, 그가 실증주의자가 아니라는 사실을 알고 나서 깜짝 놀랐다. 아인슈타인이 상대성 이론을 통해 물리학에 실증주의적으로 접근하는 방식을 고안했다며 프랑크는 항변했다. "멋진 농담이 너무 자주 반복될 필요는 없죠"라고 아인슈타인은 몇 년 전 하이젠베르크에게 말했을 때처럼 대답했다.

아인슈타인에게 과학은 지각을 조직하는 문제 이상이었다. "우리가 과학이라고 칭하는 것의 유일한 목적은 무엇이 **존재**하는지를 결정하는 일입니다." 1949년 보어와 다른 비평가들에게 답하는 짤막한 글에서, 아인슈타인은 양자물리학이 불만족스러운 까닭은 "모든 물리학의 계획된 목적, 즉 (관측이나 입증 행위와 무관하게 존재한다고 상정되는 개별적인) 어떠한 실제 상황에 대한 완전한 설명"이 있을 가능성을 부인하기 때문이라고 썼다. 아인슈타인은 자신의 주장이 당시 철학적 경향과 심각하게 동떨어져 있음을 알았다—물리학의 목표에 대한 자신의 믿음을 표한 직후에, 상대론과 양자론이 자신의 철학적 입장을 대변해준다는 상상에 빠진 실증주의자라도 된 것처럼 아인슈타인은 냉소했다.

실증주의에 치우친 현대물리학자는 이런 형식 논리를 들을 때마다 딱하다는 미소를 보입니다. 그리고 혼잣말을 되뇝니다. "거기서 알맹이 없는 내용으로 이루어진 형이상학적 편견이 적나라하게 드러났으며, 더욱이 그런 편견에서 해방되면서 물리학계는 지난 사반세기 동안 주요한 인식론적 성취를 거두었다. 대체 누가 '실재하는 물리적 상황'을 지각할 수 있다는 말일까? 합리적인 사람이 오늘날 우리의 기본 지식과 이해를 논박할 목적으로 창백한 유령을 만들었다고 믿는 게 과연 가능할까?"

그러고는 "인내합시다!"라고 간곡히 말한 다음, 아인슈타인은 EPR 실험의 미해결 문제를 설명하면서 자신의 관점을 신중하면서도 능숙하게 방어하기 시작했다. 하지만 아인슈타인의 연구는 나름의 관점에도 불구하고 하이젠베르크, 파울리, 프랑크, 빈 학단, 그리고 독일 물리학자 세대 전체에게 실증주의적 영감의 원천이 되었다.

아인슈타인의 연구는 또 다른 실증주의적 철학이 빈과 코펜하겐 밖에서도 자연스럽게 싹트도록 영감을 주기도 했다. 1927년 하버드에서 연구하는 실험 물리학자 퍼시 브리지먼Percy Bridgman은 **조작주의**operationalism라고 명명한 과학철학을 표명했다. 브리지먼은 『현대물리학의 논리*The Logic of Modern Physics*』에서 자신이 아인슈타인의 특수 상대성 이론과 일반 상대성 이론에 영감을 받았다고 명시하면서 논의를 시작했다. "그 이론으로 인해 물리학이 영원히 바뀌었다는 사실에는 의심의 여지가 없다"라고 썼다. "본인이 명확히 언급하거나 강조하지는 않았지만, 아인슈타인이 연구한 바를 살펴보면 물리학에서 유용한 개념이 무엇이고 무엇이어야 하는지에 대한 우리 관점을 아인슈타인이 근본적으로 수정했음이 드러날 것이라고 필자는 믿는다." 이어서 브리지먼은 아인슈타인이 모든 과학적 개념은 조작적 정의, 즉 구체적인 실험 절차를 다루는 정의를 수반해야 함을 보였다고 주장했다. 예를 들면, '온도'는 '수은 온도계가 측정하는 것'으로 정의되어야 한다. 상대론의 심원한 통찰은 조작적 정의가 과학 개념에 허용된 가장 근본적인 정의라는 점이다. "일반적으로 어떠한 개념이라도 일련의 조작에 불과하다. **개념은 상응하는 일련의 조작과 동의어다.**" 브리지먼은 미국 물리학계를 이끌었고 1946년에는 노벨 물리학상을 수상하기에 이른다. 빈 학단은 브리지먼 같은 걸출한 물리학자가 자신들과 아주 유사한 방향으로 과학철학을 지지한다는 사실을 알고서는 1939년 국제 통일과학 학회에 브리지먼을 흔쾌히 초청했다.

실증주의자와 양자물리학의 개척자들은 영감의 근원을 공유하는 데서 그치지 않았다―서로 직접 연락을 주고받으며, 과학과 철학에서 공통된 관심사를 논했다. 1934년 노이라트는 몇 차례 코펜하겐을 방문해 보어를 만났고,

그림 8-1. 제2차 국제 과학통합 학회, 1936년 6월, 코펜하겐 닐스 보어의 저택.
예르겐 예르겐센이 서 있고, 닐스 보어는 첫줄 맨 오른쪽, 필리프 프랑크는 첫줄 오른쪽에서 두 번째다. 카를 포퍼는 예르겐센 바로 왼쪽이다. 오트 노이라트는 넷째 줄 왼쪽에서 세 번째고, 카를 헴펠은 노이라트 바로 뒤에 앉아 있다. 첫줄의 빈 자리는 슐리크, 카르나프, 라이헨바흐에게 배정된 자리였다. 이들 모두 참석하고 싶었지만 그러지 못했다.

그 후로도 몇 년 동안 보어와 연락을 이어갔다. 처음 보어를 만난 뒤에 노이라트는 카르나프에게 편지를 보내며, 보어가 "내 견해를 수긍하는 어떤 기본적인 태도를 갖고 있더군요"라고 했다. 나중에 보어는 노이라트에게 보낸 편지에서 서로 견해가 다르지 않아서 기뻤다고 표현했다. 1936년 여름, 노이라트와 보어는 덴마크 실증주의자인 예르겐 예르겐센Jørgen Jørgensen과 협력해서 제2차 국제 과학통합 학회를 조직했다. 이 학회는 자연히 코펜하겐에서 개최됐다—실제로 보어의 집인 칼스버그 명예의 저택에서 열렸다(그림 8-1). 학회에서 프랑크는 슐리크를 대신해서 「양자론과 자연의 인식가능성Quantum

8장 천지간에는 수없이 많은 일이   **241**

Theory and the Knowability of Nature」이라는 제목의 논문을 소개했다. 슐리크의 논문은 "원칙적으로 알 수 없는 요인을 논하는 것은 물리학에서 무의미하다"고, 양자물리학에서 결정되지 못하는 값을 이야기하는 것은 "옳든 그르든 **무의미하다**"고 주장했다. 코펜하겐 해석과 대단히 비슷한 주장이었다.

논리실증주의가 코펜하겐 해석의 철학적 동기라고 주장하는 게 아니다. 특히 보어를 대단한 실증주의자라고 보긴 어려울 것이다. 보어의 관점이 실제로 어땠는지는 이야기하기 어렵지만—특정 주제에 관한 보어의 견해를 읽어 내려는 시도가 어느 정도 논문으로 축적되었지만 합의된 결론은 거의 없었다—보어는 생기론처럼 실증주의자들이 달가워하지 않은 특정 아이디어에 덤벼들었던 것 같다. (칼스버그 저택에서 열린 1936년 학회에서 보어는 상보성을 근거로 생기론을 우호적으로 언급했는데, 당시 학회에서 소개했던 슐리크의 논문은 정작 생기론에 반대하는 내용이었다.) 게다가 노이라트가 보기에, 보어의 "언급을 기록한 자료는 무신경한 형이상학으로 가득"했고 "주장하는 바가 다소 불분명"했다. 하지만 보어 역시 실증주의자에게 동조적으로 보였으며, 때로는 자신이 실증주의자 중 한 명이라고 말할 기세였다. 프랑크가 EPR 논문에 대한 보어의 답신이 실증주의적 추론에 입각했는지 묻자, 보어는 프랑크에게 "내 시도를 아주 잘 이해해 주었군요"라고 말했다.

보어의 진정한 철학적 신념이 무엇이었든 간에 코펜하겐 해석이 논리실증주의에 근거한 주장과 슬로건으로 옹호되었다는 사실은 분명하다. 의미 검증론은—특히 검증불가능한 주장은 무의미하다는 생각은—물리학 전공생에게 세상이 어떻게 돌아가는지에 대한 근본적으로 새로운 통찰이자, 양자물리학이 거둔 성공의 불가분한 요소로 소개되었다. 20세기 중반에 대중적으로 인기를 끌었던 양자물리학 교재에 따르면 양자 혁명 이전의 물리학에서는 광자 같은 입자의 위치가 매순간 확정된다고 가정했다. 하지만 "양자역학에서는 그와 달리 (…) 실험에서 위치를 결정하는 과정이 포함될 때만 광자의 위치가 의미를 지닌다고 주장한다." 바로 하이젠베르크는 양자 세계를 논할 때 종종 조작주의적 언어를 구사했다. 원자의 "핵 주변에서 전자의 궤도를 관측하는 방법은 없습니다"라고 단언했다. "따라서 일반적 의미에서 궤도는 없습니다." 하이젠베르크에 따르면, 관측도 하지 않은 시점에서 전자가 지나는 궤도나 특정한 경로를 가정하는 것은 "정당성을 확보할 수 없는 (…) 언어의 오용일 겁니다."

그럼에도 물리학계는 실제로 실증주의를 수용하지 않았다—나름의 목적에 부합하는 모조품을 수용했다. 의미검증론으로는 코펜하겐 해석의 형식 체계 대부분에 정당성을 부여할 수 없었다. 또한 빈 학단의 주장처럼 전자가 존재하지 않는다고 진정으로 믿는 물리학자는 거의 없었다. 물리학자들은 단순히 실증주의의 캐리커처라고 할 만한 태도를 취했을 뿐이다. 어떤 대상이 보이지 않는데 왜 그렇게 신경을 쓸까? 보이지 않으면 그게 뭐가 됐든 무의미하다. 이런 주장을 받아들이지 못하는 사람이 있다고 해도, 왜 이런 논리가 통하는지에 대해 실증주의자에게서 빌려와 변형한 주장이—특히 다방면으로 수학적 장치를 활용한 흥미로운 연구가—산더미로 쌓여 있어서, 대다수는 신경 쓸 겨를이 없었다.

자체적인 결함에도 불구하고 이런 만화 같은 패러디는 제2차 세계 대전 전후에 장려되었던 실용주의적 물리학에 잘 들어맞았다. 또한 슐리크와 프랑크 같은 빈 학단의 몇몇 학자들이 주장하기로, 코펜하겐 해석은 논리실증주의적인 신조에 견고한 철학적 토대를 두었다. 하지만 전쟁을 거치면서 코펜하겐 해석의 전망은 밝아졌던 반면, 실증주의자들의 미래는 어두워졌다.

1930년대 중반, 파시즘이 유럽을 뒤덮으면서 빈 학단은 심각한 문제에 봉착했다. 정치 상황이 악화되면서 학단의 리더 일부와 동료들은 유럽을 완전히 떠날 때가 왔음을 확신했다. 1933년 히틀러가 권력을 쥐었을 때, 라이헨바흐는 베를린에서 해직되어 몇 년 동안 이스탄불 대학교로 피신했다. 비슷한 시기에 파시스트가 오스트리아에서 권력을 장악했고, 1934년 무렵 체코슬로바키아는 동유럽 전체에서 유일하게 기능하는 민주주의 국가로서 위태로운 상황이었다. 몇 년 전에 프라하 대학교로 옮긴 카르나프는 불길한 조짐을 느꼈다. 1935년, 미국의 실증주의 철학자 찰스 모리스Charles Morris의 도움을 받아 카르나프는 미국으로 이주했고, 얼마 지나지 않아 시카고 대학교에 임용되었다. 슐리크는 빈에 머물렀지만 정치적 문제와 맞닥뜨려야 했다. 파시스트 정부와 오스트리아 나치가 슐리크를 정치적·이념적 반동으로 보았고, 나치는 슐리크를 유대인으로 오판했다. 1936년 오스트리아 정부는 슐리크가 보어의 집에서 열린 코펜하겐 학회에 참석할 수 있는 여행 비자를 내주지 않았다. 일정이 꽉 차 있었던 학회 첫날 아침, 보어와 프랑크가 코펜하겐에서 논문을 소개하는 사이, 빈 대학교 계단을 오르던 슐리크에게 한때 제자였던 요한 넬뵈크Johann Nelböck가 접근했다. 넬뵈크는 직사 거리에서 슐리크를 네 번 쐈고 슐리크는 그 자리에서 사망했다. 넬뵈크가 체포되어 자백했는데 정신이 멀쩡했다는 사실이 드러났다. 하지만 오스트리아 나치는 넬뵈크의 명분을 인정해서 빈 언론에 사건의 진실을 왜곡했다. 넬뵈크는 살인으로 겨우 징역 10년 형을 선고받았다. 1938년 합병으로 오스트리아가 나치 독일의 일부가 되자, 넬뵈크는 사면을 신청하면서 (자신을 제삼자로 표현하며) 신청서를 작성했다. "신청자의 행동과 그에 따른 결과로 국가에 이질적이고 해로운 신조를 퍼뜨린 유대인 교육자가 제거되었으므로 신청자는 나치 국가 사회주의에 봉사했으며, 동시에 나치 국가 사회주의를 위해 수난을 겪었습니다"라고 넬뵈크는 진술했다. 나치는 2년밖에 복역하지 않은 넬뵈크를 사면했다.

1939년 전쟁이 터졌을 무렵, 유럽 대륙에서 살아남은 빈 학단의 유일한 핵심 일원은 오토 노이라트였다. 파시스트가 오스트리아를 장악하자, 노이라트는 네덜란드로 도피해서 헤이그에서 국제주의적 연구를 계속하는 희망을 품었다. 1940년 나치가 헤이그에 들이닥치기 몇 시간 전, 로테르담이 불타는 사이에 노이라트와 노이라트의 조수는 배에 올라 영국으로 탈출하는 데 성공했다. 전쟁 후 빈 학단을 재조직하려는 시도가 있었지만 1945년 12월 노이라트의 갑작스런 죽음으로 모든 노력이 수포로 돌아갔다. 실증주의는 '논리경험주의logical empiricism'라는 이름으로 바뀌어 철학적으로 명맥을 이어갔다. 하지만 정치와 철학과 과학을 넘나들며 운동을 조직하고 전개하려던 빈 학단의 원대한 꿈은 막을 내렸다.

실증주의를 둘러싼 통일 운동을 되살리려던 모든 희망이 전후 미국의 정치적 상황으로 인해 좌절되었다. 제2차 세계 대전 후 미국에서 반공 히스테리가 급격히 고조되었던 데다가 초기 냉전 분위기 속에서 철학을 비롯한 모든 영역에서 지적 담론이 움츠러들었다. 좌익 정치와 반종교적 철학과 국제주의적 염원을 아우르는 통일 과학 운동은 공산당 선전처럼 누군가에겐 수상하게 보였다. 사실상 데이비드 봄을 추방했던 '적색 공포' 시기 중, 존 에드거 후버J. Edgar Hoover가 이끌던 연방수사국은 카르나프와 프랑크를 비롯한 주요 실증주의 인사들에 관한 서류 일체를 확보했다. 모든 정치 활동에서 물러나야 했던 엄청난 압박감 속에서 실증주의자들은 오로지 논리학과 과학철학의 쟁점에만 집중할 수밖에 없었다. 이젠 요원해진 빈 학단의 선언문에서, '논리의 빙판길'이라고 부른 방향으로 떠밀렸다.

하지만 실증주의에 가해진 최후의 일격은 철학 내부에서 나왔다. 망가지도록 방치했거나 지정학적인 외력이 작용한 탓이 아니었다. 실증주의의 일부 핵심 신조를 거스르는 참신한 주장이 신세대 철학자에게서 나왔다. 이런 주장은 과학에 대한 도구주의적 설명과 의미검증론의 불충분성을 까발렸다―그리고 과학철학자들이 코펜하겐 해석에 등을 돌리게 만들었다.

≈

빈 학단이 전성기를 구가했을 적에 학단을 방문했던 한 젊은 철학자가 있었다. 미국 출신의 명석한 학생으로서 윌러드 밴 오먼 콰인Willard Van Orman Quine이라는 희한한 이름을 갖고 있었다. 콰인은 1932년 하버드에서 수리논리학에 관한 박사 학위 논문을 썼고, 같은 해에 연구비를 지원받아 유럽을 여행하며 슐리크, 프랑크, 에이어를 포함한 주요 실증주의자들을 만났다. 프라하에서는 카르나프와 연구하며 6주를 보내기도 했다―"죽은 책이 아니라 살아 있는 교육자 덕분에 지적으로 불타오르기는 처음이었고, 정말 엄청났습니다"라고 훗날 콰인은 썼다. "카르나프의 열렬한 사제"가 되어 (그리고 주머니에는 단돈 7달러만 들고) 유럽에서 돌아온 콰인은 하버드로 돌아가 실증주의 철학에 관한 수업을 맡았다. 수리논리학에서 중요한 연구도 했다. 콰인은 계속 연구하고 가르치던 도중에―제2차 세계 대전 중에 나치

잠수함에서 보내는 암호를 해독하던 기간을 제외하고—실증주의적 도그마에 대한 의구심이 밑바닥에서부터 서서히 차오르는 것을 느꼈다. 1951년에 이르러 마침내 댐이 터졌다. 콰인은 실증주의를 무너뜨리는 논문을 쓰기에 이른다.

콰인은 「경험주의의 두 가지 도그마 Two Dogmas of Empiricism」라는 논문에서 실증주의 프로그램의 핵심인 의미검증론을 겨냥했다. 콰인은 단일한 진술을 입증하는 방법은 없다고 지적했다—하나의 진술을 입증하려는 시도는 같은 문제에 영향을 받는 다른 진술에서 참이라고 가정했던 바를 불가피하게 수반한다. 예를 들면, 티브이 리모컨이 작동하지 않으면 티브이를 켤 수 없다. 우리는 리모컨 건전지가 다 닳았다고 가정한다. 건전지를 갈아 끼우고 다시 티브이를 켜 보면 이를 검증할 수 있다. 건전지를 갈아 끼우자 티브이가 켜진다. 그렇다면 가정이 옳았다는 뜻일까? 아니다. 리모컨 건전지가 다 닳지 않아도 충분히 가능하다. 아마도 리모컨이 합선되어서 건전지와 무관하게 간헐적으로 작동했을지도 모르는 일이다. 아니면 건전지를 거꾸로 넣고서는 몰랐다가, 전에 있던 건전지를 빼고 새 것으로 갈아 끼울 때 올바로 넣었을지도 모른다. 아니면 더 희한한 일이 생겼을지도 모른다. 리모컨은 항상 작동했지만, 이전에 켰을 때 불가사의하게도 티브이 화면은 적외선으로, 소리는 초음파로 송출돼서 보거나 듣는 게 불가능한 상황이었을지도 모른다. 그러다 건전지를 바꾸고 나서야 건전지와 무관한 이유로 티브이가 정상적으로 송출됐을 수 있다. 마지막 생각은 분명 황당하지만—어떻게 그럴 수가 있을까?—핵심은 다음과 같다. 리모컨에 새 건전지를 넣고 시험할 때, 우리는 이전의 경험에 근거해서 세계에 대해 폭넓은 기본 사실을 가정했고, 원칙적으로는 앞서 언급한 어느 경우라도 틀렸을 가능성이 있다. 리모컨 건전지에만 국한된 문제가 아니다. 어느 주장이든 검증하기 위해서는 이런 과정을 거친다. 창을 내다보면서 '밖에 비가 온다'라고 말할 때, 우리는 다음처럼 가정한다. 창문의 유리를 통해 볼 때 바깥세상의 풍경이 정확히 전달되고, 눈이 정상으로 기능하며, 흐릿한 빛과 떨어지는 물방울은 외계 우주선이 해를 가리고 앞뜰에 어떤 희한한 물질을 떨어뜨렸기 때문이 아닌 비구름의 여파라고 말이다. 따라서 특정 진술 하나만 검증할 수 없다. 항상 세계에 대한 지식 전체를, 그게 아니라도 최소한 아주 많은 부분을 입증해야 하는 상황을 맞닥뜨린다. 콰인의 표현대로 "외부 세계에 대한 우리의 진술은 개별적이 아니라 집단적으로 감각 경험의 심판대에 올라간다."

의미검증론을 숨가쁘게 몰아붙인 콰인은 관측불가능한 대상을 논하는 것이 무의미하다는 생각을 일축했다. 개별 진술은 입증가능하지 않으므로, 입증불가능한 진술은 의미가 있어야 한다. 따라서 실증주의자가 그렇게나 불편하게 여긴 '형이상학'이 다시 목소리를 높였다. 단순히 감각을 이야기하기보다 화자와 독립적으로 존재하는 물리적 대상을 이야기해도 완벽하게 이해할 수 있다고 콰인은 주장했다.

콰인의 논문에 힘입어, 논리실증주의를 의심의 눈초리로 바라보던 다른 사상가들은 한층 대담해졌다. 그 가운데 한 명이 하버드 대학교에서 수학했을 시절에 손아래 동료였던 토머스 쿤이었다. 콰인이 '두 가지 도그마' 논문을 쓸 당시, 쿤은 콰인과 오래 이야기하면서 콰인의 주장에 깊은 인상을 받았다. 콰인의 논문이 "의미 문제와 씨름하고 있었던 제게 상당한 영향을 주었습니다"라고 훗날 쿤은 말했다. 쿤은 고체물리학을 공부하던 대학원생 시절 처음으로 과학사와 과학철학을 접하고 관심을 기울이게 되었다. 우연한 기회로 신설된 과학사 과목의 강의 조교가 되었고, 아리스토텔레스의 『자연학*Physics*』을 읽었다. 거기서 쿤은 이상한 세계를 접했다. 책에서는 가정상 무거운 물체가 우주의 중심에 있는 '자연스러운 장소'로 되돌아가려 하기 때문에 떨어진다고 설명하고 있었다—바로 지구였다. "처음엔 아리스토텔레스가 하는 말이 당혹스러웠다가—당시를 생생히 기억하는데—갑자기 이해할 방법을 알아냈습니다"라고 쿤은 기억했다. 쿤은 현대 과학자와 마찬가지로 주변 물리계를 이해하기 위해 고투했던 최고의 지성이 전하는 생생한 결과물을 마주하고 있음을 자각했다. 쿤은 아리스토텔레스가 전혀 다른 세계관에서 출발했다는 점을 중대한 차이점으로 인식했다. 당시 세계관에서는 아리스토텔레스의 사상이 아주 타당했다. 쿤은 과학의 진보라고 하면 떠오르는 전체적인 그림이, 훈련 중인 물리학자로서 수업에서 접한 만화 같은 그림이 틀렸다는 사실을 알게 되었다. 과학은 성공적인 이론에 다른 이론을 쌓아가는 방식으로 진보하지 않았다. 훨씬 복잡하고 미묘했다.

1949년 토머스 쿤은 박사 학위 과정을 마치자, 분야를 완전히 바꾸어 과학사학자이자 과학철학자가 되었다. 몇 년 동안 물리학사를, 특히 코페르니쿠스 혁명 전후 시기를 연구한 뒤 과학적 진보에 대한 실증주의적 관념과 충돌하는 자신의 새로운 관점을 상술하기 시작했다. 아이러니하게도 실증주의자들 덕분에 쿤은 완벽한 기회를 얻었다. 카르나프를 미국에 오도록 도와주었던 실증주의자 찰스 모리스가 쿤을 찾았다. 노이라트가 20년도 더 전에 시작한 이후 그때까지도 질질 끌고 있던 『국제 통일과학 백과전서』 시리즈에 과학사와 관련한 단행본을 집필해 달라고 쿤에게 요청했던 것이다. 모리스는 지난 몇 년 동안 단행본을 써 줄 사람을 찾던 상황이었는데, 그 단행본의 가제가 바로 『과학 혁명의 구조』였다.

쿤의 책은 노이라트의 백과전서 목록에 올라와 있지만, 실증주의적 아이디어와 완전히 어긋나는 관점을 상술하고 있었다. 쿤이 주장하기를, 과학적 세계이해에서—'패러다임paradigm'이라고 칭한 것—관측가능한 내용과 관측불가능한 내용 모두 과학을 실제로 행할 때, 결정적인 역할을 한다. 이러한 과학적 패러다임은 어떤 실험을 할지, 이런 실험이 어떻게 수행될지, 그 결과가 어떻게 해석될지에 영향을 준다. 고장난 리모컨으로 돌아가서 건전지를 교체하는 것이 합리적인 까닭은 리모컨, 티브이, 전지에 대한 지식으로 미뤄봤을 때 건전지가 다 닳았다는 것이 리모컨이 작동을 멈춘 가장 그럴듯한 이유이기 때문이다. 이렇게 모인 똑같은 지식 체계—'홈엔터테인먼트 시스템이라는 패러다임'—에서, TV가 갑자기 모든 화면을 적외선으로 보여주고 모든 소리를 초음파로 내기는 불가능하다는 사실 역시 우리는 안다. 쿤은 패러다임이 비슷한 방식으로 실제 과학을 이끌어간다고 주장했다. 예를 들어 19세기 화학자들이 믿은 원자론에 따르면 동일한 원자로 구성된 원소는 각각 개수가 제한되어 있으며, 이런 원자들이 결합하여 각 원소의 비가 일정한 화합물을 형성한다. 이런 아이디어는 당시 화학 실험에 중요했으며, 쿤에 따르면 "원자량 문제를 설정하고, 화학 분석 결과의 허용 범위를 한정하고, 화학자들에게 원자와 분자, 화합물과 혼합물이 무엇인지 알려주는" 중요한 역할을 했다. 가설을 세우고 실험을 설계하고 수행하고, 심지어는 그런 실험 결과를 단순히 관측하는 매 단계에서 원자론의 패러다임은 19세기 화학자들의 활동에 영향을 주었다. 이런 패러다임은 극도로 성공적이어서 원소 주기율표를 구성하기에 이르렀다. 물리학자가 전자를 발견하거나 원자 구조에 대해 무언가 알아내기 수십 년 전에 벌어진 일이었다. 하지만 당시 최고의 과학으로도 원자들은 관측불가능했다. 따라서 쿤은 이론에서 중요한 것이 관측가능한 부분만은 아니라는 결론에 도달했다—과학적 패러다임의 내용 전체가 과학을 어떻게 수행할지 영향을 미친다. 양자물리학에서 보듯, 물리 이론의 해석은 일상적인 과학 연구에서 매우 중요하다. 논리실증주의는 이를 설명할 수 없었다.

쿤이 실증주의 대신 옹호한 것이 정확히 무엇인지는 명료하지 않다. 게다가 서로 경쟁하는 과학 이론을 합리적으로 비교할 수 없다는 더욱 대담한 주장의 일부는 실수로 치부되었고, 정통 과학철학자의 관심을 끌어내지는 못했다. 하지만 쿤이 실증주의를 비판하고 실제 과학을 관찰한 내용은 정확하다고 널리 인식되었다—게다가 실증주의를 지적한 학자는 쿤만이 아니었다. 1950년대 후반과 1960년대에 J. J. C. 스마트Smart, 힐러리 퍼트넘Hilary Putnam, 카를 포퍼, 그로버 맥스웰Grover Maxwell, 노우드 러셀 핸슨Norwood Russell Hanson과 파울 파이어아벤트를 비롯한 여러 철학자가 실증주의 과학철학에 달려들었다. 서로 각자의 연구를 토대로 삼아 과학적 결과와 과정을 실증주의에 입각해서 설명했고, 그 과정에서 심각한 결함을 찾아냈다. 핸슨의 저서 『발견의 패턴Patterns of Discovery』에는 쿤과 비슷한 주장이 많았는데, 『과학 혁명의 구조』보다 몇 년 앞서 출간되었다. (핸슨과 쿤은 서로 아는 사이였고 저서에서 서로 상대방의 연구를 인정했다.) 핸슨은 과학 연구에서 관측가능하지 않은 대상이 하는 역할을 '이론 적재theory-laden' 과학 활동이라고 칭했다. 그 결과 이 새로운 철학자 무리는 다음과 같은 사실을 인정했다. 바로 과학 활동은 이론에 적재되며, 실제 과학의 역사와 활동이 과학철학을 발전시키는 데 중요한 길잡이 역할을 한다는 점이다. 또한 앞선 철학자들이 동의하지 않는 부분이 많이 있었지만, 정통적인 과학철학자 사이에 새로운 공감대가 형성되기 시작했다. 논리실증주의와 상반된 관점으로서, 이를 **과학적 실재론**scientific realism이라 불렀다.

과학적 실재론은 이렇게 주장하는 듯하다. 우리가 관측하는지와 별개로 저 바깥에 세계가 실재하며, 과학을 통해 그런 세계를 근사적으로 기술한다. 새로운 과학 이론이 낡은 이론을 대체하면서 수용될 때는 새로운 이론이 일반적으로 어떤 중요한 방식으로 세계의 진정한 본질을 더 근접하게 표현하기 때문이다. 이 말은 우리가 세계를 탐구할 때, 세계가 아무런 반응도 하지 않는다는 뜻이 아니라—양자 맥락성quantum contextuality은 우리가 측정할 때 세계에 영향을 미친다는 사실을 보여준다—오히려 대체로 세계가 우리의 간섭 여부에 따라 달라진다는 뜻이다. 아울러 세계의 내용은 최고의 과학 이론으로 근접하게 표현되며 관측가능한 부분과 관측불가능한 부분을 모두 포함한다.

실재론자들은 관측가능한 것과 관측불가능한 것의 구분은 무의미할 뿐만 아니라 과학과 무관하다고 주장했다. 이는 물론 실증주의자들이 결단코 반대하는 주장이었다. 일부 실증주의자는 한발 더 나가서, 현미경으로 보이는 물체는 '직접' 지각되지 않으므로 엄밀히 말해 실재하지 않는다고 주장하기에 이르렀다. 과학적 실재론자들은 황당했다. 가장 강경하게 과학적 실재론을 내세우던 학자였던 그로버 맥스웰은 이렇게 썼다. "만일 그러한 해석이 견지된다면, 우리는 오페라글라스나 심지어 일반 안경을 통해서도 물리적 사물을 볼 수 없을 겁니다. 누가 흔한 창유리를 통해서 보는 행위마저도 의심하게 될 겁니다." 맥스웰은 무엇인가 "원칙적으로 관측불가능하다"는 바로 그 생각이 새로운 이론과 신기술에 비추어, 수정될 여지가 있다는 지적도 빠뜨리지 않았다. 과학과 현미경이 발전하기 전에는 어떤 대상이 원칙적으로 "너무 작아서 보이지 않는" 상황이었다고 지적했다. "어떤 대상이 관측가능한지 여부를 알려주는 것이 바로 이론, 즉 과학 자체입니다"라고 맥스웰이 썼던 내용은, 아인슈타인이 하이젠베르크에게 했던 말과 겹친다. "관측가능한 것과 관측불가능한 것을 나누는 선험적ª priori이거나 철학적인 기준은 없습니다."

이론이 적재된 실제 과학과 과학사를 깊게 이해하고 수용한 실재론자들은 도구주의와 조작주의와 같은 과학의 기능에 대한 실증주의적 아이디어를 재빠르게 배제했다. 실재론자들은 이렇게 지적했다. 만일 조작주의적 정의가 과학 개념의 궁극적 정의라면, 측정 과정을 개선하거나 애당초 설계할 방법이 없다. 도구적 정의를 벗어난 영역이기 때문이다. 예를 들어 길이가 기존 막대자로 측정하는 것이라고 정의되면, 이미 정의에 따라 완벽한 막대자가 존재하므로 더 나은 막대자를 설계할 방법이 없다. 하지만 과학자들은 항상 새롭고 개선된 측정 장치를 개발한다. 길이, 시간, 질량 따위의 개념은 단순히 실험에 필요한 조작으로 정의되지 않는다. 조작은 새로운 측정 장치를 설계하고 시험하는 데 사용되는 이론에 본질적으로 포함된다.

실재론자들이 조작주의를 배제했다는 사실을 완전히 새롭다고 할 순 없었다—사실 카르나프를 포함한 다수의 실증주의자는 몇 년 전부터 조작주의가 지나치게 단순해서 과학을 제대로 설명하지 못한다고 보았다. 하지만 여전히 많은 실증주의자가 여전히 도구주의에 매달려서, 과학은 지각을 조직화하고 예측하는 도구에 지나지 않으며 형이상학적 이론은 불필요하다는 관점을 고수했다. 실재론자는 그 역시 지지될 수 없다고 지적했다. 만일 뛰어난 과학 이론에서 주장하는 관측불가능한 '형이상학'—전자 같은 것—이 정말로 세상에서 실제적인 존재와 전혀 관계가 없다면, 대체 과학 이론은 어떻게 성립하는 것일까? 이론은 그 자체로 우리가 관측불가능한 요소에 근거해서 보는 현상을 설명해준다. 하지만 관측불가능한 요소가 그저 이론의 '실재' 내용과 함께 우연히 나타난 편리한 그림일 뿐이고(즉 측정가능한 세계에 대한 예측), 그러한 그림이 현실과 실제로 잘 부합하지 않더라도, 이론이 효과적으로 성립한다는 사실은 경이로운 행운이다.

예를 들어보자. 마그네슘 점화 장치로 녹과 알루미늄 분말의 혼합물에 불을 붙이면 순간적으로 화학 반응이 일어나서—태양 표면 온도의 약 절반에 해당하는—섭씨 2,500도까지 금세 올라가 눈부신 불꽃이 일고 철과 알루미늄은 각각 끓는점 가까이 뜨거워진다. 이를 테르밋 반응thermite reaction이라고 한다. 굉장히 위험한 반응이며(진지하게 말하는데, 절대로 따라 하지 말길!) 점점 더 위험해진다. 테르밋 반응은 굉장히 강렬할 뿐만 아니라 녹과 알루미늄이 다 없어질 때까지 계속된다. 반응 중에 무엇을 하든지 상관없다. 물속에 넣거나 모래를 덮어도, 심지어 우주의 진공에서도 계속해서 반응한다. (실제로 테르밋 반응이 산업 분야에 활용되는 사례 중 하나가 수중 용접 분야다.) 초기에 약간의 열(말마따나 불꽃)만 있다면, 반응을 일으키기 위해 녹과 알루미늄 외엔 아무것도 필요하지 않다.

테르밋 반응이 일어나는 까닭은 알루미늄이 산소와 친화력이 강하기 때문이다. 녹은 다름 아닌 철과 산소라서, 알루미늄으로 녹에서 산소를 분리하면 산화알루미늄과 엄청난 양의 열이 발생한다. 적어도 이러한 설명이 양자화학에서 이야기해야 하는 내용이다. 하지만 도구주의자의 입장에서 이런 설명은 실재와 무관한 대답이다. 이런 대답에서 '실재'하는 대상은 없다. 마그네슘 점화 장치를 녹과 알루미늄 혼합물에 갖다 대면 격렬하게 반응한다고 양자화학에서 올바르게 예측하는지 파악하면 된다. 양자화학으로—알루미늄이 왜 산소와 친화력이 강한지 전자 궤도를 통해서—더 깊게 설명을 하려 해도, 이는 도구주의자의 관심사도 아닐 뿐더러 실재도 아니었다.

하지만 테르밋 반응에 대한 양자화학의 설명이 실재가 아니라면, 도구주의자에게는 심각한 문제가 생긴다. 이론은 테르밋 반응이 일어나리라고 예측하는 데 그치지 않는다—아주 세세하게 무슨 일이 어떻게 일어날지도 예측한다. 마그네슘 점화 장치가 테르밋 반응을 일으키려면 얼마나 뜨거워야 하는지도 알려준다. 반응이 정확히 얼마나 뜨거워질지, 또 얼마나 지속될지 알려준다. 알루미늄과 같이 이용할 수 있는 다른 녹의 종류에는 무엇이 있는지, 그리고 그럴 때 반응이 어떻게 바뀔지도 정확히 알려준다. 게다가 양자화학으로 지극히 세세하게, 소수 다섯째 자리까지 나타낸 이런 모든 답은 처음의 가루 상태를 구성하는 원자 내 전자 궤도의 움직임으로 설명된다. 사실 우리는 도구주의자의 입장에서 전자 궤도가 반응에 관여하는 실제 존재라는 점을 부인해도 무방할 것이다. 하지만 이론적인 예측과 실험의 결과가 잘 맞아 떨어지는 상황을 어떻게 설명할 수 있을까? 원자와 전자 궤도가 실재하는 것이 아니라면 테르밋 반응을 설명하는 양자화학이 왜 그렇게 잘 성립할까? "만약 도구주의가 옳다면 우리는 **한없는 우연의 일치**를 믿어야 합니다"라고 J. J. C. 스마트는 말했다. "세상 현상이 순수하게 도구적인 이론을 따른다면 이상하지 않을까요? 반면 이론을 실재론적 방식으로 해석하면, 엄청난 우연의 일치는 필요하지 않습니다. (…) 많은 놀라운 사실이 더는 놀라워 보이지 않는 겁니다." 도구주의를 견딜 수 없었던 스마트는 이렇게 말했다.

한 탐정이 발자국과 혈흔 따위를 많이 찾았다고 합시다. 만일 범인이 지금까지 찾아낸 발자국과 혈흔을 서로 관련짓기 위한 이론적 허구라면, 더 많은 발자국과 혈흔과 없어진 5파운드 지폐 몇 장이 정확히 실제로 있으리라고 발표하는 건 왠지 미심쩍을 겁니다. 하지만 범인이 정말로 있다고 가정하면 이런 예측은 더이상 놀랍지 않을 겁니다.

힐러리 퍼트넘은 이를 더욱 간결하게 표현했다. "실재론은 과학적 성취를 기적으로 만들지 않는 유일한 철학입니다."

～

스마트의 입장에서 실증주의의 문제는 철학에 한정되지 않았다—파이어아벤트에게 영향을 받은 스마트는 현실적으로도 실증주의가 문제라고 보았다. 1963년, 스마트는 "실증주의적 태도는 흔히 진보에 적대적이었습니다"라고 썼다. "한때 실증주의는 코페르니쿠스에 반해서 프톨레마이오스의 천동설을 지지했는데, 당시 예측하기가 더 용이하다는 이유 때문이었습니다. 현상론적 열역학을 지지하고 기체 원자론에 반대했습니다. 게다가 오늘날 실증주의자는 양자역학에서 지배적인 코펜하겐 해석을 대체하려는 어떠한 시도도 선험적으로 반대합니다." 이는 스마트와 퍼트넘과 파이어아벤트 같은 당대의 손꼽히던 철학자들에게는 중요한 문제였다—실증주의가 붕괴하면 코펜하겐 해석을 옹호할 여지가 없기 때문이다. 어떻게 존재하는 일상 세계가 아무것도 실재하지 않는 양자 세계로 구성될 수 있겠는가? "기본 입자를 이론적 허구라고 간주하지 않는 설득력 있는 이유가 있습니다"라고 스마트는 썼다. "양자역학이 근본적인 실재를 나타내는 진상이 아니라면, 현재의 거시 법칙은 (…) 믿기 어려울 정도로 심각한 우연의 일치가 되기 때문입니다."

또 다른 문제도 있었다. '측정'을 이론의 핵심에 두는 가장 간단한 방법은 조작주의자가 되는 것이지만, 조작주의는 명백히 잘못되었다. 1965년 퍼트넘은 이렇게 썼다. "측정은 물리적 상호작용의 하위 범주, 그 이상도 이하도 아닙니다. (…) '측정'은 만족스러운 물리 이론에서 결코 **비정의되는** undefined 용어가 아니며, 측정은 **모든** 물리적 상호작용이 '궁극적으로' 따르는 법칙 외에 다른 어떠한 '궁극' 법칙도 따르지 않습니다." 양자의 미시세계와 고전물리학의 거시세계를 분리해서 보어의 주장대로 문제를 해결하려는 것 역시 도움이 되지 않았다. "고전물리학에서도 나타났던 같은 문제로 되돌아가는 방식을 배제하고서라도 (…) 그런 발상은 전적으로 받아들일 수 없습니다"라고 퍼트넘은 말했다. "고전물리학이 틀렸다고 추정되고 양자물리학이 그를 대체하도록 고안되었다면, 전자를 후자의 토대라고 언급하기는 어렵습니다. (…) 만일 양자역학이 옳다면 어떠한 규모의 계에서도 적용되어야 합니다. (…) 특히 거시계에서 적용되어야 합니다." 하지만 그렇다고 하면 "오랫동안 고립돼 있었지만 관측가능한 거시적인 대상, 가령 성간 우주의 물체들이나 로켓선으로 구성된 계는 어떻게 되는 걸까요? 지구나 다른 외부계에서 다시 한 번 관측가능할 때만 로켓선이 존재한다는 아이디어는 진지하게 받아들이기 어렵습니다"라고 퍼트넘은 말을 이었다. 코펜하겐 해석에서 측정은 심각한 문제였다. 스마트는 이 의견에 동의하면서, 측정이 고전적으로 기술돼야 한다는 생각을 맹렬히 비판했다.

미시물리학microphysics의 코펜하겐 해석을 지지하는 사람들은 **고전물리학**에 집착했습니다. 그들은 **고전물리학**이 우리가 관측하는 바를 해석해주는 거시적인 장치의 물리학이므로, 미시물리학이 어떻게 발전하든 안정하게 유지되어야 한다고 주장합니다. 간단한 질문 하나를 던짐으로써 그렇지 않음을 (파이어아벤트처럼) 보일 수 있습니다. 왜 고전물리학일까요? 가령, 한때 '과학적 상식'이었던 아리스토텔레스의 물리학이나 심지어 마술은 왜 안 될까요? 이와 유사하게, 도구주의적이거나 거시 수준에서, 신성불가침이고 미시 이론이 설명해 주는 법칙이 있다는 관점을 버려야 합니다. 이렇게 주장해야 합니다. (…) 미시 이론으로 이중 슬릿 실험의 관측 결과를 온전히 설명할 수 있다고 말입니다.

코펜하겐 해석의 대안이 당면한 문제에 대해서 스마트와 퍼트넘의 시각은 명확했다. "이론적 대상을 다루는 실재론적 철학이라면 지나치게 순진무구해서는 안 됩니다. 물리학을 비도구적non-instrumentalist으로 해석할 때 나타나는 실질적인 난점을 고려해야 합니다"라고 스마트는 썼다. "이러한 딜레마에서 벗어나는 한 가지 방법은 데이비드 봄과 장 피에르 비지에 같은 저자가 예고한 노선을 따라, 미시물리학의 결정론적 이론을 발전시키는 데 있는지도 모릅니다." 퍼트넘은 "양자론은 뭔가 잘못되었습니다"라고 수긍했다. 하지만 퍼트넘은 폰 노이만의 증명이 봄의 파일럿파 해석을 배제한다고 보았고—당시, 노이만의 증명에 대한 벨의 논박은 여전히 편집자의 책상에서 뒹굴고 있었다—마찬가지로 에버렛의 다세계 해석도 (스마트와 다른 학자들처럼) 전혀 몰랐다. 퍼트넘은 이렇게 결론 내렸다. "오늘날 양자역학에서 만족스러운 해석은 존재하지 **않습니다**." 하지만 문제가 해결되리라는 희망을 버리지 않았다. "인간의 호기심은 양자 해석 문제의 답이 나올 때까지 그치지 않을 겁니다. (…) 해결책을 제시하기 위한 첫걸음을 이제 막 뗐습니다. 난점의 특성과 규모를 명확히 하는, 작지만 중요한 단계입니다."

그럼에도 물리학자들은 아직까지 이런 문제를 전반적으로 충분히 이해하지 못한다. 철학자들은 실증주의를 성공적으로 전복했으며 양자물리학의 수학적 복잡성을 훌륭히 이해했다. 하지만 물리학자들은 아직도 벽에 가려, 철학과 그 발전상에서 떨어진 채 시야를 넓히지 못하고 있다. 어떤 일이 일어났는지 전혀 몰랐다. 아인슈타인과 보어 세대는 폭넓게 철학 교육을 받았지만, 제2차 세계 대전 후 세분화되어 가는 추세로 흐르자 신진 물리학자 집단의 교양 교육은 타격을 입었다. 전쟁 후 물리학의 수요가 급증하고 학과가 커지면서 학문 분야가 세분화되었고 대다수의 물리학자는 엄청난 지원금과 이해타산을 면밀히 계산하느라 바빴던 나머지 철학을 중시하지 않았다. 따라서 물리학은 인접 분야에서 중요한 혁명이 일어난 줄도 모르고 어기적거렸다. 철학자들은 대부분 이러한 사실에 놀라지 않았다. "양자역학에서 실제로 드러난 난점을 다루지 못한다면"이라고 스마트는 쓴 다음에 이렇게 이어갔다. "물리학자들은 실증주의적인 선입견을 드러내는 수준에 불과한 코펜하겐 해석의 철학적 반론에 만족하지 못할 겁니다." 물리학자들이 그들 분야의 핵심 문제에 관심을 기울이려면, 아슬아슬한 철학 이상이 필요했다. 기존의 물리학을 뒤엎고, 근본적으로 새로운 무엇인가를 찾아내고, 반짝이고 흥미진진하며 가급적 실험실의 실험이 수반되는 무엇인가를 할 기회가 있어야 할 터였다─결국에는 존 스튜어트 벨의 아이디어를 실험대에 올리는 방식과 비슷한 무엇인가를 말이다.

3부
위업

목표는 여전하다. 바로 세계를 이해하는 일이다.
양자역학을 사소한 실험의 영역으로만 배타적으로 제한한다면
그 위업을 저버리는 셈이다. 본격적으로 체계화하더라도
실험실 밖의 거대한 세계를 배제하지는 않을 것이다.

—존 스튜어트 벨, 1989년

9장
언더그라운드의 실재

뉴욕시에서 히피들의 사랑의 여름*Summer of Love*이 한창이던 무렵이었다. 존 클라우저John Clauser는 112번 가에 있던 고더드 우주연구소Goddard Institute for Space Studies에 틀어박혀서 우주에서 가장 오래된 빛에 담긴 비밀에 몰두하고 있었다. 클라우저는 컬럼비아 대학교 물리학과 대학원생으로서 당시 발견된 지 얼마 안 된 우주 마이크로파 배경복사CMB, Cosmic Microwave Background radiation, 즉 빅뱅의 메아리를 측정하려는 중이었다. 첨단 과학 분야에서도 어렵고 고단한 작업이었다—불과 3년 전, 벨 전화연구소Bell Telephone Laboratories 소속 물리학자 두 명이 하늘을 가로지르는 희미한 라디오 잡음 같은 우주 마이크로파 배경복사를 발견했다. 이후 우주 배경복사를 검출하는 데 성공한 물리학자 그룹은 단 하나밖에 없었다. 클라우저는 자신의 대학원 지도 교수 패트릭 타데우스Patrick Thaddeus와 함께 우주가 태동한 소리를 들을 다음 주자이기를 바랐고, 과거 그 누구보다 더 정확성을 기하고자 했다. 하지만 1967년 어느 날 클라우저는 완전히 다른 종류의 발견을 해냈다. 고더드 연구소 도서관에서 최신 연구를 살펴보던 클라우저의 눈에 《피직스 피지카 피지크》라는 독특한 이름의 학술지가 들어왔다. 호기심에 책장을 넘기던 클라우저는 한 논문에 눈길이 멈추었다. 바로 「아인슈타인-포돌스키-로젠 패러독스에 관하여On the Einstein-Podolsky-Rosen Paradox」라는 논문이었고, 저자는 존 스튜어트 벨이었다.

존 클라우저는 젊었던 데다가 거침없었고 입심이 좋았다 — 게다가 이미 몇 년 동안 코펜하겐 해석을 의심해 온 터였다. 클라우저의 아버지 프랜시스는 (자기 쌍둥이 형제 밀턴처럼) 칼텍에서 항공학 박사 학위를 받았고 존을 키우면서 회의적인 태도를 강조했었다. "아들아, 데이터를 보렴" 하고 프랜시스는 존에게 말했다. "맵시 좋은 이론은 많지만, 항상 원래 데이터로 돌아가서 똑같은 결론이 도출되는지 너 스스로 확인해 봐야 한단다. 통념이란 실제로 관찰된 바를 형편없이 해석한 경우가 흔하지." 프랜시스는 유체물리학을 다루는 세부 분야를 전공했는데, 수학적으로 간단하지만 시각화하기 어려운 양자론에 의혹을 품었다. "유체 흐름의 수학과 양자역학의 수학은 무척 유사하지만 아버지는 양자역학을 이해하시지는 못했습니다"라고 클라우저는 회상했다. "또 아버지 당신이 풀지 못하는 문제를 해결하려 할 때 도움을 얻을 목적으로, 어느 정도는 미리 계획해 둔 대로 저를 이끄셨죠." 클라우저는 칼텍에 들어갔고 리처드 파인만 아래서 양자물리학을 배웠다 — 하지만 양자론이 무엇인가 잘못되었다는 생각을 떨치기 어려웠다. 이런 의구심은 컬럼비아에서 박사 과정을 밟을 때까지 클라우저를 따라다녔고, 거기서 양자물리학이 시작된 이래로 계속되어 온 논쟁을 면밀히 알게 되었다. "저는 양자역학을 이해하느라 애를 먹었습니다. EPR 논문을 읽었고 봄과 드브로이의 연구 결과도 읽었어요. 코펜하겐 해석은 이해하기 어려웠지만, 비판론자들의 주장은 당시 내게 훨씬 합리적으로 보였습니다"라고 클라우저는 기억을 떠올렸다. "EPR 논증 역시 보어의 주장보다 훨씬 설득력 있다고 느꼈죠. (…) 따라서 숨은 변수들이 (당시 내게는) 문제를 완벽하게 논리적으로 해결하는 방법 같았습니다. 그런 견해 때문인지 사람들에게 이단아 취급을 받거나 의심의 여지 없이 돌팔이 취급을 받았죠."

클라우저의 배경 때문이었는지, 벨의 논문 제목은 즉각 클라우저의 시선을 사로잡았다―이어서 그 짧은 논문에 담긴 우아한 증명은 대단한 충격으로 다가왔다. "'설마 이게 사실일 리 없어'라는 반응이 나왔습니다"라고 클라우저는 훗날 회상했다. "반례를 쉽게 찾을 수 있겠다고 생각했죠. 보고 보고 또 보았어요. (…) 반례를 찾을 수 없었어요. 그래, 벨의 증명에 잘못된 점이 있을 거야. 근데 아무 잘못도 못 찾겠어. 두 생각 사이에서 갈팡질팡하다가 갑자기 이런 생각이 스치더군요. 맙소사, 이거 엄청나게 중요한 결과잖아." 뼛속까지 실험물리학자였던 클라우저는 그 즉시 궁금해졌다. '벨의 아이디어를 시험할 수 있을까?'

클라우저는 벨의 정리가 이전의 어떤 실험의 일부로 이미 시험되었을 가능성을 발견했다. 그게 아니더라도 어떻게 하면 실험을 최선으로 해낼 수 있을지 알아내려면 관련된 실험 문헌을 찾아야만 했다. 핵물리학 연구로 유명한 컬럼비아 대학교의 우 젠슝Chien-Shiung Wu 교수가 15년 전에 EPR 사고실험과 유사한 실험을 했다는 사실을 클라우저는 알고 있었다. 클라우저는 우 젠슝에게 벨의 정리를 시험할 때 사용할 미발표 실험 데이터가 있는지 물었다. 우 젠슝에게는 데이터가 없었고 실험을 진행할 여건이 쉽게 갖춰질 리도 없었다. 이어서 클라우저는 북쪽으로 몇 구역 떨어진 예시바 대학교로

갔고, 그곳에서 친구로부터 연구 중인 젊은 교수 한 명을 소개받았는데, 그 교수가 바로 봄의 제자였던 야키르 아하로노프였다. 클라우저가 아하로노프에게 벨의 정리를 시험해 보면 좋겠다고 이야기했을 때 "아하로노프 교수는 무척 흥미롭고 해볼 만한 가치가 있다고 보았습니다"라고 클라우저는 기억했다. 하지만 아하로노프는 이론물리학자였고 다른 문제를 연구하느라 클라우저를 적극적으로 도와줄 수는 없었다. 결국 대학교 동기였던 클라우저의 오랜 친구가 메사추세츠 공과대학의 물리학자 그룹을 알려줬고, 그들과 벨의 정리를 시험해볼 수 있을 것 같았다. 클라우저는 케임브리지로 가서 벨의 연구를 발표했고, 이어서 새로 합류한 박사 후 과정 연구원 카를 코허Carl Kocher를 소개받았다. "카를 코허는 (…) 버클리에서 진 커민즈Gene Comins의 지도 아래 박사 과정을 이제 막 끝낸 참이었습니다. 게다가 이전에 광자로 편광 상관관계 실험을 했었죠"라고 클라우저는 회상했다. "따라서 그들은 코허의 실험을 내게 알려주었고 '그 연구가 대안으로 괜찮겠죠?'라고 했습니다. 내가 대답했습니다. '그렇다마다요! 그게 바로 제가 찾던 겁니다.'" 코허와 커민즈의 실험 논문을 읽은 클라우저는 해당 실험으로 벨의 정리도 시험할 수 있겠다고 생각했다─하지만 그렇게 하지 않았다. "코허-커민즈의 결과를 살펴봤는데 두 사람은 벨의 정리가 의미하는 바를 인지하지 못했습니다." 클라우저는 약간 수정해서 실험 조건을 조정하면 벨의 정리를 시험해 볼 만하다고 생각했다.

실험이 아직 이뤄지진 않았지만 가능하다는 사실만으로도 흡족했던 클라우저는 컬럼비아 대학교의 지도 교수였던 타데우스에게 가서 조언을 구했다. 이미 타데우스는 클라우저가 딴짓을 하고 다닌다는 낌새를 눈치채고 있었다. "타데우스 교수는 화가 났습니다"라고 클라우저는 기억했다. "첫마디가 이랬어요. '글쎄, 전혀 말이 안 되는군. 자네가 할 일을 말해 주겠네. 벨과 드브로이와 이 친구들에게 편지를 쓰게, 아마 바로잡아 줄 걸세. 이건 시간 낭비라네.'" 그래서 1969년 밸런타인데이에 클라우저는 벨에게 일종의 연서를 썼다. 클라우저는 벨 부등식을 시험할 만한 가치가 있다고 보는지, 관련 주제를 다룬 기존의 실험 결과를 어느 것이든 알고 있는지 물은 다음, 그러한 시험을 수행할 코허-커민즈 실험을 확충하자고 제안했다. 벨의 논문이 지면에 발표되고 4년이 흐를 때까지 벨이 서신을 받은 적은 이때가 처음이었다. 몇 주 뒤 클라우저는 우주연구소에 도착한 편지를 확인했다. 유럽입자물리학연구소라는 레터헤드가 있는 편지지에 벨이 직접 써서 보낸 편지였다.

"제안해 주신 실험은 정말로 흥미롭다고 생각합니다. 지금까지 진행됐다는 관련 실험을 저는 잘 모릅니다"라고 벨은 썼다. "양자역학이 전반적으로 성공했다는 관점에서 보면, 그런 실험의 결과를 의심하기는 어렵습니다. 하지만 제가 볼 때 결정적인 개념을 직접적으로 시험하는 실험이 이뤄지고, 그 결과가 기록된다면 더 좋겠군요." 양자물리학의 작동 방식에 정통했던 벨은 양자론이 틀렸다고 판명될 가능성이 낮다는 것을 알았다. 하지만 난데없이 편지를 보낸 젊은 친구의 기대를 눈앞에서 저버릴 정도로 몰지각하지는 않았다. "더군다나 세상을 뒤흔들 의외의 결과가 나올 일말의 가능성은 항상 존재합니다!"라고 벨은 편지를 마무리했다.

"베트남 전쟁은 우리 세대의 정치사상을 지배했습니다"라고 클라우저는 나중에 썼다. "혁명적으로 사고하는 시대를 살아가는 젊은 학생으로서 당연하게도 '세상을 뒤흔들기를' 바랐습니다." 존 클라우저는 마음을 먹었다. 실험을 해볼 작정이었다—그리고 양자물리학이 틀렸다고 증명하기를 바랐다.

대서양 반대편에서는 디터 제이Dieter Zeh라는 젊은 독일 물리학자가 코펜하겐 해석에 비슷한 의구심을 품은 채 지내고 있었다. "느리게 진행됐고 갑작스럽지는 않았습니다"라고 제이는 나중에 말했다. "항상 의구심을 느끼긴 했지만 사람들이 모두 미쳤다는 결론을 이끌어낼 엄두는 안 났습니다." 사려 깊고 겸손하며 한결같이 예의 발랐던 제이는 시끄럽고 드센 클라우저와는 코펜하겐에 회의적이라는 면을 제외하면 공통점이 거의 없었다. 관측 전체물리학자로서 클라우저의 연구는 고감도 실험 장치를 구성하고 시험하는 과정도 포함됐다. 반면 제이는 이론 핵물리학자였다. 제이의 연구에는 세밀한 양자 계산이 포함돼 있었다. 제이는 양자물리학 이면의 추상적인 수학에 무척 익숙했다. 아울러 두 사람의 차이점은 각자의 궁극적인 목표에도 반영되었다. 클라우저는 양자물리학이 불편했고 틀렸다고 실험으로 증명하기를 원했고, 제이는 이론을 면밀히 이해하고자 했다—그리고 그 속에 도사린 진정 놀라운 무엇인가를 발견했다.

제이는 핵물리학에서 특정 문제에 골몰했는데, 그 문제란 원자핵이 슈뢰딩거 고양이처럼 중첩 상태에서 동시에 여러 방향을 가리킨다는 점이었다. 한편 핵 내 양성자들과 중성자들은 서로 강하게 얽혀 있으므로 그중 하나의 위치만 알아도 나머지의 모든 위치를 알 수 있었다. "그 지점에서 생각이 떠올랐습니다"라고 제이는 회상했다. "그러니까 핵처럼 우주가 닫힌계라고 가정하는 겁니다. 이 한걸음이 내게는 아주 중요한 진전이었습니다." 제이는 우주가 문자 그대로 단일한 원자핵이라고 생각하지 않았다. 하지만 제이는 일반적인 아이디어로—구성 요소가 강하게 얽힌 중첩계—양자물리학에서 측정이 어떻게 기능하는지 설명할 수 있음을 깨달았다. 작은 세계의 물리와 큰 세계의 물리를 분리하거나 파동함수 붕괴처럼 코펜하겐 해석이 활용했던 술수에 조금도 기대지 않아도 됐다. 측정 장치를 양자계로 다루고 측정 행위를 정상적인 물리적 상호작용으로 다루면, 양자물리학에서는 측정 장치가 측정 대상과 강하게 얽힐 것이라고 얘기한다. 아울러 측정 장치와 측정 대상으로 구성된 계 전체는 슈뢰딩거 고양이 상태가 될 것이다. 하지만 제이는 그 이상임을 알아차렸다. 바로 측정 장치가 실험자와 방 안의 모든 것, 나아가 결국에는 우주 전체와 상호작용한다는 사실이었다. 따라서 작은 양자계가 큰 물체와 긴밀하게 상호작용하면, 궁극적으로 우주 전체가 슈뢰딩거 고양이 같은 상태에 이르고, 죽은 고양이와 산 고양이라는 갈래로 나뉜다. 게다가 우주의 각 갈래에 속하는 존재들은 하나의 결과만 본다. 즉 고양이는 죽거나 살아 있는 상태이며 어느 갈래에 속해 있느냐에 따라 달라진다. 하지만 파동함수는 절대로 붕괴하지 않으며 우주의 다른 갈래들이 상호작용할 가능성은 현저히 낮다. "측정하면 계와 기구와 관측자 사이에서 얽힘이 일어납니다"라고 제이는 말했다. "관측자는 슈뢰딩거 고양이 상태에서 하나의 요소만 볼 뿐 다른 중첩들은 보지 못합니다. 이로써 측정 문제가 해결됩니다." 제이는 자신도 모르는 사이에 에버렛의 다세계 해석을 처음부터 다시 만들어냈다—그 과정에서 원자처럼 작은 양자계와, 바위나 나무나 측정 장치처럼 상대적으로 커다란 양자 대상의 상호작용을 수학적으로 정교하게 설명하는 방법을 개발했다. 이는 왜 보편 파동함수의 갈래들이 상호작용하지 않는지 설명해 주었으며, 과거 에버렛의 설명보다도 훨씬 세밀한 방식이었다. 이런 상호작용을 다룬 제이의 접근법은 훗날 **결깨짐**decoherence으로 불렸다.

제이는 흥분한 상태로 결깨짐과 보편 파동함수를 다룬 해석을 완성했지만, 어디서 피드백을 받아야 할지 잘 몰랐다. "당연히 동료에게 이야기할 수 없었습니다"라고 제이는 말했다. "'이봐요, 완전히 돌았군요'라며 받아들일 생각도 하지 않았을 테니까요." 대신에 제이는 스승인 한스 옌젠Hans Jensen에게 연구 결과를 들고 갔다. 옌젠은 노벨 물리학상 수상자로서 몇 년 전 하이델베르크 대학교에서 제이의 박사 과정을 지도한 바 있었다. 하지만 옌젠은 양자측정론의 전문가가 아니었으므로 제이의 논문을 해당 주제에 정통한 친구에게 보냈다. 한때 보어의 오른팔이자 코펜하겐 해석을 극단적으로 옹호했던 레온 로젠펠트였다. 봄에게 모욕감을 주었고 에버렛을 무시했던 로젠펠트가 제이라고 해서 특별히 호의적으로 대할 리는 없었다. 로젠펠트는 옌젠에게 이렇게 썼다. "절대로 누군가의 발끝 하나 건드리지 않는다는 삶의 원칙을 세웠다네. (…) 하지만 그쪽 연구소에서 누가 '발끝'Toe [독일어로 Zeh]으로 쓴 예비논문을 받아보니 원칙을 깨게 되는군. 그렇게 황당무계한 헛소리의 집약체가 자네의 지지를 등에 업고 전 세계에 퍼져서는 안 된다고 보네. 이런 비극에 관심을 환기하는 편이 자네에게도 득이 되리라고 생각해." 제이는 옌젠이 로젠펠트에게 편지를 썼다는 사실만 알았지, 로젠펠트가 뭐라고 답신했는지는 몰랐다. "답장이 왔다는 건 알았지만 옌젠 교수는 제게 결코 보여주지 않았습니다"라고 제이는 말했다. "하지만 로젠펠트의 편지를 다른 동료들에게는 보여주었고, 동료들이 그 내용을 보면서 피식거린다는 것을 눈치챘습니다. 제 입장에서는 너무 이상했습니다. 무척 부정적으로 언급했으리라고 예상하긴 했지만, 구체적으로 무슨 내용인지는 전혀 몰랐습니다." 얼마 지나지 않아, 옌젠이 제이에게 그 주제를 더 연구하다가는 학문적 수명이 끝날 것이라고 말했다. 그러고 나서 "관계가 악화되었습니다"라고 제이는 말했다.

제이는 공손했지만 만만하지는 않은 성격이었다. 로젠펠트가 옌젠에게 처참한 편지를 보낸 후에, 제이는 어쨌든 학술지 몇 군데에 논문을 제출해 보기로 했다. 이 방법도 순탄하지는 않았다. 한 학술지에서는 퇴짜를 놓으면서 짤막하게 "이 논문은 완전히 무의미하다. 저자는 이 분야에 기여한 이전 문헌과 이 문제를 완전히 이해하지 못했음이 분명하다"라고 적었다. 어떤 학술지는 "양자론은 거시적 물체에는 적용되지 않는다"라고 주장했다. 어떤 학술지는 그저 공손하게 아무 이유도 알려주지 않고 등재하기를 사양했다. 자포자기하는 심정으로 제이는 양자 측정 문제에 관심을 둔 저명한 물리학자에게 논문을 부쳤다. 유진 위그너였다.

위그너는 30년 전에 대학 병원에서 핵분열에 대해 처음 들었던 프린스턴에 여전히 남아 있었다. 지난 수십 년 동안 위그너에게는 상당한 운이 뒤따랐다. 수리물리학에서 당대 최고 전문가 대열에 들었고, 양자물리학의 수학적 기반을 닦은 공로를 인정받아 1963년 노벨 물리학상을 수상했다. 그렇지만 위그너는 친구이자 모국 출신이었던 폰 노이만(1957년 사망)이 제시했던 양자물리학의 관점을 옹호해 왔다. 파동함수 붕괴가 실재하는 현상이라고 생각했고 이 현상이 양자론에 포함되지 않았다는 사실은, 바로 양자론의 불완전성을 가리킨다고 믿었다. 실제로 1963년에 발표한 논문에서 정확히 이 논점을 다루면서 "측정 문제"라는 용어를 최초로 사용한 인물 중 한 명이 위그너였다.

측정 문제의 해결책은 인간 의식의 특수성에서 찾으면 된다고 위그너는 확신했다. 이 역시 폰 노이만이 제시한 관점이었다. 더욱이 위그너는 논란거리가 전혀 없다고 생각하지는 않았지만, 그것이 '정통' 견해라고 생각했다. 더없이 완벽한 정설이라고 주장함으로써—그리고 자신의 이름에 따라오는 신망에 힘입어—위그너는 물리학계에서 자신의 연구가 배제되지 않도록 애썼지만, 의식이 파동함수 붕괴와 관련있다는 견해를 동료들에게 설득력 있게 제시하지는 못했다. 하지만 위그너는 독단적이지 않았다. 양자 물리학을 어떻게 적용하고 해석할지를 다루는 다양한 아이디어를 포용했다. 아울러 자신이 선호하는 해결책을 밀고 나가기보다 양자 측정을 둘러싼 실질적 문제를 지적하는 데 많은 시간을 들였다. 1950년대 후반에서 1960년대로 접어들면서, 위그너는 양자 측정 문제의 본질을 상술하는 논문을 여러 편 발표하는 한편, 기존에 제기된 다양한 해결책의 결함을 지적했다. 코펜하겐 해석을 변형하지 않거나, 이론의 수학적 체계를 추가하지 않고 문제를 해결했다는 주장에서 드러난 결함이었다. 그로 인해 코펜하겐에서 아무런 친구도 사귀지 못했으며, 수십 년 전 상보성을 비판한 위그너의 논평 역시 비슷한 처지였다. 1963년 제이의 스승인 옌젠은 위그너와 노벨 물리학상을 공동 수상했고, 이후 스톡홀름에서 열린 수상 기념회에서 위그너 옆에 앉았다. 대화 주제가 보어 연구소로 옮겨갔을 때 옌젠은 위그너의 말을 듣고서 무척 놀랐다. "한 번도 코펜하겐 연구소에 **초대받은** 적 없습니다."

당연하게도 로젠펠트는 위그너의 이단아가 판치도록 내버려 두지 않았다. 1960년대 중반, 일련의 논문을 발표하면서 로젠펠트와 위그너는 날 선 의견을 교환했는데 로젠펠트는 측정 문제 따위는 없으며, 이탈리아 물리학자 삼인방이 최근 논문에서 보어가 원래 의도했다고 로젠펠트가 주장한 내용을 상세히 설명했다고 주장했다. '측정'은 어떠한 양자계가 커다란 고전적 대상과 만날 때 이루어진다는 이야기였다. 로젠펠트와 이탈리아 학자들이 제시한 증명은 비양자론적 통계물리학에 크게 의존했다. 위그너와 다른 학자들은(벨의 오래된 논쟁 상대였던 야우흐도 포함해) 그건 그냥 틀린 방법이라고 지적했다—계산이 이상했다. 위그너에게 로젠펠트의 주장을 배격하는 것은 바람직하지 않은 물리학을 지적하는 것도 아니었고 자기 평판을 유지하려는 것도 아니었다. 위그너는 자신이 지도하는 학생의 평판을 염려했는데, 몇몇 학생이 로젠펠트와 이탈리아 학자들이 직접적으로 비판했던 측정 문제를 다루는 논문을 발표했다. "하나의 주제에 실질적으로 기여하지 않는 일련의 글에 대해서 언급하는 것은 좋지 않습니다"라고 위그너는 야우흐에게 보낸 편지에서 이탈리아 학자들에게 불평하며 말했다. "물론 저보다는 그런 발언 때문에 향후 경력에 해를 입을지도 모를 새파란 친구들이 더 걱정스럽습니다" 당시 물리학 학술지에서 이런 논쟁이 오고 갔음에도, 물리학계에서는 전반적으로 코펜하겐 해석에 문제가 없다고 인식했다. 위그너가 자신의 관점을 '정통'이라고 밝힌 덕분에, 그 가운데서도 논란이 불거져서 코펜하겐 해석에도 또 다른 유형이 있으며, 양자측정론에서 특정한 세부 사항에 합의를 보지 못하고 '코펜하겐'과 '프린스턴' 진영으로 나뉘었다는 인식이 있었을 뿐이다. 확실히 프린스턴에서는 1950년대에 양자물리학의 근간을 다루는 비정통적 연구가 많이—그중에서도 특히 봄과 에버렛에게서—나왔지만, 위그너는 대체로 어느 쪽과도 엮이지 않았다. 실제로 위그너는 보수적인 공화당 지지자로서 봄과 정치색이 정반대였고—위그너는 베트남 전쟁을 지지해서 친히 닉슨 대통령한테서 고맙다는 편지를 받았다—프린스턴에서도 서로 왕래가 거의 없었다. 위그너가 에버렛과 양자물리학을 논의하긴 했지만, 두 사람이 제시한 해결책이 대단히 유사하지도 않았던 터라, 어찌 됐든 에버렛의 아이디어를 접했던 사람은 극소수였다. 위그너는 코펜하겐 해석에 의구심을 제기한 학생과 동료들의 연구를 지지했음에도 대외적으로는 정통을 계승한 양자물리학자로 비쳤다.

"내 논문에 긍정적으로 반응한 유일한 인물이 유진 위그너였습니다. 위그너에게 사본을 보내 주었습니다"라고 제이는 말했다. "위그너가 코펜하겐 해석을 반대한다는 사실을 나는 이미 알고 있었습니다. (…) 그러고 나서 위그너는 논문 발표를 독려했습니다." 위그너는 자신이 편집위원을 맡았던 신생 학술지인 《파운데이션즈 오브 피직스Foundations of Physics》에 논문을 제출해 볼 것을 권했다. 제이는 논문을 영어로 번역했고 (일반 상대성 이론을 연구하던 중 발견했던) 에버렛의 연구를 참고문헌에 추가했다. 제이의 논문은 1970년 《파운데이션즈 오브 피직스》 제1호에 실렸다. 제이는 과거 로젠펠트나 옌젠에게 보여줬을 때보다는 자기 생각에 경청해 주기를 바랐다. 그렇게 되기까지는 오래 걸리지 않았다.

~~~

위그너가 염려했던 "젊은 학자" 중에는 애브너 쉬모니Abner Shimony도 있었다. 쉬모니는 프린스턴에서 위그너와 연구하여 물리학 박사 학위를 받았고—이미 철학 박사 학위도 받은 상태였다. 쉬모니는 시카고 대학교에서 바로 루돌프 카르나프와 공부한 다음, 예일 대학교에서 확률의 철학에 관한 박사 학위 논문을 썼다. 그 과정에서 쉬모니는 막스 보른의 책 『원인과 우연의 자연철학Natural Philosophy of Cause and Chance』을 읽었고, 물리학을 향한 오래된 관심이 되살아났다. 쉬모니는 이렇게 회상했다. "철학 논문을 마무리하는 과정이었는데 (기술적인 부분은 내가, 평문 부분은 아내 아네마리 Shimony Annemarie가 타이핑 하고 있었습니다) 보른의 책을 읽고는 아내에게 말했습니다. '이 논문을 마치고 박사 학위를 받으면 학교로 되돌아가 물리학 박사 학위를 받으려고 해요' (…) 평범한 아내라면 말했을 겁니다. '취직할 때가 아닌가요.' 아내는 그렇게 말하지 않았어요. '그게 원하는 일이라면 해야죠'라고 말했습니다. 대단하다고 생각했어요. 전 아내에게 말했습니다. 처칠의 표현처럼 '그때가 가장 좋은 시절이었다'라고요. (…) 아내의 너그러움과 이해심에 놀랐습니다!"

1955년 프린스턴 물리학과에 도착한 쉬모니는 양자물리학을 바라보는 자신의 관점이 대다수 물리학자와는 약간 다르다는 사실을 금세 알아차렸다. "와이트먼과 논문을 쓰고 싶었습니다"라고 쉬모니는 말했다. "와이트먼이 준 첫 번째 과제는 연습문제 같았습니다. 아인슈타인-포돌스키-로젠 논문을 읽고 논증의 결함을 찾으라는 것이었죠. (…) 이때 EPR 논문을 처음으로 읽었고 논증에 아무런 문제가 없다고 생각했습니다. 훌륭한 논증으로 보였습니다. 잘못된 구석을 전혀 찾을 수가 없었죠."

곧 쉬모니는 와이트먼이 연구에 시도때도 없이 동원하던 수학을 버겁게 느낀 나머지, 물리학의 다른 분야로 바꾸기로 결정했다. "저는 (…) 통계역학 문제로 위그너를 찾아 조언을 구했습니다"라고 쉬모니는 당시를 회상했다. "위그너와 연구할 때 정말 껄끄러웠던 점은 양자역학의 근간들, 특히 측정 문제에 대한 위그너의 아이디어를 배웠다는 점이었습니다. (…) 위그너는 측정 문제가 코펜하겐 해석으로 해결되지 않는다는, 당시 정통적인 견해에 반대하는 입장을 견지했습니다." 쉬모니의 논문이 양자물리학의 해석과 관계가 없었음에도, 측정 문제를 다루는 위그너의 논문을 위해 비공식적 철학 자문이 되었다. 두 사람은 측정 문제에 대해 비슷한 신념을 공유했다. "이미 저는 코펜하겐식 해결책을 의심하고 있었습니다"라고 쉬모니는 썼다. "마흐, 러셀, 카르나프, 에이어 같은 실증주의자의 인식론적 주장의 일부와 유사했기 때문인데, 제가 이전에 검토했지만 거부했던 주장들이었습니다. (…) 저는 오래 전부터 실재론적인 견해를 지지했습니다."

하지만 쉬모니는 측정 문제의 해결책에 대해서는 위그너와 의견이 갈렸다. 1962년 쉬모니는 물리학 박사 학위 과정을 마친 뒤 얼마 지나지 않아, 측정 문제에 관한 논문을 써서 측정 문제가 실재한다고 확언했다 ― 아울러 의식이 해결의 관건일 가능성을 부인했다. "정신에 중첩 상태를 줄이는 (…) 능력이 있다는 경험적 근거는 없습니다"라고 쉬모니는 썼다. "더욱이 물리계를 독립적으로 관측하는 각기 다른 관측자가 서로 합치된다는 점을 명료하게 설명할 수 없습니다." (쉬모니는 평소 선생의 의견에 동의하지 않거나 소수 의견을 표하기를 꺼리지 않았다. 1940년대 멤피스에서 고등학교를 다닐 적에도 학교에서 진화론을 기를 쓰며 옹호하는 등 말썽을 벌였다.) 하지만 위그너는 늘 그랬듯 쉬모니의 반대 의견에 개의치 않았으며―실제로 쉬모니를 독려해서 논문을 쓰라고 했다. 당시 대다수 물리학자의 엄청나게 냉담한 반응에 직면한 쉬모니에게는 독려가 필요했다. "양자역학의 근간을 탐구하는 연구의 중요성을 생각하면 사기 진작을 위해서라도 위그너의 지지를 받는 게 중요했습니다."

쉬모니는 위그너와 물리학 박사 과정 연구를 하던 중에 메사추세츠 공과대학 철학과에 자리를 잡았고, 고학년 학부생을 대상으로 양자물리학의 근간을 강의했다. 보스턴 지역의 다른 대학교 물리학과와 철학과에 친구들이 생겼던 터라, 1964-1965학년도 무렵 브랜다이스 대학교로부터 예비논문이 담긴 봉투를 받았을 때 엄청나게 놀라지는 않았다. 유럽입자물리학연구소에서 온 존 벨이라는 물리학자가 쓴 논문이었다. "'괴짜 같은 논문이 또 하나 왔네' 하고 생각했습니다. 벨에 대해 들어본 적이 없었습니다"라고 쉬모니는 기억했다. "타이핑 상태도 조악했던 데다가 파란 잉크가 번진 오래된 윤전인쇄기 종이였어요. 산술적인 오류도 좀 있었습니다. '이게 무슨 일이지?'라는 말이 절로 나왔습니다. 하지만 다시 읽어봤고, 읽으면 읽을수록 대단하다고 느꼈습니다. 그러고 나서 깨달았어요. '괴짜 같은 논문이 아니잖아. 정말 엄청난데.'"

쉬모니는 벨의 정리를 실험실에서 "거의 즉시" 시험할 방법을 궁리하기 시작했고, 나름으로 기억을 더듬어 보았다. "벨이 무엇을 했는지 이해하자마자 이런 생각이 들었습니다. '정말 흥미로워. (…) 양자역학으로 예측한 바가 이런 조건에서 치밀하게 점검된 적이 있었을까?' 그러자 관련 문헌 하나가 떠올랐습니다." 이어서 쉬모니는 친구인 아하로노프에게 우 젠슝이 예전에 했던 실험을 변경해서 벨의 정리를 시험할 수 있을지 물었다. 아하로노프는 쉬모니에게 이미 그런 시험을 거쳤다고 (잘못) 알려주었다. "아하로노프는 생각과 말이 아주 빠른 친구라 존경스러웠습니다"라고 쉬모니는 회상했다. "고민해봤어요. '아하로노프가 맞아. 아마 맞겠지. 하지만 맞지 않을 수도 있어.' 생각할수록 확신이 없어졌습니다."

쉬모니는 쟁점에 대한 연구를 드문드문 이어갔고, 1968년까지는 아무런 소득도 얻지 못했다. 같은 해, 쉬모니는 늘 바랐던 보스턴 대학교로 옮겼다. 물리학과와 철학과를 겸직하는 자리였다. 머지않아 거기서 마이클 혼Michael Horne이라는 물리학과 대학원생을 데려다가 벨의 정리를 시험하는 방법을 찾아내는 일을 맡겼다. "혼은 자료를 아무리 읽어도 벨 부등식을 시험하는 데 우 젠슝의 실험을 활용하기는 어렵겠다고 보았어요"라고 쉬모니는 회상했다. 쉬모니와 혼은 도서관으로 향했고, 얼마 지나지 않아 코허–

커민즈 실험 결과를 찾아냈다. 그들이 찾고 있던 실험임을 쉬모니는 즉시 알아봤다. "1969년 3월 무렵, 혼과 내가 진행했던 연구의 주요한 윤곽이 완성됐습니다"라고 쉬모니는 말했다. "마이클 혼에게 말했습니다. (…) 아무도 이렇게 멀리까지 오지 않았으니까 우리는 그저 여유롭게 훌륭한 논문을 준비하면 된다고요. 내가 틀렸던 겁니다." 쉬모니는 그해 4월 다가올 미국 물리학회American Physical Society의 회의 프로그램을 훑어보다가 「국소적 숨은 변수 이론의 검증 실험 제안*Proposed Experiment to Test Local Hidden-Variable Theories*」이라는 제목의 초록을 발견했는데, 정확히 쉬모니와 혼이 준비하던 실험을 기술하고 있었다. 저자는 쉬모니가 난생처음 듣는 또 다른 물리학자, 존 클라우저라는 인물이었다.

"초록이 실리자마자 애브너 쉬모니한테서 전화를 받았습니다"라고 클라우저가 말했다. 클라우저가 자신을 앞지를까 봐 두려웠던 쉬모니는 초록을 보고 위그너에게 찾아갔다. 위그너는 오히려 클라우저와 힘을 합치라고 제안했다. 쉬모니는 클라우저를 초청해서 자신과 혼 그리고 리처드 홀트Richard Holt와 함께 만나자고 했다. 홀트는 쉬모니가 같이 연구할 목적으로 데려온 하버드 대학원생이었다. 클라우저는 수락했고 네 사람은 다 같이 논문 연구를 시작했다. "클라우저가 수락해서 아주 기뻤습니다"라고 쉬

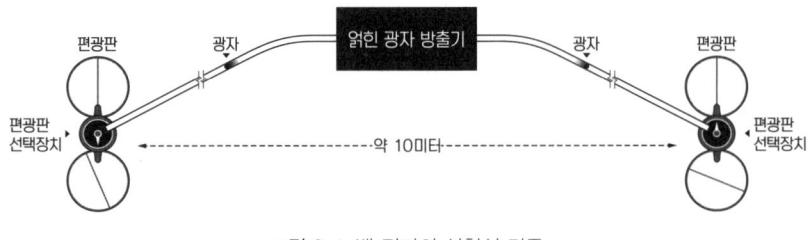

그림 9-1. 벨 정리의 실험실 검증

모니는 회의 후 위그너에게 편지를 보냈다. "이는 분명 독자적인 발견에 관한 문제를 해결할 문명화된 방법입니다." 컬럼비아 대학교에서 박사 학위 논문을 마친 뒤 클라우저는 보스턴에서 쉬모니와 다른 사람과 연구하며 몇 주를 보내는 동안 긴 논의 끝에 논문 초안을 잡았다. 하지만 버클리에서 박사 후 연구 과정을 시작하기로 했으므로 논문 초안을 깔끔하게 다듬을 정도로 오래 머물 수는 없었다. 클라우저는 요트광이었고, 새로 일자리를 얻은 캘리포니아까지 배를 몰고 갈 계획이었다(컬럼비아 대학교에 머무르는 동안 이스트강에 정박해 두고 생활하던 배였다). "원래는 갤버스턴까지 계속 배로 갔다가 거기서 트럭에 배를 싣고 트럭으로 LA까지 횡단한 뒤, 해안을 따라 버클리까지 배로 올라갈 예정이었죠. 허리케인 카미유Camille를 만나는 바람에 포트 로더데일에서 잠시 멈췄습니다"라고 클라우저는 말했다. "쉬모니는 내 일정을 꿰고 있었습니다. 그래서 (…) 에브너가 수정한 초안을 우리가 머물게 될 다음 도시의 정박지 전체에 발송해서 그중 일부는 찾았고, 나머지는 아마 내가 알기로 수신지에 그대로 남아 있을 겁니다. 배를 타고 가는 동안 미친 듯이 쓰면서 많은 부분을 수정했습니다. 또 전화를 걸어서 여러 안에 대해 떠들고 초안을 계속 교환했습니다." 클라우저가 버클리에 도착했을 무렵에는 논문이 완성되었고 쉬모니는 발표하기 위해 완성본을 발송했다.

클라우저-혼-쉬모니-홀트CHSH 논문은 벨의 수학을 실험실 검증에 더 어울리는 형태로 재구성하는 한편, 벨 부등식에 위배되는지 여부를 결정할 실험에 관한 구체적인 안건을 제시했다. CHSH가 제안한 실험은 7장에서 살펴본 로니의 카지노를 설정한 취지와 비슷하다. CHSH 실험은 한 쌍의 룰렛 공이 아닌 편광이 얽힌 광자쌍을 이용한다. 클라우저-혼-쉬모니-

홀트는 각 광자를 양쪽에 놓인 편광판으로 통과시키고, 얽힌 광자쌍들을 여러 번 반복해서 보내는 실험을 제안했다(그림 9-1과 9-2). 카지노에서 각각의 룰렛 공이 빨강이나 검정 칸에 떨어지듯이, 각 광자는 편광판을 통과하거나 편광판에 막히게 된다. 이런 광자쌍을 많이 모아서 움직임을 비교해 보면 벨의 정리가 검증될 것이다. 각각의 얽힌 광자쌍이 양쪽에 설치한 두 개의 편광판에서 미리 세운 계획에 따라 움직인다면, 그 결과는 벨 부등식을 충족할 것이다. 하지만 양자물리학에서는 로니의 카지노에서 각각의 룰렛 공이 나타낸 결과처럼 광자들이 벨 부등식을 위배하리라고 예측했다.

결과가 어떻든 간에 클라우저와 쉬모니, 그리고 다른 학자들은 이 실험이 엄청나게 중요하다고 보았다. 양자물리학이 잘못되었음을 보여서 현대물리학의 주춧돌을 뽑아버린 공로로 즉시 노벨 물리학상을 받거나, 양자 예측이 올바르고 벨 부등식이 위배되어 자연이 비국소적이어야 한다는 의미였다(아니면 뭔가 더 이상하게 진행된다). 클라우저는 실험에서 벨 부등식이 위배되지 않을 것이라고 여전히 낙관했다―양자물리학이 틀렸을 가능성을 50퍼센트라고 추산했다. 하지만 쉬모니는 벨이 그랬듯이 실험 결과가 양자역학적 예측과 일치하리라고 짐작했다. "아하로노프는 1달러 내기에서 실험 결과가 양자역학에 유리하다는 데 100달러를 걸었습니다"라고 쉬모니는 위그너에게 써 보냈다. "결과를 추정할 때 저는 클라우저보다 훨씬 더 보수적입니다. 그렇지만 양자역학에서 측정 문제의 난점이 있고 숨은 변수 이론이 해결책을 제시한다는 사실로 미뤄보아, 국소적 숨은 변수를 지지하는 결과가 나올 가능성을 전적으로 배제하지는 못하겠습니다."

실제로 실험을 수행하는 일은 클라우저의 몫이었다. 클라우저는 버클리 대학교에서 찰스 타운스Charles Townes와 함께 전파천문학을 연구하기 위해

그림 9-2. 존 클라우저와 벨 실험 중 한 장면. 1975년 버클리에서.

박사 후 과정 연구원으로 채용된 상황이었다. 타운스는 레이저를 발명한 업적으로 몇 년 전 노벨 물리학상을 수상한 천체물리학자였다. 클라우저는 도착하고 나서, 타운스에게 벨의 정리를 시험할 목적으로—버클리 대학교에서 수행했던—코허-커민즈 실험을 조정해 보고 싶다고 말했다. 클라우저는 이렇게 회상했다. "'보시면, 제가 해 보고 싶은 엄청난 실험이 있습니다'라고 말하자 타운스가 이렇게 말했습니다. '그럼 내 그룹에 세미나를 해 주고 어떻게 연구할지 내게 알려주면 어떻겠습니까? 그동안 우리가 진 커민즈를 섭외해 보죠.'" 그래서 클라우저는 벨 부등식의 내용과 코허-커민즈 실험을 어떻게 바꾸면 벨 부등식을 시험할 수 있을지 발표하는 한편, 관심을 유도해서 타운스가 실험 장치를 빌릴 수 있도록 커민즈를 설득해 주기를 바랐다. 하지만 커민즈는 클라우저의 발표에 이렇다 할 인상을 받지 못했다. 커민즈는 원래 코허와 하려던 실험을 단순한 강의실 시연용 정도로 구상했었고, EPR을 진짜로 검증할 생각은 없었다. 결국 실험은 예상보다 훨씬 더 어려워졌고 시간이 소요됐다. 커민즈는 무의미한 프로젝트에 시간과 돈을 낭비하는 상황은 질색이었다. "커민즈는 완전히 엉터리라고 보았습니다"라고 클라우저는 말했다. 하지만 고맙게도 타운스는 다르게 보았다. "타운스는 말했습니다. '이거 흥미로운 실험인데요.' 타운스가 아니었더라면 큰일났을 겁니다. (…) 세미나가 끝나자, 타운스가 진 커민즈를 껴안다시피 하면서 말을 꺼냈습니다. '자, 이거 어떻게 생각하세요, 진? 내겐 아주 흥미로운 실험 같아 보이는데요.'" 타운스가 망설이던 커민즈를 가까스로 설득한 끝에 클라우저는 장치를 빌렸고 실험 비용은 나누기로 했다 — 게다가 조력자로서 커민즈 그룹의 대학원생이었던 스튜어트 프리드먼Stuart Freedman을 보내주었다. 클라우저와 프리드먼은 실험에 필요한 나머지 장비를 긁어모으느라 2년을 보냈다. "쓰레기통 뒤지기의 달인이 되었습니다"라며 훗날 클라우저는 자랑했다. 오래된 전화 중계기를 가져와서 편광판의 움직임을 제어할 용도로 고치기도 했다. 장치 조립과 점검을 마치자, 클라우저와 프리드먼은 부지런히 200시간 치 데이터를 모았다. 마침내 1972년 클라우저와 프리드먼은 결과를 지면에 발표했다. 양자역학은 살아남았다. 벨 부등식은 위배되었고, 자연에서 엄청나게 이상한 일이 벌어지는 중이었다.

디터 제이는 자신의 결깨짐 논문이 1970년에 발표되기 얼마 전에, 이탈리아물리학회가 후원하는 여름학교에서 양자물리학의 근간을 주제로 강연해 달라는 초청을 받았다. 흥미롭게도 이 여름학교는 1968년 세상을 휩쓴 정치적, 문화적 격동에서 기원했다. 대체로 젊은 좌익 이탈리아 물리학자들은 물리학과 더 넓은 세계의 관계, 학자로서 느끼는 사회적 책임감, 물리학의 철학적 근간을 재평가하려는 운동을 펼쳤다. 보수적이었던 선배 물리학자들은 현 상태를 흔드는 일에는 무관심했다. 사회가 완전히 분열되는 지경에 이른 분위기에서 위원회는 바레나에서 양자물리학의 근간을 주제로 여름학교를 개최하자는 제안을 받아들였다. 위원들은 드브로이의 예전 학생이자 유럽입자물리학연구소에서 벨의 동료였던 프랑스 물리학자 베르나르 데스파냐Bernard d'Espagnat를 초청해 여름학교를 준비했다. 이어서 위그너는 데스파냐에게 제이를 초청하자고 제안했다.

1970년 바레나 여름학교는 후일 '양자 반항아들의 우드스톡Woodstock'이라는 별명이 따라다녔는데 충분히 그럴 만도 했다. 강연자는 제이말고도 데이비드 봄, 루이 드브로이, 유진 위그너, 애브너 쉬모니, 요제프 야우흐, 브라이스 디윗, 그리고 바로 존 벨이 포함되었다. "제가 바레나에 도착하고 보니 참석자들은 (존 벨을 포함해서) 벨 부등식과 관련된 첫 실험 결과를 두고 열띤 논쟁을 벌이고 있었습니다"라고 제이는 나중에 회고했다. "이런 결과는 전혀 들어본 적이 없었습니다." 비록 몇몇은 제이가 내린 결론에 동의하지 않았지만, 제이는 그들을 비롯한 벨과 다른 학자들이 자신의 연구를 가치 있게 여긴다는 점을 알고 마음이 놓였고 흐뭇했다. 위그너는 학회의 기조연설에서 측정 문제의 가능한 해결책으로 여섯 가지를 제시했고 그중에는 결깨짐과 다세계를 합친 제이의 방법도 포함했다.

하지만 제이가 하이델베르크 대학교로 돌아갔을 때 그곳 동료들로부터 자신의 **양자근간**quantum foundation 연구를 업신여기는 분위기를 감지했다 ─ 그로 인해 제이의 경력이 완전히 가로막힐 정도였다. "제가 너무 순진했습니다"라면서 제이는 되돌아봤다. "멋진 아이디어를 떠올려서 논문으로 발표하면 모두 그것을 읽고 인정해야 한다고 여겼지만, 당연하게도 잘못된 생각이었죠." 제이는 긍정적으로 생각하며 꿋꿋이 밀고 나갔다. "이미 경력은 망가졌다고 판단했기 때문에 쟁점에 집중했죠"라고 제이는 말했다. "이미 교수직에 오르지는 못할 것이라 이렇게 말했습니다. '이제 하고 싶은 것만 할 수 있겠네요.'" 제이가 하이델베르크에 머무르는 한, 승진 심사는 통과하지 못해도 안전하게 종신직을 보장받을 수 있었다. "고생하지 않아도 됐습니다"라고 제이는 기억을 떠올렸다. "하지만 제 제자들에게는 전혀 기회가 없었습니다. 예상치 못한 일이었습니다." 제이의 제자들이 학술 연구직을 찾으려 하면, '진짜' 물리학을 한 적이 없다는 이유로 거절당했다. "가만히 두고 볼 수만은 없는 상황이었습니다"라고 제이는 말했다. 제이는 이를 두고 "결깨짐의 암흑기"라고 불렀다. 이후 10년이 지나도록 상황은 나아질 기미가 보이지 않았다.

~~~~

획기적인 실험에도 불구하고 존 클라우저 역시 경력이 단절되었다. 클라우저는 제이와 달리 보장된 정규직도 아니었다. 클라우저는 버클리 대학교에서 박사 후 연구직이 끝나자 다른 자리를 찾으려고 안간힘을 썼다. "나는 새파랗게 젊었고 순진했고 세상 물정에 어두웠습니다"라고 클라우저는 회고했다. "그것이 흥미로운 물리라고 생각했습니다. 얼마나 많은 오명을 덮어썼는지 몰랐고 그냥 무시하기로 했습니다. 그저 재미있었어요." 클라우저의 박사과정 지도 교수였던 타데우스는 구직 추천서를 써주었는데, 클라우저의 벨 실험은 "쓰레기 과학"이라고 장래의 고용주들에게 경고했다. 다행히 클라우저는 그 사실을 미리 알아챘고, 지원할 때 추천서를 제출하지 않았다. 대신에 쉬모니와 데스파냐와 다른 학자들이 클라우저를 지지하며 극찬하는 편지를 써주었다. 하지만 클라우저의 연구가 진정한 과학이 아니라고 생각한 사람은 타데우스만이 아니었다. "지난주에 데스파냐 교수를 만났습니다. 산호세 주립대학교의 학과장에게서 당신이 하려던 게 진짜 물리학인지 파악하려는 편지를 받았다고 하더군요"라고 쉬모니는 클라우저에게 편지를 썼다. "두말할 필요도 없이 데스파냐 교수는 당신에게 유리하게끔 답신해줬을 겁니다." 하지만 아무런 소용이 없었고, 클라우저는 학계에서 정규직을 보장받지 못했다.

클라우저는 적어도 제이가 하이델베르크에서 겪은 것과 비슷한 고립감으로 고생하지는 않았다. 버클리에 도착한 뒤 클라우저는 양자물리학의 근간에 대한 관심사를 공유하는 유별난 물리학과 학생과 젊은 교수들과 그룹을 형성했다. 시대와 지역에 근거한 반체제문화에 영향을 받은—히피 운동의 중심지인 헤이트 애쉬버리가 샌프란시스코만을 건너면 코앞 거리에 있었다—그룹 내 물리학자들은 동양 철학, 초능력, 환각제의 의식 확장력에 관심을 두었고 자신들이 조사한 바가 물리를 연구하는 새로운 방식으로 이어졌으면 했다. 이들은 근본물리그룹Fundamental Fysiks Group을 자칭했고 티모시 리어리Timothy Leary의 표현을 빌리자면, 코펜하겐 해석에 '흥분하고turn in 조응한tune on 다음, 벗어나는drop out' 데 중점을 두었다.

그룹을 통해서 클라우저는 정신적 지지를 받았지만, 직장을 구하는 데는 별 도움이 되지 못했다—실제로 그룹의 일원들 대부분은 자력으로 정규직을 확보하는 데 애를 먹었다. 양자근간을 다루는 연구에 대한 편견 때문만은 아니었다. 오히려 일자리가 부족해진 것이 양자근간에 몰두하는 계기가 됐다. 전후 물리학에 자금이 흘러들어 호황을 이루면서 "닥치고 계산하라"라는 분위기가 지배적이었던 상황이 하루 아침에 바뀌었던 것이다. 냉전이 완화되면서 1960년대 말 국방 예산이 대폭 삭감되었고, 미국 정부가 물리학자들을 지원하는 연구비의 규모도 축소되었다. 게다가 전국 대학 캠퍼스에서 기밀 연구에 대한 저항이 일었고 학계와 군산복합체의 연결 고리도 약해졌다. 결과적으로 뜻하지 않게 물리학자들의 일자리가 굉장히 부족해졌다. 제2차 세계 대전 직후, 물리학은 어떠한 학문 분야보다 빠르게 성장했다—이제는 어떠한 분야보다 빠르게 위축되었다. 전쟁이 끝나고 1960년대 중반에 이르는 동안, 물리학 박사 학위를 받은 신진학자들은 넘쳐 났지만 일자리가 늘 부족했다. 하지만 1971년 무렵, 미국물리단체연합회American Institute of Physics의 경력 지원 부서에 접수된 전체 일자리는 53개였던 반면 지원자는 1,053명이었다. 당연히 근본물리그룹에게 다른 분야에서 쓸만한 연구를 해야 할 현실적인 유인은 크지 않았고, 양자물리학의 근간에 골몰하지 못할 정도는 아니었다—'존경받는' 물리학자들마저 퇴출되던 시기에, 존 클라우저가 일자리를 찾지 못해 애를 먹었던 것은 당연했다.

클라우저에게 일자리를 찾는 일만이 유일한 걱정거리는 아니었다. 실험 결과에도 논박이 일었다. 하버드에서 홀트와 프랜시스 핍킨Francis Pipkin이 수행한 벨 부등식의 두 번째 검증은 클라우저의 실험 결과와 충돌했다. 이들은 벨 부등식이 성립함을 발견했고 자연이 국소적이고 양자물리학이 틀렸음을 암시했다. 상황을 뒤집으려면 또 다른 실험이 필요했다. 버클리에서 클라우저는 양자물리학이 틀렸다고 드러나기를 다시 희망하면서 홀트와 핍킨의 방식을 수정한 실험을 준비했다. 한편, 텍사스 에이앤엠 대학교의에서 에드 프라이Ed Fry와 랜들 톰슨Randall Thompson은 비슷한 실험을 준비했는데, 첨단 '가변' 레이저를 이용해 데이터를 모으는 데 필요한 시간을 극적으로 줄였다. 1976년 클라우저와 텍사스 연구진 모두 실험 결과를 발표했다. 양자역학은 틀렸다는 누명을 벗었고, 클라우저와 프리드먼의 원래 결과가 유효했다. **양자 비국소성은 실재했다.**

하지만 클라우저가 양자근간을 계속해서 연구했던 탓에 정규직을 구하는 데 애로사항이 많았다. 클라우저의 연구를 중시한 물리학자는 드물었다. 놀랍지 않게도 그 드물다는 학자 중 한 명이 존 스튜어트 벨이었다. 1975년 봄, 벨과 데스파냐는 양자물리학의 근간을 실험으로 검증하는 주제를 다루는 학회를 조직했고, 이듬해 봄 시칠리아 해변의 작은 마을 에리체에서 개최할 계획을 세우고 클라우저를 명예 연사로 초빙했다. 벨은 클라우저를 초청하는 편지를 보냈지만, 클라우저는 계속 구직 중이라 내년에 어디에 있을지 확실하지 않았기에 곧바로 답장하지 못했다. 한 달을 기다린 후에, 벨은 클라우저의 침묵이 우려스러워 긴급히 전신telex을 보냈다. '박사가 없다면 학회는 「햄릿」에서 햄릿이 빠진 셈이겠죠'라고 벨은 썼다. '포스터에 박사의 이름을 올려도 될까요?' 클라우저는 흔쾌히 받아들였고 1976년 4월 에리체에 방문해서 당시까지도 부인되던 전문성을 인정받는 기쁨을 누렸다.

∼∼∼

양자물리학의 근간을 연구한다는 이유로 직업적으로 영향을 받은 경우는 제이와 클라우저와 근본물리그룹 뿐만이 아니었다. 당시 대다수 물리학자는 교육 과정의 일환으로 그런 질문을 회피하는 법을 학습했다. 하지만 교육 과정에서 명시된 내용은 아니었다―양자물리학의 근간을 연구하는 젊은 물리학자들을 방해하려고 의도적으로 합심하지도 않았다. 그들이 전문 물리학계의 주류에서 벗어나는 뜻하지 않은 결과를 야기한 또 다른 요인이 있었다. 다름 아닌 역사적 요인이며, 지금까지 이 책에서 소개했던 내용이다. 전후 과학 연구비를 지원하는 모델에서는 근간 탐구에 크게 관심을 기울이지 않았고, 특정 물리 분야에서 확실하고 구체적인 결과를 낸 연구에 보상했다. 미국 물리학은 유럽 물리학보다 더욱 실용적인 문제에 치중함으로써 우세한 위치에 올라섰다. 철학이 한 가지 역할을 했다. 바로 실증주의가 코펜하겐 해석을 둘러싼 우려를 일축하는, 편리하고 다양한 방법을 제시한 것이다. 게다가 숨은 변수 이론과 공산주의가 엮이고(특히 봄이 등장한 이후), 물리학을 지원하는 군사 자금의 규모가 압도적으로 커지고, 반공 이데올로기가 부상한 매카시즘 여파가 상당했던 까닭에 일종의 독한 양조주가 탄생했다. 숨은 변수 이론에 매달리면 그게 누구든 정치적 신념에 대한 의혹이 제기받았고, 그것만으로도 미국에 있는 대다수 물리학과 건물에 불을 밝혀주던 자금줄이 끊길 위험이 있었다.

젊은 물리학자들은 양자론이 대단히 성공적이라는 이유만으로 근간 연구를 손쉽게 단념했다. 생산적인 연구를 택할 수 있는 다른 선택지가 많았던 데다가 아인슈타인 본인도 이해할 수 없을 정도로 난해했으므로 양자근간을 탐구하는 까다롭고 추상적인 주제에 굳이 매달릴 이유가 없었다. "일반적인 학부와 대학원 교과과정에서 가르친 '상식'의 일환으로, 학생들은 단순히 보어가 옳았고 아인슈타인이 틀렸다고 배웠습니다. 이것이 이야기의 끝이자 토론의 결과였습니다"라고 클라우저는 회상했다. "이론의 근간을 의심하거나, 감히 그 문제를 타당한 연구 주제로 삼으려는 학생은 경력을 망치게 될 거라는 진지한 조언을 들었습니다." 그리고 양자물리학의 놀라운 성공과 엄청나게 다양한 현상을 설명하는 이론적 장치의 순전한 유용함 때문에, 근간에 의문을 제기한들 한층 더 불편해질 뿐이었다. 스마트가 지적했듯이(8장의 마지막 부분을 참고하라), 성공적인 이론의 철학적인 근간을 재평가하는 과정에서, 순전히 철학적인 주장으로 코펜하겐 해석을 반박한다고 해서, 대다수 물리학자가 동요하리라고 예상하기는 어려웠다. 대안적 해석을 다루는 주장 또한 필요한 일이었다. 하지만 그때까지 대다수의 물리학자는 코펜하겐 해석의 대안이 불가능하다고 확신했다—폰 노이만의 증명을 정교하게 해체한 벨의 연구는 미처 알려지지 않았다. 양자근간은 실험 연구와 완전히 동떨어져 있다는 이유로, '진짜' 물리학이 아니라는 의혹이 제기됐다. 벨은 그 역시 사실이 아님을 보였지만, 이런 인식 역시 뒤늦게 알려졌다. 그러는 동안에도 특히 젊은 물리학자들의 경력은 점점 망가졌다. 제이와 클라우저는 끊임없는 방해 요소에도 불구하고 양자근간 연구를 추구했지만, 안전하게 박사 학위를 받고 나서야 본격적으로 연구할 수 있었다. 양자근간에 관심을 둔 대다수 물리학자는 자신들의 경력 초창기에 관심사를 드러내기를 꺼렸다—이런 조언에 귀를 닫았던 사람들은 대가를 치렀다.

데이비드 앨버트David Albert는 1970년대 후반 뉴욕시 록펠러 대학교의 물리학 박사 과정생이었다. 앨버트는 항상 철학에 관심을 두었고 초기 대학원 생활을 이어나가던 어느 날 밤, 새벽 네 시에 일어나서 철학자 데이비드 흄이 쓴 책을 읽다가 양자 측정 문제의 심각성에 완전히 사로잡혔다. 흄을 떠올리면서 "측정 중에 파동함수에 일어나는 일은 별도의 가설이 요구되는 어떤 것이 아니라 슈뢰딩거 방정식의 간명한 역학적 결과여야 한다는 점이 다소 명료해졌습니다"라고 앨버트는 기억을 떠올렸다. "그렇게는 안 될 거라는 점이 제겐 아주 명료했습니다. 측정 문제를 이해한 순간이었죠. (…) 그날 밤 제 인생이 바뀌었습니다. '좋아, 이게 내가 연구하고 싶은 거야'라는 말이 나왔어요. 측정 문제를 연구하고 싶었습니다."

록펠러 대학교 물리학자들 중에는 아무도 양자물리학의 근간을 연구하지 않으므로 앨버트는 어떻게 더 진행해야 할지 잘 몰랐다. "록펠러에서는 이야기할 사람이 없었습니다. 그때 한 친구가 얘기했죠. 아하로노프에게 편지를 보내면 어떨까? 아하로노프는 당시 물리학계에서 떠올릴 수 있는 유일한 인물이었고, 철학에서 이런 주제에 누가 관심이 있는지 전혀 몰랐습니다." 일면식도 없었지만 앨버트는 당시 이스라엘에 있었던 아하로노프에게 편지를 부쳤다 — 그리고 아하로노프가 답장했다. "아하로노프는 제게 무척 관대했습니다"라고 앨버트가 말했다. 두 사람은 국소성과 측정 문제에 관해 함께 장거리 연구를 시작했다. "우리는 한 번도 만나지 않고 당시 구식 우편으로 《피지컬 리뷰》에 논문 두 편을 실제로 발표했습니다."

하지만 앨버트가 자신의 박사 학위 논문의 기반으로 아하로노프와 했던 연구를 제시하자 록펠러 대학교 물리학과는 난색을 표했다. "아하로노프와 측정 문제 건을 연구해 왔고, 그에 대해 논문을 진행하고 싶다고 말했습니다"라고 앨버트는 회상했다. "그러고는 며칠 뒤 학장실에 불려갔고, 록펠러 대학교의 물리학과에서는 아무도 그 주제로 논문을 써서는 안 된다는 말을 들었습니다. 제가 계속 주장을 굽히지 않으면 학위 과정에서 쫓겨날 판이었죠." 대학원 측은 앨버트에게 다른 논문 주제를 건넸다. "그건 φ^4 장론의 보렐 재합산Borel resummation에 대한 계산 투성이 문제였어요⋯⋯ 제 기질상 어울린다고 생각해서 지정한 게 분명했습니다"라고 앨버트가 말했다. "징계성 처분이 분명했죠. 학교에서 말했습니다. 여기 선택지가 있다고요. 다른 문제는 안 되며 이 문제를 선택할 수 있고, 아니면 학위 과정을 떠나면 된다고요."

앨버트는 아하로노프와 상의하고 나서 록펠러에서 버티기로 했다. "아하로노프 교수가 말했습니다. '그냥 고개를 숙이고 학교에서 지정해준 문제를 푸는 게 어떻습니까. 박사 학위를 받는 즉시 내가 텔아비브에서 박사 후 연구직을 제시할 테고, 그 뒤에는 원하는 걸 할 수 있을 텐데요'"라고 앨버트는 회상했다. "그래서 저는 그렇게 했습니다. 상황이 돌아가는 판국이 어떤지 알게 됐고, 록펠러 물리학과에서 측정 문제를 언급할 일은 더 없다는 사실이 제게 아주 분명해졌습니다."

결국 앨버트는 아하로노프와 수행한 박사 후 연구 경험을 물리철학으로 경력을 전환하는 발판으로 삼았다. 하지만 근간에 관심이 있는 다른 물리학 전공생들은 운이 따르지 않았다. 게다가 양자물리학의 근간에 대한 탐구를 억누르는 수단은 경력 단절이나 학위 보류에 국한되지 않았다. 제이가 결깨짐을 다룬 첫 논문을 발표하려고 했을 때도 겪었듯이, 대부분의 물리학 학술지에서는 근간 연구에 회의적이었고 아예 적대시 하는 경우도 있었다. 실제로《피지컬 리뷰》는 공공연한 편집 정책의 일환으로 기존 실험 데이터와 관련있거나 실험실에서 검증가능한 새로운 예측을 제시하지 않는 한 양자 근간을 다루는 논문을 게재하지 않았다. 1973년에《피지컬 리뷰》의 편집장이자 제2차 세계 대전에서 알소스 임무를 이끌었던 네덜란드 물리학자 사무엘 구드스미트는 이렇게 썼다. "물리학이 실험 과학임을 간과하면 안 됩니다. (…) 실험 데이터와 관련이 없는 물리 이론은 무의미합니다." (클라우저는 40년 전에도 이런 제약 때문에 EPR 논문에 답한 보어의 글이 《피지컬 리뷰》에 발표되지 못했을 것이라고 지적했다.) 양자근간에 관한 논문을 수용하는 학술지는 극소수였고, 제이의 논문이 최종적으로 실린 《파운데이션즈 오브 피직스》가 그중 하나였다.

이런 문제를 해결하기 위해 언더그라운드의 양자론자들이 《에피스테몰로지컬 레터즈*Epistemological Letters*》라는 새로운 대안 '학술지'를 창간했다. "숨은 변수와 양자 불확정성"에 관한 영구적인 서면상의 학술토론회를 자처했고, 이 지하 출판물은 타자기로 찍혀 등사판으로 인쇄되었으며 쉬모니를 포함한 비공식적 편집자 집단이 관리했다. 《에피스테몰로지컬 레터즈》는 일반적 의미의 과학 학술지가 아니다"라고 매 호의 뒤표지에 과감하게 선언했다(아울러 학술지를 삼인칭 복수로 언급했다). "**그들은 일반적인 학술지에 발표되기 전에 아이디어의 대립과 숙성이 허용된, 비공식적이고 열린 토론을 위한 기반을 만들기를 바랐다.**" 지면에서는 기존에 금기시하던 주제가 논의되었다. 측정 문제, 벨 정리의 진정한 의미 같은 내용이었다. 11년 동안 운영되면서 벨, 쉬모니, 클라우저, 제이, 데스파냐, 카를 포퍼의 논문이 지면에 실렸다. "기고 논문이 다양하고 논쟁이 활기찼기에 학술지의 목적에 잘 부합했다고 봅니다"라고 쉬모니는 훗날 언급했다. "서면 학술토론회의 명성이 급속히 퍼졌고, 전 세계의 많은 사람이 수신자 명단에 이름을 올리려고 편지를 보냈다."

1935년 이후 최초로 양자물리학의 근간을 연구하는 물리학자들의 응집

된 공동체가 생긴 셈이었다. 이들은 이론과 실험 연구 프로그램을 공유했고 (변변치는 않았지만) 나름의 학술지가 있었고 가끔 학회까지 열었다. 하지만 여전히 그룹의 일원이라고 정체를 공개적으로 드러내는 것은 안전하지 않았다. 특히 젊은 연구자들에게는 그랬다―적어도 아직은 아니었다.

≈

1974년 알랭 아스뻬Alain Aspect라는 젊은 프랑스 물리학자가 파리 교외의 광학연구소에 도착했다. 카메룬에서 3년 간 교편을 잡았다가 돌아온 지 얼마 안 됐고, 연구소에서 강사로 일하는 동안 박사 학위를 받기 위한 연구 주제를 찾던 중이었다. 한 교수가 쉬모니라는 미국 물리학자의 흥미로운 세미나를 들었다고 말해줬고 거기서 아스뻬는 벨의 논문을 확인했다. "벨의 논문을 읽자마자 완전히 빠져들었습니다. 제가 지금까지 읽었던 논문 중에서 가장 흥미로웠습니다"라고 아스뻬는 회상했다. "첫눈에 반한 느낌이었습니다. (…) 그래서 당장 해당 주제로 박사 학위를 하고 싶다는 말이 나온 겁니다." 아스뻬는 클라우저와 프리드먼의 논문과 홀트와 핍킨의 상충하는 실험 결과를 읽었고, 그들과 경쟁하지 않아야겠다고 판단했다. "제가 시작하기 전에 누군가 그 충돌을 해결하리라고 확신했습니다"라고 아스뻬는 말했다. "게임에 참가하려면 뭔가 다른 걸 해야만 했습니다. 그리고 벨의 논문을 유심히 살펴봤어요. 분명 결론부에서 벨은 중요한 실험이 무엇인지 언급했습니다. 광자들이 날아가는 동안 편광판의 배향背向을 바꾸는 것이었습니다."

벨의 아이디어는 이론적으로 간단했지만 실행에 옮기기에는 어마어마하게 어려웠다. 클라우저와 다른 학자들이 벨 부등식을 시험하는 실험을 했을 때는 편광판 각도를 무작위로 택했다—하지만 그런 무작위 선택은 얽힌 광자쌍이 광원에서 방출되기 전에 이미 일어났다. 이론상 광자들은 무작위로 선택된 설정 조건을 광원을 떠나기도 전에, 아직 알려지지 않은 어떤 물리를 통해서 어떤 식으로든 감지할 수 있었다. 만일 그런 경우가 발생했다면, 클라우저의 실험 결과를 설명하기 위해 비국소성을 들먹일 필요는 없었다—순수하게 국소적인 어떤 새로운 물리로 이를 설명할 수 있었다. 이런 설명을 배제하는 유일한 방법은 얽힌 광자쌍이 서로 멀어지는 방향으로 날아가고 있을 때 편광판들을 무작위로 설정하는 것이다. 그렇게 하면 편광판들이 설정된 후에는 광속으로 움직이는 어떠한 신호도 양쪽 광자에 도착할 수 없었다. "존 벨은 (…) 편광판들을 재빨리 회전시키는 실험에서, 양자 예측이 어긋날 가능성이 나타날 거라고 믿었던 것 같아요"라고 클라우저는 나중에 말했다. 문제는 실험에서 편광판들을 엄청나게 빨리, 즉 빛이 광원에서 편광판까지 이동하는 데 걸리는 시간보다 더 빨리 바꿔야만 한다는 것이다. 통상 그 거리는 약 10미터였으므로 편광판들이 40나노초보다 빠르게 바뀌어야 한다는 의미였다. 기술적으로 무척 까다로운 일이었다. "어떻게 해야할지 숙고하기 시작했습니다"라고 아스뻬는 회고했다. "마침내 가능할지도 모르겠다는 결론에 이르렀습니다." 아스뻬는 자신에게 방향성을 제시해 주었던 교수인 크리스티앙 앵베르Christian Imbert에게 다시 가서 앵베르의 실험실에서 실험을 해볼 수 있는지 물었다. 아스뻬는 이렇게 기억했다. "앵배르가 저에게 말했습니다. '자, 지금 이야기해준 내용을 이해하지는 못했지만 흥미롭긴 합니다. 그러니 제네바에 가서 존 벨에게 이야기해 보세요. 존 벨이 흥미롭다고 하면 실험실에서 시도해 볼 기회를 주겠습니다.'"

그래서 1975년 봄, 아스뻬는 제네바로 내려가 벨을 만났는데, 마침 벨이 에리체에서 학회를 조직하기 시작한 때였다. "제 아이디어를 벨에게 설명했는데 벨은 아무 말 없이 아주 조용했습니다"라고 아스뻬는 기억을 떠올렸다. "그러고 나서 벨은 제일 먼저 '정규직입니까?' 하고 물었습니다." 아스뻬는 혼란스러웠다. "제가 왜 그런 질문을 하냐고 묻자, '대답부터 하시죠'라고 벨은 말했습니다." 그래서 아스뻬는 자기 자리는 사실상 정규직이라고 설명했다—박사 학위 과정 연구를 진행 중이었지만 아스뻬의 광학연구소 강사직은 프랑스에서 종신직과 동등했다. 흡족해진 벨은 먼저 질문한 이유를 설명했다. "이런 류의 물리학은 전혀 인지도가 없어서 어려움을 겪을 것입니다. 그래서 종신직이 아니면 이런 선택을 권하지 않았을 겁니다." 벨은 양자물리학의 근간을 다루는 연구에 뒤따르는 직업적인 위험을 예민하게 인식했고, 젊은 물리학자들이 경력에서 확실히 자리를 잡기 전까지 이 주제를 추구하지 말기를 권했다. 하지만 다행히 아스뻬는 안전했다. "그러자 벨은 저를 든든하게 격려해 주었습니다"라고 아스뻬는 회상했다. "벨은 그 실험이야말로 진정 해볼 만한 일이라고 말해 줬습니다. 그리고 제게 말했죠. '광자들이 날아가는 동안 편광판들의 배향을 바꾸는 실험을 할 수 있다면, 좋죠, 이것이 실제로 해야 할 그 실험입니다.'"

아스뻬는 파리로 돌아가 앵베르의 실험실에서 본격적인 작업에 들어갔다. "기본적으로 한 가지만 빼고 모두 빌렸는데, 꼭 한 번 레이저만큼은 구입해야 했습니다"라고 아스뻬는 말했다. "그래서 레이저를 구입할 돈을 구했습니다. 그것이 유일하게 받은 지원금이었어요. 나머지는 전부 여기저기서 빌린 장비였습니다. 아니면 연구소 작업장에서 만들었고요. 경쟁이 없었기에 압박도 없었습니다. 아무도 관심이 없었거든요." 이어서 6년에 걸쳐 아스뻬는 정교한 실험 장치를 조립하고 시험하다가 결국 도움이 필요해 학부생 필리프 그랑지에Phillip Grangier, 인턴 장 달리바르Jean Dalibard, 연구 기술원 제라르 로제Gérard Roger를 영입했다. 한편, 아스뻬가 모르는 사이에 앵베르는 연구소에 있는 다른 사람들의 비판과 우려에서 아스뻬를 지켜주고 있었다. "앵베르 교수는 우산이 돼 주었습니다"라고 아스뻬는 말했다. "저를 지켜줬지요. '당신은 젊은 친구가 시간을 낭비하게 내버려 두는 데 가책을 느껴야 하고, 그 친구는 그런 실험에 매달리는 대신에 진짜 물리학을 해야 한다'라고 말하는 사람들한테서 말입니다. 당시에 저는 그런 사실을 알지 못했습니다." 마침내, 1982년 아스뻬와 공동 연구자들은 결과를 발표했다. 벨 부등식은 광자들이 날아가는 동안 편광판들이 바뀔 때에도 여전히 위배되었다.

아스뻬는 절묘한 실험 솜씨로 훨씬 더 놀랍고 어려운 작업을 이어갔다. "평범한 물리학자들에게 숨은 변수를 얘기하거나 양자역학과 어긋나게 숨은 변수 이론을 검증하는 얘기를 하면 일반적으로 관심을 보이지 않습니다"라고 아스뻬는 말했다. "하지만 상관관계를 찾는 근사한 실험을 했고, 이런 상관관계가 평범하지 않다고 이야기하면, 물리학자들은 근사한 실험을 좋아하고 벨을 검증하는 일은 근사한 실험이기 때문에 이야기를 들을 가능성이 높죠. 틀림없습니다." 아스뻬는 교사의 마음가짐으로—"저 스스로 빠져들었으므로, 여러분도 빠져들었다면 그런 매력을 전달할 수 있어야 합니다, 그렇지 않나요?"—벨의 정리에 대해 다른 물리학자들과 이야기하는 방법을 찾았다. "저는 설명하기를 좋아합니다. 올바르게 설명할 방법을 찾았다고 생각합니다. (…) 이 실험이 왜 흥미로운지 30분 안에 설명할 방법 말입니다"라고 아스뻬는 말했다. "평범한 물리학자에게 왜 그것이 정말 흥미로운지 설명할 방법이었죠. 곧 세미나를 진행하도록 초대받았고, 그 반응이 좋아서 방에 있는 사람들이 여기저기서 또 다른 세미나를 해달라고 초대했던 터라, 결국에는 벨 부등식과 이런 실험을 했던 동기, 그에 대해서 이해했던 방식을 설명하는 세미나를 실제로 많이 많이 했습니다." 아스뻬가 발표를 이어가자, 그동안 코펜하겐에서 쌓아 올린 침묵의 구조물이 마침내 균열을 일으키기 시작했다. 1980년대에 이르러 반세기 만에 처음으로 물리학자들 다수가 공개적으로 코펜하겐 해석에 의문을 제기하기 시작했다. 여전히 코펜하겐 해석은 대세였다. 또한 의문을 제기했던 모두가 코펜하겐 해석이 틀렸다고 생각하지는 않았다. 하지만 오래도록 쌓여 있었던 논박이 결국 눈사태처럼 산을 타고 쏟아져 내렸다. 마침내 양자근간이라는 새로운 분야가 찾아왔다.

10장
양자 스프링

라인홀트 베르틀만Reinhold Bertlmann은 늘 살짝 반항아 같은 행동으로 하루를 시작한다. 첫인상은 반항아처럼 보이지 않는다—말끔히 다듬은 수염과 교수 같은 차림새는 고향 빈의 격식을 갖춘 스타일과 일치하고, 빈 특유의 제국적인 모습에서 벗어나지 않는다. 하지만 베르틀만의 격식을 갖춘 차림새는 내려가다가 신발 바로 직전에 멈춘다. 베르틀만의 양말은 항상 짝이 맞지 않았다. "일찍이 학창시절부터 색깔이 다른 양말짝을 신었습니다. 게다가 저는 소위 68세대 학생이었습니다." 베르틀만은 말했다. "그러니까 이건 작은 시위인 셈이죠. 숨은 시위요. 양말짝 색깔이 다른 걸 누가 보면 충격을 받거나—그들이 그러겠죠, '얼마나 우둔하면 저럴 수가?'—웃으면서 저를 미친 인간으로 보리라는 것을 알았어요."

40년 전 베르틀만의 반항은 더 심했다. 머리가 어깨까지 내려왔고 수염이 덥수룩했던 까닭에 1978년 유럽입자물리학연구소에 처음 도착했을 때

그림 10–1. 「베르틀만의 양말과 실재의 본질」, 1980년 6월 17일, 휴고 재단. 존 스튜어트 벨이 직접 그린 베르틀만의 양말 만화.

는 누가 봐도 눈에 띄었다. "미국인들은 제가 히피같다고 떠들었을 테죠." 베르틀만은 기억을 떠올렸다. 하지만 베르틀만의 개방적이고 친근한 웃음에 연구소 친구들은 매혹됐고, 나중에는 다들 베르틀만의 양말에 주목했다. 하지만 존 벨은 그에 대해 언급조차 하지 않았다. 베르틀만과 벨은 2년 동안 벨의 정리와 전적으로 무관한 입자물리학의 까다로운 계산 방식을 같이 연구했다. "양말에 대해선 한마디도 하지 않았습니다, 단 한마디도요"라고 베르틀만은 기억했다. 그러다가 하루는 베르틀만이 연구소 구내식당에서 들은 소문에 대해 벨에게 물어보았다. 벨이 양자물리학의 근간을 다루는 중요한 연구를 했다는 얘기였다. "사람들은 그랬죠, '아, 벨이랑 연구하십니까? 어쨌거나 벨이 양자물리학에서는 유명한데.' 그러면 저는 이렇게 물었죠. '벨이 뭘 했길래요?' '아, 뭔가 하기는 했습니다. 신경 쓸 필요 없습니다. 누가 뭐래도 양자역학은 성립하니까요.' 연구소에서는 아무도 벨 부등식이 뭔지 설명하지 못했습니다." 하지만 1980년 가을 어느 날 베르틀만이 몇 주 정도 빈을 방문했을 때, 우연히 벨의 정리를 눈 앞에서 맞닥뜨렸다. 베르틀만의 동료 한 명이 벨의 새로운 논문을 가지고 연구실로 달려 내려왔다. "논문을 머리 위로 흔들면서 찾아왔죠"라고 베르틀만은 기억했다. "그러고는 말했습니다. '베르틀만, 제가 뭘 가져왔나 보세요! 당신은 이제 유명해졌다고요!'"

베르틀만은 깜짝 놀라서 논문 제목을 읽고 또 읽었다. 제목은 「베르틀만의 양말과 실재의 본질*Bertlmann's Socks and the Nature of Reality*」이었다. 논문에는 심지어 벨이 직접 그린 작은 만화도 실렸다(그림 10-1).

"거리의 철학자는 양자역학 과정의 어려움을 겪어본 적이 없으므로 아인슈타인-포돌스키-로젠 상관관계에 큰 관심을 보이지 않는다"라고 벨은 썼다. "일상생활에서도 비슷한 상관관계를 보여주는 사례가 많기 때문이다. 베르틀만이 신는 양말의 사례가 흔히 인용된다. 베르틀만 박사는 양말짝 색깔을 다르게 신기를 좋아한다. 어느 날 어느 발에 어떤 색 양말을 신을지는 예측이 불가능하다. 하지만 일단 한쪽 양말이 분홍색이라는 사실을 알면, 반대쪽 양말은 분홍이 아니라는 정도는 확신해도 좋다. (…) 취향은 가지각색이라는 사실을 잠시 접어두고 보더라도 여기 의문점은 없다. 그렇다면 EPR 문제도 마찬가지 아닌가?" 벨은 코펜하겐 해석과 그 역사를 짧게 개괄하면서, "실증주의적이고 도구적인 철학에 영향을 받은 대다수는 양자 세계에서 일관된 그림을 찾기 어려울 뿐 아니라, 이를 모색하는 일이 잘못되었다고 주장한다—실제로 부도덕하지는 않더라도 전문가답지 못한 태도인 건 분명하다.

그것으로도 모자라서 몇몇 사람들은 원자와 아원자 수준에서 입자가 관측될 때까지 아무런 특성도 **지니지 않는다고 주장한다**"고 설명했다. 그러고는 베르틀만의 양말을 다시 한 번 언급했다.

아인슈타인-포돌스키-로젠 상관관계에 대한 논의를 구상해야 할 필요성은 바로 이와 같은 아이디어의 맥락에서 비롯된다. 따라서 EPR 논문이 소란을 야기했으며, 그로 인한 여파가 아직도 가라앉지 않았다는 점은 받아들이기 어렵다. 보이지 않을 때는 베르틀만의 양말이, 적어도 그 색깔이 실재임을 부인하는 지경이다. 그리고 순진무구하게 다음처럼 묻는다. 양말이 똑똑히 **보이는데** 어떻게 항상 양쪽 양말 색깔이 달라지는가? 먼저 고른 양말짝이 무엇인지 나머지 양말짝은 어떻게 아는가?

왜 얽힌 입자들이 베르틀만의 양말과 같지 않냐는 질문에 벨은 직접 답변했다―벨의 정리와 클라우저와 아스뻬의 실험을 통해서 보였던 바는, 무엇인가 훨씬 이상한 일이 일어나야 한다는 것이다. "양자역학으로 구현할 수 있는 특정 상관관계는 **국소적으로 불가해하다**. 즉, 이들은 원격 작용 없이 설명되지 못한다"라고 벨은 썼다. "어깨를 으쓱하고는 '우연의 일치는 항상 일어난다'라거나 '원래 다 그렇다'라고 말할지도 모르겠다. 양자 철학이라는 맥락에서 볼 때, 그런 태도는 다른 의미로 진지한 사람들의 지지를 받기도 한다. 하지만 그런 특이한 맥락을 벗어나면 그런 태도는 비과학적이라고 일축되기 마련이다. 과학적 태도란 상관관계가 설명되어야 한다는 것을 의미한다."

아스뻬의 선전 공세는 양자근간에 커다란 영향을 미쳤지만, 그때까지도

그림 10-2. 유럽입자물리학연구소에서 벨 정리의 검증안을 논하는 존 벨, 1982년.

물리학자들은 대체로 무관심했다. 게다가 클라우저도 익히 알았듯이 양자 근간을 연구하면서 정규직을 보장받을 가능성은 거의 없었다. 벨 본인도 베르틀만과 연구소에서 함께 연구했던 대로 거의 모든 시간을 상대론적 양자장론으로 입자물리학을 연구하는 데 할애했고, 그렇게 버티는 방식이—벨이 말했듯 "어쨌거나 실용적인 목적으로는"— 썩 괜찮다고 느꼈다. 하지만 양자근간은 벨의 머릿속을 떠나지 않았다. 언젠가 한번은 벨이 강연을 시작하기에 앞서 "저는 양자공학자이지만 일요일에는 원칙이 있습니다"라고 밝혔다. 평소 부드럽게 이야기하는 편이었지만 초빙 연사가 양자근간에 대해

10장 양자 스프링　　**303**

황당한 소리라도 하면 태도가 돌변했다. "학회에서 (…) 벨은 보통 아무 말도 하지 않았습니다." 젊은 동료였던 니콜라스 지생Nicolas Gisin이 기억을 떠올렸다. "하지만 누군가 틀린 이야기를, 특히 양자 해석에서 틀린 주장을 하면 (…) 벨은 갑자기 격해져서 아일랜드 억양으로 논평하며 핵심을 날카롭게 파고들었고, 일단 한번 시작하면 연사는 무너져서 녹아내릴 지경이었습니다."

하지만 그건 벨이 화났기 때문이 아니었다. 수십 년 전 채식주의자가 된 계기인 양심적 신념과 같은 종류로서 과학에서 완전무결성을 추구하는 벨의 깊은 양심에 근거한 행동이었다. 코펜하겐 해석이 측정 문제로 고심하기를 꺼렸다면 벨은 측정 문제로 고심하지 **않기를** 꺼렸다. 코펜하겐 해석의 모호함과 의도적으로 문제를 뒤로 미루는 경향을 벨은 견디지 못했다. 벨은 젊은 물리학자들이 양자근간에 경력을 바치도록 독려하는 것은 경계했지만, 양자근간에 관해 자신과 대화하고 싶어 하는 사람이라면 그게 누구든 참을성 있고 친절하게 대했다. "양자근간에 대해 질문을 하면 벨은 무척 자상하게 공들여서 대답했습니다"라고 지생은 기억했다. "더욱이 벨이 내 연구실로 이야기하러 왔을 때는 (…) 빨간 머리카락에다가 모자를 쓰고서, 그 위에 작은 방울을 단 차림이었죠. 그 위대하다는 존 스튜어트 벨의 모습이라고는 생각하기 어려웠습니다."

벨은 "항상 미소를 머금고 있었고 (…) 반골들에게는 유독 약했습니다"라고 베르틀만은 말했다. "우리는 물리학만이 아니라 정치와 예술을 비롯해 온갖 토론을 벌였습니다." 하지만 베르틀만이 벨의 논문을 보기 전까지만 해도 두 사람은 근간을 다루는 벨의 연구를 논의한 적이 없다. "논문을 보니, 제 양말이 문제가 아니었습니다." 베르틀만은 회상했다. "완전히 뻗어버릴 정도였다니까요. 흥분해서 가슴이 떨려서는 전화기로 가서 벨과 통화했던 기억이 납니다. 저는 들떠 있던 반면에 벨은 차분했죠." 일단 진정이 되자 베르틀만은 양자근간을 더 알아보기로 결심했다. "충격을 받고서 이 분야를 알아봐야겠다고 생각했죠."

~~~

지생과 베르틀만처럼 젊은 물리학자들만 양자근간에 끌렸던 것은 아니었다. 저명한 선배 물리학자들 역시 양자근간 분야로 관심을 돌리는 중이었다. 이전까지 중요하지 않다거나 실용적이지 않다고 일축한 물리학자들도 마찬가지였다. 1970년대 초에 존 클라우저가 처음으로 벨 부등식의 검증 실험을 하던 시절, 클라우저는 크리스마스를 맞아 가족을 보러 패서디나에 내려갔다. 클라우저의 아버지 프랜시스는 당시 칼텍의 교수였다. "도착하니까 아버지가 말했습니다. '파인만 교수랑 네 약속을 잡아뒀단다!'" 클라우저가 기억을 떠올렸다. "저는 대답했습니다. '와, 엄청난데요…….'" 당시 리처드 파인만은 현존하는 유명하고 명석한 물리학자 중에서도 전설적이었다. 파인만은 빛과 물질의 상호작용을 다루는 이론인 양자전기역학quantum electrodynamics의 창시자 중 한 명이었다—그 업적을 인정받아서 1965년 노벨 물리학상을 수상했다. 파인만은 존 휠러의 학생으로서 학계에 발을 들였고, 휠러와 마찬가지로 코펜하겐 해석에 거리낌은 없었다. 클라우저는 잘 알려지지 않은 벨 정리에 관한 자신의 연구가 도외시될까 우려했다—하지만 우려는 현실이 되었다. "파인만 교수의 연구실로 들어가니, 교수가 대뜸

공격적으로 나왔습니다." 클라우저가 말했다. "파인만 교수가 말했습니다. '무슨 소리하십니까? 양자역학을 못 믿는다는 말입니까? 어떤 점이 잘못되었는지 보이고 나서 다시 오세요. 그때 이야기합시다. 나가주십시오. 전 관심이 없습니다.'"

하지만 1984년 알랭 아스뻬가 칼텍에 강연하러 왔을 무렵, 파인만의 태도는 바뀌어 있었다. "파인만 교수는 극도로 우호적이었습니다." 아스뻬는 당시를 돌아보며 말했다. "파인만 교수가 흥미로운 의견을 냈습니다." 강연 후 파인만은 아스뻬에게 자신의 연구실에도 들러 달라고 요청했고, 두 사람은 아스뻬의 연구를 논의했다. 아스뻬가 집에 돌아왔을 때, 파인만에게서 찬사로 가득한 편지를 받았다. "다시 한번 말씀드리지만 들려주신 강연은 탁월했습니다."

어쩌면 불행하게도 클라우저의 방문은 뻔한 결과였고, 그 당시만 해도 파인만이 클라우저를 만나서 배울 점은 많지 않았을 것이다. 하지만 시간이 흘러 아스뻬가 칼텍에 갔을 무렵, 파인만은 벨의 정리를 충분히 알고 있었다. 첫 번째 벨 실험의 여파로 물리학자와 일반 대중 모두에게 벨의 정리를 설명하는 글이 쏟아져 나왔다. 데스파냐는 처음으로 벨의 연구를 설명하는 대중적인 글을 썼고, 1979년 《사이언티픽 아메리칸*Scientific American*》에 실렸다. 머지않아 버클리의 근본물리그룹과 손잡은 작가와 물리학자들이 출간한 『물리학의 도*The Tao of Physics*』와 『양자 실체*Quantum Reality*』 같은 양자물리학 교양서에서도 해당 주제를 다루었다. 그리고 불세출한 코넬 대학교의 물리학자 너새니얼 데이비드 머민이 여러 편에 걸쳐 벨의 정리를 다룬 논문을 발표했다. 머민은 이 유명한 논문에서 일련의 간단한 사고실험을 통해 동료 물리학자에게 벨의 정리를 명쾌하게 설명했고, 이는 단번에 표준적인 교수법으로 자리 잡았다. 물리학자들 사이에서도 물리적 통찰의 깊이는 물론, 명료하게 가르치기로도 유명했던 파인만조차 머민이 쓴 논문의 팬이 되었다. "당신의 글은 제가 아는 물리학 논문 중에서 가장 아름답습니다"라고 파인만은 1984년 머민에게 편지를 보냈다. "제 평생 양자물리학의 기묘함을 더욱 단순한 조건으로 증류하려고 시도해 왔습니다. (…) 이상적으로 담백한 설명을 보니 최근 저의 기술 방식과도 아주 흡사합니다."

1981년 메사추세츠 공과대학 학회의 기조연설 중에 파인만도 직접 벨의 정리를 설명했다(그 과정에서 이상하게도 벨이라는 이름을 실제로 언급하지 않았다). 학회의 주제였던 '컴퓨터 계산의 물리학'과는 무관해 보였다. 하지만 파인만은 이 분야에서 결정적인 질문의 해답이 벨의 정리에서 나왔다는 사실을 보였다. "물리학을 범용 컴퓨터로 시뮬레이션 하는 게 가능할까요?" 파인만은 학회에서 질문을 던졌다. 그러고는 말을 이어나갔다. "그 물리적 세계가 양자역학적이므로, 마땅히 다루어야 할 문제는 양자물리학의 시뮬레이션입니다. 이것이 제가 정말로 이야기하고 싶은 바입니다." 일상 조건에서 작동하는 평범한 컴퓨터로 부족하다는 말이었다. 컴퓨터에서 이상한 원거리 연결성이나 이렇다 할 묘책 없이, 통상적인 방식으로 0과 1만 이용하면 컴퓨터로 국소 물리를 시뮬레이션 하는 데 그치기 때문에 양자 효과를 온전히 시뮬레이션 하기는 불가능했다. 하지만 파인만은 성공할 방법이 있으리라고 내다봤다. "새로운 종류의 컴퓨터, 다시 말해 **양자컴퓨터** quantum computer로 그렇게 할 수 있을까요?" 파인만은 궁금했다. "확신할 수는 없습니다. (…) 그렇기에 논의를 열어 두겠습니다."

몇 년 뒤, 데이비드 도이치David Deutsch라는 젊은 물리학자가 파인만이 멈춘 지점에서 출발했다. 1985년 도이치는 양자컴퓨터—양자물리학과 고전물리학의 차이를 최대한으로 활용한 컴퓨터―가 평범한 고전컴퓨터보다 더 효율적으로 작업을 처리할 수 있음을 증명했다. 도이치의 증명은 벨의 아이디어를 실용적인 기술에 적용할 수 있는 가능성을 열었으며, 이는 벨이 예기치 못한 결실이었다. 하지만 도이치는 양자컴퓨터가 고전컴퓨터를 능가하는 실제 적용 분야를 언급하지는 않았다. 단지 이론적으로 가능하다고 증명하고 나서 간단한 예시를 제시했을 뿐이다. 현존하는 컴퓨터를 상회하는, 아직까지 만들어지지 않은 컴퓨터를 위한 유용한 알고리즘을 찾기란 까다로운 일이었다.

거의 10년 뒤, 피터 쇼어Peter Shor라는 명석한 수학자가 굉장한 방식으로 그 어려운 일을 해냈다. 1994년 쇼어는 극단적으로 큰 숫자를 빠르게 인수분해할 수 있는 양자 알고리즘을 고안했다. 대단히 중요한 결과물이었다. 쇼어의 알고리즘은 도이치가 가능하다고 증명한 것을 정확하게 실증했을 뿐 아니라 엄청나게 실용적인 결과를 가져왔다. 일반 컴퓨터로는 큰 숫자를 인수분해하기 어렵다. 쇼어도 익히 알았듯이 대부분의 실용적인 암호화는 이런 어려움에 기반하며, 특히 새로이 부상하는 인터넷을 활용한 보안 통신 분야가 그러하다. 쇼어는 컴퓨터 공중망을 활용한 거의 모든 금융 거래에서―도서 구매에서부터 주식 거래까지―사용되는 암호화 유형은 양자컴퓨터가 활용되는 세상에서는 취약해지리라는 사실을 입증했다.

하지만 그 무렵 양자정보이론quantum information theory에서 역시 이 문제의 해결책이 나왔다. 양자암호학quantum cryptography이었다. 사실 완벽하게 안전한 두 가지 유형의 통신은 양자근간 분야에서 처음으로 수행한 연구에 기반한다. 1984년 찰스 베넷Charles Bennett과 질 브라사르Giles Brassard가 개발한 한 가지 방법은 복제불능정리no-cloning theorem에 기반했다. 복제불능정리는 근본물리그룹이 수행했던 연구에 부응해서 증명한 결과물이었다. 1991년 아르투르 에커트Artur Ekert가 개발한 또 다른 방법은 직접적으로 벨의 정리를 토대로 삼았다. 이로써 탐지되지 않고 도청될 가능성을 물리학의 근본 법칙에 따라서 금지시킨, 완벽하게 안전한 통신이 가능하리라고 전망했다.

하루아침에 얽힘과 벨의 정리는 과학에서 난해하고 도외시된 소수의 물리학자와 철학자들의 관심사에 그치지 않게 되었다. 컴퓨팅 기술과 암호학의 실용적 문제가 쟁점으로 떠오르자, 자연히 정부와 군에서는 커다란 관심을 보였다. 얽힘과 결깨짐이나 양자근간 연구자들이 처음으로 기술한 다른 현상을 완전히 제어할 수 있다면 잠재적으로 큰 기회였다. 이어서 양자컴퓨터를 만들려는 각축전이 벌어졌다. 자금 지원의 물꼬가 트였다. 쇼어의 돌파구를 마련한 후, 10년이 채 지나기 전에 미국방부는 대대적으로 양자정보 분야에 2,000만 달러를 지원했다. 2016년까지 군과 민간과 관련한 다양한 정부 기관에서 양자정보기술에 자금을 지원했고, 유럽 연합은 연구 개발에 10억 유로를 지원하고 있으며, 중국은 양자통신위성을 시험 중이다. 구글과 IBM과 마이크로소프트 같은 민간 기업 역시 연구를 진행 중이다. 요컨대, 양자정보 처리는 더이상 양자근간의 일부에 국한되지 않았다—양자근간에서 파생되어 그 독자적 산업 규모가 수십억 달러에 이르렀다.

하지만 그 가운데 양자근간 분야에 투입된 자금은 거의 없었다. 신규 연구 지원금의 홍수는 대부분 양자컴퓨터처럼 실용적인 기술을 개발하기 위함이었지, 측정 문제에 새롭게 접근하기 위함이 아니었다. 양자근간 분야는 새로운 결실을 맺었고, 그로써 양자근간이라는 분야가 무용지물이 아니라는 사실이 입증되었지만, 양자정보 처리가 진전을 거듭하는 것과 양자론의 심장부에 놓인 수수께끼를 푸는 데는 아무런 영향도 미치지 못했다. 게다가 여전히 대다수의 물리학자는 물론이고 벨의 연구에서 파생된 여러 새로운 분야를 연구하는 물리학자마저도 코펜하겐 해석의 접근을 따르느라 언젠가 머민이 요약했던 대로 하고 있었다. "닥치고 계산하라!"

~~~

양자근간은 컴퓨터에 끊임없는 영향을 주었다. 하지만 컴퓨터 역시 양자근간에 영향을 주었다. 1978년, 런던 대학교 버크벡 칼리지에서 데이비드 봄의 동료 세 사람은—크리스 듀드니Chris Dewdney와 크리스 필리피디스Chris Philippidis와 배질 하일리Basil Hiley—1950년대에 나온 봄의 옛 파일럿파 논문을 살펴보기 시작했다. 버크벡에서 하일리는 10년 이상 봄과 함께 연구했었다. 하일리는 봄의 파일럿파 연구를 알고 있었지만, 봄과 만나기 몇 년 전에 봄 스스로 그 접근법을 폐기했기 때문에 이론이 성립하지 않는다고 간주했었다. 더 젊고 엉뚱했던 듀드니와 필리피디스가 봄의 옛 논문을 보았다. "듀드니와 필리피디스가 어느 날 봄의 52년 논문을 손에 들고 저를 찾았습니다." 하일리가 기억을 떠올렸다. "이어서 두 사람은 제게 말했죠. '데이비드 봄과 같이 이 문제에 대해 이야기해 보면 어떨까요?' 저는 이렇게 운을 뗐습니다. '아, 그건 완전히 틀렸을 텐데요.' 그러자 두 사람은 논문에 대해 몇 가지 질문을 했고, 저는 그 논문을 제대로 읽지 않았다는 사실을 인정해야 했어요. 실제로 저는 서론 외에는 전혀 읽지 않았거든요! (…) 그래서 집에 돌아가 주말 동안 훑어보기 시작했죠. 읽어 내려가다가 이런 생각이 들었습니다. '대체 뭐가 문제지? 완벽해 보이는데.'" 월요일이 돌아오자, 하일리가 말했다. "다시 두 사람을 보러 가서 얘기했습니다. '좋아요, 궤적들이 어떻게 되는지 뽑아봅시다.'" 듀드니는 컴퓨터를 이용해 이중 슬릿 실험(그림 5-4 참고)을 포함한 다양한 시나리오에서 파일럿파가 유도하는 입자의 궤적을 생성했다. "분명 그런 영상을 확보만 한다면 백 마디 말보다 나을 겁니다"라고 하일리가 말했다. 세 사람이 영상을 가지고 봄에게 갔더니 봄은 혀를 내둘렀다. 하일리가 말했다. "갑자기 봄의 눈이 휘둥그레져서 저랑 본격적으로 결과물에 대해서 이야기하기 시작했어요." 봄은 20년 동안 방치해 둔 파일럿파 해석을 먼지 더미 속에서 다시 꺼내 하일리와 함께 더 나아갈 방법을 모색했다.

봄이 자신의 오랜 아이디어에 다시 관심을 기울이자, 이후 몇몇 다른 물리학자 역시 이어서 파일럿파 이론에 관한 새로운 연구에 착수했다. 봄과 하일리가 6, 70년대에 걸쳐 개발되었던 '접힌 질서implicate order'에 대한 아이디어와 파일럿파 이론의 연결 고리를 찾으려고 한 지점에서, 이 새로운 봄주의자들은 봄의 1952년 이론의 원본을 다시 연구하면서 언어와 수학을 바꾸었다. 그리고 수년 동안 봄의 해석을 비판하는 논증에 맞서서 강력한 방어막을 펼쳤다. 몇몇은 기본적인 가정에서 파일럿파 이론을 유도하는 방법을 찾았고, 파일럿파 이론이 우아하지 못하고 즉흥적이라는 비난이 잘못되었음을 보였다. 다른 학자들은 1950년대 봄이 실패한 지점에서 계속 연구를 이어가서 상대론적 양자장론의 영역으로 확장하려고 시도했으며, 그 결과 당시 입자가속기에서 나타나는 다양한 현상을 성공적으로 예측하기에 이르렀다.

하지만 슬프게도 봄은 이러한 연구를 거의 보지 못한 채 생을 마감했다. 1992년 74세의 나이로 런던에서 택시를 탔다가 뒷좌석에서 심장마비로 사망했다. 봄은 블랙리스트에서 살아남았고 40년 동안 망명 생활에 시달리면서도 자존심과 진정성을 잃지 않았다—게다가 코펜하겐 해석의 대안이 가능하다는 사실을 명백하게 입증했다. 봄의 연구는 폰 노이만의 증명이 잘못되었음을 밝혔고 벨의 경이로운 정리에 직접적인 영향을 주었다. 존 스튜어트 벨이 양자론을 중흥한 아버지라면 분명 데이비드 조지프 봄은 그 조부격이었다.

~~~

벨의 실험 이후 양자근간 분야가 지지를 얻으면서, 봄의 파일럿파 해석 외에도 먼지 더미에 파묻혀 있던 아이디어들이 재조명됐다. 디터 제이는 결깨짐에 관한 연구가 생각지도 못한 사람 덕분에 새롭게 인정되는 분위기를 감지했다. 바로 존 휠러였다. 휠러는 자신의 학생인 에버렛의 연구와 자신의 스승인 보어의 아이디어를 양립시키려다 실패하고 나서는 양자론의 근간에 대한 관심을 접은 상태였다. 하지만 벨 실험을 살펴보고 동료였던 유진 위그너와 긴 대화를 나누며 과거의 흥미를 되찾았다. 1976년 텍사스 대학교로 옮기고 얼마 지나지 않아, 휠러는 양자 측정에 관한 강의를 시작했다. 프린스턴에서도 그랬듯이 휠러가 강의를 하면 총명한 학생이 모여들었다. 그중 몇몇은 휠러의 수업에 엄청나게 영향을 받았다. "텍사스 오스틴에서 존 휠러 교수를 만나기 전까지는 의문점을 모두 이해했다고 생각했습니다—어느 경우든 학생에게 적절한 주제는 아니었지만요." 휠러의 학생이었던 보이치에흐 주렉Wojciech Zurek이 말했다. "휠러 교수가 생각을 바꿔놓았습니다. (…) 우리는 수업에서 보어와 아인슈타인을 읽었습니다. 양자론과 정보의 연관성을 논의했고, 이런저런 아이디어를 시험해 봤습니다. (…) 양자역학, 관측자의 역할, 물리학에서 다루는 정보의 본질에 대한 의문이 중요하면서도 대체로 해결되지 않았다고 저는 점점 확신하게 되었습니다."

데이비드 도이치의 강의를 듣는 한편, 휠러의 수업을 통해 연구하면서 주렉은 양자물리학의 얽힘과 측정의 관계에 대해, 구체적으로는 양자계와 더 넓은 환경의 얽힘 효과—즉, 결깨짐—를 고심했다. 자신의 아이디어에 대해 휠러와 폭넓게 대화를 나누면서—"그 문제를, 더 정확하게는 모든 문제를 정의하는 데 휠러 교수의 도움이 절대적으로 필요했습니다"라고 주렉은 기억을 떠올렸다—1981년 초, 결깨짐을 다루는 논문의 초안을 작성했다. 주렉은 제이가 했었던 연구를 직접적으로 알지는 못했지만, 휠러는 명확히 알고 있었다. 휠러는 위그너에게서 제이의 아이디어를 듣고 나서, 5월 전에 제이를 만나러 하이델베르크를 방문했다. 주렉은 초안을 완성한 직후 휠러와 위그너에게서 제이의 연구에 대해 들었다. 그해 말에 게재된 결깨짐에 관한 논문에서, 주렉은 그때까지도 알려지지 않았던 제이의 연구를 자신이 발표한 결과의 선행 연구로써 인용했다.

두 사람의 연구 내용이 무척 비슷했지만, 결깨짐에 주렉이 접근하는 방식은 제이의 방식과 무척 달랐다. 제이는 초기 논문에서 다세계 해석이 결깨짐의 불가피한 결과라는 아이디어를 밀어붙였다. 하지만 주렉은 양자물리학의 해석에 대해 상당히 불가지론적이었다. 주렉에 따르면, "내 논문의 요점은(그리고 더 넓게는 결깨짐에 대한 내 접근 방식은), 아무런 해석적 짐덩어리를 달고 다니지 않아도, 근본적인 질문과 관련있으면서도 양자론에 직접적으로 뒤따르는 바를 논할 수 있다는 점입니다." 게다가 주렉의 연구는 제이의 연구와 다르게 받아들여졌다—두 접근 방식의 차이점과 지난 10년 간 물리학에서 일어난 큰 변화를 감안하면 당연한 결과였다. 제이가 자기 의견을 게재하기 어려운 현실을 절감했다면, 주렉의 논문은 별다른 어려움 없이 유명한 물리학 학술지에 게재되었다. 더욱이 주렉은 휠러의 강력한 후원을 받았다. 이 역시 결깨짐에 관한 연구로 스승인 옌젠과 관계가 망가져서 난항을 겪던 제이의 경우와 달랐다. 휠러는 자문 역할을 맡고 주렉의 연구를 독려하는 데 그치지 않고, 주렉처럼 젊은 연구자에게는 일반적으로 기회가 주어지지 않는, 여러 양자근간 학회에 매번 초대받게끔 해 주었다. 학회에서 주렉의 발표들과 아이디어들이 제법 호응을 얻자 주렉은 양자물리학의 근간을 다루는 문제에 직업적으로 노력을 기울여야겠다고 다짐했다. "양자근간을 연구하는 것은 물리학자의 경력에서 죽음의 키스라고 생각했을 때였습니다." 주렉이 회상했다. "학창 시절, 모두에게서 그런 메시지를 느꼈습니다. 특별히 휠러 교수만은 예외였습니다. 따라서 근간을 다룬 연구로 학회에 초대된다는 건 시대가 바뀌고 있다는 확실한 증거였습니다." 주렉은 이후 5년 동안 양자근간에 대한 논문 외에도 결깨짐에 관한 논문 6편을 더 발표했다—그 중에서 어떠한 논문도 주렉의 경력에 큰 걸림돌이 되지는 않았으며, 그러는 동안 주렉은 텍사스에서 칼텍으로, 종국에는 로스앨러모스로 옮겨 갔다.

주렉의 논문이 성공하자 제이는 다시 결깨짐에 관한 연구를 시작할 적기라고 확신했다. 장래가 유망한 학생 에리히 요스Erich Joos와 함께 결깨짐에 관한 몇 편의 논문을 썼다. 하지만 코펜하겐이라는 주류를 거스르는 자기 위치가 요스에게 영향을 미치지 않기를 바랐다. "젊은 친구가 에버렛을 다뤄서 당장 경력을 망쳐서는 안 됩니다"라고 제이는 요스와 처음으로 같이 연구하기 시작했을 때 말했다. "따라서 우리는 그런 언급은 전혀 하지 않고 논문을 쓸 작정입니다!" 주렉의 논문이 나오고 나서 몇 년이 흐를 때까지도 제이는 에버렛에 대해 이야기하기를 의도적으로 피했지만, 요스의 경력을 지키려는 시도로서는 허사였다. 제이와 요스와 주렉을 비롯한 학자들이 결깨짐에 관해서 훌륭한 연구를 진행하고 있었지만, 제이의 하이델베르크 대학교 동료들은 여전히 결깨짐을 진짜 물리학으로 받아들이지 않았다. "1990년에 요스에게 교수자격시험habilitation을 준비하도록 제안해도 괜찮겠다고 생각했습니다"라고 제이는 기억했다. "영향을 줄 만한 사람들에게 제안을 했죠. 돌아온 대답은 이랬습니다. '요스가 한 일이 무엇인가요?' 제가 이야기했어요, '결깨짐입니다.' 그들은 이렇게 답했습니다. '결깨짐? 그게 뭐죠?' 1990년이었는데 말입니다!"

1991년 주렉이 미국물리학회 잡지인 《피직스 투데이Physics Today》에 결깨짐을 주제로 기고했을 때에야 비로소 결깨짐은 물리학자들 사이에 널리 알려졌다. 하지만 주렉은 결깨짐에 대해 논란이 될 만한 주장을 몇 가지 했다. 특히 결깨짐이 단독으로 측정 문제를 해결할 수 있다는 의미에 가까운 흐름이었다. "난점의 심오한 본질에도 불구하고 최근 몇 년 사이 측정 문제를 다루는 데 진전이 보인다는 공감대가 커졌다"라고 주렉은 썼다. "거시계는 주변 환경과 결코 분리되지 않는다. (…) 이로 인한 '결깨짐'은 양자역학적 파속wave packet의 붕괴 문제를 고려할 때 무시될 수 없다." 아울러 글을 끝내면서 "결깨짐은 중첩을 깨트린다"고 명시했다.

《피직스 투데이》로 쇄도하는 편지에서는 주렉을 반박하면서, 이와 일관된 해석이 없이는 결깨짐이 측정 문제를 풀 수 없다고 지적했다. 작은 물체가 슈뢰딩거의 고양이 같은 중첩 상태로 주변 환경과 접했을 때 결깨짐이 중첩을 깨지는 않을 것이다—문제는 더 심각해질 것이다. 단순히 그 물체가 중첩인 상태가 아니라, 물체와 주변 환경으로 구성된 커다란 계 자체가 중첩될 것이다. 게다가 그 중첩이 무엇을 뜻하는지 설명하는 해석이 없이는 측정 문제는 그대로 남아 있을 터였다. 우리는 왜 실세계에서 죽어 있으면서 살아 있는 고양이를 결코 보지 못할까? 슈뢰딩거 방정식은 왜 그토록 작은 물체에서는 잘 성립하면서 일상적인 물체에 적용할 때는 처참하게 빗나가는 것처럼 보일까?

당연하게도 제이는 "주변 환경으로 인한 결깨짐 자체로는 측정 문제를 해결하지 못합니다"라고 수긍했다—제이는 에버렛의 그림을 완성하려면 다세계 해석이 필요하다고 주장했다. 주렉 역시 《피직스 투데이》에 기고한 내용에도 불구하고 결깨짐이 온전한 해결책이 아니라는 데 동의했다. 결깨짐을 다룬 첫 번째 논문에서 그 점을 명료하게 설명했다. 논문에서 "무엇이 계-장치-환경이 묶인 파동함수의 붕괴를 야기하는가?"라는 문제를 결깨짐으로 다룰 수 없다고 명시했다. 하지만 다세계에 접근하는 주렉의 관점은 제이와 같지 않았다. 제이보다 주렉의 스승이었던 휠러의 관점이 연상되었다—주렉은 에버렛의 다세계와 보어의 코펜하겐 해석을 양립시키는 절충안을 찾으려 했다. 1956년 휠러가 코펜하겐을 방문했을 때처럼 무의미한 시도였다.

기구하게도 대다수의 물리학자는 주렉의 절충적 접근을 결깨짐이 코펜하겐 해석에 정당성을 부여한다는 표시로 받아들였다. 이들에게 결깨짐은 코펜하겐 해석처럼 일종의 마법 주문으로서 측정 문제의 망령과 양자론을 둘러싼 기이함이라는 후광을 몰아내기 위한 수단이었다. 1990년대 후반, 결깨짐을 탐구한 실험은 불난 데 기름을 부은 셈이 됐다. 결깨짐을 정량적으로 예측한 결과가 확증되면서 일부 물리학자가 측정 문제를 마침내 잠재웠다고 결론 내린 것이다. 여러 학자 가운데 필립 앤더슨은―벨이 봄의 파일럿파 이론을 거부했다고 오해하고서 벨의 정리를 게재해 주었던 물리학자―이런 오류의 희생양이 되었다. 2001년 앤더슨은 이렇게 언급했다. "'결깨짐'은 (…) 흔히 '파동함수의 붕괴'라고 부르는 과정을 기술합니다. 현재 이 개념은 전체 과정을 정량화하는 아름다운 원자빔 기법을 이용해 실험으로 검증됩니다." 앤더슨이 결깨짐의 특성을 오해한 것은 벨의 논문을 오해한 것과 비슷하게, 결코 물리학자로서 심각한 흠이 있었기 때문이 아니었다―앤더슨은 고체물리학에 기여한 성과로 1977년 노벨 물리학상을 수상했으며, 입자물리학의 현대 표준모형을 창안한 학자 중 한 사람이기도 했다. 앤더슨의 오류는 단순히 시대적인 징후였다. 양자근간 분야가 너무 빨리 복잡해져서 최고의 물리학자마저 해당 주제를 전공하지 않았다면 제대로 언급하기 어려웠다. 게다가 코펜하겐 해석에서 기인한 선입견이 뿌리 깊었던 상황에서 물리학자들이 상황을 올바로 파악하기란 쉽지 않았다. 1997년, 봄의 예전 학생이자 양자물리철학자인 제프 버브Jeff Bub는 이런 사태를 한탄했다. "이제 '새로운 정통성'은, 기존의 코펜하겐 해석이 환경적 결깨짐을 다룬 최근의 기술적 결과를 통해 정당화되었다는 생각에 초점을 둔 것 같습니다"라고 버브는 썼다. 아울러 이렇게 주장했다. "아인슈타인이 코펜하겐 해석에 느꼈던 껄끄러움은 전혀 해소되지 않았습니다. 여전히 '신실한 추종자를 위한 푹신한 베개'인 데다, 이제는 제법 그럴싸한 거위털 이불까지 끌어다 덮은 듯하군요."

제이는 나름으로 처음부터 이런 결과를 우려하던 터였다. "저는 언젠가 코펜하겐 해석이 과학사에서 가장 위대한 궤변으로 불리게 될 거라고 예상

합니다"라고 1980년 휠러에게 썼다. "하지만 보어가 엄청나게 모호했다는 이유로—언젠가 해결책을 찾았을 때—어떤 사람들이 '이것이 보어가 항상 의미했던 바'라고 주장한다면 저는 그것을 끔찍하게 부당하다고 여길 것입니다."

~~~

텍사스 대학교에서 활동하던 시기에 휠러는 배후에서 양자근간에 대한 새로운 아이디어들에 힘을 실어준 중견 인사였다. 1980년대와 1990년대에 양자 해석은 엄청나게 급증했다. 다시 조명된 오랜 아이디어와 함께 도발적이면서도 참신한 아이디어가 부상하기 시작했다. 그중 가장 활발히 논의된 해석은 정보 이론에 기반했다. 양자전산quantum computation과 양자암호학 분야에서 진행된 연구에서 영감을 받아서, 이러한 해석은 전산학의 이론적 기반을 이용해 양자근간의 심장부에 놓인 어려운 문제를 해결할 방법을 제시했다. 휠러는 이런 접근법을 가장 먼저 지지한 학자였다. 휠러는 이 개념을 "**비트에서 존재로**"라고 요약했다. 이는 정보라는 관념에서 양자물리학에서 기술된 대로 현실 자체의 근거를 다질 방법을 찾는 것이다.

정보이론적information-theoretic 해석의 동기는 상대적으로 간단했다. 파동함수가 물리적 대상이기보다는 모종의 정보라면, 양자물리학의 심장부에 위치한 여러 수수께끼가 눈 녹듯 사라진다는 것이다. 특히 파동함수가 정보라면 측정 문제를 설명하기가 훨씬 더 쉽다—측정할 때 측정자의 정보가 바뀌기 때문에 측정이 일어날 때마다 파동함수가 극적으로 바뀌어도 놀랍지 않다. 더욱이 EPR실험과 벨의 정리 역시 덜 혼란스러울지도 모른다. 편광이 얽힌 광자쌍이 서로 반대 방향으로 날아갈 때 한쪽 광자의 편광을 측정하면 다른 광자의 편광도 즉시 알게 된다. 이런 사실에 신비롭거나 비국소적인 요소는 전혀 없다. 북경에서 시계를 보면 지구 반대편에 있는 부에노스아이레스의 시간을 즉시 추론할 수 있는 것과 마찬가지다. 여기에는 어떠한 비국소적인 요소도 없으므로, 초광속 통신에 얽힘을 활용하지 못하는 까닭을 둘러싼 수수께기도 풀린다.

하지만 이는 옳지 않으며, 정보이론적 해석을 옹호하는 누구라도 그렇게 말했을 것이다. 벨의 정리에서는 광자의 편광이 시계나 베르틀만의 양말과 같지 않다고 명시한다. 만일 파동함수 자체가 물체가 아닌 정보라면, 다소 특이한 종류의 정보여야 한다. "**누구의 정보인가?**" 존 벨은 따졌다. "**무엇에 대한 정보인가?**" 측정 문제를 해결하려면 정보이론적 해석으로 이런 질문에 답해야 했다. 가장 즉각적이고 코펜하겐다운 답변은 "나의 정보"이고 "나의 관측에 대한 정보"였다. 하지만 벨에게 그런 대답은 턱없이 불충분했다. 관측을 물리학의 중심에 두는 데서 실증주의의 기미가 엿보였는데, 벨은 대학 시절에 이미 실증주의가 어쩔 수 없이 유아론에 이르게 되기 때문에 배격한 바 있었다. 유아론—자신만이 유일하고 모든 사람과 다른 모든 것은 단순히 마음속에 존재하는 모종의 환각이라는 생각—은 애초부터 실증주의가 사로잡힌 문제였다. 양자물리학의 정보기반 해석 역시 유아론에 함몰될 위험이 있었다. 파동함수가 나타내는 정보가 누군가의 정보라면, 무엇 때문에 그 누군가는 그렇게 특별해질까? 또 어떻게 다양한 관측자들이 같은 정보에 동의하는 게 가능할까? 어떻게 누군가의 정보가 세상에서 객관적 사실로, 모두에게 뚜렷하게 보이는 간섭무늬를 만들어내는 무엇인가로 나타날까?

일부 물리학자들은 정보이론적 해석을 둘러싼 의문을 해결하기 위해서 파동함수가 양자물리학의 기저에 놓인 보이지 않는 세계, 즉 아직 발견되지 않은 또 다른 법칙을 따르는 세계에 대한 정보라고 주장했다. 하지만 그런 세계는 비국소적이어야만 벨의 정리를 충족할 터였다—이런 경우 정보이론적 해석의 장점이 대부분 사라졌다. (휠러 본인은 벨 실험이 국소성이 아니라 결정론을 배제한다고 오해했다.) 다른 학자들은 벨의 정리를 우회하기 위해서 확률 법칙을 바꾸거나 벨의 증명에 있는 다른 가정 중 하나를 깨뜨렸다. 하지만 그럴 때마다 하나같이 이상하고 까다로운 문제들이 생겨났다.

그중 어떠한 문제도 정보이론적 해석이 성립하지 않는다는 사실을 의미하지는 않았다. 충족되어야 하거나 설득력 있게 해결해야 할 문제였으며 정보이론적 해석에 관심을 둔 물리학자와 철학자들은 그러기 위한 연구에 나섰다. 하지만 일부 물리학자에게 파동함수가 '정보'라는 간단한 아이디어는 결깨짐처럼 매력적이었고, 측정 문제에 끊임없이 제기되던 의구심을 불식시킬 빠르고 간편한 방법을 보장했다. 휠러는 "비트에서 존재로"라는 발언은 양자물리학에 접근하는 보어의 방식에서 영감을 얻은 결과라고 주장했다. 몇몇 사람들은 휠러의 발언이 보어가 줄곧 의미했던 바이고 코펜하겐 해석에서는 항상 파동함수가 정보라고 주장해왔으며(무엇에 대한 정보인지 답하기는 한사코 거부하면서도) 그것이 양자물리학을 이해하는 단 하나의 진리라는 의미로 받아들였다.

당연히 벨은 양자물리학이나 자신의 정리에서 코펜하겐 해석으로 귀결될 만한 점이 없다는 사실을 알았다. 정확히 그 점을 설명하기 위해서 수십 년 동안 파일럿파 이론을 지지해왔다. "파일럿파 그림은 왜 교재에서 간과될까?" 1982년에 벨은 의문을 제기했다. "하나의 방식으로만 가르칠 게 아니라, 만연한 안일함을 치료할 해독제를 제공해야 하지 않을까? 모호함, 주관성, 비결정론이 실험 사실에 근거하지 않고 의도적인 이론상 선택으로 강요되었다는 점을 보여주려는 걸까?" 하지만 봄이 파일럿파 이론으로 돌아온 지 얼마 지나지 않아, 벨은 당시 전개된 새로운 아이디어의 기치를 올렸다. 바로 **자발붕괴론**spontaneous-collapse theory이었다.

봄과 에버렛처럼 양자물리학의 기존 수학을 해석하는 대신 자발붕괴론에서는 실제로 양자물리학의 방정식을 수정해서 측정 문제를 푼다. 이는 정교한 방식이다—그도 그럴 것이 양자물리학은 실험 결과를 예측하는 데 무척 주효했기 때문이다. 하지만 자발붕괴론은 표준 양자물리학으로 예측한 바를 용케 건드리지 않고 측정 문제를 해결하는 데 필요한 만큼 그 결과를 바꾼다.

자발붕괴론에서 양자 파동함수는 실재하지만 슈뢰딩거 방정식을 완벽하게 따르지는 않는다. 대신에 파동함수는 때때로 붕괴한다. 하지만 이 붕괴는 관측이나 측정과 무관하다—누군가 보든 말든, 붕괴는 무작위적으로 아무 이유 없이 일어난다. 파동함수가 붕괴 슬롯 머신을 돌린다고 생각해 보자(그림 10-3a). 파동함수는 잭팟을 터뜨릴 때마다 붕괴한다. 파동함수는 손잡이를 초당 수백만 번 당기지만 붕괴 잭팟은 **10조의 1000억 배마다**—1 뒤에 0이 25개 달린 숫자—한 번씩 터지므로 파동함수가 붕괴되려면 수천억 년이 걸린다. 이는 책의 서두에서 소개한 나노미터짜리 햄릿처럼 아원자 입자들이 거의 항상 한 번에 두 경로를 따라갈 수 있다는 의미다. 하지만 정말로 아주 드물게는 매번 단일한 경로를 따를 수밖에 없다. (얼마나 드문 시간 간격인지는 실험으로 해결할 문제지만, 최소 수만 년은 소요될 것이며 그렇지 않다면 이론은 기존 실험 결과와 모순될 것이다.)

하지만 그래도 여전히 책 서두에서 제기한 의문은 남는다. 아원자 입자들이 이상하게 움직이고 일상생활에서 물체가 입자로 구성된다면, 우리는 왜 매순간 그렇게 이상한 움직임을 보지 못할까? 자발붕괴론에 따르면 두 가지 핵심적인 사실에 비추어 답변이 가능하다. 바로, 얽힘과 일상적인 물체를 이루는 방대한 수의 입자다. 단입자 파동함수라면 평균적으로 10억 년이 지날 때까지 붕괴하지 않겠지만, 지금 이 책처럼 일상생활에서 보는 단단한 물체는 최소 10조의 1,000억 배에 달하는 개별 입자로 구성된다. 이런 입자들의 파동함수가 저마다 일제히 각각의 슬롯 머신 손잡이를 당긴다면(그림 10-3b), 평균적으로 그중 최소한 하나는 100만 분의 1초마다 붕괴 잭팟을 터뜨릴 것이다. 하지만 책의 입자들이 모두 끊임없이 상호작용하면 입자들은 얽힌다—모두 단일한 파동함수를 공유한다는 의미다. 따라서 그중 하나가 잭팟을 터뜨리면 책 전체의 파동함수가 붕괴한다. 이는 책이 100만 분의 1초보다—눈 깜박하는 시간보다 10만 배는 빠른—오래 동시에 두 장소에 있지 못한다는 의미다. 벨이 표현한 대로 자발붕괴론에서는 슈뢰딩거의 고양이는 "극히 짧은 시간 이상, 죽은 동시에 살아 있지 않다." 이는 측정 문제를 깔끔히 해결한다. 모든 물체는 크든 작든 같은 법칙을 따르되, 측정이 특별한 역할을 하지 않는다. 파동함수 붕괴는 모든 대상에 무작위로 일어나며 관측자가 개입할 필요가 전혀 없다.

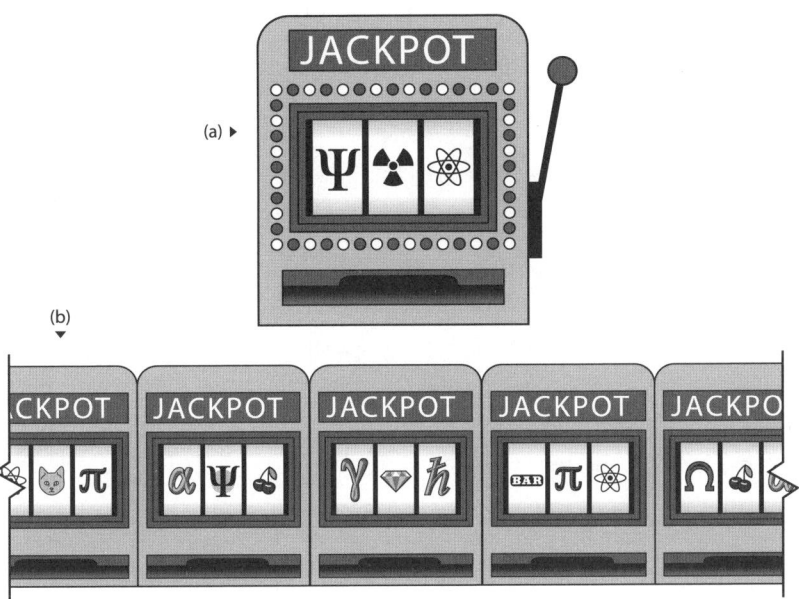

그림 10-3. 자발붕괴론.
(a) 단입자 파동함수는 슬롯 머신이 하나밖에 없고 수백만 년, 혹은 수십억 년 동안 붕괴 잭팟을 터뜨릴 가능성이 희박하다.
(b) 얽힌 입자가 많으면 이들이 공유하는 파동함수의 슬롯 머신도 많아서 붕괴 잭팟을 터뜨릴 가능성이 높다.

    자발붕괴론은 사실상 하나의 이론이 아니다. 수년 동안 코펜하겐 해석에 만족하지 못했던 극소수가 개발한 이론을 집대성한 결과다. 그중 하나가—벨이 주목하면서 많은 물리학자의 이목을 끌어낸—1985년에 이탈리아에서 연구하는 물리학자 3인조, 지안카를로 기라르디GianCarlo Ghirardi, 알베르토 리미니Alberto Rimini와 툴리오 웨버Tullio Weber가 만들었다. 이들의 머리글자를 따서 **GRW 모형**으로 알려지게 되었다. 벨은 GRW 논문이 처음 나왔을 때 다음처럼 견해를 밝혔다. "필자가 볼 때 GRW 모형은 양자역학이 합리적이 되려면 (일부 측정치가!) 아주 조금만, 어떻게 바뀌어야 하는지를 드러내는 무척 멋진 사례다." GRW을 다룬 벨의 논문은 많은 물리학자에게 알려졌고 개중에는 필립 펄Philip Pearle도 있었다. 필립 펄은 1970년대 초 이후 비슷한 아이디어를 계속 연구했다. (10년 전 물리학자들의 '사회적 일탈'을 연구하는 한 사회학자가 필립 펄의 연구를 선정했고, 그로 인해 인터뷰를 했던 유감스러운 사례가 있었다.) 펄은 GRW에 대한 정보가 더 필요해 벨에게 편지를 썼고, 펄이 기라르디와 안식년을 보내도록 벨이 주선한 덕분에 거기서 펄과 기라르디는 GRW 모형을 상대론적 양자장론에 맞춰 개선하려고 시도했다. 하지만 봄과 에버렛을 비롯한 다른 학자들이 수십 년 동안 반복적으로 들어왔던 얘기는 GRW와 펄에게 배로 큰 타격을 주었다. 바로 이런 얘기였다. '양자론은 놀랍도록 잘 성립한다. 멀쩡한 것을 왜 고치려는 것인가? 완전히 다른 이론도 아니고, 하필 왜 다른 해석이 꼭 필요할까?'

벨은 답변에서 도덕적 쟁점을 부각했다. "의식의 주된 기능이 현대 원자물리학에 통합된다고 대중에게 말하는 것은 옳지 않습니다. '정보'가 물리학 이론의 실질적 대상이라는 주장도 마찬가지입니다. 현대 이론의 기술적인 특성이 고대 종교의 성인들이 (…) 자기 성찰로써 예상했다는 주장은 무책임합니다." 벨은 양자물리학의 핵심적인 문제를 시급히 해결할 필요를 느꼈다. 해결책이라고들 하면서 막연한 신앙 고백과 다를 바 없는 내용 앞에서 인내심을 발휘하기 어려웠다. 벨은 명료한 이론을 원했다. 학자들을 당혹스럽게 만들지도 않고 측정 중에 무슨 일이 발생하는지 회피하지 않을 이론이었다. 벨은 지독할 정도로 명료한 글을 썼고 누가됐든 코펜하겐 해석에 안주하려는 이들에게는 사정을 봐주지 않았다. "분명 62년 뒤에는 양자역학의 일부분을 정확히 체계화할 수 있을까요?" 1989년에 벨은 말했다. "측정 장치가 원자들로 구성되며 양자역학을 따르는데도 그렇지 않은 것처럼 나머지 세계와 분리시켜서 블랙박스에 넣어둘 수 없습니다." 1990년 1월 제네바에서 했던 강연에서 벨은 당면한 문제를 해결하기는 쉽지 않다고 인정하면서, 자신의 정리로 인해 급진적인 변화의 필요성이 대두되었으며 물리학이 받아들여야 할 뭔가가 입증되었다고 주장했다. "여러분들께서 비국소성에 갇혔다고 저는 생각합니다"라고 벨은 그날 강연을 들으러 온 청중에게 말했다. "저는 양자역학에 부합하는 국소성 개념은 전혀 모릅니다."

8개월 뒤, 벨은 62세의 나이에 심각한 뇌졸중으로 갑작스럽게 사망했다. 동료와 친구로부터 추모와 헌사가 이어졌다. "누구보다 철저하고 정직한 사람이었습니다. 전 그렇게 진실한 사람은 만나본 적이 없습니다. 굉장한 사람이었죠." 애브너 쉬모니는 이렇게 기억했다. "벨은 벨의 정리를 증명했습니다. 어떤 사람도 벨처럼 하지는 못했을 겁니다. (…) 벨은 지적으로 엄청나게 뛰어났습니다. 꼭 그만큼 정직했고 문제를 끝까지 밀어붙이는 집요함에서도 최고였습니다." "존 벨은 위대한 물리학의 이론으로 자연계에 대한 이해를 얻으려고 헌신적으로 노력했습니다"라고 머민과 쿠르트 고트프리트Kurt Gottfried(코펜하겐 해석을 놓고 벨과 수차례 옥신각신했던 물리학자)는 남겼다. "벨이 주장하기를, 무엇을 기술하는지 충분히 이해하지 못한 채 단순히 데이터를 훌륭하게 설명할 뿐인 이론은 엄격하고 비판적으로 검토되어야 하며 만일 그러한 이해에 도달할 수 없다고 밝혀진다면 해당 이론은 표면적으로 승리했더라도 허물어질 겁니다. (…) 벨은 물리학계에서 인품으로 보나 지성으로 보나 유일무이했습니다—동시에 과학자이자 철학자이자 인도주의자였습니다. 벨은 심원한 아이디를 탐구하던 사람이었어요. 운명은 잔인하게도 왕성한 시기의 벨을 우리에게서 앗아갔습니다."

벨은 지배적이었던 코펜하겐 해석에 맞서서 사반세기를 보냈다. "장담컨대 여간 강인한 성격이 아니고서는 벨처럼 할 수 없었을 겁니다." 지생이 말했다. "벨은 거의 무너질 뻔 했습니다." 그러나 벨은 해냈다―아인슈타인 이래, 그 누구보다도 코펜하겐 해석을 약화시켰을 뿐 아니라 그 과정에서 자연에 대한 심오하면서도 새로운 진리를 발견했다. "제 생각에 비국소성은 벨의 위대한 발견이었습니다"라고 베르틀만은 말했다. "저는 그것이 지난 세기의 가장 위대한 발견 중 하나라고 봅니다. 자연에 비국소성이 있다는 사실 말입니다." 하지만 겸손했던 벨은 살아생전 자신의 연구에 걸맞은 인정과 찬사를 받지 못했다. 사망하기 몇 년 전, 벨과 베르틀만이 입자물리학연구소의 야외 카페테리아에서 오후 햇살이 비치는 쥐라Jura와 알프스 산맥의 경관을 즐기며 차를 마시고 있을 때였고, 베르틀만은 벨이 과소평가되었다고 언급했다. "제가 문득 말했습니다. '벨, 전 당신이 노벨 물리학상을 받을 자격이 충분하다고 봅니다.'" 베르틀만이 기억을 떠올렸다. "벨이 놀라서 물었습니다. '왜죠?' 제가 말했습니다. '벨의 정리 때문이죠!'" 벨은 벨의 정리를 실험으로 검증한 결과가 양자물리학과 어긋나는 점을 보이지 못했다고, 그래서 노벨상을 받을 정도는 아니라고 말했다. 이어서 벨이 말했다. "내가 자격이 있다고 생각하지 않습니다. 노벨이 처음으로 세운 원칙을 존중하기 때문이에요. 내 부등식이 인류 전반의 삶에 어떠한 방식으로 공헌했는지 모르겠습니다. (알프레드 노벨이 규정하기를, 지난 한 해 자신이 활동하는 분야의 연구에서 인류의 혜택에 가장 크게 공헌한 사람들에게 상이 돌아가도록 했다.) 베르틀만은 굽히지 않았다. "제가 이렇게 대꾸했습니다, '아뇨 그렇지 않아요. 비국소성은 수상 가치가 있다고 생각해요.' (…) 그러자 벨은 한편으로는 기분이 좋지만 또 한편으로 실망스럽고 섭섭하다는 듯 중얼거렸어요. '비국소성에 누가 관심을 가질까요?' (…) 그러니까 벨은 학계가 비국소성을 충분히 인식하지 못했거나 진가를 모른다고 느꼈습니다. 제 말은 입자물리학연구소에서 벨은 입자물리학자로서 크게 인정을 받았다는 것입니다. 하지만 양자물리학 연구에서는 별로 인정받지 못했죠." 본인은 몰랐지만 세상을 떠나기 1년 전, 벨은 노벨 물리학상 최종 후보 명단에 올랐고, 아마 더 오래 살았다면 마땅히 수상했을지도 모르는 일이다—하지만 노벨상은 사후에 수여되진 않는다(알프레드 노벨의 유언에 나오는 다른 규정이다).

비록 벨이 살아 있었을 때는 보지 못했지만 벨의 유산은 확실하게 남았다. "90년대에 양자정보와 더불어 엄청나게 붐이 일었습니다." 베르틀만은 말했다. "비교적 근래에 나타난 새로운 흐름이었고 80년대에는 없었습니다. (…) 그래서 벨은 자신의 연구로 맺은 결실을 실제로 보지 못했죠." 벨은 심오한 물리적 통찰과 명료하고 설득력 있는 문장으로 물리학의 사고방식 전반을 바꾼 동시에, 의도치 않게 새로운 양자정보 처리 분야를 난데없이 탄생시켰다. 더욱이 벨이 '양자공학'에 기여한 성과는—입자물리학과 가속기 설계 연구에서—그야말로 최고 수준이었다.

벨은 양자근간에 대한 연구 프로그램도 남겼다. 벨이 사망하기 한 해 전, 시칠리아 서쪽 끄트머리에 있는 에리체라는 산골 마을에서 학회가 열렸다. "제가 여태 들어본 강연 중 최고로 흡인력 있었습니다"라고 훗날 머민은 회상했다. "어떤 물리계가 '측정자'의 역할을 하게끔 더 적절한 자격을 부여하는 요소는 무엇입니까?" 벨은 무척 냉소적인 투로 물었다. "세계의 파동함수는 단세포 생물이 나타날 때까지 수십억 년을 뛰어넘으려고 기다렸을까요, 아니면 박사 학위처럼 (…) 적절한 자격을 갖춘 계를 기다렸을까요?" 이어서 벨은 일반적인 양자역학의 교수법에 내재한 결점을 지적하면서(특정 교재에 나오는 설명상의 오류에 책임을 물으며), 종국에는 스스로 가장 유망하다고 생각하는 양자물리학의 접근법 두 가지를 제시했다. 바로 파일럿파 해석과 자발붕괴론이었다. 벨은 한 가지 과제를 남기며 강연을 마쳤다. "제 입장에서 중대한 질문은, 정교한 두 이론 중에서 어느 쪽이 특수 상대성 이론과 일관된 방식으로 재전개될 수 있는가입니다."

에리체에서 강연할 때 언급하지는 않았지만 벨은 파일럿파와 자발붕괴론 외에 가능한 세 번째 선택지도 염두에 두었다. "제게는 '다세계 해석'이 비현실적이고 다른 무엇보다도 터무니없이 막연한 가설로 보입니다"라고 1986년에 말했다. "어설픈 논리로 무시할 뻔 했습니다. 그렇지만 (…) '아인슈타인-포돌스키-로젠의 수수께끼'와 관련해서 얘기할 만한 특별한 점이 있을지도 모르겠군요. 제 생각에는 제대로 확인하려면 정확한 형태로 체계화해 보아야 할 겁니다. 더욱이 가능한 모든 세계가 존재한다면 우리들만 속한 세계가 존재한다는 사실을 받아들이기 수월할지도 모릅니다만…… 그렇다 해서 모든 세계가 실재하는 경우란, 어떤 면에서는 거의 불가능해 보입니다." 벨이 죽은 후, 파일럿파와 자발붕괴론에 관심을 가진 물리학자의 숫자가 늘어났지만, 20세기의 마지막 수십 년 동안 다세계 해석은 명성과 악명을 동시에 떨쳤다. 대부분은 벨의 연구나 양자물리학의 연구와 전혀 무관한 이유에서였다. 그보다 다세계가 다시 부상하게 된 이유는 완전히 다른 물리 분야의 연구 덕분이었다. 그 탐구 대상은 터무니없이 작은 것이 아닌 상상도 못하게 거대한 것, 바로 우주 전체였다.

11장
코펜하겐 대 우주

1970년 브라이스 디윗은 이렇게 썼다. "미국인 대다수가 읽어봤든 아니든 권리 장전을 지지한다고 주장했을 텐데, 마찬가지로 물리학자들 사이에서 투표를 실시하면 대다수는 코펜하겐 진영에 속한다고 공언했을 것이다." 디윗은 미국 물리학회 회원용 월간지 《피직스 투데이》의 편집자를 설득한 끝에 양자물리학의 근간을 다루는 글을 실었다. 시대적인 흐름에 힘입은 탓에 편집자인 호바트 엘리스 2세Hobart Ellis Jr.를 설득하는 일은 어렵지 않았다. "양자역학과 그 해석 분야에서 물리학자들이 기꺼이 감수하려는 표면적 모순이 개인적으로는 오랫동안 불편했습니다"라고 엘리스 2세는 디윗에게 썼다. "양자역학의 다른 해석을 어느 하나만 특별히 강조하지 않고 전반적으로 살펴본다면 흥미로울 겁니다."

디윗이 기고한 「양자역학과 실재Quantum Mechanics and Reality」에서는 몇 가지 해석을 다시 검토했다. 디윗은 나름의 견해를 명료하게 밝혔다. "코펜하겐의 관점에서 보면, 파동함수의 붕괴나 심지어 파동함수 자체도 의식에 달려 있다는 듯한 인상을 받는다"라고 디윗은 썼다. "그런 인상이 옳다면, 실재는 어떻게 될까? 우리 주변에 분명히 존재하는 객관적 세계를 그렇게 무신경하게 다뤄도 될까?" 슈뢰딩거의 고양이처럼 양자 중첩된 계를 다룰 때 대부분의 물리학자는 고양이가 죽었는지 살았는지, "계에서 어떤 값이 나올지 측정 장치가 결정할 수 없는, 일종의 정신분열 상태에 놓인다고 생각한다"고 디윗은 말했다. 디윗은 이런 문제가 코펜하겐 해석으로 해결되지 않는다고 결론지었다. 봄이 그랬듯이 다른 해석에서는 양자물리학에 숨은 변수들을 추가했는데, 디윗은 그런 방식이 불필요하다고 보았다. "슈뢰딩거 방정식이 전부라고, 그 외엔 필요하지 않다고 주장하면 어떻게 될까?"라고 디윗은 썼다. "그걸로 된 걸까? 답변을 하자면, 그래도 된다."

디윗은 글의 나머지 부분에서 양자물리학에 대한 휴 에버렛의 '상대 상태' 해석을 옹호했다. 이는 디윗이 1957년 에버렛과 연락을 주고받은 이후부터 줄곧 지지해온 관점이었다. 에버렛이 다세계라고 명시적으로 언급한 적은 없었다. 하지만 디윗은 에버렛이 발을 내딛기 꺼렸던 곳으로 걸어 들어가서 '다세계' 해석이라고 새롭게 명명했다. "우주는 어마어마하게 많은 갈래로 끊임없이 나뉘며, 모든 결과는 무수한 갈래들 사이에서 일어나는 측정과 같은 상호작용에서 비롯한다"라고 디윗은 썼다. "더욱이 모든 별과 은하와 우주의 멀리 떨어진 구석구석에서 일어나는 양자 전이가 우리가 머무는 국소계를 무수한 자기 복제 상태로 갈라놓는다." 디윗은 이 아이디어가 충격적으로 이상하다는 점을 알아차렸다.

다세계 개념을 처음 접했을 때 받은 충격이 아직까지 생생하다. 자신이

다소 불완전하게 복제된 상태인 10^{100+}개 모두가 궁극적으로 인식불가능한 복제 상태로 끊임없이 갈라진다는 아이디어는 상식적이지 않다. 이 지점에서 정신분열이 심각해진다.

그런데도 디윗은 다세계가 "1925년 하이젠베르크가 시작한 해석 프로그램에서 자연스럽다고 하는 대부분의 최종 결과물보다 더 나은 주장"이라고 논증했다. 이런 해석에서는 파동함수가 붕괴할 필요가 없다고 지적하면서, 그 외엔 어떠한 것도 필요하지 않다고 주장했다.

많은 독자가 《피직스 투데이》에서 디윗이 제시한 주장을 납득하지 못했다. "무수히 많은 세계가 상호작용하지 않으면서 증식한다는 아이디어는 지구 중심계를 믿는 프톨레마이오스의 주전원主殿院 개념보다 진지하게 받아들여선 안 됩니다"라며 한 물리학자가 답신하기도 했다. "적어도 프톨레마이오스의 이론에서는 관측불가능한 세계가 무수히 많다고 언급하지 않고도 어떤 의미로는 관측가능한 세계를 '설명'했습니다." 다세계 해석은 "비행기 승객이 타고 가는 비행기가 곧 추락하려 해도 다른 세계에서는 같은 비행기가 (…) 고국에 무사히 착륙할 터라 실제로 걱정할 필요가 없는 (행복한) 느낌도 함축할" 것이라고 또 다른 독자는 썼다. "양자론의 논리적 난점을 해결하기 위해 (어디까지나 제 생각입니다만) 물리적 감각을 그렇게까지 혹사할 필요가 있는지 묻고 싶군요."

하지만 디윗의 확신은 흔들리지 않았으며 일부 독자들은 동요했다. 에버렛의 해석은 10년이 넘도록 깊은 어둠 속에 묻혀 있었다. 디윗의 표현처럼 "그동안 알려지지 않은 금세기 최고의 비밀"이 마침내 드러날 참이었다.

다세계 해석을 향한 디윗의 열정은 양자물리학의 불가사의를 해결하려는 열망에서만 비롯되지 않았다. 《피직스 투데이》에 제기된 비판에 답하면서, 디윗은 다세계가 "양자론이 우주론의 가장 근간에서 어떤 역할을 하고도 현재 받아들여지는 여러 방정식과 수학 틀을 유지할 수 있는 유일한 개념"이라고 썼다. 디윗이 답변을 작성할 당시에는 우주론이 양자근간보다 연구 분야에서 비교적 확고한 위치에 있었다. 하지만 큰 의미는 없는 정도였다. 일부 물리학자에게 전체로서 우주는 과학적으로 탐구하기 적절한 주제는 아니었다. 우주론의 기반인 일반 상대성 이론은 중력과 시공간의 뒤틀림에 관한 아인슈타인의 이론으로서, 이론적 변방에 놓였고 대체로 승인된 이론이었음에도 무용하다고 여겨졌다. 일반상대론은 극도로 무거운 물체, 적어도 별들처럼 커다란 물체를 다룰 때는 뉴턴의 중력론과 뚜렷하게 구별된다. 하지만 일반상대론에서 다루는 무거운 물체는 물리학의 일상 경험과 동떨어져 있었고, 우주론에서 일반상대론의 함의를 진지하게 받아들여야 하는지 그 여부를 놓고 의견이 분분했다. 1962년 킵 손Kip Thorne이라는 젊은 물리학 전공생이 칼텍에서 막 학사 학위를 마치고 나서, 존 휠러 아래서 일반상대론을 공부하기 위해 프린스턴으로 갈 셈이었다. 칼텍의 교수 한 사람이 킵 손을 만류했다. "일반상대론은 실세계에서 중요하지 않네." 손은 교수가 해준 말을 떠올렸다. "흥미로운 물리 문제는 다른 주제에서 찾아야 할 걸세."

일반 상대성 이론에서는 난해한 상황을 다뤘다. 그뿐 아니라 난해한 수학으로 씌어 있었다. 이론은 수학적으로 아주 복잡하며 양자역학보다 훨씬 복잡하다. 아인슈타인이 수학자 친구였던 마르셀 그로스만Marcel Grossman의 도움을 구해야 했던 일화는 유명하다. 자기 고유의 이론을 이해하고 수식화하는 데 필요한 미분기하학을 배우기 위해서였다. 낯선 주제와 까다로운 수학이 합쳐진 탓에 이론이 무엇을 얘기하는지 확실히 파악하기 어려웠고 물리학자들 다수가 그 결론을 의심하기에 이르렀다. 아인슈타인 본인도 1915년에 이론을 처음으로 전개하고 발표한 뒤에 자신이 세운 이론의 결과를 수용하기 쉽지 않았다. 아인슈타인은 일반상대론이 우주 전체가 수축하거나 팽창해야 한다고 암시함을 깨달았는데, 당시 알려진 데이터와 어긋나는 결과였다. 따라서 아인슈타인은 우주를 정적인 크기로 유지하기 위해 임시방편으로 '우주 상수cosmological constant'라는 인자를 도입했다. 하지만 1929년 천문학자 에드윈 허블Edwin Hubble은 먼 은하들이 거리에 비례하는 속도로 멀어지는 현상을 발견했다. 이는 팽창하는 우주에서 보게 되리라고 예상했던 바와 정확히 일치했다. 아인슈타인은 임시방편이었던던 우주 상수를 기꺼이 버렸고—우주 상수가 "이론의 아름다움을 심각하게 저해한다"고 말하면서 원래부터 좋아하지 않았다—일반상대론으로 제시한 우주론적 그림이 옳다고 보았다. 하지만 모두 받아들이지는 않았고 에드윈 허블도 마찬가지였다. 허블과 다른 학자들은 먼 은하가 멀어지는 듯이 보이지만 실제로는 우주가 정적이라고 생각했다. 다른 사람들은 우주가 팽창한다고 인정하기는 했지만, 기본적으로 우주가 과거와 미래에 항상 같은 모습을 유지하게끔 물리학 법칙을 수정하는 방안을 제시했다. 이는 우주의 '정상 상태steady-state' 이론으로 불린다. 이후 수십 년 동안, 정상 상태 이론은 합리적인 과학 이론으로 간주되었으며, 많은 물리학자가 일반상대론의 팽창 우주보다 더 합리적인 이론이라고 보았다. 어쨌거나 우주는 한때 굉장히 뜨겁고, 조밀하고, 작은 상태였다가 급속히 팽창했음이 분명하다—정상 상태 이론학자인 프레드 호일Fred Hoyle이 빅뱅이라고 일컬은 현상이었다. 호일을 포함한 학자들은 빅뱅처럼 이상한 조건에서든 우주 전체에 적용할 때든 일반상대론을 전적으로 신뢰할 수만은 없다고 주장했다.

한편 별들처럼 전체 우주보다 훨씬 더 작은 물체에 대한 일반상대론의 함의를 놓고 혼란이 가시지 않았다. 1938년 버클리의 로버트 오펜하이머와 그 제자였던 조지 볼코프George Volkoff가 칼텍의 리처드 톨먼Richard Tolman과 함께 초기 컴퓨터의 전신을 활용해서 계산해 보았다. 그 결과 우리 태양보다 훨씬 큰 초질량 별들은 굉장히 밀도가 높아서 아무것도, 심지어 빛조차도 빠져나올 수 없는 물체로 붕괴하면서 수명을 다했다. 당시 '붕괴된 별'이라고 알려진 개념은 격렬한 논쟁을 야기했다. 당시 물리학자들이 붕괴된 별이라는 아이디어를 진지하게 받아들이기는 쉽지 않았다. 일반상대론의 결과가 수학 체계에 손댈 엄두가 나지 않았던 것은 물론이고, 계산 강도가 대단했으며 오펜하이머-볼코프 계산에 필요한 도구도 (당시로서는) 생소했기 때문이다. 그 결과가 엄청나게 이상하다는 점은 말할 필요도 없었다.

수학적으로 복잡했기 때문에 아인슈타인조차 이론을 완성하고도 그 함의를 이해하기가 버거웠다. "젊은 친구와 협업한 결과, 중력파가 존재하지 않는다는 흥미로운 결론에 이르렀다네." 1936년 아인슈타인은 막스 보른에게 썼다. 중력파gravitational wave는—초고밀도 별이 충돌하거나 그에 준하는 사건으로 형성된 시공간의 파문으로서 격렬하게 발생한 다음에 광속으로 질주한다—일반상대론의 고유한 예측으로 뉴턴의 중력론에서는 나타나지 않는다. 하지만 아인슈타인과 공동연구자였던 로젠은 새로운 이론의 이상한 수학에 미혹되었다. 두 사람은 중력파가 물리적 대상이 아니며 단순히 이론의 수학적 허구임을 증명했다고 주장하는 논문을 발표했다. 아인슈타인은 후일 미국 물리학자 하워드 퍼시 로버트슨Howard Percy Robertson을 통해 생각을 바로잡았지만 로젠은 중력파가 실재한다고 받아들이지 못했다. 아인슈타인과 쓴 논문이 철회되지 않았기 때문에 일반상대론의 근본적인 예측의 하나였던 실재성과 관련해서 큰 혼란이 초래됐다. 이런 혼란은 수십 년 동안 지속됐다.

이론이 수학적으로 어려웠던 데다가 예측을 위시한 논증이 혼란스럽고 실험 영역과 동떨어져 있었던 탓에 제2차 세계 대전 후에 물리학의 수요가 폭발적으로 늘어났음에도 정작 일반상대론은 논외였다. 군산복합체에서 새로 유입된 과학 분야의 지원금은 일반상대론과 대체로 무관했다. 하지만 1950년대 후반, 일반상대론이 서서히 꽃을 피우기 시작했다. 여러 학회가 열렸고 상대론적 천체물리학자와 우주론학자들로 이뤄진 전문적인 단체가 형성되기 시작했다. 그중에서 가장 중요한 학회가 1957년 채플힐Chapel Hill 학회로, 브라이스 디윗과 타고난 물리학자로서 프랑스에서 드브로이와 공부했던 (그리고 브라이스 디윗과 결혼했던) 세실 디윗 모레트Cécile DeWitt-Morette가 조직했다.

물리학계의 명사들이 학회가 열리는 채플힐로 몰려들었다. 디윗 부부 외에도 존 휠러와 에버렛의 친구인 찰스 마이스너도 참석했다. 파인만도 참석했지만, '스미스씨'라는 가명으로 참석해서 일반상대론 연구가 처한 안타까운 상황을 항변했다. 학회에서 파인만과 물리학자 헤르만 본디Hermann Bondi는 일반상대론이 옳다면 중력파는 실재해야만 한다고 주장하면서 그와 관련된 철저한 논거를 제시했고, 마침내 물리학계를 설득함으로써 신생이었던 연구 분야에서 주요 골칫거리를 해결했다. (이로써 60년 동안 중력파를 찾는 여정의 닻이 올랐고, 결국 2015년에 길이 4킬로미터에 달하는 레이저가 가동되는 한 쌍의 중력파 관측소 LIGO에서 중력파 검출에 최초로 성공하기에 이르렀다. 킵 손을 비롯한 두 동료에게 2017년에 노벨상을 안겨준 성과였다.) 한편 휠러는 '급진적 보수주의radical conservatism'를 의제로 삼아서, 엄청나게 이상하고, 검증되지 않았고, 동떨어진 영역에서 확립된 이론으로 예측한 바를 진지하게 받아들였다. 예를 들어, 우주의 역사에서 아직까지 논란이 되는 빅뱅 직후의 작고 뜨겁고 조밀한 시기이며, 그 움직임을 이해하려면 일반상대론과 양자물리학이 모두 필요했다.

1960년대에는 새로운 분야가 급부상했다. 새로운 수학적 기법으로 말미암아, 붕괴된 별이―혹은 1968년 존 휠러의 표현에 따르면 '블랙홀'이―실재해야 한다는 인식으로 이어졌다. 게다가 1964년 벨 연구소의 두 물리학자 아노 펜지어스Arno Penzias와 로버트 윌슨Robert Wilson은 하늘의 모든 방향에서 들어오는 라디오 잡음을 우연히 접하고서는 우주에서 가장 오래된 빛이자 빅뱅의 메아리인 CMB를 발견했다는 사실을 깨달았다. 15년이 안 되어, 정상 상태 이론은 신빙성을 잃었고 기본적으로 빅뱅 모형이 인정되면서 펜지어스와 윌슨은 노벨 물리학상을 공동으로 수상했다. 우주가 팽창하는 속도처럼 기본적인 문제에서는 여전히 상당한 이견이 있었지만, 결국 상대론적 우주론이 시작되어 명맥을 이어갔으며 우주 전체가 움직이는 방식에 대한 모형이 공유되었다.

우주론이 부상하자 코펜하겐 해석의 약점은 더욱 첨예하게 드러났다. 문제시되는 계가 전체 우주일 때, 보어가 요구했듯이 관측자와 관측되는 계 사이에 어떻게 선을 그을 수 있을까? "양자중력이 우주 초기 순간에는 중요해질 것입니다. 그러면 우주의 파동함수 개념에 집중하게 되는데, 외부에 관측자가 없을 때 이를 어떻게 해석하는 걸까요?" 디윗이 말했다. "에버렛의 관점이 유일한 해결책이었습니다." 1960년대 후반, 클라우저와 다른 학자들이 처음으로 벨의 정리를 발견하고 검증하는 방법을 고안하고 있었을 때, 디윗은 우주론자와 천체물리학자들에게 에버렛의 복음을 전파하기 시작했다. "저는 에버렛이 부당한 대우를 받아 왔다고 생각합니다." 디윗이 말했다. 1967년 휠러와 디윗-모레트가 함께 조직한 상대론적 천체물리학과 우주론에 관한 시애틀 학회에서 디윗은 에버렛의 이론에 관해 강연했다. 디윗은 《피직스 투데이》에 같은 주제로 기고문을 게재했는데, "일부러 선정적인 투로 썼다"고 나중에 언급하기도 했다. 디윗은 에버렛의 원본 논문을 찾았고 휠러가 고집해서 축소 편집한 논문보다 훨씬 더 이해하기 쉬웠다. 1973년, 디윗은 학생이었던 닐 그레이엄Neill Graham과 에버렛의 원본 논문과 그의 다른 연구물, 다른 학자들의 유사 연구, 그리고 물리학자들의 반응을 한 권으로 엮어서 출간했다. 1976년 12월, SF소설 잡지였던 《아날로그Analog》에서도 디윗이 《피직스 투데이》에 기고한 글을 바탕으로 다세계 해석을 다뤘다. 또 1977년 디윗과 휠러는 당사자인 에버렛에게 에버렛의 해석에 대한 세미나를 요청했다. 에버렛은 수락했다. 에버렛은 아내와 10대 아이 둘을 차에 태운 채, 자신이 살던 나른한 버지니아 교외를 빠져나와서 텍사스 오스틴까지 운전했고, 15년 만에 양자물리학에 관한 첫 강연을 했다.

~~~

1971년 1월 2일, 백악관 소속 특파원 한 명과 여객기 보안 요원 두 명이 워싱턴DC에서 로스앤젤레스로 향하는 야간 비행편에 올랐다. 기밀 정보를 가지고 국가 안보 보좌관인 헨리 키신저Henry Kissinger에게 가는 중이었다.

일상적인 일이지만 신중해야 했다. 그래서 특파원과 두 명의 보안 요원은 염소수염을 한 통통한 중년 남성이 자기들 옆을 지나가다가 소형 사진기로 사진을 찍었을 때 당연하게도 화들짝 놀랐다. 직후에 남자에게 따졌지만 불안감만 커질 뿐이었다. 남자가 '보관할 용도로' 사진을 찍었다고만 했기 때문이었다. 남자에게서는 독한 술과 켄트 담배 냄새가 났다. 비행기가 착륙했을 때 보안 요원들은 인파에 가려 남자를 찾을 수 없었다. 항공사에 조회를 의뢰해 보니 휴 에버렛 3세라는 인물이었다. 요원들은 이 사건을 연방수사국에 보고했다. 연방수사국에서는 몇 시간 뒤 요원 한 명을 에버렛이 묵고 있던 공항 호텔 객실로 보냈다. 그쯤 에버렛은 취기가 가셨고, 비행기에서는 특파원과 보안 요원을 짓궂게 놀렸을 뿐이라고 FBI 요원에게 멋쩍게 시인했다. 에버렛은 덜레스 공항 바에서 그들이 하는 얘기를 우연히 듣고서 직업을 짐작했던 것이다. 어쨌거나 아무런 피해도 없었고, 에버렛이 그저 이상한 유머 감각을 가진 남자일 뿐이라고 확인한 FBI요원은 경고 정도만 한 다음에 호텔 객실을 빠져나왔다. 보안 요원과 FBI 요원 모두 에버렛이 자신들보다 보안 권한 등급이 훨씬 높다는 사실은 추호도 몰랐다.

프린스턴과 존 휠러의 둥지를 떠나온 이래, 지난 15년 동안 에버렛은 혼자서 잘 해왔다. 펜타곤 소속으로 8년 동안 일한 뒤에는 혼자 독립해서 통계 컨설팅 회사를 세우고 이전에 일했던 기관과 계약했다. 에버렛은 직접 개발한 최적화 알고리즘으로 펜타곤에서 명성을 얻었고 풍족하게 누릴 정도로 수입도 충분했다. 낮에는 다양한 핵 종말 시나리오를 돌려보고 저녁에는 먹고 피우고 여자들과 놀았다. 1960년대 중반 에버렛과 아내는 개방혼에 동의했고 그쯤 에버렛은 짧은 만남을 반복했다. 1977년 디윗과 휠러가 에버렛을 오스틴 학회로 초청할 무렵, 에버렛은 초기 비디오플레이어가 연결된 티브이 앞에 앉아 술잔을 들고 좋아하는 영화 〈닥터 스트레인지러브 Dr. Strangelove〉를 반복해서 돌려 보면서 저녁 시간을 보내고는 했다.

에버렛은 디윗이 자신의 아이디어에 관심을 기울이자 기뻐했다. 자신이 세운 이론이 평생 읽어 왔던 SF소설 잡지 지면에서 거론되는 것을 보고서 입이 근질거렸다. "브라이스 디윗이 이론을 제시한 방식이 확실히 마음에 듭니다"라고 에버렛은 썼다. "디윗이 애써주지 않았다면 내 이론은 전혀 빛을 보지 못했을 겁니다." 하지만 정말 디윗처럼 에버렛 본인이 다세계가 문자 그대로 실재한다고 믿었는지는 확실치 않다. 프린스턴 대학교를 떠난 뒤, 얼마 지나지 않아 에버렛은 실증주의적 빈 학단을 발기한 일원인 필리프 프랑크와 연락을 주고받았다. 편지에서는 두 사람이 비슷한 철학적 성향을 나누었음이 드러난다. "물리 이론의 본질과 관련해서 지난 몇 년 동안 제가 독자적으로 주장한 바와 거의 동일한 관점을 표명하셨다는 걸 압니다"라고 에버렛은 1957년 프랑크에게 썼다. 코펜하겐 해석에 대한 에버렛의 불만은 실재론에 대한 헌신보다는 슈뢰딩거 방정식의 비합리적이고 비일관적인 용법과 관련있었다. 실증주의적 관점에서 측정 문제는 에버렛에게 중대한 문제였다. 붕괴는 언제 일어날까? 슈뢰딩거 방정식은 왜 어떤 때는 적용되고 어떤 때는 적용되지 않을까? 프랑크 역시 이런 문제로 골머리를 앓았는데, 에버렛에게 보내는 답신에서도 드러난다. "저는 '측정'을 다른 물리적 사실과 본질적으로 다른 유형처럼 다루는 양자론의 전통적인 방식이 늘 마음에 들지 않았습니다." 봄과 쉬모니와 여러 학자들이 실재론을 구해 내기를 바랐던 것과 달리 에버렛은 그저 물리학의 빈틈을 메우는 과정을 즐기고 싶을 뿐이었다. "에버렛은 짧은 논문 프로젝트를 원했고 측정 문제를 아주 뭉개버릴 거라고만 해도 웃었죠"라고 에버렛의 전기 작가였던 피터 번Peter Byrne이 말했다.

에버렛은 수년 동안 물리학의 근간이 발전하는 흐름을 따라갔지만, 박사 학위 논문을 마친 뒤에는 관련 주제로 아무런 발표도 하지 않았다. 공개적으로 강연한 적도 분명 없었고—공개 강연을 싫어했다—친구나 동료들하고도 이야기를 나눈 적도 거의 없었다. 양자근간을 전공으로 박사 학위를 받은 물리학자 돈 라이슬러Don Reisler가 에버렛의 회사에 지원했을 때, 에버렛은 라이슬러에게 상대 상태 해석을 아는지 쑥스럽게 물었다. 라이슬러는 즉시 떠올렸다. "이런, 당신이 **바로 그** 별나다는 에버렛이군요." 라이슬러는 이론을 들어 보았다고 말했다. 둘은 친해졌지만 양자물리학에 대해 다시 이야기하지는 않았다. 게다가 에버렛의 아이디어가 널리 알려지고 있었음에도 조롱과 멸시는 여전했다. "당대 물리학의 인지적 억압"을 다뤘던 물리학자 출신의 철학자 에벌린 폭스 켈러Evelyn Fox Keller는 측정 문제와 양자 패러독스에 해결책을 제시하는 과정에서 다세계 해석이 "눈부신 독창성을 보여줬다"고 말했다. 하지만 켈러는 이렇게 결론지었다. "대가를 치렀다—다시 말해 심각성이라는 대가였다." 에버렛을 향한 비판은 그정도로 그치지 않았다. 비판은 잘 모르던 사람이 아닌 과거 동료에게서 말미암은 참이었다.

~~~~

에버렛이 오스틴에서 참석했던 세미나 직후, 휠러는 다세계 해석을 비판하는 논문의 초안을 받았다. 이 논문에서는 '에버렛–휠러 해석'이라는 용어가 나왔다. 휠러는 서둘러 답장하면서 이렇게 지적했다. "에버렛의 박사 학위 논문은 전적으로 에버렛이 구상한 주제를 다뤘으므로 에버렛–휠러 해석이 아니라 에버렛 해석이라고 불러야 합니다." 이제껏 과학 분야의 중재자를 자처했던 휠러는 직접 지도했던 학생 에버렛의 아이디어를 대놓고 비난하기보다는 스승이었던 보어의 아이디어에 대한 헌신을 유지했다. 에버렛의 연구가 잊혀진 채 '상대 상태 수식화'의 언어에 묻혀 있었기 때문에 그런 태도를 취하는 것이 휠러에게 어려운 일은 아니었다. 하지만 이제 디윗이 에버렛의 관점을 '다세계' 해석이라고 칭한 다음, 그 일부가 휠러에서 비롯되었다고 이야기하는 중이었다. 게다가 SF소설 잡지에 등장한다는 사실 역시 도움이 되지 않았다. 따라서 휠러는 공개적으로 에버렛의 연구와도, 그리고 이에 대한 디윗의 해석과도 거리를 두었다. "무수히 많고 관측불가능한 세계는 형이상학적 짐덩어리처럼 부담"이라고 1979년 휠러는 썼다. 휠러는 에버렛이 물리학계 경력을 쌓도록 강력하게 지지했지만—그리고 에버렛이 산업계에서 20년을 보낸 뒤 학계로 돌아오는 데 여전히 관심을 두었지만—에버렛의 아이디어를 지지한 적은 없다고 주장했다. "휠러 교수는 그 이론에 매번 완강히 반대했다고 제게 말했습니다. 휠러 교수가 지지한 것은 에버렛이었죠"라고 데이비드 도이치가 말했다. 도이치는 에버렛이 강연할 당시에 오스틴 캠퍼스의 젊은 연구원 신분이었다. 이후 얼마 지나지 않아서 휠러는 양자물리학의 정보이론적 해석에 대한 나름의 아이디어를 발전시키기 시작했고, 그런 발상이 코펜하겐 해석과 양립가능하다고 보았다.

에버렛의 오스틴 세미나에서 도이치와 젊은 학자 다수는 다세계 해석에 뜨겁게 반응했다. 강연 후 야외 탁자에서 점심을 먹을 때 도이치는 에버렛 옆에 앉았다. 에버렛은 "긴장감에서 오는 활력으로 충만했고, 극도로 예민하고 똑똑했으며, 양자역학의 해석을 둘러싼 쟁점을 다루는 일에 적임자였습니다"라고 도이치는 기억했다. "우주가 다수라는 아이디어에 아주 열정적이었고 정말 탄탄하고 절묘하게 이를 방어했으며, 말을 할 때는 '상대 상태'나 어떠한 완곡어법도 구사하지 않았습니다." 몇 년 뒤 도이치는 양자컴퓨팅을 다룬 획기적인 논문에서, 오직 다세계 해석으로만 양자컴퓨터가 놀라울 정도로 빠른 이유를 설명할 수 있다고 주장했다. "에버렛 해석은 다른 우주에 존재하는 자기 복제체에게 하위 작업을 위임하는 특성을 토대로 양자컴퓨터가 어떻게 작동하는지 잘 설명한다"라고 도이치는 썼다. "양자컴퓨터로 이틀이 걸리는 프로세서 연산을 완료한다면, 기존의 해석으로 정답의 존재를 어떻게 설명할까? 어디서 연산되었을까?" 양자물리학의 다른 해석으로도 양자컴퓨터의 성능이 뛰어난 이유를 설명할 수 있었을 것이다. 하지만 도이치의 열정은 전파력이 컸으며 다세계는 곧 양자정보 처리라는 새로운 분야에서 인기를 끌었다.

다세계는 우주론을 진지하게 받아들이는 물리학자들 사이에서도 호응을 얻었다—게다가 여러 새로운 해석에 영감을 주기도 했다. "측정도 관측자도 없는 초기 우주를 논하는 이론에서는 측정이나 관측자는 근본적 개념은 못 된다"라고 1990년 머리 겔만Murray Gell-Mann과 제임스 하틀James Hartle은 썼다. 겔만은 쿼크가 존재한다고 제시함으로써 1969년 노벨상을 수상했고, 겔만의 학생이던 하틀은 스티븐 호킹Stephen Hawking과 함께 양자우주론을 연구했다. 두 사람은 코펜하겐 해석이 틀렸다고 오랫동안 믿어왔다. 1976년 겔만은 이렇게 적었다. "양자물리학의 철학적 체계가 타당해지기까지 그렇게 오래도록 지연되었다는 사실은 의심할 여지 없이 닐스 보어가 이론학자들 전 세대를 세뇌했다는 사실에서 비롯된다." 겔만과 하틀은 에버렛의 해석과 결깨짐에 관한 제이와 요스, 주렉의 연구, 롤랑 옴네Roland Omnès와 로버트 그리피스Robert Griffiths의 아이디어를 묶어서 '결깸역사decoherent-histories'라고 직접 명명한 양자물리학의 해석을 전개했다. 겔만과 하틀의 해석에서는 세계가 단일하다는 사실에도 불구하고, 이들은 에버렛에게 지적으로 빚을 졌고 자신들의 아이디어들을 에버렛이 했던 연구의 연장선으로 본다고 인정했다.

하지만 에버렛은 겔만이나 도이치의 연구를 보지 못하고 세상을 떠났다. 1982년 7월 19일, 에버렛은 51세의 나이에 심장마비로 사망했다. 무신론자였던 에버렛의 유지에 따라, 가족들은 에버렛을 화장한 다음에 그 유골을 쓰레기통에 버렸다.

≈

에버렛 사후 10년이 채 되지 않아서 우주론은 황금기를 맞았다. 20세기 대부분의 시간 동안 우주론은 주로 일반 상대성 이론의 발전과 같은 이론적인 진보에 힘입었다. 하지만 1990년대 허블 우주 망원경과 CMB 탐사 위성과 우주에 띄운 다른 관측 시설들은 물론, 거대한 차세대 지상 망원경들 덕분에 우주론자들은 데이터가 넘쳐났다. 비슷한 시기에 고속 컴퓨팅이 가능해져 이런 데이터를 처리함은 물론 전체 우주를 시뮬레이션하여, 우주의 구성과 움직임에 대한 다양한 이론을 시험대에 올렸다. 우주론은 우주의 근본적인 특성의 일부를 추측하기만 하던 정도에서 굉장한 정확도로 못박는 수준까지 급격히 발전했다. 1996년 우주 나이의 추정치는 100억에서 200억 년 사이였고, 펜지어스와 윌슨이 CMB를 발견한 이래 30년 동안은 거의 차이가 없었다. 2006년 무렵이 되자 우주의 나이가 138억 년으로 좁혀졌는데, 1퍼센트 내외 차이를 벗어나지 않았다.

이처럼 정확도가 올라가면서 우주의 새로운 모습이 눈앞에 나타났다. 2000년에 발사된 우주 망원경 윌킨슨 마이크로파 비등방성 탐지위성WMAP, Wilkinson Microwave Anisotropy Probe을 이용해 생성한 지도에서는 100,000분의 1 정도 오차로 균일한 CMB의 미세한 강도 차이들이 세세하게 보였다. 이 지도는 '인플레이션inflation'이라는 극초기 우주를 설명하는 이론에 신빙성을 더했다.

1981년 물리학자 앨런 거스Alan Guth가 처음으로 제안하고 나서 얼마 지나지 않아, 안드레아스 알브레히트Andreas Albrecht와 안드레이 린데Andrei Linde가 다듬은 인플레이션 이론에서는 우주가 아주 초기에는 1초보다 더 짧은 찰나에 급격히 팽창하고 나서—10^{-33}초 사이에 우주의 크기가 10^{26}배까지 증가—훨씬 더 느리게 팽창을 이어갔다고 본다. 이렇게 급격한 팽창은 인플레이션이 끝나면 평범한 물질로 붕괴하는 고에너지의 아원자 입자들인 가상의 "인플라톤inflaton"이 일으킨다. 결정적으로 이론에 따르면, 인플라톤의 밀도로 인해 극미한 양자 요동이 일어나면 인플레이션 과정의 영향으로 증폭되어, 인플레이션 직후 작고 뜨거운 우주에서 정상적인 물질 밀도로 인해 극미한 양자 요동이 발생했다. 이런 요동은 이어서 CMB의 요동을 야기했다—종국에는 은하와 지구 전체를 포함해서 오늘날 우주의 모든 구조를 형성하는 씨앗을 뿌렸다. 요컨대 인플레이션은 우리 모두가 초기 우주에서 발생한 양자 요동의 산물임을 시사했다. 그리고 WMAP의 데이터는 인플레이션이 옳다는 사실을 시사했다. "WMAP의 데이터는, 은하들이란 하늘에 넓게 펼쳐진 양자역학에 불과하다는 관념을 뒷받침합니다." 2006년 브라이언 그린Brian Greene이 말했다. "이는 현대 과학 시대의 경이 중 하나입니다."

하지만 코펜하겐 해석은 초기 우주가 어떠했는지 설명할 수 없었다. 또한 양자역학의 수학도 이런 상황을 다루지 못했다. 초기 우주는 굉장히 작기 때문에 양자물리학이 필요하지만, 또한 굉장히 고밀도이기 때문에 일반상대성 이론의 난해한 수학적 체계 역시 필요하다. 안타깝게도 일반상대론과 양자물리학을 통일하는 이론은 아인슈타인을 비롯한 일군의 물리학자가 수십 년 동안 모색했지만 정립하지 못했다. 1960년대까지만 해도 일각에서는 그런 통일이 필요하지 않다고 주장했다. 레온 로젠펠트는 (훌륭한 실증주의자답게) 양자중력 효과는 절대로 관측불가능하므로 그런 현상을 다루는 이론을 전개할 필요가 없다고 말했다. 하지만 일반상대론이 점점 더 좋은 평판을 얻자, 양자장론과 통일할 필요성이 절실해졌다. 1990년대를 거치면서, 우주론을 진지하게 다루면 안 된다는 오래된 주장처럼, 로젠의 아이디어는 물리학 연구의 주류에서 밀려났다. 양자중력론은—이제 "만물의 이론"으로 불린다—물리학 전체를 통틀어 가장 중요한 미해결 문제로 널리 인식되었다. 가장 유망한 후보는 끈 이론string theory으로, 난해한 수학을 통해 양자물리학과 일반상대론의 우아한 연결 고리를 엿볼 수 있게 해 주었다. 2000년대 초반까지는 끈 이론과 인플레이션 이론을 결합하는 방법이 초기 우주론 분야에서 최고의 희망처럼 보였다.

놀랍게도 독립적으로 발전한 끈 이론과 인플레이션 이론은 모두 공통된 결론을 가리키는 듯하다. 바로 독립적인 우주가 엄청나게 많다는, 멀티버스multiverse가 존재한다는 귀결이다. 인플레이션 이론에 따르면 우주는 '영구 인플레이션eternal inflation'을 벗어날 수 없다. 인플레이션이 우주의 한 부분에서 끝나면 다른 부분에서 계속 이어지며 인플레이션이 없는 우주의 "거품들"은 인플레이션이 일어나는 영역에서 계속 나타난다. 우리는 이런 거품들 중 하나에서 살아가며, 다른 거품들은 다른 모든 것과 단절된 고유한 우주가 될 것이며, 각각이 자신만의 고유한 물리 법칙과 기본 입자의 모음을 가지고 있을 것이다. 게다가 인플레이션이 영원히 일어나기 때문에 이런 거품 또한 무한할 것이다—인플레이션의 무한한 멀티버스다. 한편 끈 이론은 단일한 우주를 기술하지 않고 경이로울 정도로 많은 우주가 존재하는—10^{500}개 혹은 그 이상의—'끈 풍경string landscape'을 기술한다.

다세계 해석의 멀티버스와 유사하다는 사실을 우주론자들은 유념했다. 에버렛의 해석과 별개로, 멀티버스의 출현으로 인해 세계가 이상할 정도로 많다는 주장은 흥미를 끌었다. 일부 물리학자들은 세 가지 멀티버스가—에버렛식 다세계와 영구 인플레이션과 끈 풍경—실제로는 모두 단일한 멀티버스로서 세 이론은 그저 동일한 실재를 다른 방식으로 기술할 뿐이라고 주장했다. 뭐가 됐든 다세계 해석을 제대로 보지도 않은 채 웃어넘기는 일은 (대체로) 없어졌다. 실제로 21세기 초 다세계 해석은 코펜하겐 해석에 대항하는 물리학자들 사이에서 커다란 지지를 받았고, 특히 우주론자들에게서 인기를 끌었다. 하지만 폭넓게 고찰되는 과정에서 새로운 문제가 제기되었는데 무한한 멀티버스 이론이라면 반드시 마주할 문제였다. 바로 확률 문제였다.

〜〜〜

본질적으로 측정 문제는 언제 파동함수가 슈뢰딩거 방정식의 조화로운 결정론적 틀을 따르는지, 그리고 언제 붕괴라는 무작위 과정을 거치는지를 묻는다. 다세계 해석은 파동함수가 붕괴된다는 사실을 부인함으로써 측정 문제를 해결한다. 다세계 멀티버스에서 우주의 파동함수는 항상 슈뢰딩거 방정식을 따르며 여러 갈래로 끊임없이 나뉜다. 하지만 이런 그림에는 문제가 생긴다. 보편 파동함수가 실제로 슈뢰딩거 방정식을 항상 따른다면 방정식에는 우연한 요소가 없고 완전히 결정론적이므로, 양자물리학 실험에서 무작위성과 확률성이 나타나는 이유가 명확하지 않다. 결국 모두 동의하는 한 가지 사실은 그들이 어떠한 해석(비논리적인 사이비 해석)을 지지하든, 양자물리학의 실험 결과에서 어느 정도는 무작위성이 드러난다는 점이다. 일반적으로 양자물리학의 수학적 체계는 특정 현상이 일어날 것이라고 명시해주기보다는 특정 실험 결과의 확률을 예측하는 데 그친다. 하지만 온 우주가 결정론적으로 단일한 방정식을 따르는 중이라면, 도대체 어떻게 물리학에서 확률이 나타날까?

흔히 확률이라고 하면 우리는 주사위를 굴리는 행위를 떠올린다. 여섯 가지 결과가 가능하므로 특정 결과가 나올 확률은 (주사위가 치우친 데가 없다면) 6분의 1이다. 주사위를 굴릴 때 총 여섯 가지 결과 중에서 홀수가 나오는 결과는 세 가지이므로 확률은 6분의 3이다(그림 11-1a). 하지만 다세계 해석에서는 확률이 그렇게 나올 수 없다. 슈뢰딩거의 고양이는 가능한 결과가—고양이가 살거나 죽거나—두 가지이기 때문에 어느 한쪽이 나올 확률을 2분의 1, 곧 50퍼센트라고 생각하기 쉽다. 하지만 실험을 약간 다르게 설정했다고 해 보자. 뒤늦게나마 불쌍하다는 생각이 들어서 고양이를 오래 방치해두지 않았고, 방사능 붕괴 확률이 50퍼센트가 아니라 25퍼센트만 된다고 해 보자. 그러면 문제가 발생한다. 여전히 가능한 결과는 두 가지임에도 양자물리학에서는 두 확률이 동일하지 않다고 규정한다. 고양이가 살 확률이 75퍼센트이고 죽을 확률이 25퍼센트다. 하지만 여전히 두 가지 갈래만 존재하며 각 갈래에는 거의 동일한 관측자의 분신이 산다. 죽은 고양이 쪽에 있는 관측자의 분신이 살아 있는 고양이 쪽에 있는 분신보다 어쨌거나 '덜 실재'한다고 말해야 할까? 이것을 어떻게 이해해야 할까?

문제는 더 심각해진다. 앞서 소개한 것이 하나의 실험일 뿐이었다면, 저 바깥에는 큰 우주가 있다. 에버렛의 해석을 어떤 식으로든 합리적이라고 이해하고 보면, 실제로 보편 파동함수의 갈래가 무수히 많이 나타난다. 우리 자신의 분신이 무수히 많을 때 확률을 어떻게 이해해야 할까? 주사위 던지기 확률을 계산할 수 있는 이유는 가능한 결과의 숫자를 셀 수 있기 때문이다. 하지만 이런 접근법은 무한한 멀티버스에서는 통하지 않는다. 결과의 가짓수가 무한하기 때문이다. 특정 사건이 일어나는 갈래의 가짓수를 알고 싶다면—가령, 바로 지금 독자가 이 책을 읽는 중인 보편 파동함수의 갈래 숫자—그 답은 항상 무한대다. 그리고 독자가 지금 이 책을 읽지 않는 갈래

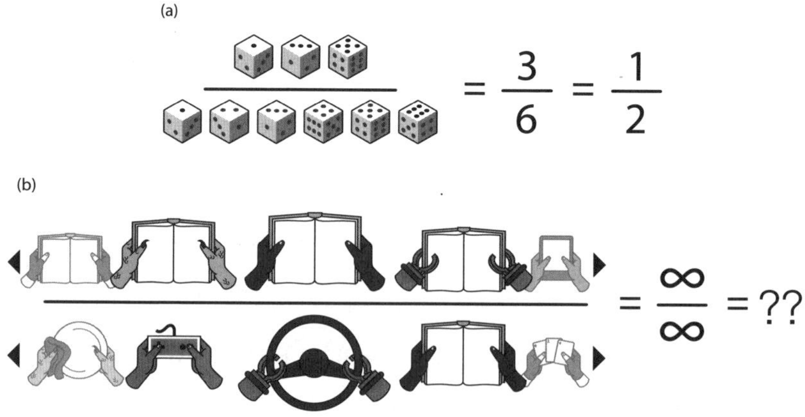

그림 11-1.
(a) 주사위를 던질 때나 결과들이 유한한 개수로 한정되는 상황에서 확률을 계산하기는 상대적으로 쉽다. 일반적인 육면체 주사위를 굴려서 홀수가 나올 가능성은 6분의 3 혹은 2분의 1이다.
(b) 무수히 많은 멀티버스에서 확률을 계산하기는 훨씬 더 어렵다. 다세계 해석에서 무작위로 고른 독자의 분신이 바로 지금 이 책을 읽고 있을 가능성은 얼마일까?

의 가짓수 역시 무한대다. 그렇다면 무작위로 선택된 독자의 분신이 이 책의 특정 판본을 읽고 있을 확률이 멀티버스에서는 얼마나 될까? 무한대 분의 무한대라는 분수는 어떤 값으로 나올까?(그림 11-1b) 수학에서는 분야 전체가 무한대를 다루기도 하는데 그런 분수가 거의 모든 것이 될 수 있다고 알려준다—0이거나 어떤 유한한 수이거나 심지어 또 다른 무한대거나. 그러면 이를 어떻게 다뤄야 할까? 다세계 해석의 결정론적인 우주에서 양자물리학의 굉장히 정확한 확률적 예측을 어떻게 되살리면 좋을까? 이 책을 읽는 중이라는 무한한 결과의 무한 분수를 어떻게 측정할까? 말 그대로 물리적으로 가능한 모든 일이 실제로 어디선가 일어나는 세계에서 확률을 논한다면, 그것은 도대체 어떤 의미일까?

적어도 한 가지 대답을 하자면, 우리가 완전히 오리무중 상태에 있기 때문에 다세계 해석에서 확률이 등장한다는 것이다. 보편 파동함수가 슈뢰딩거 방정식을 따르고 결정론적 방식으로 나뉘더라도, 그 거대하고 복잡한 파동함수에서 우리가 어디에 속해 있는지는 모른다. 보편 파동함수에서 한 갈래에 있다고만 알 뿐이다. 어느 갈래일까? 종국에 우리의 분신들은 각각 약간씩만 다른 무수한 양자 세계로 흩어지므로, 우리가 어떤 세계에 속해 있는지는 명확히 알기 어렵다. 특히 양자 실험을 수행한 뒤에, 우리는 실험 결과를 확인한 오직 한 갈래의 세계에 속해 있다는 점을 인지하고 있다. 하지만 실험 결과를 보지 않고서 우리가 어느 세계에 속해 있는지는 알 수 없다—주변을 둘러보기만 해서는 알 수 없는데 갈라진 우주는 다들 비슷해 보이기 때문이다. 최선책은 양자물리학의 수학을 활용해서 현재 우리가 파동함수의 특정한 갈래에 속할 가능성이 얼마나 되는지, 확률이 얼마나 되는지를 밝히는 일이다. 우리가 관측할 때, 실험에서 특정 결과를 볼 확률을 정한다는 뜻이다. 따라서 다세계 해석에서 확률은 여전히 양자물리학의 필수 요소다. 엄밀히 말해서, 실험 결과의 확률이 아니라 바로 지금 관측자가 우주에서 어디에서 나타나는지에 대한 확률이다.

그렇다 해도 이런 설명이 실제로 성립하는지는 불분명하다. 이는 정신이 신체와 분리된 비물리적 실체라는 이원론적 오류일지도 모른다. 게다가 이런 설명으로 양자물리학의 특정한 확률적 예측이 가능한지도 불분명하다. 하지만 문제를 설명하는 여러 시도 중 하나로서 이는 유망한 아이디어다. 무한 멀티버스에서 확률을 계산하는 방법을 파악하는 연구는 현대 인플레이션 우주론과 다세계 해석을 지지하는 진영 양쪽에서 당면한 최고로 시급한 문제다. 이를 해결하기 위한 많은 시도를 해 보았지만, 아직까지 널리 인정된 결과물은 하나도 없다. (이런 시도 중 일부는 에버렛이 수학적으로 정말 좋아했던 분야인 게임 이론을 동반한다.) 과학에서 여느 미해결 문제와 마찬가지로 아직 쉬운 답은 없다. 하지만 이 문제를 확실히 마무리짓지 못했다는 공감대가 있다. 하지만 그와 동시에 아마도 해결되리라는, 기존의 유력한 해결책 중 하나가 맞다고 판명되거나 다른 방법을 발견할 순간이 곧 오리라는 희망 섞인 공감대도 형성되어 있다.

～～

다세계 해석과 멀티버스 이론에 확률 문제가 제기되기는 했지만, 멀티버스 개념(양자론이든, 우주론이든, 끈 이론이든)에 제기되는 주된 반론은 세계가 엄청나게 많다는 점이었다. "개체를 최소한으로 유지하라고 강조하는 절약의 원리인 오컴의 면도날 법칙Occam's razor을 과학자들이 위반하리라고 상상하기는 어렵군요." 작가이자 유희 수학자recreational mathematician였던 마틴 가드너Martin Gardner가 불만을 토로했다. 하지만 절약의 원리는 관점의 문제일 뿐이다―에버렛의 관점을 지지하는 진영에서는 자신들의 양자물리학 해석이 다른 해석보다 가정이 훨씬 덜 필요하다고 지적한다. 더군다나 단순한 논증은 그 자체로 과학을 그릇된 방향으로 이끌지도 모른다. 논란의 여지가 없이 올바르지만 복잡한 과학 이론도 많다. "기본적으로 모두 선호하는 '멀티버스'는 이러합니다." 철학자이자 다세계 해석의 지지자인 데이비드 월리스David Wallace가 말한다. "먼 은하에 있는 별과 행성을 생각해 봅시다. 거의 모두가 실제로 행성이 있으며 그 표면에는 암석이 있다고 생각합니다. (…) 이것이 무한 멀티버스는 아니지만 태양계는 10^{24}개에 달할 만큼 무척 많이 존재합니다. 이런 사실을 진지하게 고려해야 하는 이유는 실제로 관측할 수 있기 때문이 아닙니다. (…) 그보다는 우리가 확고부동하다고 보는 이론의 불가피한 결과이기 때문입니다."

다세계(혹은 인플레이션이나 끈 이론)를 공격하는 물리학자들은 통상 멀티버스 개념에 심각한 반론을 제기한다. 이를 '반증불가능성unfalsifiability'의 대표적인 사례라고 매도한다. 이 거추장스러운 단어는 과거 철학의 유령으로 카를 포퍼의 연구에서 유래한다. 포퍼는 20세기 중반 저명한 과학철학자로, 런던정경대학에서 경력 대부분을 보냈다. 포퍼는 한때 고향 빈의 논리실증주의에 긍정적이었지만 결국 스스로 인습을 타파하는 노선을 택했다. 빈 학단처럼 의미검증론을 옹호하기보다는 **반증**에 입각한 과학적 세계관을 도모했다. 포퍼가 언명하기를, 거짓으로 판명될 수 있는 이론이 잠재적인 과학 이론이었다. 그리고 거짓으로 판명될 수 없는 이론은 전혀 과학적이지 않았다.

포퍼의 관점은 현역 과학자들 사이에서 비정상적으로 인기가 높아졌다. 20세기가 끝날 무렵까지도 대다수의 물리학자는 반증가능성을 잠재적인 모든 이론이 필수적으로 통과해야 하는 시금석이라고 믿었다. 이런 렌즈를 통해 보면 멀티버스 이론이 의심스러워 보인다. 다른 우주가 접근하기 어려운 공간이고 고유한 우리 우주에 결코 직접 영향을 주지 못한다면, 어떤 실험 데이터로 우리가 멀티버스에 산다는 이론을 반증할 수 있을까? 그리고 어떠한 데이터도 그 이론이 틀렸음을 보이지 못한다면, 그것이 어떻게 수용가능한 과학 이론이 될까? "과학철학자로서 카를 포퍼는 이렇게 주장했다. 이론은 반증가능해야만 과학적이다." 저명한 우주론자인 조지 엘리스George Ellis와 조 실크Joe Silk가 2014년 《네이처》 논평란에 썼던 말이다. "이런 입증불가능한 가설들(다세계, 끈 이론, 급팽창 멀티버스)은 실세계와 직접 관련되며 관측을 통해 시험가능한 —입자물리학의 표준모형이나 암흑 물질과 암흑 에너지의 존재 같은— 유형과는 아주 다르다. 우리가 보았듯이 이론물리학은 수학과 물리와 철학 사이에서 어떠한 조건도 진정으로 충족하지 못하는 무인지대가 될 위험이 상존한다." 그들은 포퍼의 언명에서 벗어나는 것이 끔찍한 결과를 초래할지도 모르는 '과격한 조치'라고 경고했다. "과학적 결과가—기후 변화에서 진화론에 이르기까지—일부 정치가와 종교적 근본주의자들의 의문을 사는 시대에, 물리학의 심장과 영혼을 건 전투가 개시되었다. 과학의 대중적 신뢰와 기초 물리학의 본질이 훼손되지 않도록 과학자와 철학자가 깊은 대화를 나눠야 한다."

하지만 만일 엘리스와 실크가 논평을 쓰기 전에 대화에 참여하려고 노력했더라면, 포퍼의 연구를 수십 년 동안 과학철학자들이 진지하게 받아들이지 않았으며 그럴만한 타당한 이유가 있다는 사실을 알았을 것이다. 반증가능성이 과학의 경계를 표시한다는 아이디어는 8장에서 보았던, 의미검증론의 방어벽을 무너뜨렸던 것과 동일한 주장에 취약하다. 콰인이「경험주의의 두 가지 도그마」에서 지적한 대로 개별적인 믿음이 검증될 수 없듯이, 개별 이론 역시 같은 이유로 반증될 수 없다. 카를 포퍼가 리모컨으로 티브이를 켜지 못했다고 치자. 포퍼는 리모컨에 넣은 건전지가 다 닳았다고 설명하는 이론을 세운다. 따라서 포퍼는 동네 가게로 달려가 새 건전지를 사서 리모컨에 끼운다. 하지만 여전히 리모컨으로 티브이가 안 켜진다. "아하!" 포퍼는 소리친다. "내 이론이 반증되었네!" 하지만 꼭 그렇지는 않다. 리모컨이 작동하지 않아도 여전히 건전지가 다 닳았다고 설명하는 것이 가능하다. 아마 새로 사 온 건전지도 닳았을지도 모른다. 어쩌면 포퍼가 가게에 간 틈을 타서, 쥐가 티브이의 전원선을 갉아 먹었는지도 모른다. 어쩌면 관측자가 어디 있느냐에 따라 물리학 법칙이 실제로 달라졌을 수도 있고, 포퍼가 가게에 간 사이 '태양계'가 은하의 중심 궤도를 따라 움직이다가 리모컨 건전지의 움직임을 좌우하는 전자기 법칙이 다른 우주 구역으로 들어갔을지도 모른다. 문제는 리모컨에 대한 포퍼의 '다 닳은 건전지 이론'이 단독으로 어떠한 예측도 하지 않는다는 점이다. 포퍼가 세계의 움직임에 대해 세운 수많은 기본 가정과 묶어서 함께 예측할 뿐이다. 따라서 포퍼는 틀렸다. 이론이 반증되지 않은 것이다. 리모컨이 계속 작동하지 않을 때 포퍼가 다 닳은 건전지 이론을 폐기해도 되지만, 세계에 대한 다른 가정도 마찬가지로 얼마든지 쉽게 폐기해도 된다. 콰인이 말했듯이, 세계에 대한 믿음은 개인이 아닌 세계라는 집합으로서만 시험될 수 있으며, 그러한 아이디어는 검증할 때만큼이나 반증할 때도 동일하게 성립한다. 어떠한 이론도 단독으로는 반증 가능하지 않다.

과학사가 이를 뒷받침한다. 실험이나 관측 결과가 이론적 예측과 맞지 않으면, 흔히 '주된' 이론보다는 그 예측에 활용한 보조 가정 중 하나가 폐기된다. 1781년 존 허셜John Herschel은 천왕성을 발견했고 당시 천문학자들은 즉시 아이작 뉴턴의 중력과 운동 법칙이라는 첨단 과학을 이용해 천왕성의 운동을 예측하기 시작했다. 그후 수십 년 동안 관측 결과가 쏟아졌고 계산 결과가 정제되면서, 몇몇 천문학자가 천왕성이 실제로 뉴턴의 만유인력 법칙을 따르지 않는다는 사실을 알아냈다. 하지만 관측을 통해 반증되었기 때문에 뉴턴의 중력론을 버리기보다는, 천왕성이 운동할 때 이상 현상을 야기하는 행성이 천왕성보다 더 멀리 보이지 않는 곳에 존재한다는 가설을 세웠다. 천문학자였던 위르뱅 르베리에Urbain Le Verrier가 이 행성을 어디서 발견할지 정확히 계산했고, 1846년 독일 천문학자 일군에서 정확히 르베리에가 예측한 위치에서 해왕성을 찾아냈다. 이로써 뉴턴의 중력론은 반증되기보다는 꿋꿋이 살아남았다.

몇 년 뒤, 르베리에와 다른 학자가 태양에 가장 가까운 행성인 수성이 예측한 대로 움직이지 않는다는 사실을 알아챘을 때도 마찬가지로 또 한 번 뉴턴의 중력론을 버리는 대신, 태양과 너무 가까이 있었던 탓에 빛에 가려 그간 보이지 않았던 새로운 행성이 존재한다고 가정했다. 그들은 그을린 가상의 행성을 로마 시대 대장간 신의 이름을 따서 '벌컨Vulcan'이라고 명명했고, 즉시 찾아 나섰다. 태양이 달에 가리는 일식 중에 태양 근처를 찾아보았다. 르베리에 본인이 이끈 팀까지 포함해 몇몇 팀이 벌컨을 찾았다고 주장했지만, 행성의 존재는 끝내 확증되지 못했다. 마침내 1915년, 알베르트 아인슈타인은 벌컨이 허깨비임을 증명했다. 일반상대론이라는 자신의 새로운 이론으로 새로운 행성을 들먹이지 않고도 수성의 운동을 완벽히 설명했다. 뉴턴의 중력론은 애초부터 틀린 이론이었다—하지만 중력론은 '반증' 되지 않고 새 이론으로 대체되었다.

포퍼 또한 반증이 과학 이론의 진정한 척도가 되지는 못한다는 사실을 이해했다. 어떠한 이론도 단독으로 반증되지 못한다고 인정했지만, 훌륭한 과학자라면 보조 가설을 내세우기보다는 자신들의 이론을 폐기하라고 주장했다. 하지만 해왕성과 벌컨의 사례에서 보듯이, 예측에 이용한 일부 가정을 거부하는 대신에 모순되는 증거에 비추어 이론이 정확히 언제 폐기돼야 하는지는 분명하지 않다. 멀티버스 이론이 반증불가능하다는 이유로 비과학적이라고 주장하는 것은, 어떠한 과학 이론도 충족한 적 없는 자의적인 기준에 부합하지 않는다는 이유로 해당 이론을 거부하는 격이다. 어떠한 데이터로도 멀티버스 이론을 거부하도록 강요할 수 없다는 점은 멀티버스 이론이 다른 이론과 별반 다르지 않다는 사실을 시사한다. 또한 멀티버스 이론을 뒷받침하는 관측가능한 증거가 없다는 주장은 "우리가 무엇을 관측할지를 결정해 주는 것이 바로 이론"이라는 아인슈타인의 일침을 망각하는 셈이다. 그로버 맥스웰이 8장에서 말한 대로, 관측가능하다고 간주되는 대상은 과학 이론이 변하고 시간이 흐름에 따라 바뀔 수 있고 실제로 바뀐다. 원자론은 한때 반증할 수 없다고 여겨졌고, 한때 원자들은 원칙적으로 관측불가능하다고 생각되었다. 멀티버스의 증거도 비슷한 운명을 겪을지도 모른다. 멀티버스에 반대하며 반증가능성에 입각했다고 하는 주장은 실제로 무지와 취향에 근거한 주장이다. 일부 물리학자들은 자기가 몸담은 분야의 역사와 철학을 알지 못하며, 멀티버스 이론을 못마땅하게 여긴다. 하지만 그렇다고 해서 멀티버스 이론이 비과학적이라는 의미는 아니다.

과학 이론이 반증될 필요가 없다면, 무엇이 필요할까? 설명을 제시하고, 이전에는 이질적이었던 개념을 통일하며, 우리 주변 세계와 어느 정도 관련되어야 한다. 이는 물론 막연하지만 과학은 과학을 하는 사람들과 과학이 기술하는 세계처럼 복잡하다. 복잡한 질문에 맞서서 포퍼의 "반증가능성"을 구호처럼 외기만 하면 매번 의구심을 자아내기 마련이다. 헨리 루이스 멩켄H. L. Mencken이 한때 말한 것처럼 "인간의 모든 문제에는 손쉬운 해결책이 있다. 그것은 깔끔하고, 그럴싸하고, 잘못됐다."

그렇다면 코펜하겐 해석이라는 인간 문제의 올바른 해결책은 무엇일까? 그간 일어난 모든 일에도 불구하고―파일럿파와 다세계 해석에도 불구하고, 벨과 봄과 에버렛이 있었음에도 불구하고, 양자컴퓨팅이 부상하고 논리실증주의가 몰락했음에도 불구하고―코펜하겐 해석은 여전히 물리학에서 지배적이기에 의문이 생긴다. 코펜하겐 해석은 여전히 대중적인 모든 양자물리학 입문 교재에서 제시하는 관점이다. 아직까지도 코펜하겐 해석을 선호하는 수준을 넘어서, 그 나머지 관점은 모두 비과학적이라고 생각하는 물리학자들은 넘치도록 많다. 어떤 이들은 코펜하겐 해석이 유일하면서도 일관된 관점이라는 사실을 벨의 정리가 증명했다고 주장하기까지 했다. 양자근간은 과거 어느 때보다 더 존중받는 분야지만, 여전히 약소하며 이를 업신여기는 물리학자도 여전히 많다. 50년 전에 존 클라우저가 겪었던 만큼 어렵지는 않겠지만 지금도 양자근간 분야에서 일자리를 구하기는 쉽지 않다. 게다가 다세계 해석은 물리학자들에게 보편적으로 알려진 반면 파일럿파 이론과 같은 다른 관점들은 거의 금시초문인 상황이다.

어떻게 이 지경에 이르렀을까? 아니면 그보다는, 왜 아직도 이 지경일까? 훌륭한 질문이다. 데이비드 앨버트—앞서 9장에서 코펜하겐 해석에 무모하게 의문을 제기했다는 이유로 록펠러 대학교에서 쫓겨날 뻔했던—는 현재 컬럼비아 대학교의 철학 교수이며, 양자근간 연구에 지난 40년을 바쳤다. "정말로 해괴한 이야기입니다"라고 앨버트가 이 분야의 역사를 정리하면서 말했다. "지극히 모순된 두 가지가 공존합니다. 바로 20세기는 어떠한 시대보다 더 앞서 있었는데 (…) 물리학에 관심을 기울이고 활발하게 물리학을 연구했던 명석한 사람들의 숫자를 미루어 보면 그렇습니다. 동시에 20세기는 전체 계획의 한가운데에 자리한 깊고 논리적인 문제를 가장 오랫동안 정신병적으로 부정했던 시대이기도 합니다!"

"정신병적"이라 하면 지나친 언사일지도 모르겠다. 하지만 아주 해괴하다는 건 분명하다. 지금까지 이야기 전체를 살펴봤으니—어떻게 상황이 이 지경에 이르렀는지 알아봤으니—현재 상황이 얼마나 묘하게 돌아가는지 살펴보자.

12장
터무니없는 행운

빈 외곽을 두른 오스트리아 알프스 산맥의 울창한 산기슭, 포도밭에 지어진 오두막의 창에는 작은 거울이 붙어 있었다. 포도밭은 수 세기 동안 그곳에 있었다. 1920년 빈 학단의 창립자 중 한 명이었던 오토 노이라트가 인근 언덕에서 아인슈타인과 다른 과학자들을 만나서 『국제 통일과학 백과전서』에 대한 구상을 논의했을 때도 포도밭은 거기 있었다. 거울은 나중에 부착해놓은 것이다. 2011년 빈 대학교의 양자광학 및 양자정보 연구소IQOQI, Institute for Quantum Optics and Quantum Information에서 온 대학원생들이 장거리 양자암호화 네트워크를 연구할 목적으로 설치한 거울이었다. 안톤 차일링거Anton Zeilinger 교수의 지도 아래서 학생들은 5킬로미터 떨어진 빈 중심부에 자리한 건물 꼭대기 층의 연구실에서 거울을 향해 한 번에 하나씩 광자를 쏘았다. 건물 지붕에는 특수한 장비가 장착된—빈 출신 인기 영화배우이자 암호학의 개척자인 헤디 라마Hedy Lamarr의 이름을 빌린—망원경이 포도밭의 거울을 향하도록 고정되어, 빈을 덮은 난기류를 가로질러서 반사된 빛다발을 세심하게 수집했다.

양자론의 창시자들에게 사고실험 바깥에서는 상상조차 하지 못했던 이런 위업은, 그저 하나의 시험이었다. 현재 차일링거는 학생들과 함께 똑같은 장비를 활용해서 지구의 저궤도를 도는 특수 설계된 인공위성과 광자를 교환하는 한편, 물리학자 판 지안웨이Pan Jianwei가 미리 비슷한 장치를 설치해둔 중국 운남 천문대와 오스트리아 빈 사이에서 양자암호화 통신을 성공시키려고 시도 중이다. 과거의 경험에 비추어 보았을 때 그들은 성공할 가능성이 높다. 차일링거는 광자를 조작하는 실험의 대가다. 차일링거 연구진은 연구실에서 포도밭의 거울까지 갔다가 돌아오는 10킬로미터 이상의 거리에서 단일한 광자를 주고받는 게 가능하다는 점을 이미 입증했다. 2012년에는 카나리아 제도의 라팔마와 테네리페 사이 143킬로미터 거리에서 얽힌 광자들을 보내는 데 성공했다. 또 차일링거는 아스뻬의 벨 실험을 개선해서 수십 년 동안 거듭한 끝에 양자 비국소성이 존재한다는 사실을 엄청난 실험 정확도로 입증했다.

하지만 양자 세계의 가장 기이한 측면을 익히 잘 알고 있었음에도 차일링거는 코펜하겐 해석에 아무런 거리낌이 없었다. "하이젠베르크가 이야기했듯, 양자 상태는 우리 지식의 수학적 표현입니다"라고 차일링거는 말했다 "양자 상태는 가능한 미래 측정 결과들과 그 확률을 알려줍니다." 차일링거에게 측정은 양자물리학에서 중요한 역할을 했다. "측정 문제는 없습니다"라고 차일링거는 주장했다. "측정 결과는 고전 세계에서 나타나고 양자 상태는 우리가 양자 세계라 부르는 것으로, 하이젠베르크에 따르면 수학적 표현일 뿐입니다. (…) 고전의 언어로 이야기할 수 있는 건 이것들이 우주에서 객관적으로 존재하는 대상이며 고전적인 대상이라는 겁니다. 그게 전부입니다. 이것이 이야기할 수 있는 바입니다. 나머지는 수학이죠." 바꾸어 말하면, 두 가지 세계가 있다. 하나는 실제로 존재하는 일상적인 대상이 양자 이전의 고전물리학을 따르는 세계이고, 다른 하나는 하이젠베르크가 말한 것처럼 똑같은 방식으로 실재하지 않는 양자 '세계'다. 하지만 차일링거는 둘 사이에 분명한 경계가, 넘어가는 순간 양자물리학이 적용되지 않는 어떤 선이 존재한다고 생각하지 않았다. "근본적인 경계는 없습니다"라고 차일링거가 말했다. "고전에서 양자로 전이가 일어나지만 그게 경계는 아닙니다." 차일링거가 이렇게 말해도 놀라운 일은 아니다. 대다수 물리학자가 근본적인 경계가 없다고 보며, 경계가 존재한다는 아이디어에 반대하는 가장 설득력 있는 연구 일부는 차일링거 본인이 한 것이다. 1999년 당시 차일링거와 연구진은 이중 슬릿 실험에 쓰인 광자처럼, 버키볼Buchyball을—축구공 모양으로 뭉친 탄소 원자 60개—자체적으로 간섭하게끔 조작하는 데 성공했다. 개별 아원자 입자보다 훨씬 큰 물체에서(그래봤자 일상의 물체보다 여전히 10억 배쯤 작지만) 양자 효과를 찾는 연구가 양자물리학의 창시자들에게는 충격이었을지도 모르겠다. 하지만 차일링거는 양자물리학의 타당성에 한계가 없음을 자신의 실험 연구를 통해 보여주기로 단단히 마음먹었다.

그래도 의문은 남는다. 양자물리학이 만물에 적용되는데도 오직 고전적인 대상만 객관적으로 존재한다면, 고전적인 것이란 대체 무엇일까? 더 일반적으로 말해서 우리 주변에 보이는 세상을 어떻게 설명하면 좋을까? 차일링거에 따르면 일상 세계는 고전적이다. 하지만 양자물리학 역시 그 타당성에 한계가 없기 때문에 일상적인 모든 풍경을 정확히 기술해야 한다. 어떻게 하면 이런 형태의 코펜하겐 해석으로 실재를 일관되게 그려볼 수 있을까? 이런 질문에 차일링거가 했던 대답은 의외로 간단하다. "무슨 말씀이신지 모르겠군요"라고 차일링거가 말했다. "정확하게 정의할 수조차 없을 테니까요."

대체 이게 무슨 일일까?

～～

모든 물리학자가 차일링거에게 동의하는 상황은 아니다. "양자역학을 따르는 미시계와 관측자와 측정 장치처럼 고전물리학을 따르는 거시계 사이에서 코펜하겐 해석은 불가사의한 경계선을 가정합니다"라고 1979년 노벨 물리학상 수상자 스티븐 와인버그Steven Weinberg가 말했다. "이는 분명히 불만족스럽습니다. 양자역학이 만물에 적용된다면 물리학자의 측정 장치와 물리학자에게도 적용되어야 합니다. 반면 양자역학이 만물에 적용되지 않는다면 양자역학이 적용가능한 경계를 어디에 그어야 할지 알아야 합니다. 양자역학은 너무 크지 않은 계에만 적용되는 걸까요? 자동 장치로 측정하고 나서 아무도 결과를 읽지 않더라도 양자역학은 적용되는 걸까요?" 1999년에 노벨 물리학상을 수상한 헤라르뒤스 엇호프트Gerard 't Hooft는 완곡한 어조로 말했다. "한 가지 사실만 제외하면 코펜하겐 측에서 주장하는 바에 동의하는데, 그 한 가지는 어떠한 질문도 허용하지 않는다는 겁니다"라고 엇호프트는 말했다. "엄밀히 얘기해서 물어보면 안 되는 특정 질문이 있다는 겁니다. 저로서는 어쨌거나 물어볼 겁니다. 질문하지 않았으면 좋겠다고요?

글쎄요. 저는 더 하고 싶은 말이 남았고 질문하는 편이 도움될 거라는 느낌이 강하게 드네요." 또한 2003년 노벨 물리학상 수상자 앤서니 레깃Anthony Leggett 경은 "끔찍한 고백"을 해야 한다고 말했다. "낮에 저를 관찰한다면 제가 책상에 앉아서 슈뢰딩거 방정식을 푸는 모습을 보게 될 겁니다. (…) 제 동료들처럼요. 하지만 가끔 밤에 보름달이 밝을 때면 저는 물리학계에서 지적으로 늑대 인간으로 변하는 것과 비슷한 일을 벌입니다. 바로 양자역학이 물리적 우주를 다루는 완전하고 궁극적인 진리인지 의구심을 느끼는 겁니다. 특히 양자 측정의 패러독스를 발생시킬 정도로 거시적인 수준에서 중첩 원리를 추정해낼 수 있을지 의구심이 듭니다. 더욱이 저는 그 원리가 원자와 인간의 뇌 사이 **어딘가에서** 무너질지도 모를 뿐 아니라 **반드시** 무너져야 한다고 믿는 쪽입니다."

하지만 물리학자들 가운데서 와인버그와 엇호프트, 레깃은 이례적인 경우다. 차일링거 같은 관점이 더 흔하다. 지난 20년 동안 물리학자들에게 어떤 양자물리학의 해석을 선호하는지 묻는 비공식적인 설문 조사가 여러 차례 있었다. 대부분 코펜하겐 해석이 압도적인 표를 얻었다. 물리학자들이 코펜하겐 해석을 지지하는 경향이 심각하게 과소평가됐다고 믿을 만한 근거는 충분했다. 왜냐면 보통 양자근간을 논하는 학회에서 조사했던 탓에 표본 편향이 어마어마하게 큰 결과가 나왔기 때문이다. 코펜하겐 해석에서 모든 문제를 오래전에 해결했다고 보고 그런 학회를 시간 낭비라고 여기는 물리학자도 아직까지 상당히 많다.

하지만 이상하게도 차일링거는 코펜하겐 해석을 명료하게 설명하는 참고문헌을 선뜻 제시하지는 못했다. "어쩌면 저나 다른 누군가가 양자역학에 대한 명료한 논문을 써야 할 것입니다"라고 차일링거는 말했다. 일부 문제는 뻔한 핑곗거리였던 보어가 터무니없이 불분명하다는 (그리고 유명하다는) 점이다. 하지만 이런 어려움의 이면에는 더 깊은 이유가 있다. "코펜하겐은 더이상 지배적인 해석이 아닙니다"라고 샘 슈베버는 말했다(5장에서 보았듯이 데이비드 봄을 구제한 바 있다). 정통 코펜하겐 해석에서는 원칙적으로 측정 장치와 같은 고전적인 물체는 양자물리학으로 기술될 수 없었다. 하지만 오늘날 대다수 물리학자는 양자물리학에 그런 한계가 없다는 차일링거의 의견에 동의한다고 슈베버는 지적한다. 그렇다면 아직까지도 왜 그렇게 많은 물리학자가 코펜하겐 해석을 추종할까? 어떻게 그토록 많은 사람이 와일리 코요테Wile E. Coyote처럼 양자 절벽의 끄트머리로 태연하게 달려갈 수 있을까? "그건 이야기가 다릅니다." 슈베버가 말했다.

문제는 단일한 "코펜하겐 해석"이 없다는 것이며, 애초부터 그랬다. "'코펜하겐 해석'이라는 이름은 미꾸라지 같습니다." 마운트홀리요크 대학교의 물리철학자 니나 에머리Nina Emery가 말했다. "의미론적 혼란 덕분에 물리학자는 해석이 야기하는 결함을 직접 다루지 않고 피해갑니다. 예를 들어 측정이 붕괴를 야기한다는 주장을 밀어붙이면 (…) 그들은 방향을 바꿔서 보어의 관점이나 이론에 쓰인 수학을 얘기하기 시작합니다. 이어서 그런 시각의 문제점을 (가령 보어 생각이 무엇인지 누가 아냐고, 혹은 수학이 완전한 해석은 아니라고) 지적하면 붕괴를 야기하는 측정 얘기로 돌아갑니다." 이렇듯 모순된 입장을 마음대로 오가기 때문에 코펜하겐 해석에 제기되는 반론에 대처하기도 쉬워진다. 물리학자들은 이랬다 저랬다 말을 바꿀 수 있었다—때로는 그렇게 하고 있다는 자각도 없이.

하지만 도구주의자의 입장에서—과학이 실험 결과를 예측하는 도구에 불과하다고 생각하면—이런 식으로 말을 바꿔도 전혀 문제가 없다. 왜냐하면 해석에 의구심을 품는 것이 뭐가 됐든 무의미하고 비과학적이기 때문이다. 양자론의 의미를 다룰 때 입장이 일관된지 아닌지는 중요하지 않으며, 오로지 직접 관측가능한 것이 중요하다. 이런 실증주의적 사고방식은 특히 양자물리학이라는 주제를 다룰 때 아직까지 물리학자들 사이에서 인기가 높다. 차일링거는 "양자 메시지"는 상당히 실증주의적인 생각이며, "실재와 실재에 대한 지식을, 실재와 정보를 구분할 수 없다"라고 주장한다. 게다가 과거 로젠펠트처럼 저명한 물리학자인 프리먼 다이슨은 양자중력론의 결과를 관측하는 것은 불가능할지도 모른다면서, "양자중력론은 검증불가능하고 과학적으로 무의미한 함의를 지닐 것"이라고 진정한 실증주의자처럼 주장했다.

하지만 철학자들은 반세기가 넘도록 이런 진술을 뒷받침하는 실증주의에 근본적으로 결함이 있다는 사실을 알고 있었다. 그리고 오늘날 물리철학자들은 거의 만장일치로 코펜하겐 해석을 거부한다. (논리경험주의 따위가 1980년 이후 복귀했지만, 아직까지 과학적 실재론이 물리철학자 사이에서 표준적인 견해다―오늘날 경험주의를 무척 충실하게 지지하는 사람들도 흔히 코펜하겐 해석을 옹호할 때는 순진하게 실증주의를 내세워 보았자 효과가 없음을 인정한다.) 어떻게 여태껏 물리학자들은 철학자들로부터 아무런 귀띔도 받지 못했을까? 문제는 대체로 물리학자들이 철학을 잘 모른다는 것이다. 두 분야에는 거대한 비대칭이 존재한다. 철학자들은 일반적으로 물리학을 아주 진지하게 받아들인 반면―물리철학자들은 수학적으로 물리학에 익숙하며, 양쪽 분야에서 대학원 학위를 받는 사례가 흔하다―물리학자들은 철학 훈련을 받는 일이 드물다. 물리학자들이 철학에 무지함에도 불구하고 (혹은 물리학자들이 무지하기 때문에) 몇몇 물리학자는 대놓고 철학을 무시한다. "철학은 죽었습니다"라고 2011년 스티븐 호킹은 선언했다. "철학자들은 과학의 현대적인 발전을 따라잡지 못했습니다. 특히 물리학에서 그랬습니다." 또 닐 디그래스 타이슨Neil deGrasse Tyson은 철학을 연구하다가는 "정말로 망할지도 모릅니다"라고 말했다. "양자역학 이후 한참이 지나면서 (…) 철학은 기본적으로 물리 과학의 최전선에서 벗어나 다른 방향으로 나아갔습니다"라고 타이슨은 주장했다. "저는 실망스럽습니다. 철학 분야에는 지적으로 뛰어난 사람이 대단히 많았고 달리 다른 방식으로 엄청나게 기여할 수도 있었겠죠. 하지만 오늘날에는 얘기가 다릅니다." 물리학자 로렌스 크라우스Lawrence Krauss는 추측컨대 물리학과 철학 사이의 갈등이 철학자들의 부러움에서 비롯하며, "과학은 진보했고 철학은 그렇지 않았기 때문"이라고 주장했다. "철학은 안타깝게도 우디 앨런의 오래된 농담이 떠오르는 분야입니다. '능력이 있다면 가르쳐라. 가르칠 능력이 없다면 체육을 가르쳐라.' 게다가 철학에서 최악은 과학철학입니다. (…) 무엇으로 이를 정당화하는지 이해하기 정말로 어렵습니다."

이는 숨막히게 무지한 주장이다. 호킹과 타이슨과 크라우스는 분명 우둔한 사람들이 아닌데도 그들은 왜 철학에 대해 아는 게 거의 없을까? 역사적 관점에 비추어 보면 이들의 태도는 낯설다. 양자물리학이 탄생한 몇 세대 전만 해도 물리학자들은 모두 어느 정도 철학 교육을 받았다. 아인슈타인은 마흐를 읽었고 보어는 칸트를 읽었다. 하지만 2차 세계 대전 이후 연구비가 지원되는 양상과 물리학 강의실의 풍경이 바뀌면서, 대학교 교과 과정은 더욱 광범위하게 바뀌었다. 아인슈타인과 보어의 세대에게 철학은 중부 유럽의 핵심 교육 과정의 하나였다. 하지만 전후 미국에서는 머리 좋은 학생들이 철학 수업에서 불청객 한번 되어 보지 않고서도 유치원부터 최상위 대학교의 물리학 박사 학위를 통과하는 내내 아무런 걸리적거림도 느끼지 못했고, 상황은 현재도 별반 다름없다.

현재가 그리운 옛날보다 못하다고 하소연하려는 게 아니다. 이런 문제는 어제오늘 일도 아니다. 아인슈타인도 철학 교육이 부재한 상황이 못마땅했고, 그로 인해 코펜하겐 해석이 어떻게 견고히 유지되었는지를 두고 푸념했다. 1951년 아인슈타인은 이렇게 썼다. "지금 같은 상황이 여러 해 더 지속될 것이다. (…) 주된 이유는 물리학자들이 논리적이고 철학적인 주장을 이해하지 못하기 때문이다." 전체적으로 봤을 때, 교육과 그에 대한 접근성은 과거 어느 때보다도 좋다. 하지만 지난 세기, 지식과 정보가 엄청나게 증가하면서 교육은 불가피하게 세분화되었다. 전혀 잘못된 일은 아니지만 세분화로 인해 지식의 경계가 나타났으며, 훌륭한 전문가들은 이러한 사실을 이해한다. 실제로 호킹이나 타이슨이나 크라우스가 자신의 학문적 배경과 무관한 분야에서—이를테면 기생 생태학이나 산업용 판금 생산 모범 사례—중대한 발표를 할 가능성은 거의 없을 것이다. 그런데도 물리학자들은 철학에 대해 왜 그렇게 거리낌없이 많은 말을 쏟아낼까? 철학은 다수의 물리학자들(그리고 다른 모든 분야의 과학자들)에게 왜 그렇게 멸시받을까?

철학의 이미지가 문제다. 철학자들은 신비주의자, 종교인, 개소리 예술가로, 즉 현실과 동떨어진 존재로 인식된다. 철학 전체가 수천 년 동안 거대한 질문들을 추구해도—삶의 의미는 무엇인가? 왜 고난이 존재하는가?—별 소득은 없이 제자리걸음을 하는 영역으로 대변된다. 하지만 대다수 물리철학자와 철학자는 앞선 인상과 거리가 멀다. 그들은 논리적으로 엄밀하고, 과학의 최신 발전과 직접적인 감각 경험에 입각해서 잘 정의된 문제를 연구한다. 철학이 실제로 하는 일과 이미지가 어떻게 달라졌는지는 책 한 권 분량을 할애해야 할 주제이지만, 아마 현대 서양 철학이 **분석철학** analytic philosophy과 **대륙**철학continental philosophy이라는 커다란 두 갈래로 나뉜 데서 일부 이유를 찾을 수 있을 것이다. (이런 이름은 대체로 역사적 우연이며 연구 내용과는 무관하다.) 어떻게 두 갈래로 분기되었는지는 길고 복잡한 이야기지만(8장에서 다뤘던 실증주의자와 독일 관념론자들의 논쟁과 관련 있다), 물리철학자 대부분이 분석철학 쪽이었던 반면, 지난 70년 동안 흔히 들어봤을 법한 철학자 대부분은 대륙철학 쪽이다. 사르트르, 카뮈, 푸코, 데리다와 지젝 같은 대륙철학자는 유명 인사가 됐던 반면, 분석철학자 중에서 유명 인사는 무척 드물었다. 게다가 대륙철학자가 분석철학자보다 지식과 진리에 대한 과학적 주장에 더욱 회의적인 편이다. 하지만 두 종류의 철학은 멀리서 보면 거의 차이가 없다. 대부분의 과학자는 분석과 대륙의 구분을 들어본 적도 없다. 따라서 오늘날 공론장에서 눈에 띄는 철학자는 대개 대륙철학자이고 일부(전부는 아닌) 대륙철학자가 과학을 대하는 태도를 감안하면, 과학자가 **모든** 철학자를 종종 경시하고 철학자보다 철학을 더 잘할 수 있다고 생각한다 해도 그리 놀랄 일은 아니다.

하지만 더욱 유념해야 할 점이 있다. 코펜하겐 해석을 지지하는 모든 물리학자가 철학에 무지하기만 했던 것은 아니다. 차일링거는 양자근간을 다룬 학회에서 물리철학자와 많은 시간을 보냈으며, 자신이 태어난 빈의 실증주의 역사를 확실히 파악하고 있다. 더욱이 광범위한 물리학자들 사이에서 실증주의에 헌신한다고 해서, 코펜하겐 해석으로부터 지지를 이끌어낼 것 같지는 않다. 오히려 그 반대로 일이 진행된다. 모든 물리학자가 학교에서 코펜하겐 해석을 배우며 그중 다수가 해석을 수용한다. 일단 코펜하겐 해석의 사고방식을 받아들이면, 실증주의와 관련 견해를 더 선호하게 되는 듯하다. 물리학자가 현실을 얘기하는 책임에서 면제되는 입장을 열심히 수용하려 했기 때문이 아니다—아마도 코펜하겐 관점을 수용하고 나면 그런 입장이 흥미롭게 느껴지기 때문일 것이다. 이로써 출발점으로 돌아가게 된다. 코펜하겐 해석의 어떤 점이 그렇게 매력적일까?

≈

1989년 물리학자 데이비드 머민은 이렇게 썼다. "코펜하겐 해석이 내게 말하는 바를 한 문장으로 간추리라고 하면, '닥치고 계산하라!'이다." 머민은 이렇게 요약하고는 재빠르게 응수했다—"하지만 닥치지 않을 작정이다." 그럼에도 "닥치고 계산하라"는 일단 활자화되자 본래 의도와 다르게 물리학자들 사이에서 빠르게 퍼져 나갔고, 코펜하겐 해석의 선전 구호로 자리매김했다. 리처드 파인만이 했던 말로 오인되어 심지어 머민도 그게 어디서 나온 말인지 잊고 있었다가, 결국 몇 년이 흐른 뒤에야 자기 입에서 나온 말임을 깨달았다.

"닥치고 계산하라"는 수학에 소질이 있지 않은 한, 분명 구미가 당기는 얘기는 아니다. 물리학자들이 닥치고 계산한다고 해서 얻는 이점이 무엇일까? 머민은 1989년에 쓴 글에서 답을 제시했다. "양자론을 대중적으로든 비대중적으로든 설명할 때마다 강조해야 할 중요한 사실은, 바로 양자론 덕분에 전례 없는 정확도로 측정가능량을 계산하는 길이 열렸다는 점이다." 양자물리학은 성립한다. 이론으로 인해 가능해진 계산의 응용 범위와 결과의 정확성은 경이롭다. 양자물리학은 계란을 부치려면 프라이팬을 얼마나 오래 달구어야 하는지, 죽어 가는 백색왜성이 붕괴하지 않고 얼마나 커질지를 알려준다. 생명의 정수인 이중나선의 형태를 정확히 드러냈고, 라스코 동굴 암벽에 영구히 남은 소의 나이를 알려주었고, 오펜하이머가 이끌었던 트리니티Trinity 원폭 실험의 휘황한 불꽃이 일어나기 수백억 년 전 아프리카의 심장석 속에서 나뉜 원자에 대해 알려준다. 소름끼치는 정확도로 새까만 밤의 어둡기를 정교하게 예측한다. 먼지 한 줌에 담긴 우주의 역사를 드러낸다. 이런 계산을 위해서 꼭 입을 다물어야 한다면, 입마개를 건네주고 모눈종이를 준비하자.

하지만 왜 꼭 그래야 할까? 왜 코펜하겐은 계산하려면 입을 다물어야 한다고 할까? 대체 어떻게 코펜하겐 해석이 계산을 가능하게 해 준다는 말일까? 측정 문제는 양자물리학의 핵심과 맞물려 있으므로 이런 질문에 대답하지 않고 이론을 활용하기는 불가능하다. 어떤 해석은 수학을 이용해서 길잡이 역할을 해야 한다―하지만 지금까지 보았듯이 코펜하겐 해석은 그렇지 못하며 참된 해석이 아니다. 그렇다면 어떻게 입다문다고 해서 뭐든 계산가능하다고 주장할까?

물리학 교재에서 흔히 코펜하겐 해석을 설명할 때 (명시적이든 아니든) 측정은 자연에서 발견되는 어떠한 과정과도 근본적으로 다르며, "측정"이란 "큰 물체가 작은 물체와 접하는 모든 순간"으로 정의된다. 학생들에게 양자물리학이 고전물리학을 떠받치는 근본적인 이론으로 소개되는 순간에도 커다란 물체는 고전물리학을 따른다고 간주된다. 요컨대 학생은 양자물리학의 기본 구조가 고전 세계와 양자 세계로 나뉜다는 보어의 생각을 은연중에 받아들이도록 요구받는다. 그와 동시에 학생은 양자물리학이 고전물리학을 잉태한 근본 이론이라고 배운다. 따라서 양자물리학을 공부하는 학생들은 다음과 같은 모순을 받아들이라고 요구받는다. 다름 아닌, 한쪽에서는 측정이 언제 일어났는지 알아내려면 고전적 물체 개념이 필요하기에 고전적 물체 개념은 양자물리학 개념보다 논리적으로 선행한다고 배우면서도, 또 한쪽에서는 양자물리학이 고전물리학을 잉태했기 때문에 양자물리학이 고전물리학보다 논리적으로 선행한다고 배운다. 양쪽 다 옳을 순 없다. 실제로 교과서에서 흔히 보는 코펜하겐 해석의 형태에서는, 그리고 '현장에서는' 고전물리학이 양자물리학에 선행한다는 아이디어를 더 중시한다. 어떤 물체는 고전적이다. 또한 양자물리학의 목적에 부합하게 측정이라고 정의된 이런 물체와 상호작용해야 계산을 통해서 측정 문제를 '해결'할 수 있다. 확실히 대부분의 물리학자 역시 (필자도 포함해서) 양자물리학이 고전물리학을 뒷받침한다고 믿지만, 실제로 계산할 때는 이런 사실을 안이하게 무시한 채, 어떤 물체는 슈뢰딩거 방정식을 따르지 않는 예외로 처리한다. 이런 이유로 계산할 때는 기를 쓰고 입다물고 있어야만 한다.

양자물리학이 근본적이라는 아이디어를 계산에 반영하려고 시도한 물리학자들이 있었다. 그러려면 코펜하겐에서 제시한 해결책을 포기하고 다른 방식으로 측정 문제를 해결하기 위해 개념적인 연구를 해야 했다. 다시 말해 데이비드 봄과 휴 에버렛 같은 물리학자들은 양자물리학의 새로운 해석을 전개해야 했는데, 이는 코펜하겐 해석에서 양자물리학을 진지하게 다루지 않기 때문이다. 양자물리학으로 우주의 모든 것을 다룰 수 있다는 아이디어를 포기하고 제한된 영역으로 한정할 필요가 있었다. 오늘날 대부분의 물리학자는 양자물리학의 타당성에 한계가 없다는 차일링거의 의견에 동의한다—하지만 그런 이상적인 의견을 배반하는 방식으로 양자물리학을 가르치고 적용하는 현실이 일반적이다.

이런 관점에서 보면, 코펜하겐 해석에 끌리는 이유가 어느 정도 이해된다. 양자물리학은 지난 90년 동안 기술적이고 과학적인 발전에 크게 기여했다. 원자력, 현대 컴퓨터, 인터넷이 그 예다. 양자기반 의료 영상은 건강 관리의 지형도를 바꾸었다. 작은 규모에서 쓰이는 양자 영상 기술 덕분에 생물학에 혁명이 일어났고 분자유전학molecular genetics이라는 완전히 새로운 분야가 탄생했다. 목록은 끊이지 않는다. 그러니 코펜하겐과 어느 정도 우호적인 관계를 맺고 경이로운 과학 혁명에 기여하거나, 양자물리학을 진지하게 여기고 아인슈타인도 풀지 못했던 문제에 정면으로 도전하자. 입다물고 있는 것은 결코 바람직해 보이지 않는다.

～～

실제 문제는 물리학을 하고 싶다는 현실적인 바람이나 물리학과 철학 간의 격돌 이상이다. 결국 사람을 둘러싼 이야기다. 데이비드 앨버트는 이렇게 말했다. "측정 문제는 물리학계에서 골치 아픈 문제였습니다. 곳곳에서 경력을 망쳤습니다. 그 모든 일이 심리학적으로 표현하자면 물리학에서 심각한 트라우마로 작용했죠." 양자근간의 역사는 개인사에 스며들었다. 데이비드 봄이 더 원만한 정치적 신념을 지녔다면, 휴 에버렛이 공개 강연을 싫어하지 않았더라면, 아인슈타인이 보어의 카리스마를 가졌더라면, 이 책은 십중팔구 극적으로 달라졌을 것이다. 그러니까 대부분의 중요한 사건이 과학적 고려가 아니라, 정치적이거나 사회적이거나 개인 간의 상호작용에 크게 영향을 받은 셈이다. 여기서 코펜하겐 해석이 그렇게까지 각광받는 이유가 드러난다. 어쨌거나 물리학자의 기대에 잘 부응했거나 더 적합한 해석이기 때문이 아니라 그저 처음으로 제시되었던 이론이기 때문이다.

과학을 천진난만한 관점에서―과학이란, 셜록 홈즈 시리즈처럼 이미 확보해놓은 실마리로부터 '단 하나의 정답'을 유도하는 기제에 지나지 않는다는 시각으로―보면 이런 생각은 거슬린다. (실제로 그런 관점에서 보면 아마도 이 책 전체가 거슬릴지도 모르겠다.) 만일 외부 요인이 물리학의 근간에 그렇게 커다란 영향을 끼쳤다면, 과학에서 훼손되지 않고 남아 있는 부분은 무엇일까? 이는 양자근간에 국한된 문제가 아니다. 과학은 인간의 편견과 그런 편견이 생기는 인간 활동의 전 영역에서 정치, 역사, 문화, 경제, 예술―영향을 받게 마련이다. 대부분의 과학자는 큰 틀에서 동의할 것이다. 하지만 과학에서 비과학적인 편견이 관념적으로 존재한다는 데 동의하더라도 구체적인 실례를 마주하는 것은 다른 문제다. 코펜하겐 해석처럼 보편적이고 핵심적인 이론이 비과학적이고 '우연한' 이유로 지배적인 위치를 차지했다고 하면, 물리학에 평생을 바친 사람들은 두려울지도 모르겠다. 일단 코펜하겐을 포기하면 "하나 이상의 선택지가 생기는데, 만약 여러 가지 선택지가 생긴다면 어떻게 하실 건가요?"라고 워털루 대학교의 물리철학자인 도린 프레이저Doreen Fraser가 물었다. "무엇이 흥미롭고 무엇이 흥미롭지 않은지 선입견을 가졌기 때문일까요? 좀 불편한 사실이긴 하지만 실제로 그러한 측면이 큽니다." 이런 불편함과 두려움은 물리학자들이 '닥치고 계산하라'는 주장에 이끌리는 또 다른 이유다. 하지만 두려움에 굴하면 편견을 마주하기 더 어려워질 뿐이다.

이런 편견에는 이 책에서 소개한 여러 요인이 포함된다. 정치적 고려 사항, 연구비 조달 모형, 특정한 장소와 시간에서 아이디어를 둘러싼 환경,

심지어 단순한 개인 간의 논쟁까지 포함된다. 또한 책에서 줄곧 영향을 미쳤음에도 표면적으로 드러나지 않은 편견도 많다. 그레테 헤르만이라는 여성은 벨보다 30년 앞서 폰 노이만의 증명에서 문제점을 찾았지만, 당시 아무도 주목하지 않았다. 그레테의 연구가 받아들여지지 않은 이유는 성별과 무관하지 않았다. 1935년까지만 해도 여성에게는 대학에서 가르치는 일이 보편적으로 허용되지 않던 시절이었다. 더군다나 양자근간을 전문적으로 연구하는 물리학자는 경력상 불이익을 받는 상황을 고려할 때 소수의 여성과 백인이 아닌 물리학자가 해당 분야에서 연구 활동을 하리라고 상상하기는 어려웠다. 제도적 편견도 있었거니와 그들의 정체성부터 이미 학계 전반에 대항하는 것이었기 때문이다. 이로써 이런 이야기에서 백인이 아닌 인물이나 여성이 거의 등장하지 않는다는, 달리 특기할 만한 사실이 설명된다. 특정 인물만 아니라 아이디어에서도 과학 전반에 편견이 만연하다.

하지만 편견이 존재한다고 해서, 과학이 인간 활동의 여타 분야와 다를 바 없다거나 과학적 진리가 실험이나 실재와 무관한 어설픈 견해라는 의미는 아니다. 훌륭한 과학 이론은 편견에 근거해서 결정되지 않는다—현실에서는 반발이 일어나고, 우리는 이러한 반발을 최대한 허용한다. 반발로 인해서 과학자가 제시하는 가능한 가설의 범위가 한정된다. "과학은 '순수하고 완벽하게 합리적'이다"라는 주장과 "과학은 누군가 꾸며낸 한낱 개소리에 불과하다"라는 주장 사이에 있는 중간 지대는 넓다. 지금까지 살펴보았듯, 그 중간 지대에서 사람들이 간섭할 소지는 여전히 다분하다. 하지만 그렇다고 해서 과학을 신뢰하면 안 된다는 의미가 아니다—그것은 셜롬 홈즈식 과학관처럼 비현실적이다.

그런 의미에서 양자근간을 둘러싼 일화는 과학이 어떻게 돌아가는지 의문을 제기하는 것처럼 보인다. 우리는 지금까지 과학이 어떻게 돌아가지 않는지를 살펴봤다—실증주의자들이 생각한 검증이나 순수하게 경험적인 진술의 문제도 아니고, 포퍼가 생각한 반증가능성의 문제도 아니며, 책에 나오는 인물들을 들었다 놨다 했던 복잡한 역사적 동인과 완전히 별개도 아니다. 그러면 과학은 어떻게 돌아갈까? 11장의 마지막 부분을 떠올려 보면 이는 엄청나게 복잡한 문제다. 길게 답하려면 책 한 권이 더 필요할 지경이다. 그래도 짧게만 답하자면, 실험, 통일된 설명, 수학적이고 논리적인 논법, 과학자들이 각기 거쳐온 삶과 문화에서 비롯된 편견이 조합되어 과학에 개입한다는 것이다. 과학자들은 편견을 줄이기 위해 연구한다. 항상 성공할 순 없다. 하지만 연구를 수행하는 과정에서 편견을 해소하고 줄이려는 시도는 중요하다. 과학의 전체 체계가 그를 목표로 구성된다. 더욱이 과학의 설명력이 경이롭고 예측이 성공적이라는 사실로 미뤄 봤을 때, 공상이나 종교적 신조, 뿌리박힌 문화적 가치보다 과학적 진리를 더 신뢰하지 못한다면, 그것은 지극히 미련한 태도일 것이다. 과학이 제대로 이행된다면, 경험과 실험 데이터 외에 어떠한 권위도 추종하지 않고 연구에 매진한다. 완전한 성공은 아니지만 성공에 가까워지고 있으며 과학은 더 좋은 실적을 쌓는 중이다. 그간 우리 영장류가 주변 세상, 나아가 본 적 없는 세상을 이해하기 위해 찾아낸 어떠한 것보다 더 나은 방식으로.

～～～

양자물리학의 이해를 모색하는 이야기는 단연 과학적이다. 책에 나오는 문화적이고 역사적인 동인은 당연한 것임에도 여전히 골칫거리다. 양자근간을 둘러싸고 벌어졌던 논쟁—일반적으로 적법한 과학적 논쟁—과 진화, 지구 온난화, 동종 요법을 둘러싼 '논란'처럼 조작된 사이비 논쟁을 어떻게 구분하면 좋을까? 뭐가 됐든, 둘을 비교하는 작업은 구미가 당긴다. 기후 변화가 실재하지 않았고 진화는 일어나지 않았으며 동종요법은 효과적이라고 믿는 사람의 입장에서, 이 모든 것은 과학의 지배적인 여론에 맞서서 어떠한 희생을 감수하더라도 진리에 헌신한, 소수의 독립적인 사상가들의 이야기다. 하지만 겉으로 보이는 유사성은 착각에 불과하다. 진화와 지구 온난화와 동종 요법에 대한 논쟁은 명백히 조작되었으며, 과학 영역 바깥에 있는 다양한 기업과 종교 단체, 정치 집단의 후원을 받았다. 그들은 인간적 편견 없이 세계를 이해하는 데 전혀 관심이 없다. 과학을 진지하게 다루기보다는 자신들의 목적을 달성하고 과학적 체통이라는 얄팍한 도료을 덧씌우는 데 전념하며, 자신들의 주장을 정당화하면서 현존하는 과학의 지배적인 여론과 대등하거나 그보다 더 타당하다고 주장한다. 그들은 데이터를 조사하는 데 관심이 없다. 데이터가 미리 정해둔 결론에 맞지 않으면 가뿐히 폐기하고 목적에 부합하는 새 '데이터'를 만들어낸다. 지구 온난화와 진화의 경우, 이런 논쟁은 과학과 과학자들 쪽에서 설정한 정치적 의제를 반박하기 위한 목적으로 촉발됐다. 지적 설계intelligent design를 옹호하고 기후 변화를 부인하는 주장 배후에 있는 세력이 논쟁을 벌인 자체는 잘못되지 않았다—과학은 정치적이고, 항상 정치적이었으므로 공공 영역에서 최선의 정책을 결정하는 과정에 당연히 영향을 미친다. 과학은 반과학적인 의제를 추진하는 단체에게는 분명 위협적이다. 과학은 데이터와 논리 외에 어떠한 권위도 추종하지 않기 때문에 특정 단체에게는 항상 정치적 위협이다. 그런 단체에게는 정말 심각할 정도다. 또한, 이런 '논쟁'은 양자근간을 둘러싼 논쟁과 다르다는 사실을 보여주는 징후다. 과학적 합의에 맞서는 자들은 근본주의 종교 집단처럼 과학이라는 개념 자체에 맞서는 집단과 손잡기(그리고 자주 자금을 지원받기) 때문이다.

그와 비교하면, 양자근간을 둘러싼 논쟁에서는 과학이 성립한다는 데 모두 합의하며, 그렇지 않았다면 논쟁할 거리가 많지 않았을 것이다. 코펜하겐 해석을 둘러싸고 깊고 때때로 격하게 갈등하긴 했지만, 책에서 언급된 물리학자 중 그 누구도 양자물리학이 옳다는 점, 적어도 어떤 기저 이론과 밀접한 관련이 있다는 점은 의심하지 않는다. 하이젠베르크와 슈뢰딩거가 이론을 발전시킨 이래, 양자물리학에 영감을 준 실험 데이터나 그 이론의 예측을 뒷받침하는 데이터의 진실성을 의심하는 사람은 없었다. 코펜하겐의 지배력을 유지하기 위해 조직적으로 담합했던 적도 없었다. 과학 논쟁에서 음모는 없었고 기업적이거나 정치적인 이해관계도 없었다—모두 옳다고 인정한 이론의 의미를 두고 물리학자들이 논쟁했을 뿐이다. 잘 들여다보면 양자근간을 둘러싼 논쟁에서는 양자물리학을 얼마나 진지하게 여겨야 하는지 집중했을 따름이다. 그리고 코펜하겐의 반대자들은 세계 전체의 이론으로서 양자물리학을 실로 진지하게 다뤄야 한다고 주장하는 집단이다.

하지만 양자근간 분야에서 과학과 사이비 과학 사이에서 공적인 논쟁이 일었던 경우가 한 번 있었다. 코펜하겐 해석이 모호하고 인간 의식의 근본적인 역할을 하는 인상을 줬던 데다가 내적으로 여러 모순이 있었던 탓에, 양자물리학은 뉴에이지의 난센스와 쓰레기 사이비 과학이라는 마르지 않는 강물의 수원지가 되었다. 이를 정확히 꼬집은 티브이 프로그램 〈퓨처라마 *Futurama*〉에서는 서기 3008년의 물리학자가 등장해서 이렇게 주장한다. "디팩 초프라Deepak Chopra가 가르쳐준 대로 양자물리학은 아무 이유 없이 아무 때나 아무 일이 생기기도 한다는 의미입니다." 현실에서 초프라는 양자 얽힘으로 인해 의식이 발생하며 '양자 치유'를 통해 순전한 의지력으로 마음이 몸을 치유할 길이 열린다고 주장한다. "우리 몸은 궁극적으로 정보와 지능, 에너지의 장입니다"라고 초프라가 말했다. "양자 치유는 에너지 정보 장에 변화를 일으켜, 잘못된 생각을 바로잡는 방식입니다." 양자물리학이 의학에 엄청난 영향력을 미친다는 그럴싸한 주장을 펼치는 사람은 초프라만이 아니다. 그들의 제품으로 생각을 집중시켜, 그것이 뭘 의미하건 간에, 양자 수준에서 몸을 재구성할 수 있다고 주장하는 '양자' 건강관리 분야의 사기가 끊이질 않는다. 게다가 흉물스럽게도 『시크릿The Secret』같은 베스트셀러에서 양자물리학의 영향력에 대해 터무니없는 주장을 했고, 대단한 성공을 거뒀던 바람에 『왜 양자물리학자는 실패하지 못하는가Why Quantum Physicists Cannot Fail』와 『왜 양자물리학자는 비만이 아닌가Why Quantum Physicists Don't Get Fat』따위의 저급한 사이비 서적의 출간을 부추겼다. (개인적 경험에서 미뤄볼 때 필자는 이런 제목의 주장이 틀리다는 사실을 입증할 수 있다.) 이런 책이 끊임없이 주장하는 바는, 우리 주변의 우주를 창조하는 데 의식적인 관측자가 큰 역할을 한다는 사실을 양자물리학이 '증명'하므로 퍽 열심히 소원을 빌고 현실을 재편함으로써 원하는 바를 간단히 이룰 수 있다는 것이다.

여기서 엄청난 아이러니가 생긴다. 비코펜하겐 해석을 비판할 때 흔히 나오는 얘기가 있다. 코펜하겐 해석에 제기되는 우려는 고전물리학처럼 세계를 합리적이고 '정상적'으로 유지하려는 열망에서 비롯됐다는 것이다. 하지만 코펜하겐 해석은 이전의 어떠한 해석보다 훨씬 더 오래되고 편안한 세계상을 상기시킨다. 코펜하겐 해석은 인간을, 진정 자신을 무엇보다 중요하다고 보고 우주의 정중앙에 둔다. 고대인이 그랬듯이 모든 것이 우리를 중심으로 돈다고 본다. 이런 이유로 양자물리학은 '대안적인' 집단에서 인기를 얻었다. 코펜하겐 해석은 우리를 겸허하게 하는 미지의 우주상을 제시하기보다는 물리학을 익숙하고 편안하게 만든다. 우리가 우주를 이해하려는 희망을 가지려면 제한된 시각에 얽매이지 않는 세계를 상상할 용기가 있어야 한다.

～～

그렇지만 이런 것들이 왜 중요할까? 입다물고 계산하는 방식이 효과적이라면—실제로도 그렇다—물리학자에게 다른 것이 왜 필요할까? 게다가 물리학자가 아닌 사람에게 왜 이런 것들이 중요할까?

코펜하겐 해석을 선호하든 다세계 해석이나 파일럿파 해석을 선호하든 아니면 다른 해석을 선호하든 간에 양자역학적 계산을 하면 같은 답을 얻으리라는 사실은 확실하다. 자발붕괴론처럼 양자물리학의 대안 역시 대부분의 상황에서 같은 대답을 내놓을 것이다. 볼프강 파울리가 봄에게 말했듯이, 일각에서는 다른 해석이 새로운 예측을 해낼 수 없기 때문에 코펜하겐 해석을 고수해야 한다고 주장해왔다. 이는 어리석은 주장이다. 똑같은 논리로 어느 해석 하나만, 다시 말해 "다세계만 고수해야 한다"고 주장해도 되기 때문이다.

또 어떤 사람들은, 대안적인 해석이 코펜하겐 해석보다 덜 생소하게 만들려는 열망에 이끌린 결과이며, 그보다 생소함을 아울러야 한다고, 코펜하겐 해석이 조금이라도 불편하다면 그것은 양자 세계를 이해하는 인간적 능력의 한계를 나타내는 징후에 불과하다고 주장했다. 만일 코펜하겐 해석의 성공적인 대안이 없고 결론을 어쩔 수 없이 받아들여야 한다면 그런 주장에 점점 무게가 실릴 것이다. 하지만 또 다른 문제점도 있다. "측정 문제를 해결하려고 제안한 것들은 이러나저러나 해괴합니다"라고 데이비드 앨버트가 말했다. "벨의 정리는 그것들이 해괴해야 한다고 증명합니다. (…) 하지만 해괴함과 비일관성과 불가해함의 차이는 어마어마하게 큽니다." 또 많은 물리학자가 여전히 핵심을 몰라보는 듯하다고 앨버트는 덧붙였다. "물리학자들은 이렇게 말할 겁니다. '그렇죠, 코펜하겐 해석은 해괴해요, 하지만 다른 것도 죄다 마찬가지입니다.' 그러면 한 대 좀 때려주고 이렇게 말하고 싶을 테죠. '아뇨! 코펜하겐 해석이 **해괴**하지는 않습니다. 횡설수설이죠, 불가해하답니다.'"

더욱이 일부 물리학자는 훌륭한 실증주의자라도 된 것처럼 다양한 해석의 차이점을 드러낼 실험이 없으므로 이들 사이에 구분선을 그어봤자 무의미하다고 주장한다—코펜하겐 해석에 일관성이 없더라도 대안이 있다면 아무거나 채택해도 무방하다는 것이다. 이는 사실이 아니다. 우리가 현재의 이론을 넘어서 새 이론을 고안하고 새로운 물리를 발견하고 새로운 실험 결과를 설명하고 싶다면, 우리의 해석이 중요하다. 파일럿파와 다세계 해석을 지지하는 두 물리학자에게 양자물리학을 넘어서 장차 어떤 이론을 마주하리라 예상하는지 물어보자. 아마 전혀 다른 두 가지 대답을 얻을 것이다. 리처드 파인만은 수학적으로 같은 이론(즉, 똑같은 수학의 다른 두 가지 해석)을 구분할 실험적인 방법이 없더라도, 어떤 이론을 지지하느냐에 따라서 세계를 인식하는 방식이 완전히 달라진다고 지적했다. 이어서 그런 차이는 이후에 새롭게 전개할 아이디어와 이론에 영향을 미친다. 예를 들면, 16세기 천문학자 튀코 브라헤Tycho Brahe는 지구가 우주의 중심이고 태양과 달이 지구 주변 궤도를 돌고, 나머지 행성은 태양 주변 궤도를 돈다는 이론을 세웠다. 브라헤의 이론은 수학적으로 코페르니쿠스의 태양 중심 모형과 동일하지만—하늘에 나타나는 빛의 움직임을 동일하게 예측했다—지구가 우주의 중심이 아니라고 생각했기 때문에 우주의 작동 원리에 대한 완전히 다른 아이디어가 탄생했다. 비슷한 맥락에서 '보이지 않는 분홍 유니콘'이 파동함수에 에너지를 준다는 양자물리학의 해석을 전개할 수도 있다. 유니콘은 무리짓기라는 종합 법칙을 따르며, 거기서 슈뢰딩거 방정식이 도출된다. 하지만 이런 해석은 바람직하지 않으며 거의 최악이라는 데 (바라건대) 수긍해도 좋다. 과학 이론의 수식화와 평가에는 실험 결과 외에도 여러 요소가 고려되며, 실험 결과만 들어갈 수 없다. 과학 연구에서는 이론의 내용 전체가—수학뿐 아니라 수학에 딸린 세계의 본질에 대한 주장도—중요하다.

  책의 도입부에서 말했던 대로 최고의 과학 이론에 근거한 세계관이 대중에게 전파되고, 그를 통해 우리는 자신을 바라보는 방법을 알게 된다. 코펜하겐 해석에서 이미 벌어졌던 일이다—즉 코펜하겐 해석은 양자 치유라는 난센스의 발원지다. (분명 초프라와 그 무리는 코펜하겐 해석이 없더라도 자신의 연구를 포장할 방법을 찾았을 것이고, 다른 해석이 어떤 식으로든 오해됐을 것이다. 과학은 불가피하게 남용된다. 코펜하겐 해석이 유달리 적합해 보였을 뿐이다.) 과거에는 새로운 물리학이 인간 상상의 새로운 지평을 열어주었고, 우리 존재에 대한 참신한 사고방식을 제시했으며, 생물학과 예술과 지질학과 종교처럼 극도로 이질적인 분야에서 새로운 아이디어를 탄생시켰다. 만약 코페르니쿠스가 우주의 중심에서 지구를 몰아내지 않았다면, 다윈은 인류가 전적으로 고유한 창조물이 아니라 유인원의 후손이라고 대담하게 주장하지 못했을 것이다. 이런 두 가지 통찰이 없었다면 큐브릭 감독은 분명 〈2001: 스페이스 오디세이 2001: A Space Odyssey〉라는 영화를 찍지 못했을 것이다. 인간의 활동으로 인해 구석구석 재편되는 우리 세계에서 과학과 문화는 과거 어느 때보다 분리되지 않는 전체로서 존재한다. 과거의 경험에 비춰봤을 때, 양자물리학의 수수께끼를 해결하고 다음 이론을 찾는 과정은 결국 물리학자의 직업적인 경력만이 아닌 인류 전체의 일상에 영향을 미칠 것이다.

≈

물리학의 경계에 자리한 난해한 문제는—그중 으뜸은 양자중력 문제—지난 수십 년 동안 해결책이 나오지 않은 상황이다. 문제가 너무 심오했던 탓에 몇몇 물리학자들은 지침과 영감을 얻으려고 양자근간에 기댔다. 일부 물리학자들은 시공간의 구조 자체가 양자 얽힘으로 이뤄져 있어서 멀리 떨어진 점들이 웜홀로 연결된다고 주장했다. 다른 쪽에서는 영구 인플레이션과 끈 이론의 멀티버스가 실제로는 다세계 해석의 멀티버스와 같다고, 세 이론 모두 우주에서 동일한 근본 진리에 도달하는 각기 다른 방식에 지나지 않는다고 주장했다. 양자 비국소성을 출발점으로 삼아, 아인슈타인의 상대론을 위배하는 양자중력론을 만들어 내려는 연구도 있었다. 상대론을 위배하지 않고 양자중력 이론을 세우는 데 지금까지 아무도 성공하지 못했기 때문이다.

오늘날까지 제시된 양자물리학의 다양한 해석을 아직 우리는 충분히 다루지 못했다. 이 책에서 제시된 여러 해석은 역사적으로 가장 의미심장하며, 대부분 다양한 형태로 여전히 존재하지만(위그너의 의식에 기반한 시도는 논외인데, 그것은 유아론에 함몰될 위험이 있고 불필요하게 피상적이고 막연하기 때문에 일축되었다), 지난 30년 동안 더욱 많은 이론이 제시되었다. 양자 비국소성을 극단적으로 적용해, 아원자 입자들이 자신의 과거에 영향을 미치기도 한다는 역인과론적 해석이 존재한다. 성공가능성이 불확실함에도 확률 자체의 공리를 바꾸는 방법으로 벨의 정리를 피하려는 해석이 존재한다. 엇호프트는 벨이 설정한 해괴한 장애물 코스를 따라서 특이하고 독자적인 양자론 해석을 전개하는 중이다. 엇호프트의 이론은 '초결정론'으로서, 아원자 입자와 실험 설정 조건 사이에서 사전 조정을 하는 국소 숨은 변수론이다. 많은 물리학자와 철학자들은 이런 접근 방식을 과학 행위 자체를 배제하는 우주론적 음모론의 일환으로 보고, 즉각 거부했다. 하지만 엇호프트는 과학 자체를 희생하지 않고도 방법을 찾을 길이 생기리라고 믿으며, 엇호프트의 아이디어는 적중할지도 모른다. 탁월한 수리물리학자 중 한 명인 로저 펜로즈Roger Penrose는 파동함수 붕괴가 실재하며 슈뢰딩거 방정식이 자발붕괴론처럼 수정돼야 한다고 믿는다. 하지만 붕괴가 전적으로 무작위적이지는 않으며, 예상치 못한 기발한 방식으로 일반상대론과 양자물리학을 결합하여 중력이 붕괴의 원인으로 작용한다고 본다. 파일럿파 해석과 다세계 해석의 특징이 모두 담긴 '상호작용하는 다세계' 해석처럼 기존 해석의 혼합형도 있다.

양자역학과 특수상대론을 결합하여 입자가속기에서 보이는 복잡한 고에너지물리학을 기술하는 양자장론의 해석에서도 도전적인 쟁점이 존재한다.

양자장론은 정규 양자론의 문제 일부를 공유하지만—측정 문제와 비국소성은 여전하다—그 자체로 새롭고 기이한 근간 문제 역시 존재한다. 파일럿파 해석 같은 양자론의 기존 해석 일부를 양자장론과 양립시키는 시도는 현재진행형이다. (다세계 같은 해석은 양자장론에서 아무 문제가 없기에 제법 희망적인 조짐이 보인다.) 아울러 양자근간 분야에서는 다른 아이디어와 미해결 문제가 엄청나게 많으며 모두 흥미진진하다. 수십 년 동안 낙담했고 물리학계의 관심 바깥에 있었음에도 불구하고 양자근간 분야는 끄떡없이 급성장 중이다. 존 벨이 살아 있었더라면 자신이 무엇을 했는지 알고서는 깜짝 놀랐을 것이다.

～

그래서 **실재란 무엇인가**? 파일럿파 해석? 다세계 해석? 자발붕괴론? 양자물리학의 어느 해석이 옳을까? 필자는 모른다. (기본적으로 비코펜하겐 해석의 옹호자들이 코펜하겐 해석이 최악이라는 사실에 모두 동의하더라도) 모든 해석은 나름으로 비판을 면치 못한다. 어쨌든 양자물리학의 수학과 관련된 영역에서도 무엇인가 진행 중이다. 올바른 해석이 존재하지만 우리가 알고 있는 해석 중에는 아직 없을지도 모른다. 양자 세계를 편리한 수학적 허구로 치부한다면, 세계 최고의 이론을 충분히 진지하게 받아들이지 않으며 새로운 이론을 찾는 데 불편을 자처한다는 의미다. 코펜하겐 해석의 결론이 '불가피하다'거나 '이론의 수학을 따를 수밖에 없다'는 표현은 그냥 잘못됐다. 인식과 독립적으로 존재하는 현실을 이야기해 봐야 무의미하며 세상을 오직 관측 대상으로만 생각해야 한다는 말은 사실이 아니다. 유아론과 관념론은 양자물리학의 메시지가 아니다.

그보다 우리 물리학자들은 가능한 다른 해석을 배워야 하며, 연구할 때 모든 가능성을 염두에 두어야 한다. 독단적으로 매달리지 말고 해석을 느슨하게 붙잡되 연구할 때 신선한 관점을 유지하라. 모든 물리학자가 양자물리학의 해석을 연구해야 할 까닭은 없다. 모든 물리학자가 양자중력이나 고온 초전도체와 같은 특정 미해결 문제를 연구할 필요가 없는 것처럼 말이다(책 한 권을 할애해야 할 정도로 뜻밖의 수수께끼로 가득한 이론이다). 하지만 물리학자들은 문제점을 인식하고 지나가는 정도로라도 이 분야에 익숙해져야 한다. 우리는 극도로 성공적인 이론을 손에 넣었고, 해석에 당혹스러워 했고, 또 다음 이론으로 넘어가는 중대한 도전을 앞두고 있다. 도전을 앞두고 해석에 접근할 때 다원주의가 실용적인 돌파구가 될 수 있지도 모르겠다. 그도 아니라면 적어도 겸손함을 가질 수 있을 것이다. 양자물리학은 최소한 근사적으로 옳다. 어쨌거나 이 세상에는 양자와 비슷한 무엇인가가 실재한다. 그게 무엇을 의미하는지 아직 모를 뿐이다. 그리고 이를 알아내는 일이 물리학의 과제다.

이것은 위대한 모험이다. 종횡무진 전개된 이야기에서 다들 각자의 방식으로 싸웠다. 벨은 신랄한 비평가의 펜을 들었고, 봄은 현상 유지를 완강하게 거부했으며, 에버렛은 장난꾸러기처럼 굴었다. 하지만 중요한 것은 그들의 아이디어만이 아니었다—그들의 이야기 또한 중요했다. 물리학 뒤편에 흐르는 역사가 우리가 추구하는 길을 인도하기도 한다. 이론의 새로운 해석이 이제껏 그래왔던 것처럼. 지금 여기까지 우리를 이끈 경로는 앞으로 나아갈 길을 제시해 줄 것이다. 그것을 입증하는 일이 이 책의 목표였다.

이 주제에 관한 마지막 말은 훨씬 더 적격인 사람에게 양보하려 한다.

오늘날 많은 사람이―심지어 전문가라는 과학자들마저도―나무 수천 그루는 보았어도 숲은 전혀 본 적 없는 이들처럼 보입니다. 역사적이고 철학적인 배경 지식은 대부분의 과학자가 처해 있는 시대적 편견을 배제하는 일종의 독립성을 심어줍니다. 철학적 통찰에 근거한 독립성이야말로―제 생각에는―단순한 기능인이나 전문가가 아닌 진정한 진리 추구자로서 분별되는 징표입니다.

― 알베르트 아인슈타인

부록Appendix 가장 이상한 실험에 관한 네 가지 관점

1978년 텍사스 대학교로 옮기고 나서 얼마 지나지 않아 존 휠러는 "보어–아인슈타인 논쟁을 부채질한 무엇인가를 알아낼" 사고실험을 제안했다. 실제로 휠러는 "이 실험에는 우주의 작동 기제에 대해 무언가 알려줄 듯하다"고 발의했다. 이를 지연–선택 실험이라고 불렀다(그림 A–1).

이 실험은 구성 형태가 둘이다. 왼쪽에 나오는 더 간단한 형태부터 먼저 보겠다(그림 A–1a). 왼쪽 하단 끝에서 들어온 레이저 빔(즉, 광자들 빔)이 빔 분할기로 들어가고, (그 이름처럼) 두 부분으로 똑같이 갈라진다. 하나는 위로 튀어 오르고 하나는 그대로 오른쪽으로 통과한다. 두 빔은 각각 거울에 한 번 더 부딪힌 뒤 경로가 다시 교차한다. 각 빔이 광자 검출기에 부딪히면 실험은 끝난다.

이제 똑같은 실험을 약간 틀어 보자(그림 A–1b, 오른쪽). 두 빔이 검출기에 부딪히기 전에 빔이 교차하는 오른쪽 상단 끝에 두 번째 빔 분할기를 설

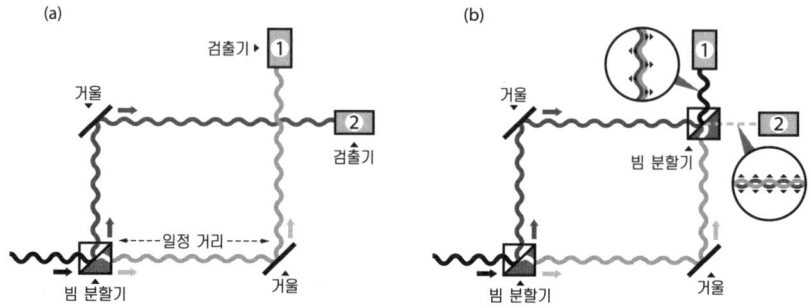

그림 A-1. 휠러의 지연-선택 실험.
(a) 두 번째 빔 분할기가 없으므로 단일한 광자가 양쪽 검출기에 도달할 가능성은 50대 50이다.
(b) 두 번째 빔 분할기가 있으므로 단일한 광자가 자체 간섭을 일으켜 2번 검출기에는 결코 도달하지 못한다.

치한다. 두 빔이 각각 한 번 더 갈라진다. 각 빔의 반은 오른쪽 2번 검출기로 빠지고 반은 위쪽 1번 검출기로 간다. 하지만 이 빔 분할기는 묘한 방식으로 만들어져서, 반으로 갈라졌던 빔들이 섞이면서 양방향에서 다르게 움직인다. 반으로 갈라진 두 빔이 위쪽 방향에서는 동기화된다. 즉 빔의 봉우리와 골짜기가 서로 나란해져서 합성파는 강화된다. 이는 보강간섭으로 5장의 이중 슬릿 실험에서 생긴 밝은 띠와 같다. 하지만 반으로 갈라진 두 빔이 오른쪽으로 빠지면 완전히 비동기화된다. 한쪽 빔의 봉우리와 다른 쪽 빔의 골짜기가 나란해져 서로 완전히 상쇄된다. 이는 소멸간섭으로 이중 슬릿 실험에서 생긴 어두운 띠와 같다. 그 결과 2번 검출기로 향하는 두 빔은 서로 소멸간섭을 일으키므로 2번 검출기에는 빛이 도달하지 못한다. 그리고 1번 검출기에 도달하는 빛은 그림 왼쪽 하단 끝에서 처음에 빔 분할기로 들어온 원래 레이저 빔과 밝기가 정확히 똑같다.

지금까지는 좋다. 레이저만 제외하고 보면 지금까지 설명한 내용은 고전물리학이다. 이제 양자적으로 살펴보자. 레이저 빔을 정말로 어둡게, 가능한 한 어둡게 만들면 이 실험에서는 한 번에 광자 하나씩만 보낸다. 만약 오른쪽 상단 끝에 두 번째 빔 분할기가 없다면, 상황은 여전히 무척 간단하다. 광자는 1번 검출기나 2번 검출기에서 검출되고, 이런 환경에서 광자가 어느 경로를 거쳤는지 알고 싶으면 어느 검출기에 도착했는지 확인해 보면 된다. 아울러 한번에 하나씩 계속 광자를 여러 번 보내면, 거의 절반씩 각 검출기에서 나타날 것이다.

하지만 휠러는 실험에서 두 번째 빔 분할기를 놓았을 때 상황이 훨씬 더 복잡해진다고 말한다. 그렇게 하면 이중 슬릿 실험처럼 광자는 자체로 간섭하므로 2번 검출기에는 절대 도달하지 못한다. 실험에서 광자들을 한 번에 하나씩 충분히 보내면, 모두 1번 검출기에 나타날 것이다. 휠러 말로는, 이것은 각 광자가 양쪽 경로로 모두 움직이고 자체로 간섭해서 검출기 2번에 도달하는 것을 방해하기 때문이다. 두 번째 빔 분할기를 설치함으로써 "단일한 경로를 따라간다는 아이디어가 일체 무의미해진다"고 휠러는 말한다.

이는 이중 슬릿 실험과 그렇게 다르지 않다. 사실상 이중 슬릿 실험이되, 배치만 약간 다를 뿐이다. 이 경우에도 이중 슬릿 실험에서 그랬던 것처럼 실험 전부터 광자가 두 번째 빔 분할기의 유무를 알 수 있었다고 얘기하고 싶어진다. 빔 분할기가 하나만 있다면 광자는 하나의 경로만 따라간다. 하지만 빔 분할기를 하나 더 놓으면, 광자는 양쪽 경로를 따라 지나가므로 자체로 간섭이 가능하다.

하지만 휠러는 이 실험을 한 번 더 꼬아보았다. 선택을 지연시키는 방식이다. 빔 분할기와 오른쪽 하단 끝 거울 사이에 어느 정도 거리를 둔다(그림 A-Ia). 이 거리를 키워보자—가령, 몇 킬로미터까지. 이 경우 광속으로 움직이는 광자는 빔 분할기에서 검출기까지 도달하는 데 수십 마이크로초 정도 걸린다. 그러면 광자가 첫 번째 빔 분할기를 지나간 뒤에 컴퓨터로 두 번째 빔 분할기를 설치할 (또는 제거할) 시간이 충분히 확보된다. 바꾸어 말하면, 실험에서 광자가 움직이는 중에도 어떤 실험을 할지—그림 A-1a 또는 그림 A-1b—선택을 지연할 수 있다. 하지만 이렇게 해도 결과는 달라지지 않는다. 두 번째 빔 분할기가 설치되면 광자는 2번 검출기에는 결코 도달하지 못한다. 또 두 번째 빔 분할기가 제거되면 광자는 각 검출기에 거의 절반씩 도달한다.

이런 결과는 아주 이상하다. 하지만 실제 실험으로 확증되었다. 확실히 일어나는 현상이다. 하지만 어떻게 광자는 첫 번째 빔 분할기를 통과하고 나서 하나의 경로만 따를지 말지를 '결정'할 수 있을까? 광자가 이동하는 거리를 늘리면 이 그럴듯한 패러독스는 더욱 심각해진다. 이론적으로는 실험에서 구성 거리를 1광년이나 수십억 광년까지 늘리지 못할 이유도 없다. 광자는 때때로 자신의 과거를 편집할 뿐만 아니라 동시에 두 장소에 있는 것 같다. 아니면 어떤 실험 조건을 선택하느냐에 따라서 먼 과거가 바뀌는 것 같다. 게다가 실제로 휠러는 이런 관점을 내세워서 이렇게 말했다. "우리가 측정하는 바로 그 행위를 통해 광자가 이동해온 역사의 본질이 드러났을 뿐 아니라, 어떤 의미로 그 역사를 **결정**했다고 결론내려야 합니다. 우주의 과거사는—지금!—우리가 측정한 것 이상으로 타당하지 않습니다."

하지만 이것은 휠러판 코펜하겐 해석을 통해 실험을 바라보는 한 가지 관점에 불과하다. 결국 측정이란 무엇인가? 또 측정은 어떻게 작동할까? 휠러는 이를 전혀 설명하지 못한 채, 측정이 의식이나 생명과는 관계가 없다는 주장만 한다. 더욱이 측정은 "불확정성이 확정성으로 붕괴하는 비가역적인 행동"이라고 표명할 뿐이었다. 측정과 붕괴—여기서 우리는 익숙한 영역으로 들어간다. 휠러는 측정이 무엇이고 어떻게 일어나는지 정의해야 하지만 그렇게 하기를 거부해야 하는 흔한 어려움에 빠진다. (휠러는 또한 "지연-선택 실험에서 보았듯이" 양자물리학의 "정수"는 **측정**이라고도 표명한다. 그렇지만 이것이 실제로 측정을 구성하는 것이 무엇인지 결정하는 데 특별히 보탬이 되지는 않는다.) 물론 이 실험을 바라보는 다른 방식이 있다. 정의가 부실하고 일관성에 의문이 남는 휠러의 아이디어와 완전히 다른 방식들이다. 여기 그 세 가지를 제시한다.

파일럿파 해석 광자가 빔 분할기로 들어간다. 광자의 파일럿파가 갈라지고 두 경로를 모두 따라가지만, 광자는 한 경로로만 (어느 경로인지는 모르지만) 움직인다. 두 번째 빔 분할기가 없으면, 파일럿파는 양쪽 검출기에 도달하며, 입자를 이쪽 또는 저쪽 검출기로 이끈다.

두 번째 빔 분할기를 설치하면, 파일럿파는 거기 도달해 자체로 간섭하며 2번 검출기에는 아예 도달하지 못한다. 이렇게 되면 광자는 어느 경로를 따라가든 2번 검출기에는 도달하지 못하게 막힌다.

두 번째 빔 분할기가 설치된 시점이 광자가 첫 번째 빔 분할기를 통과하기 전인지 후인지는 중요하지 않다. 파일럿파가 도달할 때 그곳에 두 번째 빔 분할기가 있는지 없는지만 중요하다.

다세계 해석 광자 파동함수가 첫 번째 빔 분할기로 들어가 갈라지고 두 경로를 모두 따라간다. 두 번째 빔 분할기가 없으면 광자 파동함수는 양쪽 검출기에 부딪히고 각 검출기의 파동함수와 얽힌다. 이렇게 얽힌 거대 파동함수에는 입자들이 엄청나게 많이 포함되기 때문에, 급격히 결깨짐이 발생하고 파동함수가 갈라진다. 이쪽 갈래에서는 광자가 1번 검출기에 도착했고, 저쪽 갈래에서는 광자가 2번 검출기에 도착했다.

두 번째 빔 분할기를 설치하면, 광자 파동함수는 거기 도착할 때 자체로 소멸간섭을 일으켜 2번 검출기에는 결코 도달하지 못한다. 따라서 광자는 1번 검출기에만 부딪치고 세계는 갈라지지 않는다.

두 번째 빔 분할기가 설치된 시점이 광자가 첫 번째 빔 분할기를 통과하기 전인지 후인지는 중요하지 않다. 파동함수가 도달할 때 거기 두 번째 빔 분할기가 있는지 없는지만 중요하다.

자발붕괴론   광자 파동함수가 첫 번째 빔 분할기로 들어가 갈라지고 두 경로를 모두 따라간다. 두 번째 빔 분할기가 없으면 광자 파동함수는 양쪽 검출기에 부딪히고 각 검출기의 파동함수와 얽힌다. 이렇게 얽힌 거대 파동함수에는 입자들이 엄청나게 많이 들어가므로, 이들 중 하나가 거의 순간적으로 붕괴 잭팟을 터뜨려 광자는 순전히 무작위로 한쪽 검출기에 반드시 들어간다.

두 번째 빔 분할기가 설치되면, 광자 파동함수는 거기 도착할 때 자체로 소멸간섭을 일으켜 오른쪽 검출기에는 결코 도달하지 못한다.

두 번째 빔 분할기가 설치된 시점이 광자가 첫 번째 빔 분할기를 통과하기 전인지 후인지는 중요하지 않다. 파동함수가 도달할 때 거기 두 번째 빔 분할기가 있는지 없는지만 중요하다.

요컨대, 휠러의 결론은 어떻게 보더라도 구속성이 없다(최악의 경우 논리적으로 일관성이 없다.) 이 실험은 앞서 소개한 여러 관점에서 보면 특별히 이상하지 않다. 분명 벨 실험만큼 이상하지 않다. 이에 벨 실험의 특징을 가미한 실험 형태가 있지만, 앞선 해석으로도 그런 실험을 비슷하게 설명할 수 있다(설명이 좀 더 복잡하지만).

마지막 한마디 파일럿파는 일반적으로 비국소적이지만 이 실험의 경우, 파일럿파 해석을 이용하면 모든 것이 완전히 국소적이다. 따라서 휠러가 옳았다는 느낌이 든다. 이는 아인슈타인-보어 논쟁에서 핵심적인 사안이다. 이론상 국소적으로 설명하면 되는데도 코펜하겐의 교도들은 비국소적으로 설명해야 한다고 고집하기 때문이다.

감사하는 말

40명이 넘는 물리학자와 철학자, 사학자가 친히 마음을 열고 이 책에 관해 필자와 공개된 이야기를 나눌 시간을 내주었다. 여기서 모두 열거하지는 않겠지만 (참고문헌 목록에 나온다) 몇몇 이름만 골라 보겠다. 데이비드 앨버트, 셸리 골드스타인, 팀 모들린, 로드리히 튜멀카와 니노 장이는 필자의 책 제안에 관해 공개된 이야기를 나눌 시간을 내주었는데, 이것이 언제 빛을 볼지는 우리 중 누구도 모르던 시기였다. 디터 제이는 집으로 필자를 초대해 점심을 곁들이며 기분 좋게 이야기를 나누었다. 메리 벨은 필자와 한참 이야기를 나누고도 다음날 또 와도 좋다고 했다. 그리고 샘 슈베버도 넉넉하게 시간을 할애했지만, 슬프게도 이 책이 찍혀 나오는 모습을 보기 전에 세상을 떠났다.

거의 15년 전 코넬에서 데이비드 머민과 딕 보이드와 이야기를 나눈 필자의 경험으로 이 책을 내는 여정에 나서게 되었다. 두 사람은 책 내용에 아무 책임이 없지만—오히려, 필자가 여기 쓴 내용 일부에 두 사람 모두 동의하지 못하리라고 본다—책 속에 유의미한 내용이 있다면 확실히 두 사람의 덕분일 것이다. 또 드라간 후테러 역시 필자가 여기 쓴 상당 부분에 동의하지 않을 듯하지만, 필자가 미시간에서 지낼 때 변함없이 힘이 되어준 덕택에 여기까지 왔다.

피터 올드하우스가 클럽 하나 안 쓰는 완전히 친환경적인 작가에게 과감히 기회를 주지 않았다면, 이 책은 절대로 나오지 못했을 것이다. 또 피터가 소개한 어닐 어난더스와미는 필자가 에이전트를 찾는 과정을 챙겨주었다. 그 덕분에 진행 단계마다, 그리고 그 이상으로 힘이 되었다.

필자(와 어닐)의 에이전트는 피터 털랙으로, 이 책이 적절한 사람을 만나도록 해 주었다. 바로 편집자인 베이직북스 소속 T.J. 켈러허였다. T.J.의 편집 작업과 열정, 참을성 덕분에 필자가 무엇을 기대했든 간에 그보다는 책이 훨씬 더 나아졌다. 이전에 베이직에서 작업했던 엘렌 바르셀러미는 책 첫 부분의 구조에 관해 요긴한 의견과 제안을 해 주었고, 덕분에 온갖 어려운 문제들을 일거에 해결했다. 또 필자가 막판에 몰려 쓸데없이 원고를 고치려 했는데도 멀리사 베로네시와 캐리 와터슨은 진득히 교열 과정을 이끌어주었다.

데이비드 베이커와 피터 번, 올리발 프레이리, 벤지 헬리, 니키 헌, 데이비드 카이저, 콜린 니컬즈, 엘리자베스 자이버 모두 원고의 상당 부분을 읽고 귀한 피드백을 주었다. 그들이 최선을 다했음에도 부적절하고 잘못된 대목이 남아 있을지도 모르겠다. 아울러, 앤드루 맥네어는 책이 제작에 들어가기 얼마 안 남겨두고 원고 전체를 세세히 검토하는 작업을 맡았으며, 필자의 기대를 저버리지 않았다.

앨프리드 P. 슬론 재단의 도론 베버, 일라이자 프렌치와 조시 그린버그는 이 책이 제대로 나올 때까지 전업으로 집필에 몰두하도록 도움을 주었다. 칩 세븐은 직접 작성한 매스매티카 코드를 필자가 이용해도 좋다고 허락했고, 필자에게 캘리포니아 대학교 산타크루즈 캠퍼스 여름학교를 소개해 주었을 뿐만 아니라, 시간을 넉넉히 할애해 주었다. 게다가 올리발 프레이레의 책 『양자 이단The Quantum Dissidents』의 출간 덕분에 이 책을 쓰는 데 들인 조사연구 시간이 반으로 줄었으며 필자가 연구하는 동안 올리발은 요긴한 정보와 피드백을 주었다.

필자에게 존 클라우저는 개인적으로 보관한 편지들을 열람해도 좋다고 했고, 로버트 크리스는 존 벨과 나눈 인터뷰 녹음 원본을 주었다. 데이비드 웍과 앤드루 휘터커 역시 개인 소장 자료들을 필자가 열람하도록 배려해 주었고 제러미 번스틴, 트로엘스 페테르센, 제럴드 홀턴과 데이비드 캐시디는 필자 질문들에 요긴한 답을 주었다. 또 크리스 푹스는 이메일로도 기회가 더 닿았다.

닉 제임스는 필자가 횡설수설 늘어놓은 조각들을 멋진 일러스트레이션으로 바꿔주었다. 에이드리엔 그랜트는 이 책을 목적으로 필자가 진행한 인터뷰를 제일 많이 옮겨 적었으며 과분하게 자신의 친구들까지 소개해 주었다. 리파 롱은 에이드리엔의 뒤를 이어 (친구들이 아니라 인터뷰의) 나머지 부분을 채웠다. 앤디 슈워츠코프는 15년 동안 필자가 마감 직전까지 미루다가 물어봤던 광학 관련 질문을 받아주었고, 대체로 이를 포함한 필자의 정신 나간 생각을 기꺼이 호응해 주었다. 그리고 대니얼 조던은 코펜하겐은 망해야 한다Copenhagen delenda est는 생각을 이해해 준다. 또 보스턴이 말도 안 되게 먼 거리였는데도, 리사 그로스먼은 항상 함께 있어주었다.

우주론철학을 주제로 한 2013년 산타크루즈 여름학교에서 계속 점심을 먹으면서 한쪽으로 미뤄둔 출간 계획을 다시 추진하기로 했다. 빈에서 열린 2015년 신생 양자역학 학회에서 쫓기면서 나눈 이야기와 물리철학을 주제로 한 2016년 자이그 여름학교에서 느긋이 나눈 이야기는 모두 책을 쓰는 동안 값진 경험으로 다가왔다. UC버클리 과학기술사 연구소는 집필과 편집 기간 중 학술 활동의 본거지였다. 또한 미국물리단체연합 아카이브, 닐스 보어 아카이브와 유럽입자물리학연구소 아카이브 모두 필자의 조사 목적으로 열람권을 배려해 주었다.

마땅히 감사해야 할 이름들이 더욱더 많아 여기 포함하자면(하지만 전부 다는 아닌), 고든 벨로, 셀레스트 비버, 앤 브라운, 글렌 카이아처리, 세라 코우비, 피터 콜스, 앨릭스 디마시, 조너선 두건, 루커스 던랩, 재러드 에머슨-존슨, 니나 에머리, 어맨다 게프터, 루이자 길더, 케이트 핸리, 멀리사 하겐붐, 파커 임리, 롭 아이리언, 빅토리아 재거드, 캐글리얀 쿠르댁, 톰 레빈슨, 크리스 린팃, 마이크 마셜, 케이티 메도스, 얼리사 네이, 에밀리 니컬스, 로베르트 옥스호른, 피에란젤로 피라크, 마이클 폴라셴스키, 아리 랩킨, 라이언 리스, 스테펀 리히터, 로라 루치, 짐 세스나, 래리 스클라, 아르폰 스미스, 킴벌리 스미스, 조우너 바이스만, 브라이언 웩트, 앨릭스 자니, 위어 일가와 같다.

지속적으로 필자를 격려해 주고, 수십 년 동안 예상 범위를 훌쩍 넘는 온갖 질문을 묵묵히 받아주신 부모님과 나머지 가족에게도 고맙다.

무척 조용하고 털복숭이인 동료, 코페르니쿠스에게 고마움을 전한다.

끝으로 엘리자베스의 인내심, 그리고 만사에 감사한다.

역자 후기 | 혁신과 상상의 크기는 겸손케 하는 근본적 사유가 좌우

'본캐'와 '부캐'로 대변되기도 하는 메타버스가 단연 화제입니다. 자연스럽게, 나는 누구인가, 하고 묻습니다. 아니, 나는 무엇인가! 혹시 언제든 스스로 이상한 나라의 '앨리스' 같은 느낌이 든 적은 없었는지요? 아니라면 적어도 지금 이 순간에는 무엇을 느끼시나요? 무엇을 보시나요? 그 대상에는 바로 이 글자는 무조건 포함된다고 하면 참일까요? '적힌'보다는 '쓰인'이라고 중의적으로 표현하면 더 적절할까요? 인쇄된 활자만이 아닌, 메타버스에서 구현된 디지털화한 콘텐츠로 저작물을 접하기 쉬운 세상이니까요.

 감각의 영역은, 특히 데이터와 기술을 통해, 더욱 확대되어 가는 듯합니다. 아울러, 그만큼, 감각을, 또는 감각하는 대상과 결과를 언어로 표현하기란 점점 더 어렵게 느껴집니다. 그러다 보니 언어는 그저 다양해질 뿐 '실재'를 기술하는 깊이 면에서는 일정한 한계를 부여하기 위한 가설이라도 자꾸 세우고 싶어집니다. 본캐와 부캐라는 말이 그러합니다. 과거에도 이에 대응하는 말이 없었다고 하기는 어려우니, 이러한 이중성, 나아가서 다중성이나 다중적 정체성을 향한 본질적 담론이란, 메타버스가 등장해서만 나타난 결과는 아닙니다. 그렇다면 다중성은 이상함을 규정하는 특성일까요?

앨리스가 모험한 나라가 이상하다고들 하지만, 당연하다고 여기던 대상이나 일 가운데는 관점이나 맥락, 시기에 따라 이상한 것들도 있습니다. 그러고 보면 이상하다는 기준이란 참 오락가락합니다. 가령, 과거에 괴이한 상상 속 신화나 문학의 스토리, 예술의 영역에서만 가능했던 일부 '현상'이나 '서사'는 이제 실제로 체험되기에 이르렀는데, 바로 진보한 과학의 위력 덕분이겠죠. 하여, 과거에는 이상했을 상상이 지금은 전혀 이상하지 않다고 여기기도 합니다.

그렇지만 여전히 이상하다고, 그것도 말도 안 되게 이상하다고 하는 대명사로는 양자, 퀀텀의 세계를 꼽아도 큰 이견은 없겠습니다. 정말 기묘하다, 괴상하다 등등 온갖 형용사를 동원해도 그 양자적 기기묘묘함의 무게를 오롯이 전하기는 모자랍니다. 그래서도 그만큼 어려운 영역을 또 찾기도 어렵습니다. 더욱이 무엇이 왜, 어떻게 이상한지를 논하기는 훨씬 어렵습니다. 과학은 일상 언어만으로 이행되지 않고 수학이라는 언어를 대동하기 마련이라 양자론 역시 예외는 아님에도 그 이해는 미진합니다. 닥치고 계산했더니 극히 정교하게도 통한다 해도, 정착된 '학(문)'이나 '(이)론'이기보다는, 무엇보다도 근간이나 토대에 얽히면, 오히려 여전히 하나의 모형일지도 모르겠습니다.

과학은 상상 속 신화나 예술이 아닌 '실재'에 뿌리를 둔다는 인식 때문에도 양자물리학이 이상해지는 듯합니다. 하지만 세상은 그런 이상함을 토대로 돌아갑니다. 소위 1세대 양자기술은 레이저, MRI, (고전) 컴퓨터, 스마트폰, GPS 등 초소형 부품이 필요한 '고전적' 기기나 기계를 아우르기에 우리 일상은 이상한 양자 세계가 실재하지 않으면 마비될지도 모릅니다. 그렇게 되면 이것은 이상한 나라일까요, 아닐까요? 나아가서, 2세대 양자기술은 더욱 본질적으로 양자 세계의 특성을 활용하는, 그래서 양자 근간 또한 더 의미심장해지는 영역에서 양자암호, 양자컴퓨팅을 비롯해 통칭 양자정보(통신)기술로 대표됩니다. 본문에서도 후반에 이런 흐름의 초기 상황을 기념비적 논문 등을 통해 소개했습니다만, 본서의 본격적 주제는 아님에도, 그 분량이 아쉬울 정도로 어느덧 근간의 이론적, 철학적 극단과 실용의 기술적 극단 사이의 관계는 밀접해졌습니다.

양자 근간이나 해석 문제는 실·상용 기술의 발전을 도모하는 맥락에서 좀더 체감도가 높겠지만, 이를 초월하는 가치는 순수한 사유에 입각한 유례없이 혁신적인 사고와 유연한 상상, 다양하고 참신한 관점에서 나옵니다. 이런 성공적 이론의 해석적 탐구 과정을 따라가는 경험은 그 어느 때보다 혁신과 창의, 도전이라는 화두에 목마른 시대일수록 더욱 중요하겠습니다. 양자 근간과 같은 기초학문적 (과학적임은 물론 철학적이다 못해 때로는 인문학적이기까지 한) 사유가 안겨주는 자유로움 속에서는 그 상상의 크기 앞에서 겸손해지는 한편 생각의 줏대가 단단해지기 마련입니다. 샘솟는 혁신적 사고의 원천은 바로 그런 영역이 아닐까요? 순수한 학문적, 지적 호기심의 테두리에 갇히지 않고, 실생활의 아슬아슬한 영역에서 근본을 되묻는, 그리고 나무만이 아닌 '숲'을 그려내는 '지각' 변동을 몸소 경험하시는 독자가 많을수록 번역한 보람도 남다르겠습니다.

엄밀히 과학사학자나 과학철학자의 시각에서는 논란을 야기할 몇몇 대목도 본서에 등장하지만, 전반적 이야기는 양자론의 해석, 양자근간이라는 분야에 입문하기에 더없이 훌륭한 길잡이 역할을 합니다. 특히 아인슈타인과 보어의 유명한 역사적 갑론을박의 승자가 오인되었다는 이야기의 흐름 등에서 보어를 코펜하겐 뒷방의 꼰대 정도로 과도하게 저자가 평가절하한다는 인상이 남았을지도 모릅니다만, 코펜하겐 해석이 물리학계에서 과도하게 도그마적으로 흐른 분위기도 분명하기에 균형 잡힌 시각에서 후주도 챙기셨다면 본서와 함께 하신 시간이 더욱 충실하리라 짐작합니다. 다만 코펜하겐 해석을, 본서의 맹공 대상이라고 해서 잘 몰라도 된다고 오해하시지 않기도 바랍니다. 8장 제목처럼 본서에서도 미처 다 소개하지 못한 동시대 관점과 스토리 또한 다양한 만큼, 독자 스스로 더욱 알아보시고 싶은 동기도 생기면 좋겠습니다(일례로, 코펜하겐, 프린스턴만이 아니라 서울 해석도 존재합니다).

여러 기존 또는 새로운 용어와 표현, 심지어 고유명사의 한국어를 결정하느라 고심을 거듭하면서 번역하는 과정에서나 원고가 정리되어 물리적 실재로 나오기 직전 돌아볼 때에나 모 프랑스 번역학자의 말은 늘 생생하게 다가옵니다. '낯선 언어의 시련' 이상으로 '낯익은 언어의 시련'을 이겨내지 않으면 안 된다는.

이러한 '답정'하기 어려운 순간들을 겹겹 겪어 내는 과정마저 쌓이느라 장기간 원고가 완성될 때까지 배려와 격려로 힘써주신 승산에 먼저 감사의 말을 전합니다. 끝으로는 아직은 기계가 발전해서 번역'판'은 그냥 쉽게 나오는 세상이 다 된 줄로만 아는 율빈이와 다인이에게도 오히려 그 순진함이 늘 힘이 되기에 이 자리에서 고마움을 별도로 표합니다. 본서를 택하신 독자께도 감사함을 전하며, 더불어 흥미진진하고 뿌듯한 여정을 누리셨기를 바라 마지않습니다.

그림과 사진 출처

그림 2-1 Courtesy of the Niels Bohr Archive, Copenhagen.
그림 3-3 Photograph by Paul Ehrenfest, courtesy and © AIP Emilio Segrè Visual Archives.
그림 4-1 Based on Figure 2 of Kaiser 2012.
그림 5-1 Library of Congress, New York World-Telegram and Sun Collection, courtesy AIP Emilio Segrè Visual Archives. (NB: The Library of Congress lists the date of this photograph as 1940; however, the headline on the paper reveals that it must have been taken in May 1949, very shortly after Bohm testified to HUAC, possibly later that same day.)
그림 6-1 Photograph by Alan Richards, courtesy AIP Emilio Segrè Visual Archives and © Princeton University Library.
그림 6-3 Courtesy Institute for Advanced Study and Princeton University Library.
그림 7-1 Courtesy Ruby McConkey and Dorothy Whiteside.
그림 8-1 Courtesy of University of Chicago Library Special Collections Research Center and Harvard University Library.
그림 9-2 Photo courtesy Lawrence Berkeley National Laboratory. © 2010 The Regents of the University of California, through the Lawrence Berkeley National Laboratory.
그림 10-1 © CERN. Licensed under a Creative Commons Attribution 4.0 international license: https://creativecommons.org/licenses/by/4.0/.
그림 10-2 © CERN.

Excerpts from "A Farewell to String and Sealing-Wax," in From Hiroshima to the Moon by Daniel Lang, © 1959 by Daniel Lang. Reprinted with the kind permission of Frances Lang, Helen Lang, and Cecily Lang.

Excerpt from David Bohm's undated letter to Arthur Wightman c. 1952, © Bohm Estate. Copy letter held at Niels Bohr Archive, Copenhagen. Reprinted with the kind permission of Basil Hiley.

Excerpts from the letters of John Wheeler, © Wheeler Estate. Reprinted with the kind permission of James Wheeler.

Excerpts from the letters of Hugh Everett III, © Everett Estate. Reprinted with the kind permission of Peter Byrne, Jeffrey Barrett, and Mark Oliver Everett.

후주

들어가며

21 일상적인 물체는 객관적으로 실재하는 방식: Werner Heisenberg 1958, Physics and Philosophy, Harper Torchbooks ed. (Harper and Row), p. 129.
22 "닥치고 계산": N. David Mermin 1990, Boojums All the Way Through: Communicating Science in a Prosaic Age (Cambridge), p. 199.
23 "우리가 무엇을 관측할지 결정해 주는 것이 바로 이론": Werner Heisenberg 1971, Physics and Beyond (HarperCollins), p. 63.
23 갈릴레오의 발견 이후, 3세기 이상이 흘러서: Stanley L. Jaki 1978, "Johann Georg von Soldner and the Gravitational Bending of Light, with an English Translation of His Essay on It Published in 1801," Foundations of Physics 8 (11/12): 927-950 참고. 이 실험은 아인슈타인 시대보다 수십 년 앞서서도 가능했을 것이다―실제로 아인슈타인 시대보다 한 세기 전 요한 졸트너(Soldner)가 뉴턴물리학의 시험대로 제안한 실험이었다. 하지만 이런 방식으로 검증이 가능했던 뉴턴 중력의 라이벌 이론을 아인슈타인이 제안하기 전까지는 아무도 관심이 없었다.

프롤로그 불가능했던 실현

25 "구제불능이라는 건 알겠습니다": Jeremy Bernstein 1991, Quantum Profiles (Princeton University Press), p. 20. Bernstein에 따르면, "알았다"는 강조 표기는 벨이 했고, "구제불능" 강조 표기는 Bernstein 저작의 맥락에서 추정되었다: "벨은 '구제불능'이라는 단어를 아주 맛깔스럽게 발음했다."
26 "더욱 실질적인 작업에 들어갔다": John S. Bell 2004, Speakable and Unspeakable in Quantum Mechanics, 2nd ed. (Cambridge University Press), p. 160.
26 "불가능했던 실현": Bell 2004, p. 160.
26 "나를 기다리고 있음을": Charles Mann and Robert Crease 1988, "Interview: John Bell." OMNI, May, 90.

1장 만물의 측정 기준

32 "양자물리학적 서술은 추상적일 뿐입니다": Max Jammer 1974, The Philosophy of Quantum Mechanics (John Wiley & Sons), p. 204. But see also N. David Mermin 2004a,

"What's Wrong with This Quantum World?," Physics Today, February, pp. 10–11.
32 "불가능하다": Heisenberg 1958, p. 129.
33 "측정 결과는 우리 스스로 만드는 셈이다": Jammer 1974, p. 164. 참고로 요르단의 입장은 보어와 모순되며, 하이젠베르크의 입장은 두 사람과 양립되지 않을지도 모른다. 실제 서로 모순되면서도 모두 같다고 주장하면서 "코펜하겐 해석"이라는 이름으로 통하는 학파들이 많다. 이에 대한 추가 논의는 3장 참고.
33 "지적인 편집증이 좀 과해서": 1952년 7월 5일 Einstein이 D. Lipkin에게 보낸 편지, Arthur Fine 1996, The Shaky Game, 2nd ed. (University of Chicago Press), p. 1에서 인용.
33 "아무런 영향력도 없습니다": Kaiser 2011, How the Hippies Saved Physics: Science, Counterculture, and the Quantum Revival (W. W. Norton), p. 8.
33 "인식론에 매몰된 상황": Fine 1996, p. 94.
33 현존하는 사실상 가장 위대한 천재 수학자: Max Born 2005, The Born-Einstein Letters: Friendship, Politics and Physics in Uncertain Times (Macmillan), p. 140.
33 폰 노이만이 증명했다면 그게 무엇이든 무조건 옳다고: Richard Rhodes 1986, The Making of the Atomic Bomb (Simon and Schuster), pp. 108–109.
33 폰 노이만의 증명을 아인슈타인이 알고 있었다는: 이에 대한 긴 논의는 Fine 1996, p. 42-3 참고.
34 "반대파를 침묵": Mara Beller 1999b, Quantum Dialogue: The Making of a Revolution (University of Chicago Press), pp. 213–214에서 인용.
34 증명 전체에 결함: Jammer 1974, pp. 273-274, 또 헤르만의 관련 논문을 영역한 사이트 참고: http://mpseevinck.ruhosting.nl/seevinck/trans.pdf (2017년 9월 20일 기준)
34 여성이었기 때문: N. David Mermin 1993, "Hidden Variables and the Two Theorems of John Bell," Reviews of Modern Physics 65 (3): 805 참고. "그레테 헤르만은 이 논증에서 도드라진 결함을 지적했지만, 완전히 무시된 듯하다. 모두 폰 노이만의 증명을 계속 인용했다." 헤르만에 대해 더 살펴보려면, 그레테 헤르만에 관한 M. P. Seevinck의 발표 슬라이드 참고(2012). 또 참고할 자료 사이트는 http://web.mit.edu/redingtn/www/netadv/PHghermann.html (2017년 9월 20일 기준)
34 핵심적인 결함: Jammer 1974, p. 247 참고: "아인슈타인과 슈뢰딩거 같은 일부 지도급 학자들이 보어의 관점을 반박했음에도, 적어도 처음 20년 동안은 일반적으로 아무런 거리낌 없이 상보성[즉, 코펜하겐] 해석을 수용하는 물리학자들이 대거 늘어났다."
36 공간 속의 각기 다른 점에 숫자가 하나씩 지정된다: 전문가용 참고: 여기서는 단입자 정상상태의 위치공간 파동함수를 한 가지 예시로 이용할 따름이다. 더 복잡한 부분은 뒤에 다루겠다.
36 0.02를 표시: 간간 파동함수미터기가 마이너스 1의 제곱근 같은 허수를 표시할지도 모른다. 하지만 일단 그렇게 복잡하게 나가지는 말자.
37 특정 영역에 전자가 존재할 확률: 기술적으로 말하면, 확률이 나오는 양은 바로 파동함수의 제곱이지만, 아이디어는 똑같다.
38 "우주의 상태가 바뀔까요?": Walter Isaacson 2007, Einstein: His Life and Universe (Simon and Schuster), p. 515.
38 "더 훌륭한 측정자를, 다시 말해 박사 학위자를": Bell 2004, p. 117.

2장 문제성 덴마크 고유상태

- 41 "더 상세히": Heisenberg 1971, p. 62.
- 43 양자물리학이라 부르게 되었다: 보어의 원자 모형이 "양자물리학"이라는 용어의 기원은 아니었다. 이 용어는 20세기 초 10년에 걸쳐 서서히 이용되기 시작했는데, 플랑크의 흑체 복사 법칙에서 출발해 띄엄띄엄한 전자기 복사 다발의 흡수나 방출과 연관된 다양한 현상들이 발견된 영향이다. 물리학사에서 필자가 빠르게 훑고 지나간 이 시기는—1900년 플랑크의 발견에서 1925년 이 장에서 설명한 하이젠베르크와 슈뢰딩거가 전개한 이론들에 이르기까지—그 자체로 책 한 권은 족히 차지한다. 여러 책이 쓰였는데, 눈여겨 볼 만한 책으로는, Manjit Kumar 2008, Quantum: Einstein, Bohr, and the Great Debate About the Nature of Reality (Icon Books/Norton)이나 David Lindley 2007, Uncertainty: Einstein, Heisenberg, Bohr, and the Struggle for the Soul of Science (Anchor) 참고.
- 44 "숱한 산술적 오류": Heisenberg 1971, p. 61.
- 44 "제 앞에 관대하게 펼쳐 보인": 상동.
- 44 "평소 내게 가차없이 혹평해 주는 사람": 상동, p. 64.
- 45 "다시 한 번 진전": Kumar 2008, p. 193.
- 47 "순전한 사고의 산물": Isaacson 2007, p. 84.
- 48 "내게 지대한 영향을 끼쳤습니다": Albert Einstein 1949a, "Autobiographical Notes," in Albert Einstein: Philosopher-Scientist, edited by Paul Arthur Schilpp (MJF Books, 1949), p. 21.
- 48 "아인슈타인이 교조적 마흐주의자가 아니라는 사실": Don Howard 2015, "Einstein's Philosophy of Science," in The Stanford Encyclopedia of Philosophy, Winter ed., Edward N. Zalta 편집, http://plato.stanford.edu/archives/win2015/entries/einstein-philscience 참고. 아인슈타인이 마흐의 추종자들에게 끼친 영향과 아인슈타인의 진정한 철학적 관점을 파악한 그들의 반응에 대해 추가 내용은 8장 참고.
- 48 막스 플랑크였지: Gerald Holton 1998, Thematic Origins of Scientific Thought, rev. ed. (Harvard University Press), p. 70.
- 49 "불변론": 상동, p. 130.
- 49 "막상 지지할 수는": Einstein 1949a, p. 21.
- 49 "고작해야 해충을 박멸하는 정도": Isaacson 2007, p. 334.
- 49 "무엇이 존재하는지를 결정": 강조 표기는 출처 그대로.
- 51 탐탁지 않아 했다: 끝까지 버틴 학자들은 결국 1970년대에 존 클라우저가 수행한 벨 실험의 결과를 보고 나서 광자들이 실재한다고 인정해야 했다. 9장 참고.
- 51 "외말 마차": Kumar 2008, p. 35.
- 51 18세기까지 쌓인 편견: Lincoln Barnett 1949, The Universe and Dr. Einstein (Victor Gollancz), p. 49.
- 51 "괴팅겐에서는 믿을지 몰라도 나는 아니라네": Isaacson 2007, p. 331.
- 52 "그런 이상한 가정": Heisenberg 1971, p. 62.
- 52 "저는 제한된 범위 내에서": 이는 아마도 하이젠베르크가 자신의 연구에 사후 정당성을 부여하는 모습일 것이다. 궤도를 무시하는 하이젠베르크의 진정한 동기는 아마도 이전 10년 동안 새로운 실험 결과들을 설명할 때 궤도들이 대체로 무용지물로 밝혀져서일 것이

다. Beller 1999b, 2장과 3장, 특히 pp. 52-58 참고.
52 "우리가 무엇을 관측할지를 결정해 주는 것이 바로 이론입니다": 상동, p. 63.
53 "선생님이라면 어떻게 하시겠습니까?": 상동, p. 64.
53 "곤경에 처할 것 같은 불길한 예감": 상동, pp. 65–66.
54 보어와 연구하라고: Kumar 2008, p. 227.
54 "그저 있다는 사실만으로도 기분이 좋아지는 사람": 상동, p. 131.
54 "꼭 최면이라도": 상동, p. 132.
55 "최고로 지혜로운": Mara Beller 1999a, "Jocular Commemorations: The Copenhagen Spirit." Osiris 14, p. 266.
55 "에라스뮈스와 링컨": 상동, p. 257.
55 "새들이 자기들의 비밀을 교수님에게": John L. Heilbron 1985, "The Earliest Missionaries of the Copenhagen Spirit," Revue d'histoire des sciences 38, nos. 3–4, pp. 195–230. doi:10.3406/rhs.1985.4005, p. 223.
56 "권위에 감히 도전하는 사람이 드문": Beller 1999a, p. 258.
56 "채 2년을 넘기기 전에 분명 결혼": 상동, p. 271n54.
56 "플라톤식 대화법으로 정신세계가 한껏 도취": 상동, pp. 258–259.
57 "발표자의 해석이 틀렸다고 판명": George Gamow 1988, The Great Physicists from Galileo to Einstein (Dover), p. 237.
58 단 한 편의 논문도 단독으로 발표하지 않았다: Beller 1999a, p. 261.
58 "플랑크의 작용 양자로 기호화된": (보어가 그 책 서언에서 설명한 대로 원래는 네이처에 영어로 실린) 보어의 코모 강연 출간본에서.
58 "불완전한 문장을 웅얼거렸다": Beller 1999a, p. 256.
58 "주제가 중요하면 중요할수록 점점 이해하기 어려워지곤 했습니다": 상동, p. 257.
59 몇 시간이고 며칠이고: Beller 1999a, p. 257.
59 "한없이 좋아했죠": 상동, p. 252.
60 "전이 확률, 에너지 준위와 같은": David Cassidy 1991, Uncertainty: The Life and Science of Werner Heisenberg (W. H. Freeman), p. 214.
60 "슈뢰딩거는 우리가 거기서 빠져나올 길을 제시했습니다": 상동, p. 213.
60 "양자 법칙 중 가장 심오한 형태": 상동.
60 70년 가까이 미제로 남았던 문제: Beller 1999b, p. 29.
61 "다시 말해 헛소리입니다": Kumar 2008, p. 212.
62 "원자론의 여러 미해결 문제": 상동, p. 222.
62 "두 사람의 발언에서 어느 하나만 콕 집어서": Heisenberg 1971, p. 73.
63 "제가 양자론에 얽힌 상황이 유감스러울 뿐입니다": 상동, p. 75.
63 "그래도 확실히 인정해야 합니다……": 상동, p. 76.
63 "올바른 방향으로 가고 있다": 상동.
63 "입자를 측정할 확률": 1장 참고.
65 "특별히 방해받지 않고 관측": Bohr 1934, p. 53.
66 "관측하는 주체와의 (…) 간과해선 안 됩니다": 상동, p. 54.
66 "경험을 기술하는 데 불가결한": 상동, pp. 56–57.
67 보어는 마흐를 좇아: 오히려 칸트를 좇았던 것일지도 모른다. 아니면 뭔가 전혀 다른 방향

일지도 모르며, 보어의 글이 어려운 까닭에 이 주제에 대한 견해가 제각기 다르다.
67 양자물리학의 다른 해석은 얼마든지 가능하다: 다른 해석 몇 가지가 이어서 5장에 설명된다. 또 참고로, 이 해석들 중 어느 하나라도 옳은지 아닌지가 아주 중요하진 않다—상보성 없이는 양자 세계를 기술하기가 불가능하다고 보어는 주장하기 때문에, 양자역학의 다른 해석들이 논리적으로 가능하다면 보어를 납작 눌러 버릴 수 있을 것이다.
68 "상보성으로는 (…) 이전에 없던 방정식을 제시하지 못합니다.": Paul Dirac, interview by Thomas S. Kuhn, May 14, 1963, Cambridge, England, courtesy of the Niels Bohr Library & Archives, American Institute of Physics, College Park, MD, USA, https://www.aip.org/history-programs/niels-bohr-library/oral-histories/4575-5, Part 5.
68 "보어의 원리가 우리들이 물리학을 연구하는 방식을 바꾸지는 않을 것": Discussion Sections at Symposium on the Foundations of Modern Physics: The Copenhagen Interpretation 60 Years after the Como Lecture, 1987, p. 7.

3장 길거리 싸움

72 양자물리학의 기원 신화: 이 설화는 토막들 일부가 기록되었다. 이는 종종 물리학자들이 지은 물리학 대중서에 활자화되어 들어가는데, 예를 들면, Stephen Hawking 1988, A Brief History of Time (Bantam Dell), p. 56은 물론 Stephen Hawking 1999, "Does God Play Dice?", http://www.hawking.org.uk/does-god-play-dice.html(2016년 3월 18일 기준)에 나온다. 이런 내러티브는 주로 몇몇 양자물리학사, 특히 Jammer 1974와 Max Jammer 1989, The Conceptual Development of Quantum Mechanics, 2nd ed.(Tomash)에서 유래한다(가령 Jammer 1989 p. 374 참고). 또 수십 년 뒤 보어와 하이젠베르크가 저술한 이 시기의 회고록에도 나온다. 하지만 이런 내러티브는 양자물리학이 발전한 실제 시기에 형성된 자료들과 어긋나므로(가령, Guido Bacciagaluppi and Antony Valentini 2009, Quantum Theory at the Crossroads: Reconsidering the 1927 Solvay Conference, arXiv:quant-ph/0609184v2에 포함된 5회 솔베이 학회록은 물론 아인슈타인, 슈뢰딩거, 보어 등의 당대 편지들) 신뢰도가 떨어질 수밖에 없다. 이를 (본서 외에) 더 살펴보려면, Don Howard 2004, "Who Invented the 'Copenhagen Interpretation'? A Study in Mythology," Philosophy of Science 71 (5): 669–682, Don Howard 2007, "Revisiting the Einstein-Bohr Dialogue," Iyyun: The Jerusalem Philosophical Quarterly 56:57–90, Fine 1996, Beller 1999b, James Cushing 1994, Quantum Mechanics: Historical Contingency and the Copenhagen Hegemony (University of Chicago Press), Olival Freire Jr. 2015, The Quantum Dissidents: Rebuilding the Foundations of Quantum Mechanics (Springer-Verlag), Jean Bricmont 2016, Making Sense of Quantum Mechanics (Springer International) 참고.
73 "신은 주사위를 던지지 않는다": 1926년 12월 4일 Albert Einstein이 Max Born에게 보낸 편지, Born 2005에 전재.
74 "거대한 베일의 한쪽 귀퉁이를 들어올렸습니다": Kumar 2008, p. 150.
75 파울리는 여전히 탐탁지 않았다: Bacciagaluppi and Valentini 2009, pp. 242–244.
75 크라머르스의 반론 때문이었는지: 상동, pp. 254–255.

76 "더는 수정될 여지가 없는": 상동, p. 435.
76 같은 물체를 기술하는 데 동시에: 2장 끝 참고. 보어가 뭐라고 했는지는 실제로 알 수 없다—보어는 발언한 그대로 학회록에 제출하기보다는 코모 강연 원고로 대체되도록 요청했다. 하지만 학회 중 남은 기록들을 보면 내용이 대체로 비슷하다고 보인다. 이를 더 살펴보려면 Bacciagaluppi and Valentini 2009 참고.
77 "정확성에 공을 들였기": Beller 1999a, p. 268.
78 1, 2차 세계 대전 사이 시기에 바이마르 독일의 비유물론적 문화: Paul Forman 1971, "Weimar Culture, Causality, and Quantum Theory: Adaptation by German Physicists and Mathematicians to a Hostile Environment," Historical Studies in the Physical Sciences 3:1–115.
78 터무니없었다: 8장에서 논리실증주의자들에 대해 더 살펴보겠다.
78 "천벌": Kumar 2008, p. 157.
78 "생각할 수 있는 호흡보다 더 빨리 논문을 낸다면": 상동, p. 160.
78 "틀리기라도 하면 낫죠": 상동.
78 "아인슈타인 선생이 말씀하신 게 그렇게 어설프진 않습니다": 상동.
79 "바늘 끝에 천사가 얼마나 많이 앉을 수 있는지": Born 2005, p. 218.
79 "다른 계와 상호작용": 처음 반은 Jammer 1974, p. 204, 나머지 반은 Bohr 1934, pp. 56–57.
79 "잠재성이나 가능성으로 세계": Heisenberg 1958, p. 186.
79 관측되는 (…) 제어하기 불가능한 방식: Wolfgang Pauli 1994, Writings on Physics and Philosophy, edited by Charles P. Enz and Karl von Meyenn, translated by Robert Schlapp (Springer-Verlag), p. 33.
80 신화에 불과했다: 융케도 하이젠베르크, 요르단과 다른 학자들은 통일된 해석이 존재한다고 이야기하진 않았다—적어도 당시에는 아니었다. 1927년 요르단은 "괴팅겐-코펜하겐 식"을 언급했고, 3년 뒤 하이젠베르크는 "양자론의 코펜하겐식"을 비슷한 맥락으로 언급했으나, "코펜하겐 해석"이라는 어구는 1955년에 처음으로 하이젠베르크가 사용했다. 이를 더 살펴보려면 4장은 물론 Howard 2004 참고.
80 "자연에 대해 우리가 무엇을 말할 수 있는지": Jammer 1974, p. 204; but see also N. David Mermin 1985, "Is the Moon There When Nobody Looks? Reality and the Quantum Theory," Physics Today 38 (4): 38–47.
81 "딱하다는": Albert Einstein 1949b, "Reply to Criticisms," in Schilpp 1949, p. 667.
81 "존재하는 것은 지각되는 것이다": 상동, p. 669.
82 문제는 국소성이었다: 이 시점이면 아인슈타인은 몇 년째 양자물리학의 국소성에 주목하던 터였고, 광자들의 통계적 특성에서 모종의 비국소성이 나타날 가능성을 하이젠베르크의 행렬역학이 나오기도 전에 간파했다. Howard 2007 참고. 아인슈타인은 1909년에 벌써 광자 개념이 국소성과 함께 고려되면 맥스웰의 전자기 법칙이 심각하게 수정될 여지가 생긴다는 점도 알았다. Bacciagaluppi and Valentini 2009 참고.
83 "특수 상대성 이론의 원리와 모순": Bacciagaluppi and Valentini 2009, p. 487.
84 "드브로이 군이 옳았다고": 상동, p. 487.
84 "틀림없이 제 잘못이지 싶습니다": Bacciagaluppi and Valentini는 이 점을 직접 밝혔다: "아인슈타인의 논증은 아주 간결해 이 점이 쉽게 간과될 지경이라 누구라도 이것이 확률

84 확률 특성을 혼동: 결국, 파동함수는 단일한 전자가 막의 한 위치에 기록될 확률을 표현한 형태에 지나지 않는다면, 한 전자의 파동함수만으로 막의 다른 두 위치에 두 전자가 기록되기는 논리적으로 불가능하다. 하지만 이런 주장은 파동함수가 단순히 확률분포라고 이미 가정하기 때문에 순환논리다 — 말 그대로 논점 회피다. 바꾸어 말하면, 이런 주장은 보어와 일당이 끌어내기를 바란 결론을 이미 가정한다. 이를 더 살펴보려면 상동, p. 195 참고.

의 본질에 대한 기초적인 혼선에서 야기되었다고 일축해도 무리가 아닐 것이다." (p. 195)

85 아인슈타인이 제 꾀에 스스로 넘어갔다는: 승리를 거둔 보어에 휘둘려 아인슈타인이 자신의 이론으로는 기를 펴지 못한 이 만남에 대한 "전통적인" 설명으로는, 일례로, Kumar 2008 참고.

85 "목적이 전혀 다른 발상": "'Nicht sein kann was nicht sein darf,' or the Prehistory of EPR, 1909–1935: Einstein's Early Worries About the Quantum Mechanics of Composite Systems," in Sixty-Two Years of Uncertainty: Historical, Philosophical, and Physical Inquiries into the Foundations of Quantum Mechanics, edited by Arthur I. Miller, 61–111 (Plenum Press). 인용은 p. 98에 나온다.

85 핵심을 놓치고 말았다: 아인슈타인이 우려한 바가 불확정성 원리였더라도, 보어가 일반상대론을 호의적으로 언급한 것은 아이러니하기보다는 놀랍다. 일반상대론이 존재하더라도 양자물리학의 논리적 일관성은 달라질 필요가 없으며 이는 두 이론이 서로 독립적일 뿐 아니라 양립하지 못하기로 유명하기 때문이다. 보어가 아인슈타인이 야기했다고 간주한 패러독스의 해결책으로 양자물리학 외에는 다른 어떤 것도 결부되지 않은 방식이 있지만, 그 해결책을 제시한 주인공은 보어도 아니고 실제로 수십 년 동안 아무도 제시하지 못했다. 이 모든 내용을 더 살펴보려면, Howard 1990, Howard 2007, 그리고 Bricmont 2016, pp. 238-241 참고.

86 "물리적 실재성에 대한 양자역학적 기술은 완전하다고 간주할 수 있는가?": Wheeler and Zurek 1983, p. 138에 전재.

87 "'옳다'고 해도 '완전'하지는 않음을 발견": New York Times 1935, "Einstein Attacks Quantum Theory," Science Service, May 4, 1935.

87 "아인슈타인, 양자론을 공격": New York Times 1935, "Statement by Einstein," May 7, 1935.

88 "언론에": Fine 1996, p. 35.

88 "개의치 않습니다": 상동, p. 38.

89 EPR 논문에서 '짓눌린': 몇 년 뒤에 남긴 글에서 아인슈타인은 이를 명료히 밝혔다: "EPR 패러독스로 인해 다음 주장 중 하나는 포기해야 한다:
(1) 파동함수를 이용한 기술은 완전하다.
(2) 공간적으로 떨어진 물체들의 실상태는 서로 독립적이다. [국소성]" (Einstein 1949b, p. 682)

89 "섬뜩한 원격 작용": Born 2005, p. 155.

90 "더욱 완전하고 정확한 방식으로": 상동, pp. 169–170.

90 "아인슈타인이 양자역학은 성립하지 않음을 입증": Kumar 2008, p. 313.

90 응수하는 (…) 발표하기를: 상동, p. 307.

90 "오해부터 풀어야": Wheeler and Zurek 1983, p. 142.

90 "경이로운 빠르기" for Bohr: 상동, p. 143.

91 "계의 미래 움직임": 상동, p. 148. 강조 표기는 출처 그대로.
91 보어가 (…) 양자물리학이 비국소적이라고 생각했는지 아닌지: Jammer(1974)는 보어가 그랬다고 생각하며, 벨은 그렇게 단정하지 않았다(John Bell 1981, "Bertlmann's Socks and the Nature of Reality," Journal de Physique, Seminar C2, suppl., 42 (3): C2 41–61, Bell 2004 전재).
91 결정적인 부분: 즉, 이전 단락에서 인용된 부분으로, 상동. 출처에서 바로 보어가 결정적이라고 규정.
91 "표현의 비효율성": Bohr 1949, p. 234.
91 "흐리멍덩하고 불분명": Born 2005, p. 207.
91 사실상 보어가 쓴 글을 있는 그대로 읽은 사람은 드물었다: Kumar 2008, p. 313.
91 물리학자 대다수는 그렇게 생각하지 않았다: 당대와 이후 반응의 일부 예는 Jammer 1974 참고.
92 "교조적인 양자역학": Fine 1996, p. 66.
92 이러한 연결성을 얽힘이라고 별칭했다: 측정 문제에 접근하는 코펜하겐 방식의 기이함을 설명하려고 시도한 여러 논문들 중 하나에서, 들어가는 글에 설명된 유명한 "슈뢰딩거 고양이" 사고실험을 제시했다.
93 "'플로리다는 아주 더워요'": Fine 1996, p. 74.
93 잘못을 지적한 부분이 제각기 다르다: Jammer 1974, p. 187.
93 결정론적으로 움직이는 시계장치 우주: 가장 유명한 예로, 파울리가 바로잡아주기 전까지는 막스 보른은 아인슈타인이 제기한 양자론의 문제들이 결정론과 결부된다고 생각했다. 이를 더 살펴보려면 Born 2005는 물론 Mermin 1985도 참고. 보른의 혼선을 파울리가 정리했을 때가 1954년인데도, 오해는 현재까지도 지속되며, 두 가지 손꼽는 예로, Jammer 1974, p. 188과 Hawking 1988, p 56 참고.
93 "현실과 이성을 회피": Jammer 1974, p. 188.
93 "순진한 사람의 허깨비": 1935년 6월 19일 Einstein이 Schrödinger에게. Don Howard 1985, "Einstein on Locality and Separability," Studies in History and Philosophy of Science 16:178에서 번역.
93 "물리학자의 철학적 세부 사항": Beller 1999b, p. 4.
94 "보어의 주일 예배 설교": Beller 1999a, p. 257에서 인용.

4장 맨해튼의 코펜하겐

95 "돌이나 나무가 관측과 무관하게 존재하는 것처럼, 객관적으로 존재": Heisenberg 1958, p. 129.
96 "관측자의 머리로": 상동, pp. 54–55.
96 "양자론의 일관된 해석": 상동, p. 43.
96 "코펜하겐 해석을 비판하면서 (…) 대체하려는": 상동, p. 128.
97 국가 원수를 만나는 것: 플랑크가 정말 이런 이유로 방문했는지는 논란의 여지가 약간 있다. 두 사람의 만남이 어떻게 흘러갔는지 설명들도 다양한데, 이를 더 살펴보려면 Ball 2013 참고.

98 "과학을 연구할 사람들이 필요": 상동, p. 62.
98 "당분간 과학 없이 살아야 할 겁니다!": Kumar 2008, p. 293.
98 "조용히 자리를 뜨는 수밖에 없었습니다": Ball 2013, p. 62.
98 유대인이 과학 연구를 하는 데 방해 요소는 거의 없었다: Rhodes 1986, p. 188.
98 물리학에서 경쟁 상대가 없었던 중심지 독일: Ball 2013, p. 72; Rhodes 1986, p. 185.
99 "다시는 못 볼 거야": Isaacson 2007, p. 401.
99 "꼭 세상이 끝난 것 같았습니다": Max Born 1978, My Life: Recollections of a Nobel Laureate (Scribner's Sons), p. 251.
100 "정치적 불신": J. J. O'Connor and E. F. Robertson 2003, "Erwin Rudolf Josef Alexander Schrödinger," http://www-groups.dcs.st-and.ac.uk/~history/Biographies/Schrödinger.html, accessed September 25, 2017.
100 "엄청난 위선": 상동.
100 "최대한 빨리 이탈리아를 뜨기로": Laura Fermi 1954, Atoms in the Family: My Life with Enrico Fermi (University of Chicago Press), p. 120.
101 "젊은 친구들을 생각하면 마음이 아픕니다": Born 2005, p. 111.
101 유럽 대륙을 떠나 미국과 영국으로 이주했다: Rhodes 1986, pp. 195–196.
102 핀스트라이프 스리피스 차림: Marina Whitman (von Neumann's daughter), interview by Gray Watson. January 30, 2011, https://web.archive.org/web/20110428125353/http://256.com/gray/docs/misc/conversation_with_marina_whitman.shtml.
102 "우리는 그렇게 될 줄 알았습니다": Eugene Wigner, interview by Charles Weiner and Jagdish Mehra on November 30, 1966, Princeton, NJ, USA (courtesy of the Niels Bohr Library & Archives, American Institute of Physics, College Park, MD, USA), http://www.aip.org/history-programs/niels-bohr-library/oral-histories/4964, accessed April 6, 2016.
103 "명석한 친구들 모두 다른 곳에서 살아갔습니다": Rhodes 1986, p. 106.
103 "완벽하게 흉내내고는 했습니다": 상동, p. 109.
103 "수학적으로 엄밀하게 요구되는 조건": John von Neumann 1955, Mathematical Foundations of Quantum Mechanics, translated by Robert T. Beyer (Princeton University Press), p. ix.
104 "연속적으로 그리고 인과적으로 어떻게 바뀌는지": 상동, pp. 349–351.
105 "파동함수의 붕괴가 필요해진다": 상동, p. 420.
106 "물리량은 값이 특정된다": 상동.
106 보어의 연구가 (…) 이런 "이중 설명"을 지지한다: 상동.
109 U-238로 폭탄을 만들기는 불가능하다: U(우라늄)-238이 느린중성자(slow neutron)에 맞으면 종종 완전히 다른 원소인 P(플루토늄)-239가 생성된다. P-239는 U-235와 상당히 비슷하게 느린중성자로 인해 분열된다. 하지만 U-239에서 P-239를 만들어내려면 애초에 느린중성자원이 충분히 필요하다—최고의 느린중성자원은 제어된 핵 연쇄반응이다. 따라서 U-235를 이미 어느 정도 확보했다면 U-238에서 P-239를 얻기가 훨씬 더 쉽다.
109 "미국 전체를 하나의 거대한 공장으로": Rhodes 1986, p. 294.
109 "다 날아갈 겁니다": 상동, p. 275.
110 "황달이 아프지는 않았으니까요": Wigner 1966, interview.
110 "그 외에 요소들이나 단절감은 굉장히 좋았습니다": 상동.

110 "'연쇄반응이 일어나겠어'": 상동.
110 "히틀러의 성패가 핵분열에 좌우될지 모른다": Rhodes 1986, p. 281.
111 "최고위정책실": 상동, pp. 378과 387.
111 "나치를 잘 알았으니까요": 상동, p. 381.
112 그렇게 생각할 이유가 충분했다: Daniel Lang 1953, "A Farewell to String and Sealing Wax," reprinted in From Hiroshima to the Moon: Chronicles of Life in the Atomic Age, by Daniel Lang (Simon and Schuster, 1959), p. 58.
113 "독일은 내가 필요하다": David Cassidy 2009, Beyond Uncertainty: Heisenberg, Quantum Physics, and the Bomb (Bellevue Literary Press), p. 295.
113 "바이에른 알프스에서 기관총 훈련": Wheeler and Ford 1998, p. 32.
113 "수치를 다룰 때는 조심성이 턱없이 부족했다": 하이젠베르크가 수치들을 다루면서 겪는 문제들은 동료들 사이에서 잘 알려진 사실이다. (그리고 명확히 하면, 파이얼스가 하이젠베르크와 협업한 시기는 1920년대로, 독일 폭탄 개발 프로그램에서는 아니었고, 전쟁 중에나 그 이후로나 파이얼스는 영국에서 지냈다.)
113 하이젠베르크와 그의 동료들은 (…) 간과했다: 독일 프로그램의 일부 참여자들은 정제된 흑연이 타당한 선택지라고 이해한 듯했지만 그 정보가 얼마나 두루 공유되었는지는 불명확하며, 이를 인지한 사람들도 흑연 정제를 택하는 방법을 너무 비싸다는 이유로 배제했다. 상동, pp. 25-26 참고.
114 제국의 전시 체제에 동력을 공급해줄 새로운 전력원으로 유망: Cassidy 2009, p. 322.
114 이전에 실험 팀을 이끌어본 경험이 전혀 없었음에도: 공평을 기하자면, 오펜하이머(맨해튼 계획의 수장 과학자) 역시 실험물리학자로서 경험이 없었다—하지만 오펜하이머를 따르는 학자들이 많았고 오펜하이머는 실험 연구에 하이젠베르크처럼 부주의하게 접근하지 않았다. 오펜하이머는 실험물리학을 존중했고 자신의 한계를 알았다. 하이젠베르크는 그렇지 않았던 것으로 보인다.
114 "물리학을 위해 전쟁을 이용": Cassidy 2009, p. 305.
114 "악마의 저녁 식사 초대에 응했습니다": Rhodes 1986, p. 386.
114 "우리가 이겼다면 정말 멋졌을 텐데": Bernstein 2001, p. 43.
115 평범한 영국인 가정보다 환경을 더 좋았다고: Cassidy 2009, p. 372.
115 "좀 구식이죠": Bernstein 2001, p. 78.
115 논의를 유발할 목적: 상동, p. 78n7.
116 "우라늄과 조금이라도 관련되었다고는 못 믿겠어요": 상동, pp. 116–117.
117 "안됐네요, 한물간 하이젠베르크 선생": 상동, p. 116.
118 그중 한 명이었던 닐스 보어: 보어의 어머니는 유대인이었기에 나치가 보어를 처형 대상으로 찍기에 충분했다.
119 "'당신이 여기서 바로 그걸 해냈군요'": Rhodes 1986, p. 500.
119 거의 250억 달러를 들였고: 이 절에 나오는 모든 수치는 2016년 미국 달러 기준으로 인플레이션을 반영해 조정된 값으로, CPI 인플레이션 계산기를 이용했다. 원래 수치는 19억 달러다.
119 미국과 캐나다 전역에 걸쳐: David Kaiser 2014, "History: Shut Up and Calculate!," Nature 505 (January 9): 153–155, doi:10.1038/505153a.
119 1,700만 달러: 원래 수치는 100만 달러다.

120 4억 달러: 상동. 원래 수치는 4,400만 달러다.
120 원자력위원회: Kaiser 2014.
120 "전쟁으로 인해 과학 연구에 몸담게 됐습니다": David Kaiser 2002, "Cold War Requisitions, Scientific Manpower, and the Production of American Physicists After World War II," Historical Studies in the Physical and Biological Sciences 33 (1): 138–139.
121 다른 학문 분야보다 더 가파른 비율로 상승했다: 이런 경향은 다른 분야에서도 보였지만, 물리학만큼 두드러지지는 않았다—1945년부터 1951년까지 미국에서는 모든 분야의 박사학위자가 늘어났지만, 물리학에서 연간 증가율은 평균의 두 배로, 다른 어떤 분야보다도 높았다. 대조적으로, 전쟁 전 반 세기 동안에는 미국에서 매년 물리학 박사학위자들은 모든 분야를 평균한 증가율의 87퍼센트 수준으로 늘어났다. Kaiser 2002 참고.
121 30세 미만: 카이저(Kaiser), 개인 연락.
121 "우리의 자유를 유지하는 데 필요한 전쟁 수단": Henry D. Smyth 1951, "The Stockpiling and Rationing of Scientific Manpower," Physics Today 4 (2): 18, doi:10.1063/1.3067145.
121 "2차 세계 대전에서 적응하지 못한 퇴역 군인": Lang 1953, p. 216.
121 "끈과 봉랍의 시절": 상동.
122 "원자력이라는 주제가 의제로": 상동, pp. 216–217.
122 "대학 캠퍼스에서 가능": 상동, p. 239.
123 "서로 낯선": 상동, p. 221.
124 "교수는 (…) 몸서리칠 게 뻔합니다": 이 문단 대부분은 이 비범한 소고에 기반한다.
124 "반복가능한 효율적 계산 도구": David Kaiser 2004, "The Postwar Suburbanization of American Physics," American Quarterly 56 (4): 851–888.
124 "철학적으로 오염된 문제": Kaiser 2007.
124 "위치와 운동량에 대한 고리타분한 태곳적 법석": 상동.
125 1942년에 두 사람이 만났다고 하이젠베르크가 (…) 설명했기 때문: 이 만남은 나중에 마이클 프레인(Michael Frayn)의 뛰어난 연극 '코펜하겐'의 주제가 되었다.
126 나치에게 살해당한 자기 친구와 친지들의 명단으로 답신했다: 하이젠베르크와 파울리는 요르단의 청을 받아들여, 요르단이 전쟁 후 서독에서 극우 정치인으로 제2의 경력을 시작할 수 있도록 거들었고, 거기서 요르단은 서독과 동독의 국경을 따라 핵무기들을 배치해야 한다고 주장했다.
127 "자연을 애매한 상태로 내버려 둡니다": Henry Margenau 1950, The Nature of Physical Reality: A Philosophy of Modern Physics (Mc-Graw-Hill), p. 422.
127 "난점을 표준으로 합법화": Henry Margenau 1954, "Advantages and Disadvantages of Various Interpretations of the Quantum Theory," Physics Today 7 (10): 9, doi:10.1063/1.3061432.

5장 유배된 물리학

133 봄과 봄의 아이디어가 수용: 이 이야기는 1989년 5월 미국물리학회(APS: Americal Physical Society) 회의에서 드레스덴이 했다고 보인다. 하지만 그 회의에서 드레스덴이

언급한 내용의 공식적인 기록은 남지 않았다. 이 이야기는 F. David Peat 1997, Infinite Potential: The Life and Times of David Bohm (Addison Wesley Longman), p. 133에 나오지만 피트(Peat)가 실제로 APS 회의에서 실시간으로 드레스덴의 언급들을 기록하지는 않았으며, 피트는 드레스덴이 나중에 계속 자신에게 보낸 편지에서 그 이야기를 반복했다고 주장하면서도 막상 요청받았을 때는 그 편지를 꺼내 보여주지 못했다. 같은 이야기가 다소 다른 형태로는 Cushing 1994, pp. 156–157에 나오는데, 쿠싱(Cushing)이 드레스덴이라고 지명하진 않지만 피트의 경험담과 확실히 아주 비슷하며, 쿠싱은 1989년 APS 회의 때 드레스덴과 같은 패널에 속했다. 피트와 쿠싱이 1989년 당시 드레스덴의 발언을 정확하게 대변한다고 우리가 인정하더라도 결국에는 일들이 일어난 지 거의 40년 뒤에야 단 한 사람의 기억력에 기대는 셈이다. 따라서 적절히 걸러 들을 필요가 있다.

134 출처가 불분명: 피트의 (전체 목록은 아닌) 오류 예시 (1997):
- 피트의 주장으로는 봄이 버클리 초기 시절 코펜하겐 해석에 의구심을 품었다지만, 봄은 윌킨스와 인터뷰할 때 이를 대놓고 부인하면서, 프린스턴에 도착하기 전까지는 그런 의구심들이 없었다고 밝힌다.
- 피트의 주장으로는 파인만이 버클리에서 봄과 함께 오펜하이머의 박사과정 학생 중 한 명이었다고 한다. 파인만은 버클리에 다닌 적이 전혀 없다.
- 피트의 주장으로는 프리츠 츠비키가 아마도 모든 언어에, 심지어 모국어인 러시아어에도 강세를 넣어 말했으리라고 한다. 츠비키는 스위스인이었다. 원래는 조지 가모프에 대한 주장이었다.
- 피트의 주장으로는 아인슈타인이 막스 보른에게 보낸 편지에서 봄의 이론을 "동요"라고 칭했다고 한다. 아인슈타인은 그런 표현을 하지 않았으며, 분명 자신의 논문을 가리켜 "동요"라고 언급한 대목이다.
- 피트가 반복한 주장으로는 봄이 HUAC에서 증언한 해가 1950년이었다고 한다. 이는 1949년이다. 더군다나 피트는 책에 봄의 친구들이나 동료들과 진행한 어떤 인터뷰도 싣지 않았으며, 인터뷰한 사람들과 그냥 이야기하고는 후일 그들이 이야기한 내용을 자신이 기억한 대로 적었을 따름인데, 이를 직접 인용으로 제시했다(피트, 개인 연락).

135 "불행해지는 재주": Peat 1997, p. 81.
136 "경쟁에서 (…) 관심이 있었습니다": http://www.aip.org/history-programs/niels-bohr-library/oral-histories/32977-3 (2016년 8월 28일 기준, Part 3).
136 "대체로 기분이 저조": 상동.
137 보어를 만나 아주 친하게 지냈다: Kai Bird and Martin J. Sherwin 2005, American Prometheus: The Triumph and Tragedy of J. Robert Oppenheimer (Vintage), p. 273.
137 "보어는 신이었고 오피는 보어의 선지자": 상동, p. 169.
137 "저도 그런 생각에 비중을 두었습니다": Bohm 1986, interview, Part 3.
137 "그들이 하는 이야기에 호의적으로 귀를 기울이기":http://manhattanprojectvoices.org/oral-histories/david-bohms-interview (2016년 8월 28일 기준)
138 "회의는 끝날 줄을 몰랐습니다": 상동.
138 와인버그와 연루: Bird and Sherwin 2005, p. 193.
138 봄이 박사 학위를 받을 만하다고: 상동.
138 봄을 조교수로 임용: Wheeler and Ford 1998, p. 216.
138 "오펜하이머가 발탁한 가장 능력이 뛰어난 젊은 이론물리학자 중 한 명으로 우리에게 추

천되었다": Russell Olwell 1999, "Physical Isolation and Marginalization in Physics: David Bohm's Cold War Exile," Isis 90 (4): 738–756.
138 "과학 인력의 비축": See Chapter 4.
139 "사회적 지위를 무척 의식": Bohm 1986, interview, Part 3.
139 전도유망한 대학원생들과 협력 연구: Chris Talbot, ed., 2017, David Bohm: Causality and Chance, Letters to Three Women (Springer), p. 4.
139 "수정 헌법 제1조에 따라 보장되는": Hearings Before the Committee on Un-American Activities, House of Representatives 1949, Eighty-First Congress, First Session (March 31 and April 1) (Statement of David Bohm), p. 321.
140 "별문제 없이 넘어가는 듯했습니다": Bohm 1986, interview.
140 "정말로 이해했는지 확실하지 않았습니다": 상동, Part 4.
141 "노트를 꺼내 모아 마침내 책을 구성": 상동.
141 까칠하기로 악명 높은 볼프강 파울리한테서도 '무척 열광적인' 반응: 상동, Part 3. 참고로, 여기서 파울리의 이름은 "파비"로 표기된다. Part 4에서, 봄은 이를 좀 반복하며 표기는 바르고, 이 부분과 Part 3의 맥락으로 보면, 봄이 여기서 실제로 "파울리"를 이야기하는 중임은 확실하다.
141 "충분한 정도는 아니라고": 상동, Part 4.
142 "실재성을 완전하게 기술": 상동.
143 "실질적인 관심은 불러일으키지 못하는": 상동, p. 125.
144 고양이의 상태: 봄의 이론에서는 측정들이 측정되는 계에 영향을 주지만, 어떤 특정 계에서도 그 영향은 잘 정의되며 특징짓기 쉽다. 이를 더 살펴보려면 7장 참고.
145 "유일한 신비가 거기 있다": Richard Feynman, Robert B. Leighton, and Matthew L. Sands 1963, The Feynman Lectures on Physics, vol. 1 (Basic Books), ch. 37, section 37-1.
147 오직 한 지점에만 부딪혀야 한다: 이는 정확히 1927년 솔베이에서 아인슈타인이 이견을 제기한 움직임과 같다(3장 참고): 광자가 막에 닿기 전까지는 파동이라고 하면 불가피하게 비국소성으로 귀결된다. 그런데 광자가 막에 닿기 전에 물리적 파동이 아니라면, 광자는 무엇인가? 보어와 다른 학자들은 광자가 막에 닿기 전에 물리적 파동이 아니라고 주장했지만, 광자가 막에 닿기 전에, 정확히 무엇을 하던 중이었는지에 대해서는 막연했다.
150 "측정 기구의 기능을 순수하게 고전적인 용어로 설명": 인용 출처는 Beller 1999b, p. 163 참고.
150 "재미있기보다는 언짢았다": Beller 1999a, p. 263.
150 "인간의 경험을 정돈하고 탐구할 방법": Mermin 2004a, pp. 10–11.
151 "새로운 유형의 관측이 필요": Wheeler and Zurek 1983, p. 392.
151 "직접 관측되는": Wheeler and Zurek 1983, p. 391.
152 "원자들이 존재한다는 최초의 증거": 원자와 브라운 운동 이야기는 2장 참고.
152 "어떤 것을 설명하는 데 도움이 되는": 와이트먼이 닐스 보어 연구소를 방문했을 때 데이비드 봄이 아서 와이트먼에게 보낸 편지. 날짜 없음, 1952년 경. 코펜하겐 닐스 보어 아카이브 제공. 강조 표기는 출처 그대로.
152 "현대 이론물리학자 다수가": Wheeler and Zurek 1983, p. 391.
153 "전형적인 양자 현상을 고전적인 용어로 분석": Quoted in Bricmont 2016, p. 274.
153 "그런 좀스런 작자들의 생각": Talbot 2017, p. 439.

154 미국으로 돌아가는 것만 가능하다는 도장: Bohm 1986, interview, Part 5.
154 "엄청나게 지저분한 짓을 재개해서": Freire 2015, The Quantum Dissidents: Rebuilding the Foundations of Quantum Mechanics (Springer-Verlag), p. 33.
154 "아니면 아무도 내 논문을 읽으려 하지 않을 거야": Talbot 2017, p. 224.
155 "공수표": 볼프강 파울리가 데이비드 봄에게 보낸 편지, 1951년 경, CERN의 파울리 아카이브.
155 "인공적인 형이상학": Cushing 1994, p. 149.
155 보어는 봄의 이론이 "터무니없다": 안타깝게도 보어의 인상을 전하는 와이트먼이 봄에게 보낸 편지 원본은 분실되었다. 와이트먼이 뭐라 했는지에 대해서는 같은 시기 전후로 봄이 다른 친구들에게 보낸 편지에 나오는 이야기들로만 남았다. 코펜하겐 닐스 보어 아카이브에 보관된 와이트먼에게 보낸 봄의 편지로, 와이트먼이 봄에게 보낸 분실된 편지에 대한 답장 참고. 봄의 아이디어들에 대한 닐스 보어의 인상들을 와이트먼이 전해준 데 대해 봄은 와이트먼에게 고마워한다. 파일럿파 해석에 대한 보어의 반응과 관련하여, 과학철학자 파울 파이에르아벤트를 통해 전해지는 봄에 대한 전설이 또 있다. 파이어아벤트는 1952년 코펜하겐 보어 연구소를 방문하던 중 보어가 봄의 연구에 아주 다른 반응을 보였다고 주장했다. "보어에게는 하늘이 무너져 내리나 싶었어요. 보어는 무시하지도 동요하지도 않았습니다. 보어는 놀랐죠." 파이에르아벤트가 보어에게 봄의 연구에서 무엇이 그렇게 놀랍냐고 물었을 때, 보어는 설명을 시작했다가 다른 일로 불려 나갔다—이 시점에 보어의 제자들이 폰 노이만의 전능한 증명을 들먹이면서 봄의 아이디어들을 일축했다 (Peat 1997, p. 129). 하지만 이는 거의 40년이 지나서 또 다르게 들리는 이야기이며, 정말로 일어났던 일인지 불분명하고, 정말 그런 일이 있었는지는 더욱 불확실한데, 특히 봄의 아이디어들에 대한 당시 보어의 반응을 보여주는, 믿을 만한 근거와 내용이 다르기 때문이다(즉, 와이트먼에게 보낸 봄의 편지).
155 "일관되고" 심지어 "아주 우아하다": Talbot 2017, p. 247.
155 스핀이라는 양자 현상을 아우를 수: 상동, p. 147.
156 "다이아몬드는 두 번째 사람 소유라고 얘기하지 않겠습니까": Freire 2015, p. 32.
156 "우아하고 도발적인": David Bohm 1957, Causality and Chance in Modern Physics, Harper Torchbooks ed. (Harper and Row), p. xi.
156 마르크스주의의 숱한 갈래를 하나로 꿰는 가닥: 마르크스주의는 아마 관련 이념들의 집합체로 더욱 정확하게 기술되므로, "마르크스주의"를 단일체로는 어떤 언급도 하기 어렵다.
157 "상보성을 추방하는 시대" in the USSR: Freire 2015, p. 36.
157 "겁줘서 이런 문제로부터 멀어지게 만들었던 것일지도": Talbot 2017, p. 230.
158 이념적인 문제로: 상동, p. 178.
158 "논란이 될 점이 조금도 없기": Freire 2015, p. 36.
158 게재되지 못하게 막았다: 상동, pp. 37–38.
158 "20,000분의 1 축척으로 지도가 나왔는데도": 상동, p. 39에서 인용. 원문은 프랑스어로, 번역은 필자와 앨릭스 자니가 했다. 로젠펠트는 봄에 대해 좀 까다롭지 않냐는 동료들 몇의 말을 듣고 나서는 자신의 논평을 영어로 옮기면서 이 문장을 뺐다.
159 "그렇게 젊은 사람에겐 엄청난 영광일 테지": Freire 2015, p. 38.
159 "물리적인 실재성과 무관한 '이데올로기적 상부구조'": Heisenberg 1958, pp. 131–132.
159 "철학적으로나 물리학적으로나 봄을 압도": 보른이 아인슈타인에게 보낸 편지, 1953년

11월 26일, Born 2005, p. 203.
159 과학에서 너무 정략적으로 행동: Freire 2015, pp. 39–40.
160 "주변부로 밀려났습니다": Schweber interview with the author, September 7, 2016.
161 "뉴턴, 아인슈타인, 슈뢰딩거, 디랙을 모두 통합할": Talbot 2017, p. 311.
161 "무용하다고 판명날 이론에 관한 (…) 계산": 상동, p. 121.
161 "역사의 판결에 개의": Freire 2015, p. 48.
161 "포르투갈어로 슈뢰딩거를 '부흐호'라 해야겠군요": Talbot 2017, p. 247.
162 "그 방식이 내게는 지나치게 가벼워 보이네": Born 2005, 아인슈타인이 보른에게, 1952년 5월 12일.
162 커다란 물체를 다룰 때 양자물리학이 고전물리학과 일치: Einstein 1953, "Elementary Considerations on the Interpretation of the Foundations of Quantum Mechanics," translated by Dileep Karanth, http://arxiv.org/abs/1107.3701.
163 "국소성을 버려야 할 이유": 아인슈타인이 보른에게, 1948년 4월, Born 2005에 수록. 벨의 정리는 물론 그런 사실일 뿐이다—하지만 벨의 정리는 15년이 더 흘러서 아인슈타인이 사망할 무렵까지도 나오지 않았다. 이를 더 살펴보려면 7장 참고.
163 "'미래의 음악'": Born 2005, p. 199. 114
165 '표준적인' 양자물리학을 통해서 하자는 얘기였다: Yakir Aharonov, interview with the author, Vienna, October 24, 2015.
165 "관심사가 다른 방향으로 옮겨갔습니다": Freire 2015, p. 54.
166 "더 좋은 자리를 얻으려고": 상동, p. 56. 강조 표기는 출처 그대로.

6장 또 다른 세계로부터

167 "뇌 지방을 (…) 심하다네": Otto Stern, interview by Thomas S. Kuhn on May 29 and 30, 1962, Berkeley, CA, USA, courtesy of the Niels Bohr Library &Archives, American Institute of Physics, College Park, MD, USA, https://www.aip.org/history-programs/niels-bohr-library/oral-histories/4904.
167 "쥐가 관측하면": Isaacson 2007, p. 515.
169 "혼자서 만들어낸 기묘한 난관을 당당히 헤치고 나아간": Peter Byrne 2010, The Many Worlds of Hugh Everett III: Multiple Universes, Mutual Assured Destruction, and the Meltdown of a Nuclear Family (Oxford University Press), p. 26.
169 "이단": 상동, p. 30.
169 지키지 못할 결심: 상동, p. 32.
170 "아마도 타고난 능력에서 필적할 학생이 없을 듯": 상동, p. 38.
170 "상대를 이길 때까지 붙잡고 놔주지 않았어요": 상동, p. 57.
170 "좋아한 놀이는 한 수 앞서가기": Charles W. Misner 2015, "A One-World Formulation of Quantum Mechanics," Physica Scripta 90 (088014) 6pp., p. 1.
170 "항상 사이좋게 경쟁했습니다": Byrne 2010, p. 57.
171 "타고났다는 얘기죠": 상동, pp. 57–58.
171 고전의 반열에 오르게 될: 상동, p. 56.

171 예외가 아니었다: Freire 2015, p. 87n46.
172 합당한 연구 분야: 이를 더 살펴보려면 11장 참고.
172 "양자중력에 대해 생각해 보라고": Byrne 2010, p. 132.
173 페테르센과 보어와 함께 대화에 빠져서 프린스턴 캠퍼스를 돌아다니는: 상동, p. 89.
173 '양자측정론'이라는 아이디어는 오류: 상동, p. 89.
174 "마이스너, 기억 안 나?": 에버렛-마이스너 "칵테일 파티" 테이프, 1977년.
174 "교수님은 아직까지도 약간 그렇게 느끼시는 거 같던데": 상동, pp. 302–307.
174 "진지하게 귀를 열어두기만 하면": 상동.
175 "완벽하게 자연스럽고 연속적인 법칙을 따른다": 에버렛이 재머에게 보낸 편지, 1973년 9월 19일, Barrett and Byrne 2012, p. 296에 수록.
175 "그런 관점이 적용되지 않는 사람": Barrett and Byrne 2012, p. 75.
176 "'실재' 개념을 소우주에서는 부인하는": 에버렛이 디윗에게 보낸 편지, 1957년 5월 31일, Barrett and Byrne 2012, p. 255에 수록. 강조 표기는 출처 그대로.
176 "아마도 타고난 능력에서 필적할 학생이을 유도": 에버렛이 페테르센에게 보낸 편지, 1957년 5월 31일, Barrett and Byrne 2012, p. 239에 수록.
180 "독창적인 학생": Byrne 2010, p. 91.
181 "너도밤나무 아래를 걸으면서 이야기": J. A. Wheeler 1985, "Physics in Copenhagen in 1934 and 1935," in Niels Bohr: A Centenary Volume, edited by A. P. French and P. J. Kennedy (Harvard University Press, 1985), pp. 221–226.
181 "보어 교수에게 반하는 내용": Byrne 2010, p. 161.
182 "더 분석하고 표현도 다듬어야": 휠러가 보어에게, 1956년 4월 24일.
182 "수식 체계의 물리량에 따라 붙는 단어들": 휠러가 에버렛에게, 1956년 5월 22일(편지 1).
183 "언제쯤 도착할 수 있겠나?": 상동. 강조 표기는 출처 그대로.
183 "기술하기 까다로운 상호작용": 알렉산더 스턴이 존 휠러에게 보낸 편지, 1956년 5월 20일. 글자체 구분은 출처 그대로.
184 "용어에서 오류를 잡아내는": 휠러가 에버렛에게 보낸 두 번째 편지, 1956년 5월 22일, Box 4, Folder 3, 휠러가 에버렛과 다른 인물들에게 보낸 교신, 1955년 10월 - 1957년 12월, 휴 에버렛 문헌 추가 자료, 1935 - 1991년, 미국 메릴랜드 주 칼리지파크, 미국 물리학 협회 닐스 보어 도서관 및 아카이브, http://ucispace.lib.uci.edu/handle/10575/14608.
185 "현재의 접근법을 (…) 인정하고 일반화하려 한다고": 존 휠러가 알렉산더 스턴에게, 1956년 5월 25일, 에버렛 문헌, http://ucispace.lib.uci.edu/handle/10575/1123. 강조 표기는 출처 그대로.
186 "상보적 접근법이 불충분": 페테르센이 에버렛에게, 1956년 5월 28일, 에버렛 문헌, http://ucispace.lib.uci.edu/handle/10575/1188.
186 "더 꼼꼼히 읽으면": 에버렛이 페테르센에게 보낸 편지, 1956년 6월(초안, 일자 누락?), 에버렛 문헌, http://ucispace.lib.uci.edu/handle/10575/1191.
187 페테르센이 제안했듯이: 페테르센이 에버렛에게, 1956년 5월 28일, 에버렛 문헌, http://ucispace.lib.uci.edu/handle/10575/1188.
187 "초안을 수정": Wheeler and Ford 1998, p. 268.
187 "어떻게 써야 할지 일러 주었죠": 케네스 W. 포드의 브라이스 디윗과 세실 디윗-모레트 인터뷰, 1995년 2월 28일, 미국 텍사스 주 오스틴. 미국 메릴랜드 주 칼리지파크, 미국 물리

학 협회, 닐스 보어 도서관 및 아카이브 제공, http://www.aip.org/history-programs/niels-bohr-library/oral-histories/23199 (2016년 10월 26일 기준)
187 마침내 (…) 물리학 박사 학위를 받았다: Freire 2015, p. 111.
187 '대단히 좋음'으로 평가: 상동.
187 "새롭고 독립적인 토대": John A. Wheeler 1957, "Assessment of Everett's 'Relative State' Formulation of Quantum Theory," in Barrett and Byrne 2012, p. 201.
187 "관측적 문제를 약간 혼동": Freire 2015, p. 114.
188 "양자 효과를 무시해도 되기": 페테르센이 에버렛에게 보낸 편지, 1957년 4월 24일, Barrett and Byrne 2012, p. 237에 수록.
188 "어떠한 측정 과정을 따르든": 에버렛이 페테르센에게 보낸 편지, 1957년 5월 31일, 상동, p. 240에 수록.
189 "무한히 가능한 세계": Byrne 2010, p. 182.
189 "관점이 마음에 듭니다": 위너가 휠러에게, 1957년 4월 9일, Barrett and Byrne 2012, p. 232에 수록.
189 "신성한 기름부음을 받거나 구원 행위를 하리라고 기대해서는 안 됩니다": All in Margenau 1958.
189 면밀히 읽을 시간은 없었다고 시인: 마르게나우가 휠러와 에버렛에게, 1957년 4월 8일, 에버렛 문헌, http://ucispace.lib.uci.edu/handle/10575/1179.
190 "그냥 저는 갈라지지 않는답니다": 디윗이 휠러에게, 1957년 5월 7일, Barrett and Byrne 2012, p. 246에 수록. 강조 표기는 출처 그대로.
190 "지구의 움직임을 느끼시나 봐요?": 에버렛이 디윗에게, 1957년 5월 31일, 상동, p. 254에 수록. 강조 표기는 출처 그대로.
191 "졌네요, 졌어": DeWitt and DeWitt-Morette 1995, interview.
192 "파이프에 불을 열일곱 번 불을 붙였습니다": 칵테일 파티 테이프, Barrett and Byrne 2012, p. 307.
192 "가까이 몸을 기울여야 했죠": Byrne 2010, p. 221.
193 "보어가 완전히 관점을 바꾸리라고": 상동, p. 221.
193 "처음부터 불길했다니까": 상동, p. 168.
193 "양자역학에서 가장 단순한 것들도 이해하지 못했습니다": Freire 2015, pp. 114–115.
193 "사람들에게 필요한 지침을 제시할 것": Bricmont 2016, p. 8.
193 "그를 대체할 새로운 개념": Beller 1999b, p. 183.
194 "언제나 (…) 담배를 물고 있었습니다": 강조 표기는 출처 그대로.
194 "신문에 알려질 일은 없으니까요": Byrne 2010, p. 251.
195 "서로 다른 퓨리들이 비가산적으로": 제이비어 학회록, p. 95, http://ucispace.lib.uci.edu/handle/10575/1299.

7장 과학 역사에서 가장 위대한 발견

197 "입자 이론 그룹": Bernstein 1991, p. 67.
198 "치열한 토론을 나눴어요": 상동, p. 68.

198 "목수, 대장장이, 육체 노동꾼, 농장 일꾼, 말 장수": 상동, p. 12.
198 학비가 가장 적게 드는 고등학교: 당시 몇 년이 더 지나도록 영국에서는 무상 공립 중등학교가 보편적이진 않았다(상동, p. 13).
199 "대학교 물리학과 1학년 과정을 밟았던 겁니다": 상동, p. 14.
199 "수수께끼가 시작되었습니다": 상동, p. 50.
199 "부기 도구": Mann and Crease 1988, p. 86.
199 그 정보는 무엇에 관한 것일까?: Bell 2004, p. 215.
199 "우리가 이 모든 것에 명료하지 못하다는 사실에 화가 났죠": Bernstein 1991, p. 51.
200 "인식론과 철학, 그리고 인류 전반에 기여했다": 상동, p. 52.
200 "엄청나게 난해": 상동, pp. 52–53.
200 "양자물리학을 해석할 수 없다는 점": 상동, p. 64.
200 "이런 의문에 엮이면": 상동, p. 53.
201 "환상적인 공중제비를 돈 겁니다": 상동, p. 66.
201 "폰 노이만의 비합리적인 공리": 상동, p. 65.
202 가속기에 대해 발표하는 편이: 상동, p. 67.
202 "엘리베이터가 층 사이에 걸려서 멈추었다면": Mann and Crease 1988, p. 85.
203 "틀렸을 뿐만 아니라 어처구니없습니다": 상동, p. 88. 강조 표기는 출처 그대로.
203 일명 숨은 변수: 글리슨의 증명에서는 실제로 숨은 변수들을 언급하진 않았다. 글리슨은 수학자지 물리학자가 아니었으며 글리슨의 증명은 양자물리학을 떠받치는 수학적 구조인 힐베르트 공간의 일부 특징들과 관련된 결과였다. 하지만 야우흐와 동료 피롱은 글리슨의 증명에서 숨은 변수들을 배제한 명확한 따름 정리가 나온다고 벨에게 지적했다—그리고 이 따름 정리가 폰 노인만이나 자신들의 증명보다 훨씬 더 강력해 보인다고도.
203 근저에 놓인 부당한 가정: 실제로, 벨은 두 가지 가정을 찾아냈다: 하나는 폰 노이만과 야우흐가, 하나는 글리슨이 이용한 가정이다. 글리슨의 가정으로 벨은 실제로 맥락성을 고려하게 되었다. 폰 노이만의 가정은 글리슨의 가정과 관련되면서도 더욱 구체적이어서, 이를 기각하기는 더 쉽다. 그리고 1930년대에 그레테 헤르만이 근거가 없다고 제대로 파악한 것이, 그리고 바로 벨이 나중에 "유치하다"고 규정한 것이 바로 폰 노이만의 가정이었다.
204 홀짝일 때도 마찬가지다: 기술적으로는, 이것이 실제 룰렛 원반을 만드는 방식은 아니다(그림 7.2의 룰렛 원반을 만드는 방식이지만). 실제 룰렛 원반에는 빨강 홀수가 10개, 빨강 짝수가 8개고 검정은 그 반대므로 색깔이 짝수와 홀수로 아주 균등하게 나누어지진 않는다. 또 실제 룰렛 원반에는 0과 00칸처럼 빨강도 검정도 아닌 칸도 한두 개 넣어두고 결국에는 카지노가 이길 목적으로 이용한다. 하지만 플로는 그림 7.2에 그린 형태와 같은 룰렛 원반 앞에 있다고 상정하겠다—우리 세계보다 나아서, 색깔이 짝수와 홀수에 균등하게 배분되고 결국에는 참가자들이 카지노를 이길 기회가 실제로 존재하는 세계다.
206 "우리 자신이 측정 결과를 만든다": Jammer 1974, p. 164.
206 '유도식 기술': 애브너 쉬모니 인용.
206 "뚜렷하게 구분하는 것"은 불가능: Bell 2004, p. 2.
207 전자는 언제나 위치가 확정된다: 위치는 파일럿파 해석에서 특수한 역할을 한다—입자는 항상 위치를 지니지만 측정 장치의 맥락 밖에서 항상 잘 정의되지 않는 다른 특성들이 있다. 하지만 봄의 관점에서는 양자 특성들을 측정하면 모두가 궁극적으로는 위치를 측정하

는 셈이므로, 위치가 항상 잘 정의되는 한은 실제로 문제가 없다. 이는 이 책의 범위를 벗어나지만 9장과 10장의 주요 주제인 결깨짐과 관련된 "기저 선호 문제"라는 문제와 결부된다.

207 "상상력 부족": Bell 2004, p. 167.
207 "우주 어디서든 (…) 자석을 움직이면": Bernstein 1991, p. 72.
207 몇몇 표기 실수로: 벨은 많이 읽히는 학술지 《리뷰 오브 모던 피직스》에 폰 노이만의 증명을 뒤엎은 논문을 게재하고자 발송했다. 벨은 게재 전 논문에 몇 가지 작은 수정 사항을 요청받았다. 벨은 그렇게 고친 논문을 다시 보냈다. 하지만 논문이 도착하고 나서 잘못 정리되어 온데간데없어졌다. 《리뷰 오브 모던 피직스》의 편집자인 에드워드 콘던은 어떻게든 벨의 뛰어난 논문을 꼭 싣고 싶어서 벨에게 도로 편지를 써서 어떻게 되었는지 물었다. 하지만 콘던은 SLAC의 벨 앞으로 보냈고, 그 무렵 벨은 이미 CERN으로 돌아간 뒤였다. 콘던의 편지는 "송신자에게 반송 — 수신인 미확인"이라고 표시되어 되돌아갔다. 결국에는 벨이 콘던에게 써 보내 언제 자신의 논문이 실릴지 물었다. 드디어 콘던은 어떻게 되었는지 상황을 파악하고는 벨에게 수정된 논문을 다시 보내달라고 했고 곧장 게재했다 — 원래 제출된 뒤 2년이 지나서였다.

이 논문의 발표가 늦어진 까닭에, 발표될 무렵 벨은 이미 자신의 질문에 답을 찾았다. 따라서, 발표본에는 질문만이 아니라 벨 스스로 후속 (훨씬 더 유명한) 논문에서 제시한 답의 참고문헌이 포함된다. Jammer 1974, p. 303 참고.

208 "국소성을 보이는": Bernstein 1991, p. 72.
208 광자, 그리고 얽힌 편광: 실제로, 봄이 구상한 실험에서는 스핀이 얽힌 전자들이 들어가지만, 아이디어는 거의 같으며 실험에서 다루기는 광자들이 더 쉽다—그리고 스핀보다는 편광이 고려하기 쉽다.
210 "불가능성 증명": Bernstein 1991, p. 73.
211 "과학 역사에서 가장 심오한 발견": H. P. Stapp 1975, "Bell's theorem and world process," Nuovo Cim B 29 (2): 271, https://doi.org/10.1007/BF02728310.
211 "경험적으로 검증가능한 법칙을 확립": Howard 1985, pp. 187–188에서 번역 및 인용.
213 카지노 전체가 필요할지도 모르겠다: 이어지는 절에서 벨의 정리를 설명하는 방식은 1985년 머민의 고전적인 기고 덕을 많이 보았다. W. David Wick 1995, The Infamous Boundary (Copernicus)에는 동일선상에서 룰렛 원반 대신 슬롯 머신을 이용한 약간 비슷한 설명도 나오지만, 필자 나름의 설명을 구상하고 작성한 다음에야 윅(Wick)이 제시한 방식을 접했다.
213 '곰탱이' 로니: 브래드 닐리에게는 미안하다.
213 룰렛 원반에 숫자를 넣는 것이 불법이다: 이것이 캘리포니아 주 실정법이다. 왜 그런지는 몰라도, 그림 7.3a에 나타낸 캘리포니아 룰렛은 골드러시의 주에서 영업하는 카지노들에서 벌어지는 진짜 게임이다. 그렇더라도, 그림 7.3b의 삼중 원반은 로니의 혁신이다.
218 결과가 완전히 일치: 이는 EPR 실험에 해당한다.
220 벨의 증명에서 또 다른 가정: 예를 들면, David J. Griffiths 2005, Introduction to Quantum Mechanics, 2nd ed.(Pearson Education)(많이 이용되는 교재)에서는 423-426쪽에서 이를 주장하며, Ernest S. Abers 2004, Quantum Mechanics(Pearson)에서도 192-195쪽에 동일한 내용이 나온다. Freire 2005의 244쪽과 숱한 예전 논문에서도 마찬가지다. Travis Norsen 2007, "Against 'Realism,'" Foundations of Physics 37 (3): 311–340, doi:10.1007/

s10701-007-9104-1에서 표현한 대로, 1980년경 이전에는 "[벨의 정리]가 전형적으로 국소 결정론적 이론들이나 국소 숨은 변수 이론들의 구속 조건으로 규정되었다."
221 이 분석에서 숨은 변수들은 전제가 아닙니다: 강조 표기는 출처 그대로. 벨은 여기서 실제로 결정론에 대해 이야기하는 중이었고, 이는 이런 맥락에서는 동등한 (그리고 동등하게 무관한) 가정이다. 결정론이 이 대목의 분석과 얼마나 무관한지 정확히 더 살펴보려면 Tim Maudlin 2002, Quantum Non-locality and Relativity, 2nd ed. (Blackwell), pp. 15–16 참고.
221 논평가들은 거의 하나같이 (…) 소개했습니다: 강조 표기는 출처 그대로.
221 특히 (…) 유행한 주장: 이런 주장의 예들을 많이 확인하려면 Norsen 2007 참고.
221 양자 물체가 측정되기 전에 잘 정의된 특성을 지닌다는: 예를 들면, Michael A. Nielsen and Isaac L. Chuang 2000, Quantum Computation and Quantum Information (Cambridge University Press), p. 117 참고.
222 "비국소성에 천착합니다": John Bell, Antoine Suarez, Herwig Schopper, J. M. Belloc, G. Cantale, John Layter, P. Veija, and P. Ypes 1990, "Indeterminism and Non Locality" (talk given at Center of Quantum Philosophy of Geneva, January 22), http://cds.cern.ch/record/1049544?ln=en; transcript: http://www.quantumphil.org./Bell-indeterminism-and-nonlocality.pdf.
223 "논문을 싣는 비용을 지불해 달라고 하기 난처": Bernstein 1991, p. 74.
223 물리학의 모든 하위 분야의 연구: Wick 1995, p. 289.
223 "난처해하지 않아도 되겠다고": Bernstein 1991, p. 74.
224 "기본적으로 옳다": 앤더슨이 윅에게, 1993년 9월 15일, 개인 소장.
224 폐간됐다: 앤더슨이 윅에게, 1993년 9월 15일.

8장 천지간에는 수없이 많은 일이

227 "광전지를 사용하는 것을 불법": http://www.aip.org/history-programs/niels-bohr-library/oral-histories/4517-5 (2017년 1월 27일 기준)
227 "하지만 아인슈타인은 별로 달가워하지 않았습니다": 상동.
227 "전혀 문제가 없습니다": 상동.
228 "왜 사람들이 좋아하지 않는지는 잘 모르겠습니다": 상동.
228 "상보적 기술 체계": 상동.
228 실증주의에 근거한 주장: 보어야말로 실증주의자였는지는 과거나 지금이나 상당한 논쟁거리다. 쿠싱과 다른 다수자들은 그렇다고 주장하며, 하워드와 다른 사람들은 그렇지 않다고 주장한다. 하지만 보어의 여러 관점이 세세하게 어땠는지보다는 이들이 난해하다는—누구든지 거의 이견을 달지 않을—사실이 역사적으로는 훨씬 더 중요하며, 실증주의적 논법은 코펜하겐 해석을 방어할 때 어디서나 배치되었으며 그런 방어 논리들이 흔히 보어 자신의 관점들로 제시되었다.
229 지난 학기를 스탠퍼드에서 지냈다: Stanford Daily 1928, "Dr. Moritz Schlick to Be Visiting Professor Next Summer Quarter," July 31, p. 1, http://stanforddailyarchive.com/cgi-bin/stanford?a=d&d=stanford 19280731-01.2.6.

229 "감사함과 즐거움의 표시": Hans Hahn, Rudolf Carnap, and Otto Neurath 1973, "The Scientific Conception of the World: The Vienna Circle," in Otto Neurath 1973, Empiricism and Sociology (Reidel), p. 299.
229 최고 선배 학자: 이 선언문의 원저자를 조금 더 살펴보려면 Ayer 1982, Philosophy in the Twentieth Century (Vintage), p. 127 참고.
230 "과학적 세계이해의 정신이 살아 숨쉰다": 강조 표기는 출처 그대로.
231 "불가해한 깊이는 배제한다": 상동, p. 306.
231 "이러한 관점은 배제된다": 상동, p. 309.
231 "경험을 앞서거나 뛰어넘는 관념들의 영역은 없다": 상동, p. 316.
231 "논리적 분석": 상동, p. 309. 강조 표기는 출처 그대로.
234 "단일한 경험 과학": 상동, p. 316. 강조 표기는 출처 그대로.
234 "합리적인 원칙에 따라": 상동, pp. 317–318.
234 바우하우스 예술종합학교: See Peter Galison 1990, "Aufbau/Bauhaus: Logical Positivism and Architectural Modernism," Critical Inquiry 16:709–752.
235 "과학적 세계이해와 내적으로 연결돼 있음": Hahn, Carnap, and Neurath 1973, pp. 304–305.
235 "형이상학적이고 신학적인 잔해를 제거하는 임무에 자신 있게 임한다": 상동, p. 317.
235 "형이상학과 신학을 배척": 상동, p. 305.
236 "코끼리 그림": Ayer 1982, p. 123.
237 "실험으로 원칙상 관측될 수 없는 양": Pauli 1921, Theory of Relativity, trans. G. Field (Dover), p. 4.
237 "허위이며 물리적 의미는 없을": 상동, p. 206.
237 "바늘 끝에 얼마나 많은 천사가": Born 2005, p. 218.
237 빈 학단과 코펜하겐 물리학자들의 사고방식에 공통적으로 영향을 끼친 인물: See Cushing 1994, pp. 110–111, 114.
238 말년에는: 아인슈타인이 더 젊었을 때 마흐의 사상을 지지하다가 나중에 마음을 바꾸었는지, 마흐의 철학을 많이 좋아한 적이 전혀 없었는지는 어느 쪽으로도 무게가 실린 (멋진!) 문헌이 상당히 많아 논란이 말끔히 가시지 않는다. 하지만 1920년대 무렵 아인슈타인이 마흐의 진영은 완전히 아니었다고 거의 모두에게 수긍된다.
238 "고작해야 해충을 박멸": Isaacson 2007, p. 334.
238 "멋진 농담이 너무 자주 반복될 필요는 없죠": Cushing 1994, pp. 110–111.
239 "유일한 목적은 무엇이 존재하는지를 결정": 강조 표기는 출처 그대로.
239 "관측이나 입증 행위와 무관하게 존재한다고 상정되는": Einstein 1949b, p. 667.
239 "창백한 유령": 상동.
240 실증주의적 영감의 원천: Cushing 1994, pp. 110, 114.
240 "그 이론으로 인해 물리학이 영원히 바뀌었다는 사실": Bridgman 1927, The Logic of Modern Physics (Macmillan), p. 1.
240 "유용한 개념이 무엇이고 무엇이어야 하는지": 상동, pp. 2–4.
240 "개념은 상응하는 일련의 조작과 동의어": 상동, p. 5. 강조 표기는 출처 그대로.
241 "내 견해를 수긍하는 어떤 기본적인 태도를 갖고": Jan Faye 2007, "Niels Bohr and the Vienna Circle," 사전 논문, http://philsci-archive.pitt.edu/3737 (2016년 12월 23일 기준)

241 서로 견해가 다르지 않아서: 상동.
241 「양자론과 자연의 인식가능성」: 원제는 독일어로 "Quantentheorie und Erkennbarkeit der Natural." William H. Werkmeister 1936, "The Second International Congress for the Unity of Science," Philosophical Review 45 (6): 593–600을 따라, 이런 맥락에서 "Erkennbarkeit"를 "인식 가능성"으로 번역.
242 "옳든 그르든 무의미하다": 상동. 강조 표기는 출처 그대로.
242 생기론처럼 (…) 달가워하지 않은: Abraham Pais 1991, Niels Bohr's Times in Physics, Philosophy, and Polity (Oxford University Press), p. 443.
242 "주장하는 바가 다소 불분명": Faye 2007.
242 "내 시도를 (…) 이해해 주었군요": 상동.
243 "실험에서 위치를 결정하는 과정이 포함될 때만": Schiff 1955, Quantum Mechanics, 2nd ed. (McGraw-Hill), p. 6.
243 "일반적 의미에서 궤도는 없습니다": Heisenberg 1958, p. 48.
243 "정당성을 확보할 수 없는 (…) 언어의 오용일 겁니다": 상동.
243 코펜하겐의 형식 체계 대부분에 정당성을 부여할 수 없었다: 저명한 실증주의자 적어도 한 명, 한스 라이엔바흐(Reichenbach)는 코펜하겐 해석을 곧이곧대로 옹호하는 데 의미검증론은 이용될 수 없다고 인식했다. "측정 전 개체의 값에 대한 진술들이 입증될 수 없다는 이유로 무의미하다는 주장은 그르다. 측정 후 값에 대한 진술들도 역시 입증될 수 없다. 보어-하이젠베르크 해석에서 한 유형의 진술이 [원문대로] 금지되고 다른 유형이 인정된다면, 이는, 논리적으로 말하면 자의적인 규칙으로, 그리고 편의주의적 관점에서만 판단될 수 있는 규칙으로 간주되어야 한다."(Reichenbach 1944, Philosophic Foundations of Quantum Mechanics [Dover], p. 142). 라이헨바흐는 코펜하겐 해석을 문제적이라고 일축했는데, 이 해석은 어떤 진술이 무의미한지에 대한 임시방편적 원리를 물리학 법칙의 자리로 끌어올리기 때문이었다. 오히려 3치 논리 체계에 의거한 해석을 주장했지만, 이는 나중에 미시와 거시의 경계와 관련해 그 자체로 문제점이 드러났다고 밝혀졌다.
245 "국가 사회주의를 위해 수난을 겪었습니다": Friedrich Stadler 2001, "Documentation: The Murder of Moritz Schlick," in The Vienna Circle: Studies in the Origins, Development, and Influence of Logical Empiricism, edited by Friedrich Stadler (Springer), p. 906.
246 논리의 빙판길: 이를 더 살펴보려면 George Reisch 2005, How the Cold War Transformed Philosophy of Science: To the Icy Slopes of Logic (Cambridge) 참고.
246 "살아 있는 교육자 덕분에 지적으로 불타오르기는": Willard Van Orman Quine 1976, The Ways of Paradox (Harvard University Press), p. 42.
246 "카르나프의 열렬한 사제": Willard Van Orman Quine 2008, Quine in Dialogue, edited by Dagfinn Føllesdal and Douglas B. Quine (Harvard University Press), p. 25.
247 의미검증론: 콰인이 공격한 다른 "경험주의의 도그마"는 분석-종합 구별이었지만, 논문에서 콰인은 두 도그마가 실제로 같은 동전의 양면이며 양쪽 모두에 효과적인 반론을 전개했다고 주장했다. 콰인의 논문은 일반적으로 분석-종합 구별을 공격했다고 더 많이 기억되지만, 여기 이야기에서는 의미검증론에 제기한 콰인의 반론이 훨씬 더 의미가 크다.
248 "집단적으로": Willard Van Orman Quine 1953, From a Logical Point of View, Harper Torchbooks ed. (Harper and Row), p. 41.

248 논리실증주의를 의심의 눈초리로 바라보던: 콰인의 논문이 철학계에 끼친 영향을 부정할 수는 없다. 하지만 개별 진술들을 입증하기 불가능하다고, 그리고 분석과 종합의 구별은 (이전에 언급되었듯이) 문제라고 지적한 최초 인물은 콰인이 아니었기 때문에, 한편으로는 이상하기도 하다. 사실, 이전에도 카르납 자신을 포함해, 몇몇 지도자급 실증주의자들이 이런 양 측면을 모두 지적했다. 이를 더 살펴보려면 Godfrey-Smith 2003, pp. 32–33 참고. 그러면 왜 콰인의 논문이 그토록 영향을 끼쳤을까? 이는 문헌에서 추측된 해결책이 많이 나오는 퍼즐이다. 실증주의자들은 그들의 구상에서 이런 두 가지 문제의 범위를 남김없이 파고들지는 못한 듯이 보인다. 그런데 콰인은 명료하고 생생한 문장력으로 이러한 문제들을 확연하게 드러내 각인시켰다—따라서 피해 가지 못하게 되었다.

248 "의미 문제와 씨름하고 있었던": Thomas S. Kuhn 2000, The Road Since Structure, edited by James Conant and John Haugeland (University of Chicago Press), p. 279.

249 "이해할 방법을": Skúli Sigurdsson 1990, "The Nature of Scientific Knowledge: An Interview with Thomas S. Kuhn," Harvard Science Review, Winter, pp. 18–25, http://www.edition-open-access.de/proceedings/8/3/index.html.

249 20년도 더 전에: Kuhn 2000, pp. 291–292.

249 그 단행본의 가제가 바로 『과학 혁명의 구조』였다: James A. Marcum 2015, Thomas Kuhn's Revolutions (Bloomsbury), p. 13.

250 "원자와 분자, 화합물과 혼합물이 무엇인지": Thomas S. Kuhn 1996, The Structure of Scientific Revolutions, 3rd ed. (University of Chicago Press), p. 40.

251 일상적인 과학 연구에서: 그렇더라도 쿤은 코펜하겐 해석에서 어떤 특별한 문제도 찾지 못했고, 실제로 '구조'를 쓸 때 골수 반실증주의자이자 친코펜하겐주의자인 노우드 핸슨의 연구에서 영감을 많이 받았다.

251 정통 과학철학자의 관심을 끌어내지는 못했다: 사회학자와 과학사학자 다수는 이 생각에 관심을 기울였다(그리고 이런 생각으로 확실히 대중의 상상에도 불이 붙었다). 쿤의 생각에 일부 철학자들은 동조적이었다: 대체로 이들은 헤겔의 지적 전통을 따르는 철학자들이다. 현대철학은 (크게) 두 진영으로 갈린다. 헤겔의 전통에 속한 대륙철학자라는 진영과 러셀과 실증주의자들의 전통에 속한 분석철학자라는 진영으로. 그렇다고 대륙철학자들 모두가 헤겔에 동의한다는 말도, 마찬가지로 분석철학자들 모두가 실증주의자들에 동의한다는 말도 아니다—이번 장에서 전반적으로 다루는 이야기는 분석철학자 대부분이 실증주의를 거부한 분석철학 내부의 혁명이다. 하지만 분석철학자들과 대륙철학자들은 각자 추구하기 좋아하는 문제들에서, 특히 문제들에 접근하는 방식에서 그들의 지적인 선조들을 따르는 경향을 보인다. 분석철학자들은 과학철학에 대한 질문들에 더욱 관심이 크지만 대륙철학자들은 정치와 개인 경험의 질문들에 관해 쓰기를 좋아한다. 이들의 일부 관심사는 겹친다: 몇 가지 예로는, 언어철학, 윤리학, 고대철학이다. 또 분석정치철학자들과 대륙과학철학자들이 있다. 분석-대륙 간의 차이가 가장 극명해지는 분야는 방법론이다. 분석철학자들은 일반적으로 명료한 글과 논리적 분석을 중시하며 과학을 온전하게 인식한다. 대륙철학자들 사이에서는 논증이 흔히 내적 성찰, 정치적인 고려와 미학에 기반하며 어떠한 과학적(이거나 수학적이거나 논리적) 결과들의 타당성에 대해서는 분석철학 동료들보다 훨씬 더 회의적인 경향이다.

　A. J. 에이어는 분석철학자들 사이에서 실증주의가 지속적으로 미친 영향을 적절히 개괄했다. 1982년, 빈 학단이 옹호한 류의 논리실증주의가 철학계에서 폐기된 지 한참 후,

에이어는 이렇게 적었다. "빈 학단의 주된 논지들은 대부분 온전히 살아남지 못했다. [그러나] 비엔나식 실증주의의 정신은 살아남았다고 이야기해도 된다고 생각한다. 그런 관점에서 철학을 과학과 더불어 재수용하면서, 논리적 기법을 구사하면서, 명료함을 내세우면서, 필자가 어정쩡한 기대감의 한 가지라고 기술하면 가장 어울릴 구석을 철학에서 몰아내면서, 이제는 뒤집힐 법하지 않은 주제에 새로운 방향을 제시했다." (1982, pp. 140–141)

대륙철학자들은 일반적으로 물리철학자들 사이에서 소수다. 그리고 양자물리학의 해석에 대한 과학적 논의에 그다지 기여한 바가 거의 없으므로, 본서에서는 이들을 거의 전적으로 배제하려 한다. 다른 곳에서 "철학자"라는 언급이 나오면, 독자는 마음속에 "분석철학자"라는 주석을 달기를 바란다

251 과학적 실재론: 쿤, 파이에르아벤트와 핸슨은 실재론자들이 아니었지만, 스마트, 퍼트넘, 포퍼, 맥스웰과 철학계 나머지 상당수는—헤르베르트 파이글 같은 빈 학단의 예전 일원을 포함해—실재론을 선호하는 논증들에 확신을 품었다. 오늘날 물리철학자들은 대다수가 모종의 실재론자들이다.

252 "누가 흔한 창유리를 통해서 보는 행위": Grover Maxwell 1962, "The Ontological Status of Theoretical Entities." Minnesota Studies in the Philosophy of Science 3:7.

253 "관측가능한 것과 관측불가능한 것을 나누는": 상동, p. 11.

255 "더는 놀라워 보이지 않는 겁니다": J. J. C. Smart 1963, Philosophy and Scientific Realism (Routledge and Kegan Paul), p. 39.

256 "범인이 정말로 있다고 가정하면": 상동, p. 47.

256 "과학적 성취를 기적으로 만들지 않는": Hilary Putnam 1979, Mathematics, Matter, and Method, 2nd ed. (Cambridge University Press), p. 73.

256 "지배적인 코펜하겐 해석을 대체하려는": Smart 1963, p. 40.

256 "믿기 어려울 정도로 심각한 우연의 일치": 상동, p. 47.

257 "모든 물리적 상호작용이": 강조 표기는 출처 그대로.

257 "거시계에서 적용되어야 합니다": 상동, p. 148.

257 "지구나 다른 외부계에서 다시 한 번 관측가능할 때만": 상동, p. 149.

258 "이중 슬릿 실험의 관측 결과": Smart 1963, p. 48.

258 "데이비드 봄과 장 피에르 비지에 같은 저자가 예고한 노선": 상동, pp. 43–44.

258 "양자론은 뭔가 잘못되었습니다": Putnam 1979, p. 81.

258 편집자의 책상에서 뒹굴고 있었다: 오랜기간 벨의 증명을 내버려둔 바람에 핸슨이 이를 봤을 가능성이 없었다는 점은 특히 유감스럽다. 핸슨은 비행기 추락 사고로 1967년 너무 일찍 숨을 거두었는데, 벨의 논문이 나오고 한 해가 지난 뒤였다. 실증주의자도 아니고 실재론자도 아닌 핸슨은—관점이 쿤에 더 가까웠다—코펜하겐 해석의 열혈 지지자였지만, 핸슨의 지지 논리 대부분은 폰 노이만이 제시한 증명의 타당성에 기댔다.

258 "오늘날 양자역학에서 만족스러운 해석은 존재하지 않습니다": 강조 표기는 출처 그대로.

258 "난점의 특성과 규모": 상동, pp. 157–158.

259 "물리학자들은 (…) 만족하지 못할 겁니다": Smart 1963, p. 41.

9장 언더그라운드의 실재

264 "똑같은 결론이 도출되는지": http://www.aip.org/history-programs/niels-bohr-library/oral-histories/25096 (2017년 3월 6일 기준)
264 "통념이란 실제로 관찰된 바를 형편없이 해석한 경우가 흔하지": Wick 1995, p. 116.
264 "아버지 당신이 풀지 못하는 문제를 해결하려 할 때": Clauser interview, May 20, 2002.
265 "의심의 여지 없이 돌팔이 취급": John F. Clauser 2002, "Early History of Bell's Theorem," in Quantum [Un]speakables: From Bell to Quantum Information, edited by R. A. Bertlmann and A. Zeilinger (Springer, 2002), pp. 77–78.
265 "맙소사, 이거 엄청나게 중요한 결과잖아": Clauser, interview with the author, Walnut Creek, CA, USA, August 12, 2015.
265 진행할 여건이 쉽게 갖춰질 리도 없었다: 우(Wu)는 몇 해 뒤에 자신의 학생 캐스데이와 울먼과 이 같은 벨 실험을 시도했지만, 잘 풀리진 않았다—추가 가정이 많이 엮인 실험이었다. Whitaker 2012, p. 179 참고.
266 "'그게 바로 제가 찾던 겁니다'": Clauser 2015, interview.
266 "벨의 정리가 인지하는 바를 인정하지 못했습니다": 상동.
267 "'이건 시간 낭비라네'": 상동.
267 서신을 받은 적은 이때가 처음이었다: 게재일이 나와 있더라도 Bell 1964는 실제 1965년에 나왔다. Freire 2015, p. 237 참고.
267 "세상을 뒤흔들": 존 벨이 존 클라우저에게 보낸 편지, 1969년 3월 5일. 존 클라우저 제공.
267 "혁명적으로 사고하는 시대를 살아가는 젊은 학생": Clauser 2002, p. 80.
268 "사람들이 모두 미쳤다는": H. 디터 제이, 필자의 인터뷰, 독일 네카르게뮌트, 2015년 10월 23일.
268 "아주 중요한 진전": 상동.
269 "측정 문제가 해결됩니다": 상동.
270 "받아들일 생각도 하지 않았을 테니까요": 상동.
270 "이런 비극에 관심을 환기하는 편이 자네에게도": Olival Freire Jr. 2009, "Quantum Dissidents: Research on the Foundations of Quantum Theory Circa 1970," Studies in History and Philosophy of Modern Physics 40:282, doi:10.1016/j.shpsb.2009.09.002.
270 "무척 부정적으로 언급": Zeh 2015, interview.
270 연구하다가는 학문적 수명이 끝날 것: Freire 2009.
270 "관계가 악화": 상동, p. 282.
271 "문제를 완전히 이해하지 못했음": 상동, p. 281.
271 "거시적 물체에는 적용되지 않는다": Kristian Camilleri 2009, "A History of Entanglement: Decoherence and the Interpretation Problem," Studies in History and Philosophy of Modern Physics 40:292n5.
271 "측정 문제"라는 용어를 최초로 사용한 인물: E. P. Wigner 1963, "Problem of Measurement," American Journal of Physics 31 (1): 6–15.
272 "한 번도 코펜하겐 연구소에 초대받은 적 없습니다": Zeh interview, 2015.
273 "그런 발언 때문에 향후 경력에 해를 입을지도 모를": Freire 2015, p. 157.
273 양자측정론에서 특정한 세부 사항: 상동, p. 161.

274 "논문 발표를 독려": Zeh 2015, interview.
275 "'그때가 가장 좋은 시절이었다'": http://www.aip.org/history-programs/niels-bohr-library/oral-histories/25643 (2017년 3월 6일 기준)
275 "너그러움과 이해심": 애브너 쉬모니가 W. 데이비드 웍에게 보낸 편지, 1993년 6월 27일. W. 데이비드 웍 제공.
275 "와이트먼과 논문을 쓰고 싶었습니다": Shimony 2002, interview.
275 "논증의 결함을 찾으라는": 쉬모니가 웍에게 보낸 편지, 1993년.
275 "잘못된 구석을 전혀 찾을 수가 없었죠": Shimony 2002, interview.
275 "측정 문제가 (…) 해결되지 않는다": 쉬모니가 웍에게 보낸 편지, 1993년.
276 "실재론적인 견해를 지지했습니다": 상동.
276 "물리계를 독립적으로 관측하는": Abner Shimony 1963, "Role of the Observer in Quantum Theory," American Journal of Physics 31:772, doi:10.1119/1.1969073.
276 진화론을 기를 쓰며 옹호하는 등: Shimony 2002, interview.
276 "'양자역학의 근간을 탐구하는 연구의 중요성'": 쉬모니가 웍에게 보낸 편지, 1993년.
277 "'이거 정말 엄청난데'": Shimony 2002, interview.
277 "관련 문헌 하나": 상동.
277 "확신이 없어졌습니다": 상동.
277 "벨 부등식을 시험": 쉬모니가 웍에게 보낸 편지, 1993년.
278 "내가 틀렸던 겁니다": 상동.
278 쉬모니와 혼이 준비하던 실험을 기술: John Clauser 1969, "Proposed Experiment to Test Local Hidden-Variable Theories." Bulletin of the American Physical Society 14:578.
278 "애브너 쉬모니한테서 전화": Clauser 2015, interview.
279 "독자적인 발견에 관한 문제를 해결하는 문명화된 방법": 애브너 쉬모니가 유진 위그너에게 보낸 편지, 1969년 8월 8일. W. 데이비드 웍 제공.
279 "초안을 계속 교환했습니다": Clauser 2002, interview.
279 벨 부등식에 위배되는지 여부를 결정: John F. Clauser, Michael A. Horne, Abner Shimony, and Richard A. Holt 1969, "Proposed Experiment to Test Local Hidden-Variable Theories," Physical Review Letters 23:880, doi:10.1103/PhysRevLett.23.880.
280 "국소적 숨은 변수를 지지하는 결과": 쉬모니가 위그너에게 보낸 편지, 1969년.
282 "커민즈는 완전히 엉터리라고 보았습니다": Clauser 2002, interview.
282 "큰일났을 겁니다": Clauser 2015, interview.
282 "'내겐 아주 흥미로운 실험 같아 보이는데요'": Clauser 2002, interview.
282 "쓰레기통 뒤지기의 달인": Kaiser 2011, p. 47.
282 편광판의 움직임을 제어: Whitaker 2012, p. 174.
282 자연에서 엄청나게 이상한 일이 벌어지는 중이었다: Stuart J. Freedman and John F. Clauser 1972, "Experimental Test of Local Hidden- Variable Theories," Physical Review Letters 28:9389–41, doi:10.1103/PhysRevLett.28.938.
283 양자물리학의 근간: 바레나 여름학교의 유래를 더 살펴보려면 Freire 2015, Chapter6 참고.
283 "양자 반항아들의 우드스톡": Freire 2015, p. 197.
283 "이들에 대해 전혀 들어본 적이 없었습니다": H. Dieter Zeh 2006, "Roots and Fruits of Decoherence," arXiv:quant-ph/0512078v2.

284 "당연하게도 잘못된 생각이었습니다": Zeh 2015, interview.
284 "'이제 하고 싶은 것만 할 수 있겠네요'": Freire 2009.
284 "제 제자들에게는 기회가 없었습니다": Zeh 2015, interview.
284 "두고 볼 수만은 없는 상황": Zeh 2015, interview.
284 "결깨짐의 암흑기": Zeh 2006.
285 "그저 재미있었어요": Clauser 2002, interview.
285 "쓰레기 과학": 상동.
285 "당신에게 유리하게끔 답신해줬을 겁니다": Freire 2015, p. 271.
286 흥분하고 조응하고 벗어나는: Kaiser 2011.
286 전체 일자리는 53개였던 반면: Kaiser 2002, pp. 150–152; Kaiser 2011, pp. 22–23.
287 양자 비국소성은 실재했다: Freire 2015.
287 내년에 어디에 있을지 확실하지 않았기에: 존 벨이 존 클라우저에게 보낸 편지, 1975년 5월 30일. 존 클라우저가 존 벨에게 보낸 편지, 1975년 7월 1일. 존 클라우저 제공.
287 "포스터에 박사 이름을 올려도 될까요?": 존 벨이 존 클라우저에게 보낸 텔렉스, 1975년 6월 30일. 존 클라우저 제공.
288 불을 밝혀주던 자금줄: 봄은 물론 분명한 예다. 다른 예로, 1950년대 뉴욕 시에 모인 양자 근간에 대한 한스 프라이스타트의 토론 그룹 참고, Kaiser 2011, pp. 20-21에서 언급.
289 "연구 주제로 삼으려는 학생은 경력을 망치게": Clauser 2002, p. 72.
290 "측정 문제를 연구하고 싶었습니다": David Albert, interview with the author, New York, NY, USA, February 4, 2015.
290 "철학에서 이런 주제에 누가 관심이 있는지": 상동.
290 "당시 구식 우편으로": 상동.
291 "아니면 학위 과정을 떠나면 된다고": 상동.
291 "측정 문제를 언급할 일은 더 없다는": 상동.
291 운이 따르지 않았다: 예를 들어, 짧게 끝난 클라우스 타우스크의 물리학 경력에 대해서는 Freire 2015 참고.
292 "실험 데이터와 관련이 없는": Samuel Goudsmit 1973, "Important Announcement Regarding Papers About Fundamental Theories," Physical Review D, 8:357.
292 쉬모니를 포함한 비공식적 편집자 집단: Kaiser 2011, p. 122.
292 "대립과 숙성이 허용된": Freire 2015, p. 268.
292 "수신자 명단": 상동, p. 269.
293 "편광판의 배향을 바꾸는": Alain Aspect, interview with the author, Palaiseau, France, November 4, 2015.
294 "양자 예측이 어긋날 가능성": Clauser 2015, interview.
295 "실험실에서 시도해 볼 기회": Aspect 2015, interview.
295 "실제로 해야 할 실험": 상동.
296 "당시에 저는 그런 사실을 알지 못했습니다.": 상동.
297 "그에 대해서 이해했던 방식": 상동.

10장 양자 스프링

299 "웃으면서 저를 미친 인간으로 보리라는 것을 알았어요": Reinhold Bertlmann, interview with the author, Vienna, Austria, November 2, 2015.
301 "당신은 이제 유명해졌다고요!": 상동.
301 논문 제목을 읽고 또 읽었다: Bell 1981.
301 「베르틀만의 양말과 실재의 본질」: J. S. Bell 1980, "Bertlmann's Socks and the Nature of Reality," CERN Preprint CERNTH-2926, https://cds.cern.ch/record/142461?ln=en.
301 "EPR 문제도 마찬가지 아닌가": 상동, p. 139.
302 "관측될 때까지 아무런 특성도 지니지 않는다고": 상동, p. 142.
302 "먼저 고른 양말짝이 무엇인지 나머지 양말짝은 어떻게 아는가": 상동, p. 143.
302 "상관관계가 설명되어야 한다": 상동, pp. 151–152.
303 "실용적인 목적으로는": 상동, p. 214.
303 "일요일에는 원칙이 있습니다": Nicolas Gisin 2002, "Sundays in a Quantum Engineer's Life," in Bertlmann and Zeilinger 2002, p. 199.
304 "연사는 무너져서 녹아내릴 지경이었습니다": Nicolas Gisin, interview with the author, Vienna, Austria, October 24, 2015.
304 "그 위대하다는 존 스튜어트 벨": 상동.
305 "이 분야를 알아봐야겠다고": Bertlmann 2015, interview.
306 "'나가주십시오. 전 관심이 없습니다'": Clauser 2015, interview.
306 "파인만 교수가 흥미로운 의견을 냈습니다": Aspect 2015, interview.
306 "강연은 탁월했습니다": Freire 2015, p. 278.
306 『물리학의 도』: 이 책은 1975년에 나왔지만 제1판에서는 벨을 언급하진 않았다—그 이름은 1983년에 출간된 제2판의 후기에 나왔다.
306 표준적인 교수법: 머민의 논고들은 7장에서 벨의 정리를 설명한 토대이기도 하다.
307 "이상적으로 담백한 설명을 보니": 파인만이 머민에게, 1984년 3월 30일, Richard P. Feynman 2005, Perfectly Reasonable Deviations from the Beaten Path, edited by Michelle Feynman (Basic Books), p. 367에 수록. 마지막 문장에서 짧은 괄호 안 내용은 줄임표 없이 생략.
307 "논의를 열어 두겠습니다": Richard P. Feynman 1982, "Simulating Physics with Computers," International Journal of Theoretical Physics 21 (6/7): 467–488.
309 양자정보 분야에 2,000만 달러를 지원했다: https://people.cs.vt.edu/~kafura/cs6204/Readings/QuantumX/QuantumKeyDistribution.pdf (2017년 7월 14일 기준)
309 양자정보 기술에 자금을 지원: https://www.whitehouse.gov/sites/whitehouse.gov/files/images/Quantum_Info_Sci_Report_2016_07_22%20final.pdf (2017년 7월 14일 기준)
309 연구 개발에 10억 유로를 지원: http://www.nature.com/news/europe-plans-giant-billion-euro-quantum-technologies-project-1.19796 (2017년 7월 14일 기준)
309 양자통신위성: http://www.nature.com/news/chinese-satellite-is-one-giant-step-for-the-quantum-internet-1.20329 (2017년 7월 14일 기준)
311 "본격적으로 결과물에 대해서 이야기하기 시작": https://www.aip.org/history-programs/

niels-bohr-library/oral-histories/33822 (2017년 7월 14일 기준)
312 과거의 흥미를 되찾았다: Freire 2015, pp. 165, 319–320.
313 "중요하면서도 대체로 해결되지 않았다고": Schlosshauer 2011, Elegance and Enigma: The Quantum Interviews (Springer), pp. 35–36.
313 "모든 문제": Camilleri 2009, p. 294.
313 자신이 발표한 결과의 선행 연구: 상동, p. 295.
313 "아무런 해석적 짐덩어리를 달고 다니지 않아도": 상동, p. 295.
314 주렉처럼 젊은 연구자에게는 일반적으로 기회가 주어지지 않는: 상동, p. 294.
314 "시대가 바뀌고 있다는": Schlosshauer 2011, p. 37.
315 "그런 언급은 전혀 하지 않고": Interview with Zeh by the author, 2015.
315 "요스의 경력을 지키려는": Camilleri 2009, p. 296.
315 "'결깨짐? 그게 뭐죠?'": Interview with Zeh by the author, 2015.
315 "결깨짐은 중첩을 깨트린다": W. H. Zurek 1991, "Decoherence and the Transition from Quantum to Classical," Physics Today 44 (October): 36–44.
316 "주변 환경으로 인한 결깨짐 자체": Zeh 2002, "Decoherence: Basic Concepts and Their Interpretation," https://arxiv.org/abs/quant-ph/9506020.
316 "계-장치-환경이 묶인 파동함수": W. H. Zurek 1981, "Pointer Basis of Quantum Apparatus: Into What Mixture Does the Wave Packet Collapse?," Physical Review D 24 (6): 1517, http://dieumsnh.qfb.umich.mx/archivoshistoricosmq/ModernaHist/Zurek%20b.pdf.
316 "코펜하겐을 방문했던 (…) 덧없는 시도": Camilleri 2009, p. 298.
317 "전체 과정을 정량화하는 아름다운 원자빔 기법": P. W. Anderson 2001, "Science: A 'Dappled World' or a 'Seamless Web'?," Studies in History and Philosophy of Modern Physics 32:487–494.
317 "'신실한 추종자를 위한 푹신한 베개'": Jeffrey Bub 1999, Interpreting the Quantum World, rev. ed. (Cambridge University Press), p. 6.
318 "'이것이 보어가 항상 의미했던 바'": Freire 2015, p. 307.
319 어쩔 수 없이 유아론에 이르게: Whitaker 2016, p. 41.
320 국소성이 아니라 결정론을 배제: Wheeler and Zurek 1983, p. 188.
320 "비트에서 존재로"라는 발언은 (…) 영감을: Charles W. Misner, Kip S. Thorne, and Wojciech H. Zurek 2009, "John Wheeler, Relativity, and Quantum Information," Physics Today, April 2009, pp. 40–46.
321 "의도적인 이론상 선택": Bell 2004, p. 160.
322 기존 실험 결과와 모순: 얼마나 자주 붕괴가 일어나는지 그 한계 역시 붕괴가 공간에서 얼마나 바짝 국소화되는지에 따라 다르다(즉, 두 매개변수가 겹친다). "수만 년"이라는 수치는 붕괴 시 약 100나노미터 내로 파동함수가 국소화된다고 가정한다—일상의 물체들 척도에 비하면 작지만 수소 원자보다는 여전히 1,000배 크다.
322 단일한 파동함수를 공유: 이것이 아주 정확하지는 않다—여기서 기술하는 자발붕괴 모형(GRW)에서는 입자들이 그 자체로는 존재하지 않는다. 따라서, 기술적으로는, 관련된 "슬롯 머신"의 개수가 파동함수가 속한 배위 공간의 차원 수로 결정된다. 하지만 이어서 이 차원 수는 파동함수 안에 "퍼진" 입자들의 개수와 관련되므로, 이런 설명 역시 아주 틀린

322 "극히 짧은 시간 이상, 죽은 동시에 살아 있지 않다": Bell 2004, p. 204.
323 GRW 모형: G. C. Ghirardi, A. Rimini, and T. Weber 1986, "Unified Dynamics for Microscopic and Macroscopic Systems," Physical Review D 34:470.
323 "아주 조금만, 어떻게 바뀌어야 하는지": 상동, p. 209.
324 물리학자들의 '사회적 일탈': Philip Pearle 2009, "How Stands Collapse II," in Quantum Reality, Relativistic Causality, and Closing the Epistemic Circle, edited by W. C. Myrvold and J. Christian (Springer,2009), p. 257.
324 "고대 종교의 성인들이 (…) 자기 성찰로써": Bell 2004, p. 170.
324 "원자들로 구성되며 양자역학을 따르는데도": 상동, p. 213.
325 "양자역학에 부합하는 국소성 개념": John S. Bell 1990, "Indeterminism and Non Locality" (talk given in Geneva, January 22, 1990), https://cds.cern.ch/record/1049544?ln=en, accessed, July 21, 2017; transcript: http://www.quantumphil.org/Bell-indeterminism-and-nonlocality.pdf.
325 "문제를 끝까지 밀어붙이는 집요함": Shimony 2002, interview.
325 "왕성한 시기의": Kurt Gottfried and N. David Mermin 1991, "John Bell and the Moral Aspect of Quantum Mechanics," Europhysics News 22 (4): 67–69.
326 "벨은 거의 무너질 뻔 했습니다": Gisin 2015, interview.
327 "양자물리학 연구에서는 별로 인정받지 못했죠": Bertlmann 2015, interview.
327 세상을 떠나기 1년 전, 벨은 노벨 물리학상 최종 후보 명단에 올랐다: Whitaker 2016, p. 374.
327 "벨은 자신의 연구로 맺은 결실을 실제로 보지 못했죠": Bertlmann 2015, interview.
327 "여태 들어본 강연 중 최고로 흡인력 있었습니다": Bertlmann and Zeilinger 2002, p. 271.
327 "박사 학위처럼 (…) 적절한 자격을 갖춘 계": Bell 2004, p. 216.
328 "특수 상대성 이론과 일관된 방식으로 재전개될 수 있는가": 상동, p. 230.
328 "거의 불가능해 보입니다": 상동, p. 194.

11장 코펜하겐 대 우주

329 "읽어봤든 아니든": Bryce S. DeWitt 1970, "Quantum Mechanics and Reality," Physics Today 23 (9): 30–35, doi:10.1063/1.3022331.
329 "양자역학의 다른 해석을 (…) 전반적으로 살펴본다면": Freire 2015, pp. 226–227.
330 "우리 주변에 분명히 존재하는 객관적 세계를": DeWitt 1970.
330 "답변을 하자면, 그래도 된다": 상동.
330 "무수한 자기 복제 상태": 상동.
331 "정신분열이 심각해진다": 상동.
331 "1925년 하이젠베르크가 시작한": 상동.
331 "논리적 난점을 해결": 이들 인용은 모두 출처가 디윗에 답변한 내용과 이 답변들에 대한 디윗의 답변이 실린 1971년 《피지컬 투데이》 기고글이다.

331 "금세기 최고의 비밀": See Jammer 1974, p. 509.
332 "우주론의 가장 근간에서 어떤 역할": 디윗(답변들에 대한 답변), Ballentine et al. 1971에 수록.
332 "흥미로운 물리 문제는 다른 주제에서 찾아야": Kip Thorne, Black Holes and Time Warps: Einstein's Outrageous Legacy (W. W. Norton), p. 268.
333 "이론의 아름다움을 심각하게 저해한다": http://www.pitt.edu/~jdnorton/teaching/HPS_0410/chapters_2017_Jan_1/relativistic_cosmology/index.html (2017년 7월 24일 기준)
334 "중력파가 존재하지 않는다": 이 편지에는 날짜가 없지만, 1936년 8월에 온 보른의 편지에 대한 답신이며 1936년 후반에 쓰인 논문을 참조하므로, 1936년 편지일 가능성이 다분하다.
335 혼란은 수십 년 동안 지속됐다: Daniel Kennefick 2005, "Einstein Versus the Physical Review," Physics Today 58 (9): 43, doi:10.1063/1.2117822.
336 "블랙홀": 휠러는 이들을 블랙홀이라고 부른 최초 인물이 아니지만, 이 용어가 두루 쓰이도록 길을 튼 장본인이다.
336 "유일한 해결책": DeWitt and DeWitt-Morette interview, 1995.
337 "에버렛이 부당한 대우를 받아왔다고": Freire 2015, p. 130.
337 "일부러 선정적인 투로 썼다": Cécile DeWitt-Morette 2011, The Pursuit of Quantum Gravity: Memoirs of Bryce DeWitt from 1946 to 2004 (Springer), p. 95.
337 《아날로그》에서도 (…) 다세계 해석을 다뤘다: Byrne 2010, p. 319.
338 보안 권한 등급이 훨씬 높다: 상동, pp. 3–4. 이 정보는 에버렛의 FBI 파일에서 확보했다.
339 술잔을 들고 (…) 반복해서 돌려 보면서: Byrne 2010, p. 196.
339 "디윗이 애써주지 않았다면 내 이론은 전혀 빛을 보지 못했을 겁니다": 에버렛이 윌리엄 하비에게 보낸 편지, 1977년 6월 20일, 에버렛 문헌, http://hdl.handle.net/10575/1150 (2017년 7월 23일 기준). 주의: 하비는 "사회적 일탈"에 관한 논문을 준비하느라 필립 펄을 인터뷰한 똑같은 사회학자다.
339 "물리 이론의 본질과 관련": 에버렛이 프랑크에게, 1957년 5월 31일, 에버렛 문헌, http://hdl.handle.net/10575/1153 (2017년 7월 23일 기준)
339 "다른 물리적 사실과 본질적으로 다른": 프랑크가 에버렛에게, 1957년 8월 3일, 에버렛 문헌, http://hdl.handle.net/10575/1173 (2017년 7월 23일 기준)
339 "측정 문제를 아주 뭉개버릴 거라고만 해도 웃겼죠": 피터 번, 개인 연락, 2016년 10월 13일.
340 양자물리학에 대해서는 다시 이야기하지 않았다: Byrne 2010, p. 339.
340 "심각성이라는 대가": Evelyn Fox Keller 1979, "Cognitive Repression in Contemporary Physics," American Journal of Physics 47 (8): 720.
340 "에버렛-휠러 해석이 아니라": Byrne 2010, p. 323.
341 "형이상학적 짐덩어리": 상동, p. 332.
341 "그 이론에 매번 완강히 반대": 상동, p. 322.
342 "'상대 상태'나 어떠한 완곡어법도 구사하지 않았습니다": 상동, pp. 321–322.
342 "어디서 연산되었을까": 강조 표기는 출처 그대로. (참고로 펜로즈는 이 논문의 후원자였다.)
342 "측정도 관측자도 없는 초기 우주": In Freire 2015, p. 322.
342 "보어가 이론학자들 전 세대를 세뇌": Douglas Huff and Omer Prewett, eds., 1979, The

Nature of the Physical Universe: 1976 Nobel Conference (Wiley), p. 29.
343 유골을 쓰레기통에 버렸다: 에버렛의 유족은 화장 후 1년 간 유골을 보관했지만, 결국에는 에버렛이 정해준 대로, 그냥 버렸다.
344 "하늘에 넓게 펼쳐진 양자역학": https://map.gsfc.nasa.gov (2017년 7월 24일 기준)
345 양자중력 효과는 절대로 관측불가능하므로 그런 현상을 다루는 이론을 전개할 필요가 없다: L. Rosenfeld 1963, "On Quantization of Fields," Nuclear Physics 40:353.
351 "오컴의 면도날 법칙을 과학자들이 위반하리라고 상상하기는 어렵군요": http://www.csicop.org/si/show/multiverses_and_blackberries (2017년 7월 24일)
351 "확고부동하다고 보는 이론": David Wallace, interview with the author, Santa Cruz, CA, USA, June 27, 2013.
352 "과학자와 철학자가 깊은 대화를 나눠야 한다": George Ellis and Joe Silk 2014, "Defend the Integrity of Physics," Nature 516 (December 18): 321–323, doi:10.1038/516321a.
355 하지만 중력론은 '반증'되지 않고 새 이론으로 대체되었다: 르베리에, 아인슈타인과 벌컨의 이야기를 더 자세하고 흥미롭게 풀어놓은 설명으로는 Thomas Levenson 2015, The Hunt for Vulcan (Random House) 참고.
356 "깔끔하고, 그럴싸하고, 잘못됐다": "The Divine Afflatus," New York Evening Mail, November 16, 1917. Also https://en.wikiquote.org/wiki/H._L._Mencken.
357 "전체 계획의 한가운데에 자리한 깊고 논리적인 문제를 가장 오랫동안 정신병적으로 부정": Albert 2013 (lecture at the UCSC Institute for the Philosophy of Cosmology), http://youtu.be/gjvNkPmaILA?t=1h28m40s.

12장 터무니없는 행운

359 『국제 통일과학 백과전서』에 대한 구상을 논의: Hans-Joachim Dahms 1996, "Vienna Circle and French Enlightenment: A Comparison of Diderot's Encyclopédie with Neurath's International Encyclopedia of Unified Science," in Encyclopedia and Utopia: The Life and Work of Otto Neurath (1882–1945), edited by E. Nemeth and Friedrich Stadler (Springer), p. 53.
360 라팔마와 테네리페 사이: Xiao-Song Ma et al. 2012, "Quantum Teleportation over 143 Kilometres Using Active Feed-Forward," Nature 489 (September 13): 269–273, doi:10.1038/nature11472.
361 "나머지는 수학이죠": Anton Zeilinger, interview with the author, Vienna, Austria, November 2, 2015.
361 버키볼을 (…) 자체적으로 간섭: Markus Arndt et al. 1999, "Wave-Particle Duality of C60 molecules," Nature 401 (October 14): 680–682, doi:10.1038/44348.
362 "정확하게 정의할 수조차 없을 테니까요": Zeilinger 2015, interview.
362 "아무도 결과를 읽지 않아도": Steven Weinberg 2014, "Quantum Mechanics Without State Vectors," arXiv:1405.3483; Steven Weinberg 2013, Lectures on Quantum Mechanics (Cambridge University Press), p. 82.
363 "질문하는 편이 도움": Gerard 't Hooft, interview with the author, Vienna, Austria,

October 24, 2015.
363 "무너질지도 모를 뿐 아니라 반드시 무너져야 한다고": 강조 표기는 출처 그대로.
363 어떤 양자물리학의 해석을 선호하는지: Max Tegmark 1997, "The Interpretation of Quantum Mechanics: Many Worlds or Many Words?," arXiv:quant-ph/9709032; Maximillian Schlosshauer et al. 2013, "A Snapshot of Foundational Attitudes Toward Quantum Mechanics," arXiv:1301.1069; Christoph Sommer 2013, "Another Survey of Foundational Attitudes Towards Quantum Mechanics," arXiv:1303.2719; Travis Norsen and Sarah Nelson 2013, "Yet Another Snapshot of Foundational Attitudes Toward Quantum Mechanics," arXiv:1306.4646; Sujeevan Sivasundaram and Kristian Hvidtfelt Nielsen 2016, "Surveying the Attitudes of Physicists Concerning Foundational Issues of Quantum Mechanics," arXiv:1612.00676.
363 표본 편향이 어마어마하게 큰 결과: Norsen and Nelson(2013)에 나오는 대로, "이런 [조사들]에서는 학계 전체의 사고 경향보다는 특정 학회에 누가 초대되어야 하는지 결정하는 과정이 훨씬 더 많이 드러난다." 표본 편향이 이런 유형으로 나타나므로 드물게 열리는 학회들에서 조사했을 때 코펜하겐이 다수를 차지하지 못한 두 가지 경우 역시 설명된다. 하나(Norsen and Nelson 2013)는 봄주의자들이 조직한 학회라 당연히 파일럿파 이론이 꼭대기를 차지했고, 또 하나(Sommer 2013)는 주로 학생들로 구성된 아주 작은 학회로 "보류" 외에는 분명한 선호도가 보이지는 않았다. 학회라는 제한 범위를 떠나 이 주제에 대해 최근 조사한 (Sivasundaram and Nielsen 2016, 이때까지 가장 크게 벌이기도 한 조사) 결과에서는 코펜하겐에 우호적인 경향이 가장 뚜렷했는데, 응답자의 40퍼센트 가까이가 코펜하겐을 선호했고 다른 어떤 해석도 지지자들은 응답자의 6퍼센트를 넘지 못했다. 하지만 이 조사 역시 방법론적 문제들이 심각하다—학회에서가 아니라 우편을 통해서 조사했다는 사실에도 불구하고, 여전히 조사 대상 표본인 물리학자들은 분야 전체의 대표성이 없었다. 더욱이 응답률은 고작 10퍼센트였고 조사를 설계한 당사자들은 응답 편향을 보정하지도 않았다. 요컨대 어느 과학사회학자든 이를 읽고 계신다면, 이 주제에 대해 물리학자들을 대상으로 적절히 조사해 주시라! 그러면 바로 슬램덩크다—학술지 게재는 따놓은 당상이며 매스컴 보도 역시 잘 될 가능성이 높다.
363 "양자역학에 대한 명료한 논문을 써야 할 것": Zeilinger 2015, interview.
364 "그건 이야기가 다릅니다": Schweber 2016, interview.
364 "붕괴를 야기하는 측정 얘기로 돌아갑니다": Emery, personal communication, January 10, 2017; phone interview with the author, May 5, 2017.
365 "실재와 실재에 대한 지식을, 실재와 정보를 구분": Anton Zeilinger 2005, "The Message of the Quantum," Nature 438 (December 8):743.
365 "검증불가능하고 과학적으로 무의미": https://www.edge.org/responses/what-is-your-favorite-deep-elegant-or-beautiful-explanation (2017년 7월 28일 기준)
365 흔히 코펜하겐 해석을 옹호할 때 (…) 효과가 없음을: 1980년 이래 경험론이 재부상한 데는, 스스로 "구성적 경험론"이라고 칭한 관점을 옹호한 철학자 바스 반 프라센의 연구 덕이 크다. 당연히, 반 프라센은 대다수 물리철학자보다 코펜하겐 해석에 더 동조적이다. 하지만, "오늘날의 기준으로는 [코펜하겐]은 해석이 아니"라고 인정했다. 반 프라센은 물리학자 카를로 로벨리의 "관계적 해석"을 선호하는데, 이는 반실재론적 사상으로 코펜하겐 해석을 개선하려는 시도다(반 프라센, 필자 인터뷰).

365 철학자들은 일반적으로 물리학을 아주 진지하게 받아들임: 8장처럼, 여기서도 분석철학자들 이야기로, 대륙철학자들은 완전히 다른 부류다. 하지만 어쨌든 물리철학자들 대부분은 분석철학자: 대륙철학자들 다수가 과학철학을 다루지만 물리철학을 전공한 경우는 드물다.

366 "철학은 죽었습니다": http://www.telegraph.co.uk/technology/google/8520033/Stephen-Hawking-tells-Google-philosophy-is-dead.html (2017년 7월 28일 기준)

366 "철학 분야에는 지적으로 뛰어난 사람이 대단히 많았고": https://scientiasalon.wordpress.com/2014/05/12/neil-degrasse-tyson-and-the-value-of-philosophy (2017년 7월 28일 기준)

366 "무엇으로 이를 정당화하는지 이해하기 정말 어렵습니다": https://www.theatlantic.com/technology/archive/2012/04/has-physics-made-philosophy-and-religion-obsolete/256203 (2017년 7월 28일 기준)

367 "논리적이고 철학적인 주장을 이해하지 못하기": Isaacson 2007, p. 514.

369 "'닥치고 계산하라!'": Mermin 1990, p. 199.

369 자기 입에서 나온 말: N. David Mermin 2004b, "Could Feynman Have Said This?," Physics Today 57 (5): 10–11, doi:http://dx.doi.org/10.1063/1.1768652.

369 "전례 없는 정확도로 측정가능량을 계산": Mermin 1990, p. 200.

372 "그 모든 일이 심리학적으로 표현하자면 물리학에서 심각한 트라우마로 작용했죠": Albert, interview with the author, February 4, 2015.

373 "불편한 사실이긴 하지만": Fraser, interview with the author, May 24, 2017.

378 "잘못된 생각을 바로잡는": http://www.healthy.net/scr/interview.aspx?Id=167 (2017년 9월 20일 기준)

380 "해괴하지는 않습니다. 횡설수설이죠, 불가해하답니다": 강조 표기는 출처 그대로.

381 새롭게 전개할 아이디어와 이론에 영향을 미친다: 1964년 코넬에서 메신저 강연을 하는 파인만 영상이다. 이 강연들은 나중에 책 『The Character of Physical Law』로 나왔다.

382 멀리 떨어진 점들이 웜홀로 연결: 예를 들면, Chunjun Cao, Sean M. Carroll, and Spyridon Michalakis 2016, "Space from Hilbert Space: Recovering Geometry from Bulk Entanglement," https://arxiv.org/abs/1606.08444 및 Raamsdonk, Susskind, Maldacena의 다른 논문 다수.

382 우주에서 동일한 근본 진리: For example, Laura Mersini-Houghton 2008, "Thoughts on Defining the Multiverse," https://arxiv.org/abs/0804.4280.

382 상대론을 위배하지 않고: For example, Elizabeth S. Gould and Niyaesh Afshordi 2014, "A Non-local Reality: Is There a Phase Uncertainty in Quantum Mechanics?," https://arxiv.org/abs/1407.4083.

384 그 자체로 새롭고 기이한 근간 문제: 물리학자들과 다른 전문가들을 위한 참고 사항이 있다. 양자장론에서 교환 관계들이 국소성을 보장한다는 주장이 전혀 타당하지 않은 까닭은, 이들 관계가 측정 과정에 적용되지 않기 때문이다. 양자장론에서 측정이 일어나면, 붕괴가 일어나고 표준적인 비상대론적 양자역학이나 마찬가지로 벨의 부등식이 위배되는 성질을 감안하면 이 붕괴는 모든 공간에서 순간적으로 일어나야 한다. 따라서 "측정"은 여전히 문제며, 비국소성이 여전히 존재한다(아무래도 다세계 해석처럼 맹점을 이용하지 않는 한).

양자장론의 특수한 해석적 문제들에 관해서는, Laura Ruetsche 2011, Interpreting Quantum Theories (Oxford University Press)및 Paul Teller 1995, An Interpretive Introduction to Quantum Field Theory (Princeton University Press) 참고. 특히, 하그의 정리가 이론에 문제를 제기하는 듯하다.

384 시도는 현재진행형이다: 이런 이론들을 양자장론으로 확장하기는 어려우며, 부분적으로는 자체 일관성과 관련하여 양자장론에 존재하는 성가신 근간 문제들 때문이다(위 후주 참고).

386 "기능인이나 전문가가 아닌 진정한 진리 추구자로서 분별되는 징표": 알베르트 아인슈타인의 편지, 로버트 손턴에게, 1944년 12월 7일

부록 가장 이상한 실험에 관한 네 가지 관점

387 "우주의 작동 기제": Wheeler and Ford 1998, p. 334.

388 양방향에서 다르게 움직인다: 빔 분할기는 그 가운데에 반이 은으로 덮인 거울이 들어가서, 빛이 여기에 부딪치면 반은 통과하고 반은 튕겨 나간다. 아울러, 밑에서 들어오는 빔의 반이 오른쪽으로 튕겨 나가면, 빔 분할기가 이 반쪽 빔을 틀어서(180도 위상 이동) 왼쪽에서 통과해 들어오는 나머지 반쪽 빔과는 비동기화된 상태로 내보낸다.

389 "단일한 경로를 따라간다는 아이디어가 일체 무의미해진다": Wheeler and Ford 1998, p. 336.

390 "지금!—우리가 측정한 것 이상으로 타당하지 않습니다": 상동, p. 337. 강조 표기는 출처 그대로.

390 "불확정성이 확정성으로 붕괴": 상동, p. 338.

391 "지연-선택 실험에서 보았듯이" 양자물리학의 "정수"는 측정: 상동, p. 339. 강조 표기는 출처 그대로.

392 세계는 갈라지지 않는다: 다세계판 해석 대부분에서는 그와 같은 입자들이 존재하지 않으며, 자발붕괴론들 대부분의 형태에서도 마찬가지다. 따라서 "광자"라는 말을 쓰기가 약간 애매하지만, 정말 세심한 독자라면 그냥 "파속"으로 읽어도 된다.

참고문헌

저자가 진행한 인터뷰

Aharonov, Yakir. Vienna, Austria, October 24, 2015.
Albert, David. New York, NY, USA, February 4, 2015.
Albert, David. Telephone interview, May 17, 2017.
Aspect, Alain. Palaiseau, France, November 4, 2015.
Bell, Mary. Geneva, Switzerland, October 19 and 20, 2015.
Bertlmann, Reinhold. Vienna, Austria, November 2, 2015.
Bub, Jeffrey. Telephone interview, February 2 and 7, 2017.
Carroll, Sean. Malibu, CA, USA, November 14, 2015.
Clauser, John. Walnut Creek, CA, USA, August 12, 2015.
Emery, Nina. Telephone interview, May 5, 2017.
Esfeld, Michael. Geneva, Switzerland, October 21, 2015.
Fraser, Doreen. Waterloo, ON, Canada, May 24, 2017.
Gisin, Nicolas. Vienna, Austria, October 24, 2015.
Goldstein, Sheldon, and Nino Zanghì. New Brunswick, NJ, USA, February 3, 2015.
Grangier, Phillip. Palaiseau, France, November 4, 2015.
Hardy, Lucien. Waterloo, ON, Canada, May 23, 2017.
Hiley, Basil. London, UK, October 29, 2015.
Kaiser, David. Cambridge, MA, USA, January 19, 2016.
Leggett, Anthony. Telephone interview, May 4, 2017.
Leifer, Matthew. Vienna, Austria, October 24, 2015.
't Hooft, Gerard. Vienna, Austria, October 24, 2015.
Maudlin, Tim. New York, NY, USA, January 28, 2015.
Mermin, N. David. Ithaca, NY, USA, January 11 and 12, 2016.
Myrvold, Wayne. London, ON, Canada, May 24, 2017.
Nauenberg, Michael. Santa Cruz, CA, USA, August 6, 2015.
Ney, Alyssa. Davis, CA, USA, May 8, 2017.
Penrose, Roger. London, UK, October 27, 2015.

그 외의 인터뷰

Bohm, David. Interview by Lillian Hoddeson, May 8, 1981. Edgware, London, England.

Courtesy of the Niels Bohr Library & Archives, American Institute of Physics, College Park, MD, USA. https://www.aip.org/history-programs/niels-bohr-library/oral-histories/4513.

Bohm, David. Interview by Martin J. Sherwin, June 15, 1979, New York, NY, USA. Atomic Heritage Foundation, "Voices of the Manhattan Project." http://manhattanprojectvoices.org/oral-histories/david-bohms-interview. Accessed August 28, 2016.

Bohm, David. Interview by Maurice Wilkins, July 7, 1986. Courtesy of the Niels Bohr Library & Archives, American Institute of Physics, College Park, MD, USA. http://www.aip.org/history-programs/niels-bohr-library/oral -histories/32977-3. Accessed August 28, 2016.

Bohr, Niels. Interview by Thomas S. Kuhn, Aage Petersen, and Erik Rudinger, November 17, 1962, Copenhagen, Denmark. Courtesy of the Niels Bohr Library & Archives, American Institute of Physics, College Park, MD, USA. http://www.aip.org/history-programs/niels-bohr-library/oral-histories/4517-5. Accessed January 27, 2017.

Clauser, John. Interview by Joan Bromberg, May 20, 21, and 23, 2002, Walnut Creek, CA, USA. Courtesy of the Niels Bohr Library & Archives, American Institute of Physics, College Park, MD, USA. http://www.aip.org/history -programs/niels-bohr-library/oral-histories/25096. Accessed March 6, 2017.

DeWitt, Bryce and Cecile DeWitt-Morette. Interview by Kenneth W. Ford, February 28, 1995, Austin, TX, USA. Courtesy of the Niels Bohr Library & Archives, American Institute of Physics, College Park, MD, USA. http:// www.aip.org/history-programs/niels-bohr-library/oral-histories/23199. Accessed October 26, 2016.

Dirac, Paul. Interview by Thomas S. Kuhn, May 14, 1963. Cambridge, England. Courtesy of the Niels Bohr Library & Archives, American Institute of Physics, College Park, MD, USA. https://www.aip.org/history-programs/niels-bohr-library/oral-histories/4575-5. Part 5. Hiley, Basil. Interview by Olival Freire, January 11, 2008, Birkbeck College, London, England. Courtesy of the Niels Bohr Library & Archives, American Institute of Physics, College Park, MD, USA. https://www.aip.org/history-programs/niels-bohr-library/oral-histories/33822. Accessed, July 14, 2017.

Shimony, Abner. Interview by Joan Bromberg, September 9 and 10, 2002, Wellesley, MA, USA. Courtesy of the Niels Bohr Library & Archives, American Institute of Physics, College Park, MD USA. http://www.aip.org/history-programs/niels-bohr-library/oral-histories/25643. Accessed March 6, 2017.

Stern, Otto. Interview by Thomas S. Kuhn, May 29 and 30, 1962, Berkeley, CA, USA. Courtesy of the Niels Bohr Library & Archives, American Institute of Physics, College Park, MD, USA. http://www.aip.org/history-programs/niels-bohr-library/oral-histories/4904. Accessed October 26, 2016.

Whitman, Marina[von Neumann's daughter]. Interview by Gray Watson. January 30, 2011. https://web.archive.org/web/20110428125353/http://256.com/gray/docs/misc/conversation_with_marina_whitman.shtml.

Wigner, Eugene. Interview by Charles Weiner and Jagdish Mehra, November 30, 1966, Princeton, NJ, USA. Courtesy of the Niels Bohr Library & Archives, American Institute of Physics, College Park, MD, USA. http://www.aip.org/history-programs/niels-bohr-library/oral-histories/4964. Accessed April 6, 2016.

관련 문헌

Abers, Ernest S. 2004. Quantum Mechanics. Pearson.
Albert, David. 2013. Lecture at the UCSC Institute for the Philosophy of Cosmology. http://youtu.be/gjvNkPmaILA? t=1h28m40s.
Anderson, P. W. 2001. "Science: A 'Dappled World' or a 'Seamless Web'?" Studies in History and Philosophy of Modern Physics 32:487–494.
Andersen, Ross. 2012. "Has Physics Made Philosophy and Religion Obsolete?"Atlantic, April 23. https://www.theatlantic.com/technology/archive/2012/04/has-physics-made-philosophy-and-religion-obsolete/256203/. Accessed July 28, 2017.
Arndt, Markus, et al. 1999. "Wave-Particle Duality of C60 molecules." Nature 401 (October 14): 680–682. doi:10.1038/44348.
Ayer, A. J. 1982. Philosophy in the Twentieth Century. Vintage.
Bacciagaluppi, Guido, and Antony Valentini. 2009. Quantum Theory at the Crossroads: Reconsidering the 1927 Solvay Conference. arXiv:quant-ph/0609184v2.
Ball, Philip. 2013. Serving the Reich: The Struggle for the Soul of Physics Under Hitler. Vintage.
Ballentine, Leslie E., et al. 1971. "Quantum-Mechanics Debate." Physics Today 24 (4). doi:10.1063/1.3022676.
Barnett, Lincoln. 1949. The Universe and Dr. Einstein. Victor Gollancz.
Barrett, Jeffrey Alan, and Peter Byrne, eds. 2012. The Everett Interpretation of Quantum Mechanics: Collected Works 1955–1980 with Commentary. Princeton University Press.
Bassi, Angelo, et al. 2013. "Models of Wave-Function Collapse, Underlying Theories, and Experimental Tests." Reviews of Modern Physics 85 (2). doi:10.1103/RevModPhys.85.471.
Bell, John S. 1964. "On the Einstein-Podolsky-Rosen Paradox." Physics 1:195–200. Reprinted in Bell 2004.
———. 1966. "On the Problem of Hidden Variables in Quantum Mechanics." Reviews of Modern Physics 38:447–452. Reprinted in Bell 2004.
———. 1980. "Bertlmann's Socks and the Nature of Reality." CERN Preprint CERN-TH-2926. https://cds.cern.ch/record/142461?ln=en.
———. 1981. "Bertlmann's Socks and the Nature of Reality." Journal de Physique, Seminar C2, suppl., 42 (3): C2 41–61. Reprinted in Bell 2004.
———. 1990. "Indeterminism and Non Locality." Talk given in Geneva, January 22, 1990. https://cds.cern.ch/record/1049544?ln=en, accessed July 21, 2017. Transcript: http://www.quantumphil.org./Bell-indeterminism-and-nonlocality.pdf.
———. 2004. Speakable and Unspeakable in Quantum Mechanics. 2nd ed. Cambridge

University Press.

Bell, John, Antoine Suarez, Herwig Schopper, J. M. Belloc, G. Cantale, John Layter, P. Veija, and P. Ypes. 1990. "Indeterminism and Non Locality." Talk given at Center of Quantum Philosophy of Geneva, January 22. http://cds.cern.ch/record/1049544?ln=en. Transcript, http://www.quantumphil.org./Bell-indeterminism-and-nonlocality.pdf.

Beller, Mara. 1999a. "Jocular Commemorations: The Copenhagen Spirit." Osiris 14:252–273.

———. 1999b. Quantum Dialogue: The Making of a Revolution. University of Chicago Press.

Bernstein, Jeremy. 1991. Quantum Profiles. Princeton University Press.

———. 2001. Hitler's Uranium Club: The Secret Recordings at Farm Hall. 2nd ed. Copernicus.

Bertlmann, R. A., and A. Zeilinger, eds. 2002. Quantum [Un]speakables: From Bell to Quantum Information. Springer.

Bird, Kai, and Martin J. Sherwin. 2005. American Prometheus: The Triumph and Tragedy of J. Robert Oppenheimer. Vintage.

Blackmore, John T. 1972. Ernst Mach; His Work, Life, and Influence. University of California Press.

Bohm, David. 1957. Causality and Chance in Modern Physics. Harper Torchbooks ed. Harper and Row.

Bohr, Niels. 1934. Atomic Theory and the Description of Nature. Cambridge University Press.

———. 1949. "Discussion with Einstein on Epistemological Problems in Atomic Physics." In Schilpp 1949, 201–241.

———. 2013. Collected Works. Vol. 7, Foundations of Quantum Physics II (1933–1958). Edited by J. Kalckar. Elsevier.

Born, Max. 1978. My Life: Recollections of a Nobel Laureate. Scribner's Sons.

———. 2005. The Born-Einstein Letters: Friendship, Politics and Physics in Uncertain Times. Macmillan.

Bricmont, Jean. 2016. Making Sense of Quantum Mechanics. Springer International.

Bridgman, Percy W. 1927. The Logic of Modern Physics. Macmillan.

Bub, Jeffrey. 1999. Interpreting the Quantum World. Rev. ed. Cambridge University Press.

Byrne, Peter. 2010. The Many Worlds of Hugh Everett III: Multiple Universes, Mutual Assured Destruction, and the Meltdown of a Nuclear Family. Oxford University Press.

Camilleri, Kristian. 2009. "A History of Entanglement: Decoherence and the Interpretation Problem." Studies in History and Philosophy of Modern Physics 40:290–302.

Cao, Chunjun, Sean M. Carroll, and Spyridon Michalakis. 2016. "Space from Hilbert Space: Recovering Geometry from Bulk Entanglement." https://arxiv.org/abs/1606.08444.

Cassidy, David. 1991. Uncertainty: The Life and Science of Werner Heisenberg. W. H. Freeman.

———. 2009. Beyond Uncertainty: Heisenberg, Quantum Physics, and the Bomb. Bellevue Literary Press.

Chopra, Deepak. 1995. "Interviews with People Who Make a Difference: Quantum Healing," by Daniel Redwood. Healthy.net. http://www.healthy.net/scr/interview.aspx?Id=167.

Accessed September 20, 2017.

Clauser, John F. 1969. "Proposed Experiment to Test Local Hidden-Variable Theories." Bulletin of the American Physical Society 14:578.

———. 2002. "Early History of Bell's Theorem." In Bertlmann and Zeilinger 2002, 61–98.

Clauser, John F., Michael A. Horne, Abner Shimony, and Richard A. Holt. 1969. "Proposed Experiment to Test Local Hidden-Variable Theories." Physical Review Letters 23:880–884. doi:10.1103/PhysRevLett.23.880.

Cushing, James. 1994. Quantum Mechanics: Historical Contingency and the Copenhagen Hegemony. University of Chicago Press.

Dahms, Hans-Joachim. 1996. "Vienna Circle and French Enlightenment: A Comparison of Diderot's Encyclopédie with Neurath's International Encyclopedia of Unified Science." In Encyclopedia and Utopia: The Life and Work of Otto Neurath (1882–1945), edited by E. Nemeth and Friedrich Stadler, 53–61. Springer. de Boer, Jorrit, Erik Dal, and Ole Ulfbeck, eds. 1986. The Lesson of Quantum Theory. Elsevier.

Derman, Emanuel. 2012. "2012: What Is Your Favorite Deep, Elegant, or Beautiful Explanation?" Edge. https://www.edge.org/responses/what-is-your-favorite-deep-elegant-or-beautiful-explanation. Accessed July 28, 2017.

Deutsch, D. 1985. "Quantum Theory, the Church-Turing Principle, and the Universal Quantum Computer." Proceedings of the Royal Society of London A 400:97–117.

DeWitt, Bryce S. 1970. "Quantum Mechanics and Reality." Physics Today 23 (9): 30–35. doi:10.1063/1.3022331.

DeWitt-Morette, Cécile. 2011. The Pursuit of Quantum Gravity: Memoirs of Bryce DeWitt from 1946 to 2004. Springer.

Discussion Sections at Symposium on the Foundations of Modern Physics: The Copenhagen Interpretation 60 Years after the Como Lecture. 1987.

Dresden, Max. 1991. "Letters: Heisenberg, Goudsmit and the German 'A-Bomb.'" Physics Today 44 (5): 92–94. doi:10.1063/1.2810103.

Einstein, Albert. 1949a. "Autobiographical Notes." In Schilpp 1949, 2–94.

———. 1949b. "Reply to Criticisms." In Schilpp 1949, 665–688.

———. 1953. "Elementary Considerations on the Interpretation of the Foundations of Quantum Mechanics." Translated by Dileep Karanth. http://arxiv.org/abs/1107.3701.

Ellis, George, and Joe Silk. 2014. "Defend the Integrity of Physics." Nature 516 (December 18): 321–323. doi:10.1038/516321a.

Faye, Jan. 2007. "Niels Bohr and the Vienna Circle." Preprint. http://philsci-archive.pitt.edu/3737/. Accessed December 23, 2016.

Feldmann, William, and Roderich Tumulka. 2012. "Parameter Diagrams of the GRW and CSL Theories of Wavefunction Collapse." Journal of Physics A: Mathematical and Theoretical 45 (2012) 065304 (13pp.). doi:10.1088/1751-8113/45/6/065304.

Fermi, Laura. 1954. Atoms in the Family: My Life with Enrico Fermi. University of Chicago Press.

Feynman, Richard P. 1982. "Simulating Physics with Computers." International Journal of

Theoretical Physics 21 (6/7): 467–488.

———. 2005. Perfectly Reasonable Deviations from the Beaten Path. Edited by Michelle Feynman. Basic Books.

"Feynman: Knowing Versus Understanding." YouTube. Posted by Teh Physicalist, May 17, 2012. https://www.youtube.com/atch?v=NM-zWTU7X-k.

———. 2015. The Quantum Dissidents: Rebuilding the Foundations of Quantum Mechanics. Springer-Verlag.

Feynman, Richard, Robert B. Leighton, and Matthew L. Sands. 1963. The Feynman Lectures on Physics. Vol. 1. Basic Books.

Fine, Arthur. 1996. The Shaky Game. 2nd ed. University of Chicago Press.

Forman, Paul. 1971. "Weimar Culture, Causality, and Quantum Theory: Adaptation by German Physicists and Mathematicians to a Hostile Environment." Historical Studies in the Physical Sciences 3:1–115.

———. 1987. "Behind Quantum Electronics: National Security as Basis for Physical Research in the United States, 1940–1960." Historical Studies in the Physical and Biological Sciences 18 (1): 149–229.

Freedman, Stuart J., and John F. Clauser. 1972. "Experimental Test of Local Hidden-Variable Theories." Physical Review Letters 28:938–941. doi:10.1103/PhysRevLett.28.938.

Freire, Olival, Jr. 2009. "Quantum Dissidents: Research on the Foundations of Quantum Theory Circa 1970." Studies in History and Philosophy of Modern Physics 40:280–289. doi:10.1016/j.shpsb.2009.09.002.

French, A. P., and P. J. Kennedy, eds. 1985. Niels Bohr: A Centenary Volume. Harvard University Press.

Galison, Peter. 1990. "Aufbau/Bauhaus: Logical Positivism and Architectural Modernism." Critical Inquiry 16:709–752.

Gamow, George. 1988. The Great Physicists from Galileo to Einstein. Dover.

Gardner, Martin. 2001. "Multiverses and Blackberries." Skeptical Inquirer, September/October 2001. http://www.csicop.org/si/show/multiverses_and_blackberries. Accessed July 24, 2017.

Ghirardi, G. C., A. Rimini, and T. Weber. 1986. "Unified Dynamics for Microscopic and Macroscopic Systems." Physical Review D 34:470.

Gisin, Nicolas. 2002. "Sundays in a Quantum Engineer's Life." In Bertlmann and Zeilinger 2002, 199–207.

Godfrey-Smith, Peter. 2003. Theory and Reality: An Introduction to the Philosophy of Science. University of Chicago Press.

Gottfried, Kurt, and N. David Mermin. 1991. "John Bell and the Moral Aspect of Quantum Mechanics." Europhysics News 22 (4): 67–69.

Goudsmit, Samuel. 1947. Alsos. AIP Press.

———. 1973. "Important Announcement Regarding Papers About Fundamental Theories." Physical Review D 8:357.

Gould, Elizabeth S., and Niyaesh Afshordi. 2014. "A Non-local Reality: Is There a Phase

Uncertainty in Quantum Mechanics?" https://arxiv.org/abs/1407.4083.
Griffiths, David J. 2005. Introduction to Quantum Mechanics. 2nd ed. Pearson Education.
Hahn, Hans, Rudolf Carnap, and Otto Neurath. 1973. "The Scientific Conception of the World: The Vienna Circle." In Neurath 1973, 299–318.
Hawking, Stephen. 1988. A Brief History of Time. Bantam Dell.
———. 1999. "Does God Play Dice?" http://www.hawking.org.uk/does-god-play-dice.html. Accessed March 18, 2016.
Hearings Before the Committee on Un-American Activities, House of Representatives. 1949. Eighty-First Congress, First Session (March 31 and April 1). Statement of David Bohm.
Heidegger, Martin. 1996. Being and Time: A Translation of "Sein und Zeit." Translated by Joan Stambaugh. State University of New York Press.
———. 1999. Contributions to Philosophy from Enowning. Translated by Parvis Emad and Kenneth Maly. Indiana University Press.
Heilbron, John L. 1985. "The Earliest Missionaries of the Copenhagen Spirit." Revue d'histoire des sciences 38 (3–4): 195–230. doi:10.3406/rhs.1985.4005.
Heisenberg, Werner. 1958. Physics and Philosophy. Harper Torchbooks, ed. Harper and Row.
———. 1971. Physics and Beyond. HarperCollins.
Holton, Gerald. 1988. Thematic Origins of Scientific Thought. Rev. ed. Harvard University Press.
———. 1998. The Advancement of Science, and Its Burdens. Harvard University Press.
Howard, Don. 1985. "Einstein on Locality and Separability." Studies in History and Philosophy of Science 16:171–201.
———. 1990. " 'Nicht sein kann was nicht sein darf,' or the Prehistory of EPR, 1909–1935: Einstein's Early Worries About the Quantum Mechanics of Composite Systems." In Sixty-Two Years of Uncertainty: Historical, Philosophical, and Physical Inquiries into the Foundations of Quantum Mechanics, edited by Arthur I. Miller, 61–111. Plenum Press.
———. 2004. "Who Invented the 'Copenhagen Interpretation'? A Study in Mythology." Philosophy of Science 71 (5): 669–682.
———. 2007. "Revisiting the Einstein-Bohr Dialogue." Iyyun: The Jerusalem Philosophical Quarterly 56:57–90.
———. 2015. "Einstein's Philosophy of Science." In The Stanford Encyclopedia of Philosophy, Winter 2015 ed., edited by Edward N. Zalta. http://plato.stanford.edu/archives/win2015/entries/einstein-philscience/.
Huff, Douglas, and Omer Prewett, eds. 1979. The Nature of the Physical Universe: 1976 Nobel Conference. Wiley.
Incandenza, James O. 1997. Kinds of Light. Meniscus Films.
Interagency Working Group on Quantum Information Science of the Subcommittee on Physical Sciences. 2016. Advancing Quantum Information Science: National Challenges and Opportunities. Joint report of the Committee on Science and Committee on Homeland and National Security of the National Science and Technology Council. July.

https://www.whitehouse.gov/sites/whitehouse.gov/files/images/Quantum_Info_Sci_Report_2016_07_22%20final.pdf. Accessed July 14, 2017.

Isaacson, Walter. 2007. Einstein: His Life and Universe. Simon and Schuster.

Jaki, Stanley L. 1978. "Johann Georg von Soldner and the Gravitational Bending of Light, with an English Translation of His Essay on It Published in 1801." Foundations of Physics 8 (11/12): 927–950.

Jammer, Max. 1974. The Philosophy of Quantum Mechanics. John Wiley & Sons.

———. 1989. The Conceptual Development of Quantum Mechanics. 2nd ed. Tomash.

Kaiser, David. 2002. "Cold War Requisitions, Scientific Manpower, and the Production of American Physicists After World War II." Historical Studies in the Physical and Biological Sciences 33 (1): 131–159.

———. 2004. "The Postwar Suburbanization of American Physics." American Quarterly 56 (4): 851–888.

———. 2007. "Turning Physicists into Quantum Mechanics." Physics World, May, 28–33.

———. 2011. How the Hippies Saved Physics: Science, Counterculture, and the Quantum Revival. W. W. Norton.

———. 2012. "Booms, Busts, and the World of Ideas: Enrollment Pressures and the Challenge of Specialization." Osiris 27 (1): 276–302.

———. 2014. "History: Shut Up and Calculate!" Nature 505 (January 9): 153–155. doi:10.1038/505153a.

Keller, Evelyn Fox. 1979. "Cognitive Repression in Contemporary Physics." American Journal of Physics 47 (8): 718–721.

Kennefick, Daniel. 2005. "Einstein Versus the Physical Review." Physics Today 58 (9): 43–48. doi:10.1063/1.2117822.

Kuhn, Thomas S. 1996. The Structure of Scientific Revolutions. 3rd ed. University of Chicago Press.

———. 2000. The Road Since Structure. Edited by James Conant and John Haugeland. University of Chicago Press.

Kumar, Manjit. 2008. Quantum: Einstein, Bohr, and the Great Debate About the Nature of Reality. Icon Books.

Lang, Daniel. 1953. "A Farewell to String and Sealing Wax." Reprinted in From Hiroshima to the Moon: Chronicles of Life in the Atomic Age, by Daniel Lang, 215–246. Simon and Schuster, 1959.

———. 1959. From Hiroshima to the Moon: Chronicles of Life in the Atomic Age. Simon and Schuster.

Levenson, Thomas. 2015. The Hunt for Vulcan. Random House.

Lindley, David 2001. Boltzmann's Atom. Free Press.

———. 2007. Uncertainty: Einstein, Heisenberg, Bohr, and the Struggle for the Soul of Science. Anchor. Ma, Xiao-Song, et al. 2012. "Quantum Teleportation over 143 Kilometres Using Active Feed-Forward." Nature 489 (September 13): 269–273. doi:10.1038/nature11472.

Mann, Charles, and Robert Crease. 1988. "Interview: John Bell." OMNI, May, 85–92, 121.
Marcum, James A. 2015. Thomas Kuhn's Revolutions. Bloomsbury.
Margenau, Henry. 1950. The Nature of Physical Reality: A Philosophy of Modern Physics. McGraw-Hill.
———. 1954. "Advantages and Disadvantages of Various Interpretations of the Quantum Theory." Physics Today 7 (10): 6–13. doi:10.1063/1.3061432.
———. 1958. "Philosophical Problems Concerning the Meaning of Measurement in Physics." Philosophy of Science 25 (1): 23–33. doi:10.1086/287574.
Maudlin, Tim. 2002. Quantum Non-locality and Relativity. 2nd ed. Blackwell.
Maxwell, Grover. 1962. "The Ontological Status of Theoretical Entities." Minnesota Studies in the Philosophy of Science 3:3–27.
Mencken, H. L. 1917. "The Divine Afflatus." New York Evening Mail, November 16.
Mermin, N. David. 1985. "Is the Moon There When Nobody Looks? Reality and the Quantum Theory." Physics Today 38 (4): 38–47.
———. 1990. Boojums All the Way Through: Communicating Science in a Prosaic Age. Cambridge University Press.
———. 1993. "Hidden Variables and the Two Theorems of John Bell." Reviews of Modern Physics 65 (3): 803–815.
———. 2004a. "What's Wrong with This Quantum World?" Physics Today, February, 10–11.
———. 2004b. "Could Feynman Have Said This?" Physics Today 57 (5): 10–11. doi:http://dx.doi.org/10.1063/1.1768652.
Mersini-Houghton, Laura. 2008. "Thoughts on Defining the Multiverse." https://arxiv.org/abs/0804.4280.
Miller, Arthur I. 2012. Insights of Genius: Imagery and Creativity in Science and Art. Springer.
Misner, Charles W. 2015. "A One-World Formulation of Quantum Mechanics." Physica Scripta 90 (088014), 6pp.
Misner, Charles W., Kip S. Thorne, and Wojciech H. Zurek. 2009. "John Wheeler, Relativity, and Quantum Information." Physics Today, April, 40–46.
National Aeronautics and Space Administration. 2013. "Wilkinson Microwave Anisotropy Probe." https://map.gsfc.nasa.gov/. Accessed July 24, 2017.
Neurath, Otto. 1973. Empiricism and Sociology. Reidel.
New York Times. 1935. "Einstein Attacks Quantum Theory." Science Service, May 4, p. 11.
New York Times. 1935. "Statement by Einstein," May 7, p. 21.
Nielsen, Michael A., and Isaac L. Chuang. 2000. Quantum Computation and Quantum Information. Cambridge University Press.
Norsen, Travis. 2007. "Against 'Realism.'" Foundations of Physics 37 (3): 311–340. doi:10.1007/s10701-007-9104-1.
Norsen, Travis, and Sarah Nelson. 2013. "Yet Another Snapshot of Foundational Attitudes Toward Quantum Mechanics." arXiv:1306.4646.
Norton, John D. 2015. "Relativistic Cosmology." http://www.pitt.edu/~jdnorton/teaching/HPS_0410/chapters_2017_Jan_1/relativistic_cosmology/index.html. Accessed July 24,

2017.

O'Connor, J. J., and E. F. Robertson. 2003. "Erwin Rudolf Josef Alexander Schrödinger." http://www-groups.dcs.st-and.ac.uk/~history/Biographies/Schrödinger.html. Accessed September 25, 2017.

Olwell, Russell. 1999. "Physical Isolation and Marginalization in Physics: David Bohm's Cold War Exile." Isis 90 (4): 738–756.

Ouellette, Jennifer. 2005. "Quantum Key Distribution." Industrial Physicist, January/February, 22–25. https://people.cs.vt.edu/~kafura/cs6204/Readings/QuantumX/QuantumKeyDistribution.pdf. Accessed July 14, 2017.

Pais, Abraham. 1991. Niels Bohr's Times in Physics, Philosophy, and Polity. Oxford University Press.

Pauli, Wolfgang. 1921. Theory of Relativity. Translated by G. Field. Dover.

———. 1994. Writings on Physics and Philosophy. Edited by Charles P. Enz and Karl von Meyenn. Translated by Robert Schlapp. Springer-Verlag.

Pearle, Philip. 2009. "How Stands Collapse II." In Quantum Reality, Relativistic Causality, and Closing the Epistemic Circle, edited by W. C. Myrvold and J. Christian, 257–292. Springer.

Peat, F. David. 1997. Infinite Potential: The Life and Times of David Bohm. Addison Wesley Longman.

Pigliucci, Massimo. 2014. "Neil deGrasse Tyson and the Value of Philosophy." Scientia Salon, May 12. https://scientiasalon.wordpress.com/2014/05/12/neil-degrasse-tyson-and-the-value-of-philosophy/. Accessed July 28, 2017.

Powers, Thomas. 2001. "Heisenberg in Copenhagen: An Exchange." New York Review of Books, February 8, 2001.

Putnam, Hilary. 1965. "A Philosopher Looks at Quantum Mechanics." In Putnam 1979, 130–158.

———. 1979. Mathematics, Matter, and Method. 2nd ed. Cambridge University Press.

Quine, Willard Van Orman. 1953. From a Logical Point of View. Harper Torchbooks ed. Harper and Row.

———. 1976. The Ways of Paradox. Harvard University Press.

———. 2008. Quine in Dialogue. Edited by Dagfinn Føllesdal and Douglas B. Quine. Harvard University Press.

Reichenbach, Hans. 1944. Philosophic Foundations of Quantum Mechanics. Dover.

Reisch, George. 2005. How the Cold War Transformed Philosophy of Science: To the Icy Slopes of Logic. Cambridge University Press.

Rhodes, Richard. 1986. The Making of the Atomic Bomb. Simon and Schuster.

Rosenfeld, L. 1963. "On Quantization of Fields." Nuclear Physics 40:353.

Ruetsche, Laura. 2011. Interpreting Quantum Theories. Oxford University Press.

Sarkar, Sahotra, ed. 1996a. Science and Philosophy in the Twentieth Century. Vol. 1, The Emergence of Logical Positivism. Garland.

———, ed. 1996b. Science and Philosophy in the Twentieth Century. Vol. 5, Decline and

Obsolescence of Logical Positivism. Garland.

Schiff, Leonard I. 1955. Quantum Mechanics. 2nd ed. McGraw-Hill.

Schilpp, Paul Arthur, ed. 1949. Albert Einstein: Philosopher-Scientist. MJF Books.

Schlosshauer, Maximilian, ed. 2011. Elegance and Enigma: The Quantum Interviews. Springer.

Schlosshauer, Maximillian, et al. 2013. "A Snapshot of Foundational Attitudes Toward Quantum Mechanics." arXiv:1301.1069.

Seevinck, M. P. 2012. "Challenging the Gospel: Grete Hermann on von Neumann's No-Hidden-Variables Proof." Radboud University, Nijmegen, the Netherlands. http://mpseevinck.ruhosting.nl/seevinck/Aberdeen_Grete_Hermann2.pdf. Accessed September 20, 2017.

Shimony, Abner. 1963. "Role of the Observer in Quantum Theory." American Journal of Physics 31:755–773. doi:10.1119/1.1969073.

Sigurdsson, Skúli. 1990. "The Nature of Scientific Knowledge: An Interview with Thomas S. Kuhn." Harvard Science Review, Winter, 18–25. http://www.edition-open-access.de/proceedings/8/3/index.html.

Sivasundaram, Sujeevan, and Kristian Hvidtfelt Nielsen. 2016. "Surveying the Attitudes of Physicists Concerning Foundational Issues of Quantum Mechanics." arXiv:1612.00676.

Smart, J. J. C. 1963. Philosophy and Scientific Realism. Routledge and Kegan Paul.

Smyth, Henry D. 1951. "The Stockpiling and Rationing of Scientific Manpower." Physics Today 4 (2): 18. doi:10.1063/1.3067145.

Sommer, Christoph. 2013. "Another Survey of Foundational Attitudes Towards Quantum Mechanics." arXiv:1303.2719.

Stadler, Friedrich. 2001. "Documentation: The Murder of Moritz Schlick." In The Vienna Circle: Studies in the Origins, Development, and Influence of Logical Empiricism, edited by Friedrich Stadler, 866–909. Springer.

Stanford Daily. 1928. "Dr. Moritz Schlick to Be Visiting Professor Next Summer Quarter," July 31, p. 1. http://stanforddailyarchive.com/cgi-bin/stanford?a=d&d=stanford19280731-01.2.6.

Talbot, Chris, ed. 2017. David Bohm: Causality and Chance, Letters to Three Women. Springer.

Tegmark, Max. 1997. "The Interpretation of Quantum Mechanics: Many Worlds or Many Words?" arXiv:quant-ph/9709032.

Teller, Paul. 1995. An Interpretive Introduction to Quantum Field Theory. Princeton University Press.

Thorne, Kip. 1994. Black Holes and Time Warps: Einstein's Outrageous Legacy. W. W. Norton.

Von Neumann, John. 1955. Mathematical Foundations of Quantum Mechanics. Translated by Robert T. Beyer. Princeton University Press.

Warman, Matt. 2011. "Stephen Hawking Tells Google 'Philosophy Is Dead.'" Telegraph, May 17. http://www.telegraph.co.uk/technology/google/8520033/Stephen-Hawking-tells-

Google-philosophy-is-dead.html. Accessed July 28, 2017.

Weinberg, Steven. 2003. The Discovery of Subatomic Particles. 2nd ed. Cambridge University Press.

———. 2012. "Collapse of the State Vector." Physical Review A 85, 062116.

———. 2013. Lectures on Quantum Mechanics. Cambridge University Press.

———. 2014. "Quantum Mechanics Without State Vectors." arXiv:1405.3483.

Werkmeister, William H. 1936. "The Second International Congress for the Unity of Science." Philosophical Review 45 (6): 593–600.

Wheeler, John A. 1957. "Assessment of Everett's 'Relative State' Formulation of Quantum Theory." In Barrett and Byrne 2012, 197–202.

———. 1985. "Physics in Copenhagen in 1934 and 1935." In French and Kennedy 1985, 221–226.

Wheeler, John A., and Kenneth Ford. 1998. Geons, Black Holes, and Quantum Foam: A Life in Physics. W. W. Norton.

Wheeler, John A., and Wojciech H. Zurek, eds. 1983. Quantum Theory and Measurement. Princeton University Press.

Whitaker, Andrew. 2012. The New Quantum Age: From Bell's Theorem to Quantum Computation and Teleportation. Oxford University Press.

———. 2016. John Stewart Bell and Twentieth-Century Physics. Oxford University Press.

Wick, W. David. 1995. The Infamous Boundary. Copernicus.

Wigner, E. P. 1963. "Problem of Measurement." American Journal of Physics 31 (1): 6–15.

Wigner, Eugene, and Andrew Szanton. 1992. The Recollections of Eugene P. Wigner: As Told to Andrew Szanton. Plenum Press.

Wise, M. Norton. 1994. "Pascual Jordan: Quantum Mechanics, Psychology, National Socialism." In Science, Technology, and National Socialism, edited by Monika Renneberg and Mark Walker. Cambridge University Press.

Zeh, H. Dieter. 2002. "Decoherence: Basic Concepts and Their Interpretation." https://arxiv.org/abs/quant-ph/9506020.

———. 2006. "Roots and Fruits of Decoherence." arXiv:quant-ph/0512078v2.

Zeilinger, Anton. 2005. "The Message of the Quantum." Nature 438 (December 8): 743.

Zurek, W. H. 1981. "Pointer Basis of Quantum Apparatus: Into What Mixture Does the Wave Packet Collapse?" Physical Review D 24 (6): 1516–1525.

———. 1991. "Decoherence and the Transition from Quantum to Classical." Physics Today 44 (October): 36–44.

찾아보기

1938년 합병, 99, 244
1956년 헝가리 봉기, 165
1957년 채플힐 학회에서, 189-190, 335
CERN(유럽입자물리학연구소), 202-203, 327
CHSH 논문, 279
E=mc², 47
EPR 논문과 사고실험, 86-94, 159, 162, 208-210, 220, 227, 239, 264, 275, 301-302, 319
    논문 작성, 88
GRW 모형, 323

가드너, 마틴, 351
가르보, 그레타, 100
가모프, 조지, 56, 150
가이거 계수기, 18, 177
갈릴레오, 23
감마선, 64, 67
강한 핵력, 107
게임 이론, 171, 189, 350
겔만, 머리, 342
결깨짐, 269, 283-284, 291, 309, 312-317, 391
    결깸역사, 342
    단독으로 측정 문제를 해결할 수 없음, 315-316, 319
결정론, 37, 74, 93, 175, 180, 258, 320, 346-349. 초결정론 항목을 참조.
경험주의, 231, 234
「경험주의의 두 가지 도그마」(콰인), 231, 234
계산, 124, 259, 268, 291, 300, 334, 354, 369, 373. 닥치고 계산 항목 참조.
고등과학원, 99, 131

고유상태, 60
고전물리학, 25, 35, 58, 76, 153, 175-176, 257, 308, 360-362, 370. 코펜하겐 해석(고전적 개념에서 측정 장치), 아이작 뉴턴, 양자물리학(크거나 작은 물체를 구분) 항목 참조.
고체물리학, 126, 160, 223
고트프리트, 쿠르트, 325
공산주의, 137-138, 156, 166, 194, 245, 288
「과학 혁명의 구조」(쿤), 228, 249
과학, 67, 220, 228, 233, 352
    거대 과학, 123-124
    과학의 작동 방식, 374-375
    완전무결성, 304
    과학철학, 151, 224, 237, 240, 246, 251, 352, 360
    국소성, 211-212
    독일 과학, 98
    문화, 382
    미국 내 과학자들의 비과학적인 활동, 121
    순진무구한 관점, 374-375
    실재의 본질, 20, 22, 46-50, 134, 380-381
    유사 과학과 대립, 376-377, 381
    정치, 288-289, 372-373, 376-377
    통일, 233-235, 245
    편견, 373-375
    논리실증주의, 철학(물리학자), 패러다임, 항목을 참조.
거스, 앨런, 344
「과학적 세계이해: 빈 학단」, 230-231
관념론 (독일), 230-231, 234, 368, 385
관측가능/관측불가능, 19, 47-49, 53, 78, 144, 177, 228, 232-233, 236-237, 248-253, 345
광자, 50-51, 46-47, 243, 266, 360
    지연-선택 사고실험, 387-393

찾아보기   **451**

광자
  얽힘, 207-211, 216-217, 222, 279, 293-295, 318-319, 360
  이중 슬릿 실험 항목을 참조,
광전 효과, 51
광학연구소, 295
교재, 123, 140-141, 154, 175, 199, 208, 242, 328, 370
구글, 309
구드스미스, 사무엘, 121-123, 292
국립과학재단(NSF), 170
국소성/비국소성, 81-82, 87-89, 159, 163, 207, 210-212, 217-222, 280, 287, 302, 319-320, 325-326, 360, 382
  EPR 논문, 빛의 속도, 상대론, 얽힘 항목을 참조.
국소적 숨은 변수 이론의 실험 검증 제안(클라우저), 278
국제 물리학회(코모 호수), 65-68, 106
『국제 통일과학 백과전서』, 236, 249, 359
국제 통일과학 학회, 236, 240
군산복합체, 121, 286, 335
  지원금(군에서) 항목을 참조.
그랑지에, 필리프, 296
그레이엄, 닐 337
그레이엄, 로렌, 157
그로브스, 레슬리 장군, 111
그로스만, 마르셀, 332
그리피스, 로버트 342
그린, 브라이언, 344
근본물리그룹, 286, 288, 306
글리슨, 앤드류, 203
기라르디, 지안카를로, 323
기후 변화, 352
길이 수축, 46, 상대론(시공간) 항목 참조.
끈 이론, 345-346, 350, 382

ⓛ

나우엔베르크, 마이클, 130

나치, 125, 234, 244. 독일 항목을 참조.
내시, 존, 171
냉전, 95, 191, 245, 286
《네이처》, 158, 352
넬뵈크, 요한, 244
노벨, 알프레드, 71, 326-327
노벨상, 43, 68, 71, 101, 112, 160, 223, 240, 270-272, 280-281, 305, 317, 336, 342, 362-363
노이라트, 오토, 229, 236, 241(사진), 245, 359
논리경험주의, 245, 365. 논리실증주의 항목 참조.
논리실증주의, 78, 81, 106, 151-152, 228, 231, 288, 319, 345, 351, 365, 368
  선언문 관련, 230-231, 234, 238
  전복, 224, 256, 259
《뉴욕 타임즈》, 87
뉴턴물리학, 고전물리학 항목을 참조.
뉴턴, 아이작, 35-36, 47, 86, 133, 332, 354-355
니켈, 108
닉슨, 리처드, 139

다세계 해석, 176-180, 190, 219, 222, 258, 269, 284, 313-314, 328, 337-340, 352, 356, 382-383
  지연-선택 사고실험, 391-392
  파동함수 붕괴, 346
  확률, 347-348, 350
  에버렛 3세 항목을 참조.
다윈, 찰스 (물리학자), 93
다윈, 찰스 (생물학자), 382
다이슨, 프리먼, 160, 365
닥치고 계산하라, 22, 286, 310, 369, 373
달리바르, 장, 296
대학교 커리큘럼, 123-124, 366
더크비츠, 게오르크, 118
데스파냐, 베르나르, 283, 285, 287, 292, 306
덴마크 학술원, 55
덴마크, 118, 192

452

도구주의, 233, 246, 253-255, 364
도넌, 프레더릭, 55
도모나가 신이치로, 160
도이치, 데이비드, 307, 313, 341
독일, 99-100, 110
    과학자들의 이민, 99
    무장돌격대, 118
    바이마르 공화국, 78, 97
    핵 프로그램, 113-114, 124
    나치, 제2차 세계 대전 항목을 참조.
돕스, 해럴드, 141, 143
동시에 두 장소에 존재, 15, 20, 322, 390
듀드니, 크리스, 310
드레스덴, 막스, 131-133
드브로이, 루이, 72(사진), 74, 226, 265
    파일럿파, 74, 149-150, 154-155, 159
디랙, 폴, 68, 72, 90, 160, 195, 226
디에브너, 쿠르트, 115
디윗, 브라이스, 187, 190, 283, 329-330, 337,
    329-330, 337, 338-339, 341
디윗-모레트 학회, 337

ㄹ

라마, 헤디, 359
라이슬러, 돈, 340
라이프치히, 대학교, 54, 64, 65
라이헨바흐, 한스, 235, 244
란데, 알프레드, 94
랑주뱅, 폴, 74
러더퍼드, 어니스트, 42
런던, 프리츠, 105
레깃, 앤서니 경, 363
레나르트, 필리프, 112
레이저, 281, 287, 295, 387-389
로버트슨, 하워드 퍼시, 335
로스앨러모스, 뉴멕시코, 113, 119, 138
로위, 해나, 139
로제, 제라르, 296
로젠, 네이선, 86, 164, 195, 227, 334

로젠펠트 레온, 77, 90, 106, 153, 158-159, 192-
    193, 270, 272, 345, 365
록펠러 대학교, 289-291
루스벨트, 프랭클린, 110
뤼딩거, 에릭, 226
르베리에, 위르뱅, 354
리미니, 알베르토, 323
《리뷰 오브 모던 피직스》, 187, 422
리센코 학설, 158
리트너(소령), 116
린데, 안드레이, 344

ㅁ

마르게나우, 헨리, 127, 187
마이스너, 수잔 쳄프, 192
마이스너, 찰스, 170, 173(사진), 174, 181, 192,
    335
마이컬슨, 앨버트, 45
마이크로소프트, 309
마이트너, 리제, 108
마티아스, 베른트, 223
마흐, 에른스트, 47-50, 67, 78, 151, 156, 237, 276
    아인슈타인(마흐), 논리실증주의 항목
    을 참조.
맨들, 프란츠, 201
맨해튼 계획, 111, 117, 119, 125
망원경, 23, 344, 359
매카시 시대, 288
맥락성, 204, 205, 252
맥스웰, 그로버, 251, 252, 355
머민, 너새니얼 데이비드, 22, 306, 310, 325,
    327, 369
멀티버스, 345, 348, 350, 382
    무한한 멀티버스 문제, 345-346
멩켄, 헨리 루이스, 356
모르겐슈타인, 오스카르, 171
모리스, 찰스, 244, 249
목성, 23
몰리, 에드워드, 45

무기 시스템 평가단(WSEG), 186, 191
무솔리니, 베니토, 68, 100
무작위성, 322, 347, 392
무한, 35, 36, 189, 346-347
    멀티버스 참조.
미국 내 물리학 연구/대학원생, 120-121, 259, 286, 288, 292
미국물리단체연합회(AIP), 286
미국물리학회(APS), 278, 315

ㅂ

바레나 여름학교 (1970년 이탈리아), 283
바우어, 에드먼드, 105
『바이러스 하우스』(어빙), 125
바이스코프, 빅토어, 56
바이츠제커, 카를 폰, 58, 117
반물질, 68, 160
반미활동조사위원회(HUAC), 139
반유대주의, 97-101, 118, 136
반증, 350-355, 375
반체제문화, 285
『발견의 패턴』(핸슨), 251
방사선, 32
버브, 제프, 317
버크벡 대학, 165-166, 310
버클리, 조지, 81
버키볼, 361
번, 피터, 339
벌컨(행성), 354
베넷, 찰스, 308
베르틀만, 라인홀트, 299-301, 304, 326, 327
「베르틀만의 양말과 실재의 본질」(벨), 301-302
베를린 학파, 235
벨, 메리 로스, 197, 200
벨, 존, 26, 38, 40, 127, 130, 196, 197-224, 201(사진), 259, 262, 277, 283, 289, 293, 303(사진), 309, 319, 320, 321-328, 384-385
    다세계 해석, 328

벨, 존
    베르틀만, 299-300
    봄, 197, 200-201, 207, 209, 210, 312
    슈뢰딩거 고양이, 322
    시실리 에리체에서 강연, 327
    아스뻬, 295
    자발붕괴론, 321, 323
    죽음, 325
    코판하겐 해석에 대한 폰 노이만의 증명, 26, 197, 200-203, 207
    클라우저, 264-265, 289
    맥락성, 203-207
    파일럿파 해석, 26, 196, 197, 200, 203, 207-208, 321, 328
    학회에서 발언, 303-304
벨의 정리/벨 부등식, 211-213, 217-224, 264, 299-302, 306-307, 324-328, 380, 383
    기술적 활용, 307-309
    룰렛 원반 증명, 213-217, 280
    부등식 위배, 211, 212, 279, 280, 282, 296
    실험 검증, 263-267, 276-282, 285, 293-297, 392
    오해, 221-222, 320, 356, 422-423, 437
    처음 알려짐, 306
    국소성/비국소성을 참조.
벨러, 마라, 55, 153
보르헤스, 호르헤 루이스, 30
보른, 막스, 26, 32, 45, 60, 63, 68, 72(사진), 74, 80-81, 89, 99, 125, 137, 159, 161, 200, 226
보른의 규칙, 63, 74, 347
보어, 닐스, 20-21, 25, 31-32, 54-59, 61(사진), 72(사진), 76, 84(사진), 104, 108, 117-120, 137, 150, 155, 173(사진), 174, 183, 186, 192-193, 202, 206, 241(사진), 240-242, 257, 321, 342, 364, 366
    굼뜬 성격, 56
    EPR 논문, 90-91, 227, 292
    글쓰기, 58, 91
    덴마크계 유대인 망명, 118

보어, 닐스
　슈뢰딩거, 62-63, 68
　아인슈타인, 20, 22, 54, 72, 92-93, 225-226, 289, 393
　양자 세계, 64-65, 79-80, 148, 161, 165-166
　영국과 미국에서, 119-120
　원자 모형, 42
　쿤, 226-229
　페르미, 100
　하이젠베르크, 54, 64-66, 124
　상호보완성, 코펜하겐 해석 항목 참조.
복제불능정리, 308
본디, 헤르만, 335
볼츠만, 루트비히, 49, 237
볼코프, 조지, 334
봄, 데이비드, 26, 40, 74, 127, 131-166, 140(사진), 196, 245, 258, 283, 287, 330, 364, 371, 385
　이중 슬릿 실험, 147-149
　전설, 134
　드브로이, 154-156
　부모님, 134-135
　브라질에서, 143, 152, 154, 164
　비국소성, 219
　슈뢰딩거, 161
　아인슈타인 (아인슈타인과 데이비드 봄 항목 참조)
　양자론을 중흥, 312
　접힌 질서, 311
　출석, 141
　코판하겐 해석에 대한 폰 노이만의 증명, 131, 155, 312
　코펜하겐 해석, 140-143, 153-154, 165
　파일럿파 해석 폐기, 165 (파일럿파 항목 참조)
　파일럿파에 대한 관심이 되살아남, 310-312
　파일럿파 해석을 참조.
분열, 108-109
분자유전학, 372
불변론, 49, 상대론을 참조.

불확정성 원리, 65, 67, 73-74, 85-88, 123, 144, 188. 하이젠베르크 항목을 참조
붕괴된 별, 블랙홀을 참조.
브라사르, 질, 308
브라운 운동, 49, 152
브라헤, 튀코, 381
브리그스, 라이먼, 111
브리지먼, 퍼시, 240
블랙홀, 336
블로킨체프, 드미트리 156-157
비지에, 장 피에르, 157, 258
비트겐슈타인, 루트비히, 100
빅뱅, 24, 263, 334, 336
빈 학단, 78, 229-236, 238, 339, 351
　정치적 견해, 234
　논리실증주의 항목을 참조.
빛, 43, 45
　입자이자 파동, 50 (파동-입자 이중성 항목을 참조)
　광자, 빛의 속도 항목을 참조.
빛의 속도, 294, 334
　보다 빠르게 이동하거나 신호를 전달, 160, 218, 220, 319
　빛, 국소성/비국소성, 패러독스(시간 여행 패러독스),
　특수상대론에서 속력의 한계, 46, 83, 212
　상대론 항목 참조.

사고실험, 17-19, 65, 67, 81-85, 306
　지연-선택 사고실험, 387-393
　EPR 논문 항목 참조.
《사이언티픽 아메리칸》, 306
상대성 이론, 31, 68, 83, 112, 382
　마흐주의적 개념, 52-53 (아인슈타인(마흐) 항목을 참조)
　상대성이라는 명칭, 49
　비국소성, 219
　우주 상수, 333

상대성 이론
  일반 상대성 이론, 23, 85, 163, 172, 240, 274, 332-336, 343, 345, 354
  잘못됨, 287
  특수 상대성 이론, 45-46, 48, 68, 160, 165, 212, 238, 328, 383
  아인슈타인, 시공간, 빛의 속도 항목 참조.
상보성, 65-69, 77, 80, 81, 106, 127, 137, 144, 147, 157, 193, 227, 272
  소련, 157
상식, 51
생기론, 233, 242
선택-지연 실험, 387-393
  이중 슬릿 실험 항목을 참조.
성차별, 34, 374
『세계의 논리구조』(카르나프), 235
소련, 156-157
솔베이 학회, 71-85, 72(사진), 85, 149
쇼어, 피터, 308
수성, 354
수소, 43, 60
숨은 변수 이론 검증, 295-296
숨은 변수, 203-205, 207, 220-221, 265, 280, 288, 292, 330, 383
슈뢰딩거, 에르빈, 72(사진), 226, 237
  상자에 든 고양이 사고실험, 17-19, 18(그림), 144, 177-180, 322, 330, 347
  EPR 논문, 92
  슈뢰딩거 방정식, 36, 39, 59, 61, 66, 74, 103-104, 144, 171, 176, 177, 188, 290, 321, 330, 339, 346-347, 349, 363, 371, 381, 383
  아내, 100
  코펜하겐 해석 문제, 16-17, 161
  파동 역학 항목을 참조.
슈베버, 샘, 141, 160, 364, 395
슈윙거, 줄리언, 160
슈타르크, 요하네스, 112
슐리크, 모리츠, 229, 238, 242, 244
스마트, J. J. C., 251, 255-259, 289
스미스, 헨리, 121, 138

스웨덴, 118
스탠퍼드 선형가속기센터(SLAC), 197
스턴, 알렉산더, 183-184
스펙트럼, 42-43, 52, 60-61. 원자(스펙트럼 색깔) 항목을 참조.
스핀(양자), 155
시간 팽창, 46
  상대론, 시공간 항목 참조.
시간전화기, 타키온을 활용한 시간전화기 항목 참조.
시공간, 48, 332-334, 382. 상대론을 참조.
쉬모니, 아네마리, 274-275
쉬모니, 애브너, 274-280, 283, 285, 292, 325
『시크릿』, 378
신학, 230-232, 235
실라르드, 레오, 110
실재론, 221-222
  과학적 실재론, 224, 251-252, 258, 275, 365
실증주의, 논리실증주의를 참조.
실크, 조, 352
실험, 23, 32, 148, 218, 250, 295
  양자물리학의 근간에 대한 실험 검증, 279-282, 286-287, 292-297
  코펜하겐 해석의 대안, 380-381
  이중 슬릿 실험 참조.
쏜, 킵, 332

《아날로그》, 337
아널드, 하비Arnold, Harvey, 170
아리스토텔레스Aristotle, 240
아스뻬, 알랭, 293-297, 306, 360
아이소타이프, 236
아인슈타인, 알베르트, 20, 30, 38, 68, 72-73, 84(사진), 101, 139, 182(사진), 210, 226, 355, 259, 386
  관측가능/관측불가능, 52, 253
  국소성 위배, 89, 209, 211, 227

아인슈타인, 알베르트
  루스벨트 대통령에게 쓴 편지, 110
  마지막 강연, 167
  마흐, 48-51, 53-54, 237, 366
  베를린 떠나며, 98-99
  보어를 묘사, 93
  봄, 141-142, 159, 162-163
  불확정성 원리, 73, 85-87
  실증주의, 238-239
  아인슈타인-보어 논쟁, 20, 22, 73, 227, 393
  제5회 솔베이 학회, 72(사진), 74-76, 81-85
  코펜하겐 해석, 32, 40, 76, 81, 172, 367
  EPR 논문, 상대론, 하이젠베르크 항목을 참조.
아하로노프, 야키르, 165, 195, 266, 277, 280, 290-291
안전한 통신, 309
알브레히트, 안드레아스, 344
알소스 작전, 115, 122, 125
암호학, 308, 318, 360
암흑 물질, 암흑 에너지, 352
앤더슨, 필립, 223, 317
앨버트, 데이비드, 289-291, 357, 372, 380
앵베르, 크리스티안, 294, 296
야우흐, 요제프, 198, 203, 272, 283
양성자, 107-108, 268
양자공학, 303
양자 세계, 19, 64, 79-81, 206, 221, 301, 360
  (보어(양자 세계) 항목을 참조)
양자암호화, 308-309. 암호학 항목 참고
양자 요동, 344
양자전기역학, 305
양자정보이론, 308, 318, 319, 327, 342
양자중력, 172, 181, 190, 336, 345, 365, 382
양자치유, 378
양자컴퓨터, 307-309, 318, 342
『양자론』(봄), 141
양자물리학, 113, 283
  관측자의 역할, 167, 187-189, 275, 313, 319, 321, 336, 378. (측정 문제 항목을 참조)

양자물리학
  근간, 194-195, 272-273, 283, 284-287, 295-297, 302, 305, 308-310, 314, 317-318, 329, 356-357, 363, 368, 372-377, 382-384
  기원 신화, 72-73
  맥락적, 204-206
  물리학 뒤편의 역사, 385
  발견, 15-16, 31-32
  불완전성, 82, 86-87, 92-93, 142, 162, 210, 227, 271, 363
  수학, 35, 126, 142, 144, 149, 168, 199, 203, 222, 243, 259, 264, 268, 271, 321, 345, 347, 360, 368, 380, 384
  실재의 본질, 20-22, 23-24, 27, 32-33, 35, 39-40, 80, 150
  양자 도약, 58, 62, 75
  예측, 36, 39, 80, 94, 142, 150, 210, 277, 294, 349, 379
  완결된 이론, 75, 79-81, 82
  이해/의미, 21, 35, 96, 123-124, 127, 132, 151, 158, 171, 299, 324, 329, 341, 342, 363-365, 384-385
  정보 기반 해석, 318-320, 341
  정수, 391
  크거나 작은 물체를 구분, 16, 25, 39, 75, 104, 115, 256-257, 269, 270, 272, 360-362, 363-364, 370
『양자역학과 실재』(디윗), 329
양자장론(QFT), 68, 160-161, 329, 331, 324, 383
어빙, 데이비드, 125
얽힘, 92, 94, 159, 178-179, 279, 294, 309, 313, 319, 322, 378
  측정 장치와 측정 대상의, 178, 269
  결깨짐, 국소성/비국소성, 광자(얽힘) 참조.
엇호프트, 헤라르디스, 362-3, 383
에렌페스트, 파울, 51, 54
에머리, 니나, 364
에버렛, 휴, 3세, 167-196, 173(사진), 219, 258, 269, 314, 337-343, 371, 384
  논문, 181-185

에버렛, 휴, 3세
　디윗, 338-339
　무신론, 169-170
　슈뢰딩거 고양이, 179
　죽음, 343
　최적화 알고리즘, 194, 338
　측정 문제, 176, 180, 184-185, 339
　코펜하겐에서, 192-193
　휠러, 174, 180, 181-183, 184-185, 187, 191, 337
　다세계 해석을 참조.
에이어, 엘프리드 줄스, 235, 276
에커트, 아르투르, 309
에테르, 발광성, 45-46, 238
《에피스테몰로지컬 레터스》, 292
엘리스, 조지, 352
엘리스, 호바트, 2세, 329
『역사철학 강론』(헤겔), 231
『역학의 발달』(마흐), 48
연방수사국(FBI), 245, 338
열역학, 47-48, 50, 234, 256
예르겐센, 예르겐, 241(사진)
예측, 23, 43, 45, 68, 79, 150, 189, 222, 233, 252-253, 254-256, 291, 311, 353, 354-355
　결깨짐 예측, 317
　일반상대론 예측, 334
　양자물리학 항목을 참조.
옌젠, 한스, 270, 272, 314
오스트리아, 99, 229
오컴의 면도날, 351
오펜하이머, 로버트, 127, 133, 136-137, 189, 334
옴네, 롤랑, 342
와이트먼, 아서, 152, 275
와인버그, 스티븐, 362
와인버그, 조, 137, 139
와일더, 빌리, 100
완전성, 양자물리학(불완전성) 항목 참조.
요르단, 파스쿠알, 31, 45, 79, 112, 125, 206
요스, 에리히, 314, 342
우, 젠슝, 265, 277

우라늄, 106, 107-109, 110-111, 116
우주 마이크로파 배경복사(CMB), 263, 336, 343, 344
우주 팽창, 24, 333, 336. 인플레이션 이론 참조
우주론, 172, 181, 184, 332, 335, 342, 345
　황금기, 343
우주의 나이, 343
운동 법칙, 47, 354
운동량 보존 86
울프슨, 세라, 164
『원인과 우연의 자연철학』(보른), 26, 274
원자 폭탄, 107, 110-111, 115-116
원자, 15, 16, 17, 19, 36, 39, 49, 152, 233, 237
　관측가능성, 49, 257, 355
　보어의 모델, 42
　스펙트럼의 색깔, 42-43, 53
　원자론과 화학, 250
　핵, 107-109, 250
　핵분열은 주기율표 항목을 참조.
원자력위원회, 120
월리스, 데이비드, 351
웜홀, 382
웨버, 툴리오, 323
위그너, 유진, 68, 102, 105, 106, 110, 111, 172, 189, 195, 271-274, 283, 312, 313, 383
위너, 노버트, 189
윌슨, 로버트, 339
윌킨슨 마이크로파 비등방성 탐지 위성(WMAP), 344
유가와, 히데키, 182(사진)
유대인, 98, 99-101, 118, 121, 136, 164, 244
　유대계 물리, 112
　헝가리 출신 유대인 물리학자, 102
유럽 연합, 309
『유물론과 경험비판론』(레닌), 156
유아론, 175, 221, 319, 383, 385
융크, 로베르트, 125
은하, 24, 344
의미검증론, 232, 233, 242, 243, 246, 247, 351, 353, 375
의식, 105, 271, 324, 377-378, 383, 390

이스라엘, 164
이중 슬릿 실험, 144-150, 311, 361, 388, 389
이탈리아물리학회, 283
이탈리아, 68, 100-101, 323
인종차별, 374
인터넷, 308, 372
인플레이션 이론, 양자정보 이론을 참조.
입자가속기, 160, 197, 311, 383
입자/파동, 파동-입자 이중성을 참조.
입자물리학의 현대 표준모형, 317, 352
입증론, 의미검증론 항목을 참조.
잉헨하우스, 얀, 49

ㅈ

자기장, 43
자발붕괴론, 321-324, 328, 379, 383
  지연-선택 실험, 392
『자연학』(아리스토텔레스), 249
전자, 32, 35, 36, 82, 107, 108, 165
  관측불가능/실재하지 않음, 233
  궤도, 42, 52, 254
  입자이자 파동, 66 (입자 이중성 항목 참조.)
정상 상태 이론, 333, 336
제2차 세계 대전, 78, 101, 121, 153, 241, 243, 245, 259, 286, 292
제이, 디터, 268-273, 274, 283-284, 289, 292
  결깨짐, 269, 315, 342
  학생들, 284, 314
제이비어 대학교, 194-195
조머펠트, 아르놀트, 60
조작주의, 240, 243, 253, 257
주기율표, 16, 32, 199, 250
주렉, 보이치에흐, 312-317, 342
중국, 309, 360
중력, 332, 383
  빛의 휨, 23
  중력론, 354, 355
  중력파, 334-335

양자중력, 일반상대론 항목을 참조.
중성자, 107-109, 204, 268
중수, 114
중첩, 104, 188, 268, 276, 315, 330, 363
즈다노프 비판, 156, 157
지생, 니콜라스, 304-305, 326
지원금, 309, 366, 373
  군에서, 119-124, 286, 288-289, 309, 335
진화, 24, 158, 352. 다윈(생물학자) 참조

ㅊ

차일링거, 안톤, 359-362, 363-364, 371
『천 개의 태양보다 밝은』(융크), 125
천왕성, 354
《철학 연보》, 235
철학, 123, 230, 234, 246, 259, 288, 291, 352
  대륙 대 분석, 267-268, 426-427, 437
  물리학자, 366-367, 386
  과학(과학철학) 항목 참조.
체코 슬로바키아, 112, 244
초결정론, 383
초전도체, 385
초프라, 디팩, 377-378, 381
측정, 66, 79,148-149, 183, 257-258, 312, 363
  EPR 논문, 86-87, 89-90
  양자측정론, 173
  측정 장치, 149, 163, 188, 206, 227, 252-253, 257, 269, 324, 330, 362, 391-392
  측정의 의미 38, 63, 175, 390
  측정이 과거를 결정, 390-391
  결깨짐, 맥락성, 양자물리학(관측자의 역할), 측정 문제, 항목을 참조.
측정 문제, 38(그림), 37-39, 64, 103-104, 141, 190, 195, 200, 269, 272, 275, 290, 294, 304, 346, 364, 370-371
  결깨짐, 315, 316
  관련한 의문 38-39
  물리학계, 372

측정 문제
  실증주의적 관점, 339
  용어 최초 사용, 271
  정보로서 파동함수, 318
  파동함수 붕괴, 38-39, 175 (파동함수(붕괴)를 참조)
  에버렛과 하이젠베르크를 참조.

ㅋ

카르나프, 루돌프, 229, 235, 245, 253, 276
칸트, 임마누엘, 77, 366
칼스버그 명예의 저택, 55, 225
커민즈, 진, 266, 278, 280-282
컴퓨터, 126, 334, 372, 양자컴퓨터 항목 참조.
켈러, 에벌린 폭스, 340
코페르니쿠스 이론, 190, 249, 256, 381
코펜하겐 해석, 25-27, 31-34, 40, 73, 76, 84, 86, 88, 95, 96, 126-127, 133, 144, 150, 152-153, 175, 185, 186, 198, 199, 242, 264, 285, 297, 304-305, 306, 325, 329, 360, 390
  대안, 26, 68, 153, 256-258, 379-381, 384
  이글림, 369-372, 377-378
  벨의 연구, 224, 356
  선입견, 376
  고전적 개념에서 측정 장치, 95-97, 104, 150, 163, 188, 257
  파동함수 붕괴, 364 (파동함수(붕괴) 항목 참조.)
  모순, 78-79, 272-274, 364, 371
  결깨짐, 315-317
  이중 슬릿 실험, 146-148, 388-389
  초기 우주, 344
  불충분함, 39-40, 336
  국소성, 92-93, 222, 393
  논리실증주의, 151, 224, 242-243, 245
  신화, 82, 96, 125-126
  인간을 우주의 정중앙에 두고, 379
  소련, 156-157

코펜하겐 해석
  모호함, 25-27, 199, 303-305, 320, 324, 377
  폰 노이만, 봄과 아인슈타인(코판하겐 해석에 대한 폰 노이만의 증명) 항목 참조.
코허, 카를, 266, 281
콤프턴, 아서, 51, 111
콰인, 윌러드, 246-248, 353
쿤, 토머스, 225-226, 228, 248-251
퀴리, 마리, 72(사진)
큐브릭, 스탠리, 382
크라머르스, 한스, 75, 149
크리스티안 10세 (스웨덴 국왕), 118
클라우저, 존, 263-269, 279-282, 281(사진), 284-287, 289, 292, 336, 356
  파인만, 305-306
클라우저, 프랜시스, 264, 305
키에르케고르, 쇠렌, 77

ㅌ

타데우스, 패트릭, 263, 266, 385
타운스, 찰스, 280-282
타키온을 활용한 시간전화기, 212
  패러독스(시간 여행 패러독스) 항목을 참조.
태양계, 151
터커, 앨버트, 171
테르밋 반응, 254-255
테를레츠키, 야코프, 156
텔러, 에드워드, 110, 119
톨먼, 리차드, 334
톰슨, 랜들, 287
통계적 물리학, 50
통일장 이론, 163
트랜지스터, 126
트로터, 헤일, 170, 173(사진)

ㅍ

파동 역학, 59-63, 181
파동함수, 35-37, 87-89, 142, 178, 199, 322
　　보편 파동함수, 176, 178-180, 184, 189-190, 195, 219, 269, 336, 347, 349. 다세계 해석 항목 참조.
　　붕괴, 37, 38(그림), 63, 82(그림), 104-105, 171,175, 178, 189, 195, 269, 272, 315-317, 330, 346, 364, 383, 391 (측정 문제, 자발붕괴론 항목 참조)
　　얽힌 광자쌍, 208-209
　　정보로서, 199, 318-320
　　슈뢰딩거(슈뢰딩거 방정식) 항목 참조.
파동-입자 이중성, 50, 66, 74, 75-76. 상보성, 이중 슬릿 실험 항목을 참조.
파시즘, 68, 97-101, 234, 244-246
《파운데이션즈 오브 피직스》, 274, 292
파울리, 볼프강, 32, 44, 60, 61(사진), 68, 72(사진), 75, 78-79, 90, 137, 141, 149, 154, 158, 238, 239, 379
　　과학철학, 237
　　봄의 아이디어 154
파이어아벤트, 파울, 34, 251, 256
파이얼스, 루돌프, 59, 113, 202
파인만, 리처드, 55, 145, 160, 189, 264, 305-306, 335, 369
　　1981년 MIT 학회, 307-308
파일럿파 해석, 132, 144, 148(사진), 149, 155, 157, 158, 165-166, 168, 195, 200-201, 207, 208, 218-219, 258, 310-311, 328, 356, 385
　　비국소성, 159-160, 207, 218-219, 393
　　지연-선택 실험, 391
　　봄, 드브로이 항목을 참조.
판, 지안웨이, 360
팜홀(영국식 저택), 115, 116, 122
패러다임, 249, 251
패러독스, 105, 144, 168, 180
　　시간 여행 패러독스, 46, 212
　　상대론, 빛의 속도 항목을 참조.

퍼트넘, 힐러리, 251, 256, 256-257
펄, 필립, 324
페르미, 로라, 100
페르미, 엔리코, 100, 108, 111
페테르센, 오게, 173, 174, 182, 186-187, 226
펜로즈, 로저, 383
펜지어스, 아노, 336
펜타곤, 171, 338
편견, 374. 과학 항목을 참조.
편광, 208-209, 217-219, 266, 279, 319
　　광자가 날아가는 도중에 편광판의 배향을 변화, 293-294
포돌스키, 보리스, 86, 88, 195, 227
포퍼, 카를, 100, 241(사진), 251, 292, 351-352, 355, 375
폭, 블라디미르, 157, 193
폰 노이만, 존, 102-106, 171, 175, 271
　　코펜하겐 해석 증명 관련, 25-27, 33-34, 127, 131, 155, 258, 289, 312, 374
폰 라우에, 막스, 112, 115
푹스, 클라우스, 200
퓨리, 웬들, 195
〈퓨처라마〉, 377
프라이, 에드, 287
프랑크, 필리프, 238, 241(사진), 242, 245, 339
프레이저, 도린, 373
프리드먼, 스튜어트, 282, 287, 293
프리슈, 데이비드, 55
프리슈, 오토, 56, 103, 108, 112
프린스턴 대학교, 131, 133, 139, 154, 171, 275.
　　고등과학원 항목을 참조.
『프린키피아』(뉴턴), 47
플랑크, 막스, 48, 57, 72(사진), 97
《피지컬 리뷰》, 90, 142, 223, 280
《피직스 투데이》, 315-316, 329, 331, 337
《피직스 피지크 피지카》(학술지), 223, 264
피트, 데이비드, 134
필리피디스, 크리스, 310
필립스, 멜바, 135
핍킨, 프랜시스, 287, 293

찾아보기　　**461**

ㅎ

하이데거, 마르틴, 231, 234
하이젠베르크, 베르너, 25, 32, 41, 61(사진), 64, 67, 72(사진), 75, 78, 89, 116, 200, 226, 236, 238, 248, 331, 361
    독일 핵 계획, 113, 114, 124
    봄의 이론, 159
    세인드앤드루스 강의, 95-96
    아인슈타인, 41, 52-54
    양자 세계, 80-81
    원자 스펙트럼, 44
    측정 문제, 95-97
    코펜하겐 해석, 124-125
    파동 역학, 59-61
    불확정성 원리 항목을 참조
하일리, 배질, 310
하틀, 제임스, 342
《하퍼스》, 223
한, 오토, 106, 112, 116
한, 한스, 230
해리슨, 데이비드, 173(사진)
핵 연쇄반응, 108-109, 114
핸슨, 노우드 러셀, 251
햄릿, 16, 146, 287, 322
행렬 역학, 45, 59, 75
허블, 에드윈, 333
허셜, 존, 354
헤겔, G. W. F., 230
헤르만, 그레테, 34, 374
헬륨, 43, 107
헴펠, 카를, 241(사진)
『현대물리학의 논리』(브리지먼), 240
『현대물리학의 시간과 공간』(슐리크), 238
형이상학, 284, 229-231, 235, 242, 248, 253, 341
호일, 프레드, 334
호킹, 스티븐, 342, 366
혼, 마이클, 277
홀트, 리처드, 278, 280, 287
화성인, 103, 106
화학, 16, 50, 71, 108, 233, 250, 254-255.
    주기율표를 참조.
「확률 없는 파동 역학」(에버렛), 181
확률, 32, 37, 84, 320, 383
    무한한 멀티버스, 345-346
휠러, 존, 55, 106, 108, 138, 179, 182(사진), 183, 305, 312-314, 316, 318-320, 335-337
    다세계 해석, 337, 341 (에버렛(휠러) 항목을 참조)
    보어, 181, 341
    양자중력, 172
    양자근간, 312, 318
    주렉, 312-318
    지연-선택 실험, 에버렛(휠러) 항목 참조
흄, 데이비드, 290
흑연, 114
흑체 복사 법칙, 51, 97
히로시마, 116
히틀러, 아돌프, 97-98, 112, 118, 243

실재란 무엇인가 양자물리학의 의미를 밝히는 끝없는 여정

1판 1쇄 인쇄 2022년 2월 10일
1판 1쇄 발행 2022년 2월 24일

| 지은이 | 애덤 베커 |
| 옮긴이 | 황혁기 |

펴낸이	황승기
마케팅	송선경
편집	김진호, 황승기
디자인	김진호

펴낸곳	도서출판 승산
등록날짜	1998년 4월 2일
주소	서울시 강남구 테헤란로 34길 17 혜성빌딩 402호
대표전화	02-568-6111
팩시밀리	02-568-6118
전자우편	books@seungsan.com

ISBN 978-89-6139-080-4 93420

* 이 책은 저작권법에 의해 국내에서 보호받는 저작물이므로 무단전재와 무단복제를 금합니다.
* 도서출판 승산은 좋은 책을 만들기 위해 언제나 독자의 소리에 귀를 기울이고 있습니다.